U0250998

国家出版基金项目
NATIONAL PUBLICATION FOUNDATION

近代以来海外涉华艺文图志系列丛书

本卷主编：张明杰

中国古代建筑与艺术

〔日〕关野贞 著

胡稹 于姗姗 译

中国画报出版社
CHINA PICTORIAL PRESS

图书在版编目（ＣＩＰ）数据

中国古代建筑与艺术 / （日）关野贞著；胡稹，于
姗姗译 . -- 北京：中国画报出版社，2017.11（2019.3 重印）
（近代以来海外涉华艺文图志系列丛书）
ISBN 978-7-5146-1326-1

Ⅰ.①中… Ⅱ.①关… ②胡… ③于… Ⅲ.①古建筑
－建筑史－中国－图集 Ⅳ.① TU-092.2

中国版本图书馆 CIP 数据核字 (2016) 第 137143 号

"十三五"国家重点图书出版规划项目
国家出版基金资助项目

中国古代建筑与艺术　　　　　　　　　　　　　　　　　　[日] 关野贞　著　　胡稹　于姗姗　译

出　版　人：于九涛
项目主持：于九涛　齐丽华
本卷主编：张明杰
责任编辑：于九涛
执行编辑：张昊媛　宝诺娅　高　思
设　　　计：覃一彪
责任印制：焦　洋

出版发行：中国画报出版社
地　　　址：中国北京市海淀区车公庄西路 33 号 邮编：100048
发 行 部：010-68469781　010-68414683（传真）
总编室兼传真：010-88417359　版权部：010-88417359

开　　本：16 开（787mm × 1092mm）
印　　张：30.25
字　　数：658 千字
版　　次：2017 年 11 月第 1 版　　2019 年 3 月第 4 次印刷
印　　刷：北京通州皇家印刷厂
书　　号：ISBN 978-7-5146-1326-1
定　　价：118.00 元

主编序 [1]

关野贞（1867—1935）是与伊东忠太齐名的建筑史学者。他在涉华建筑与实地考古方面，也是一位先驱，一生来华十余次。将伊东忠太与关野贞两人的建筑调查与研究对照着看，更富有意义。伊东重视建筑史，尤其是建筑美术与工艺的研究，擅长建筑史宏观建构。而关野则侧重建筑与考古研究，尤其是运用考古学方法，对建筑及其艺术做详实考证，以微观研究见长。可以说，两者各有长短，互为补充。综合来看，则可得到较为客观全面的中国建筑的印象。

关野贞初次来华调查是1906年，此前他主要从事日本及朝鲜的古建筑、古寺社调查或修复工作。关野与东京大学同事塚本靖以及帝室博物馆平子铎岭三人于1906年9月至翌年初，自北京出发，经郑州至西安，对沿途各地的古迹遗物，尤其是陵墓碑碣、石窟造像等进行了详细考察，从而探明了中日韩三国在建筑及艺术上的部分渊源关系。这也是他多年来一直十分关注的课题。

为弥补初次来华未能于山东境内考察之遗憾，1907年秋，关野贞又专程奔赴齐鲁大地，对建筑遗迹、石刻造像等展开调查，还从嘉祥县和济南府各获得一方汉代画像石，千里迢迢运回日本，成为当时东京大学的珍贵藏品 [2]。此次考察后，发表《中国的陵墓》（1908）、《中国山东省汉代坟墓表饰》（1916）、《山东南北朝及隋唐之雕刻》（1916）等论文，为其探讨中国雕刻艺术和陵墓及碑碣变迁夯实了基础。

1913年对中朝边境考察之后，1918年初，关野贞又受文部省派遣，对中国、印度及欧美古建筑及其保存情况进行调查。这次他经朝鲜陆路进入我国东北，一路考察到北京，再由北京至大同、房山、保定、彰德、开封、巩县、洛阳、郑州、太原等地。回到北京后不久，又南下历访济南、青州、青岛等地，从青岛海路抵上海，再由上海至浙江、江苏等地考察。此次在华考察长达7个月，大有收获，其中最得意的当属在太原近郊探访到天龙山石窟遗迹。为众多精美的石窟造像所吸引，他放弃当天离开的原定计划，在天龙山上住了一宿，翌日又接着攀登浏览，并对大多数石窟进行了初步考察和拍摄，事后撰写了考察报告《天龙山石窟》（《国华》，1921）。他的这一所谓"发现"与伊东忠太十余年前找到云冈石窟一样，在学界亦引起不小轰动。也许正缘于此，日本至今仍流行着伊东忠太发现云冈石窟、关野贞发现天龙山石窟之说。其实，这些石窟遗迹并非什么隐秘之所，地方志等文献多有记载，且当地也并非无人知晓，甚至有的石窟之前已有外国

[1] 本丛书的整体总序，请参考张明杰《越境的学术——中国艺文图志总序》（北京大学《国际汉学研究通讯》第十三、十四合辑 2016年12月）

[2] 参见关野贞撰、姚振华译《后汉画像石说》、《考古学零简》（东方文库第七十一种，东方杂志社编，1923年12月），第55~56页。

人曾经踏访过，[3]根本不存在发现之说。伊东、关野等人的这类探察活动，之所以被盛传或渲染，与近代日本日趋膨胀的国家主义思潮不无关系。

从规模来看，天龙山石窟虽远不及敦煌、云冈和龙门等大型石窟，但其石刻造像几乎涵盖了中国佛教造像史上各时代的经典之作，故备受学界关注。继关野贞之后，又有木下杢太郎、木村庄八、田中俊逸、常盘大定等学者，以及美术商山中定次郎等先后来此考察或拍摄。这一艺术宝库本应得到珍惜或妥善保护，然而，自关野贞"发现"之后，仅七八年时间，石窟造像几乎惨遭灭顶之灾，无数佛首被生生凿取，有的整体被盗，其惨状难以言表。导致这一状况的原因多种多样，但与跨国美术商山中商会头目山中定次郎的两次造访以及该商会的大肆搜购转卖行为有直接关系。

关野贞多次来华调查，不仅获得研究上极为重要的感性认识，而且于各地拍摄并制作了大量图片、拓本等，为此后的研究与著述奠定了基础。他与常盘大定合编的《中国佛教史迹》（6 册，附评解，1925—1931）以及遗稿《中国碑碣形式之变迁》（1935）等，即实地考察成果之体现。尤其是前者六卷本图集可谓中国佛教建筑与佛教美术调查研究之集大成者，至今仍为学界所推崇。

20 世纪 20 年代后期，随着东亚考古学会（1927）和东方文化学院（1929）等涉华重要

调查机构的设立，[4]日本学界的对华考察步入频繁化、规模化、综合化阶段。从 1930 年开始，关野贞又先后六七次来华从事古迹调查或保存工作，地区多集中于东北以及热河，调查对象主要是辽金时期的建筑、陵墓以及热河古迹等。伪满洲国成立后，出于国策需要，日本方面主动协助伪满政府保护热河遗迹。关野贞、竹岛卓一等受日方委托，对热河进行了多次详细考察，后结晶为五卷本《热河》，除其中一卷为解说之外，其余四巨册均是相关图集，收录图

[3] 如早在 1910 年，美国人 C. 弗利尔就曾到过天龙山，并对石窟做过考察。参见 Harry Vanderstappen and Marylin Rhie，The sculpture of T'ien Lung Shan: Reconstruction and Dating, ARTIBUS ASIAE, Vol.XXVⅡ，1965.

[4] 东方文化学院是由日本官方主导的对华调查研究机构，属于所谓"对华文化事业"之一部分，分别于东京和京都设有研究所。其评议员、研究员等主要成员，几乎囊括了当时全日本中国学研究领域的权威或骨干，如池内宏、市村瓒次郎、伊东忠太、关野贞、白鸟库吉、宇野哲人、小柳司气太、常盘大定、鸟居龙藏、泷精一、服部宇之吉、原田淑人、羽田亨、滨田耕作、小川琢治、梅原末治、矢野仁一、狩野直喜、内藤湖南、桑原骘藏、塚本善隆、江上波夫、竹岛卓一、水野清一、长广敏雄、日比野丈夫，等等，其中也包括东亚考古学会成员。若列举受该组织派遣或委托赴华从事调查研究的人员，仅其名单，一两页恐亦难以列尽。他们的涉华考察及其文献资料为数众多，内容也涉及方方面面。仅东亚考古学会以"东亚考古学丛刊"形式出版的考古发掘报告，就有甲种 6 巨册（如《貔子窝》《南山里》《营城子》《赤峰红山后》等）、乙种 8 册（如《上都》《内蒙古、长城地带》等）。东方文化学院东京和京都两研究所，后分别以东京大学东洋文化研究所和京都大学人文科学研究所之名存续下来。

版 300 余张，600 余幅。[5] 这是日本人最早对热河进行的全面系统的考察，其图版资料等为日后热河遗迹的修复保存起到了一定作用。另外，在对东北、华北等地的辽金时期建筑进行多次考察之后，关野贞与竹岛卓一又编辑出版了《辽金时代的建筑及其佛像》。[6] 直到去世前一个月的 1935 年 6 月，关野贞还曾来华调查辽金建筑。

关野贞在先后十余次实地考察的基础上，撰写并编辑了大量有影响力的论著和图录资料集。图集除上述几种之外，还有与常盘大定合著的《中国文化史迹》（12 辑，各辑均附解说，1939—1941）。遗憾的是，这套大型系列图集尚未完成，关野不幸病逝，编辑出版工作只好由常盘大定继续下去。

关野贞生前有关中国的论考等，后汇编为《中国的建筑与艺术》（1938），由岩波书店出版。可以说，这部书是其在中国古建筑与美术研究方面所获成果之集大成者，与伊东忠太所著《中国建筑装饰》一起，一直被学界视为中国建筑与艺术研究领域的杰作。[7]

本卷主编 张明杰
初稿于 2015 年夏秋之交
小改于 2017 年初

[5] 关野贞、竹岛卓一编《热河》（图版 4 册，座右宝刊行会，1934 年。解说 1 册，1937 年）。

[6] 关野贞、竹岛卓一编《辽金时代的建筑及其佛像》（图集上下两册，东方文化学院东京研究所，1934—1935 年）。文字篇在关野去世后，由竹岛负责完成，于 1944 年出版。

[7] 关于伊东忠太和关野贞等人的中国建筑调查和研究，中日两国均有不少论著。其中，我国学者徐苏斌教授的研究成果尤为突出，其《日本对中国城市与建筑的研究》（中国水利水电出版社，1999 年）尤值得参考。

目录

主编序　　　│ 1

第一章　　　│ 1

中国艺术史概论

第二章　　　│ 21

中国陵墓

第三章　　　│ 53

中国砖瓦

第四章　　　│ 75

中国六朝以前之墓砖

第五章　　　│ 85

中国碑碣之样式

第六章　　　│ 103

西安文庙与碑林

第七章　　　│ 117

曲阜文庙同文门与济宁
文庙戟门之碑碣

第八章　　　│ 123

南北朝时代塔与犍陀罗
塔之关系

第九章 | 129

嵩岳寺十二角十五层砖塔——现存中国最古老之砖塔

第十章 | 133

慈恩寺大雁塔与荐福寺小雁塔之雕刻图纹

第十一章 | 141

蓟县独乐寺——中国现存最古老之木构建筑与最大塑像

第十二章 | 153

辽宁省义县奉国寺大雄宝殿

第十三章 | 165

大同大华严寺

第十四章 | 177

大正觉寺金刚宝塔

第十五章 | 183

乾隆营造之长春园中欧式建筑

第十六章 | 193

热河行宫与喇嘛寺

第十七章 | 203

中国东北地区古建筑与古坟

第十八章 | 219

中国窑洞建筑

第十九章 | 225

与建筑有关之虎

第二十章 | 231

东亚古代建筑所见之兔

第二十一章 | 235

"樗"字

第二十二章 | 239

中国文化遗迹及其保护

第二十三章 | 245

后汉石庙与画像石

第二十四章 | 265

六朝时代画像石

第二十五章 | 271

大仓集古馆收藏之石佛

第二十六章 | 275

云冈石窟之年代及其
样式之起源

第二十七章 | 283

中国东北义县万佛洞

第二十八章 | 293

天龙山石窟

第二十九章 | 305

北齐魏蛮造菩萨立像

 第三十章 | 311

山东省南北朝与隋唐
时代雕刻

 第三十一章 | 329

辽代铜钟

 第三十二章 | 335

封泥

 第三十三章 | 339

中国玉石工艺品及其他
工艺品

 第三十四章 | 355

中国河南、陕西旅行记

 第三十五章 | 365

北部中国古代文化遗迹

 第三十六章 | 371

苏浙旅行记

 西游杂记上 | 385

中国部分

 西游杂记下 | 417

关于印度佛教艺术

 附录 | 461

中国内地旅行谈

第一章 中国艺术史概论

目 录

一、秦汉时代艺术

二、六朝时代艺术

　　1. 两晋时代

　　2. 南北朝与隋代（上）

　　3. 南北朝与隋代（下）

三、唐代建筑雕刻与工艺品

四、五代与宋的艺术（附 辽与金）

五、元代建筑与雕刻

六、明代建筑雕刻与工艺品

　　1. 城郭与宫阙

　　2. 庙祀

　　3. 佛寺

　　4. 皇陵

　　5. 雕刻

　　6. 工艺品

七、清代建筑

一、秦汉时代艺术

于兹所谓秦汉时代，盖指始于秦始皇二十六年（前221）一统天下，经前、后汉而三国时代末期，至西晋武帝建国（265）此一时期。该时代艺术于祖述周代传统样式之同时与西域交流，或多或少接受该文化影响，体现出雄浑壮丽之技艺与精神。

秦始皇以豪迈气概一统海内，设置郡县，并举中央集权之力，大力营造咸阳宫，迁天下富豪十二万户，实施大规模都市计划。更有甚者建阿房宫于渭水之南，收天下兵器铸钟镰、金人各十二立于宫前，又使天下劳役七十二万众筑寿陵于骊山之麓，命将军蒙恬率兵三十万北伐匈奴，修筑万里长城，等等，其计划之宏大实旷古今，由此可想见当时建筑之发达。

然秦以二世而亡，汉高祖代之（前206）[1]，建国后奠都长安，大兴未央、长乐二宫。至武帝时更造建章宫，开太液池，修上林苑，凿昆明湖，起井干楼、神明台，立承露盘等，凌驾于宫阙中前二宫之壮丽，汉代艺术于此达至最高潮。

武帝驱逐匈奴，经略西域，越葱岭，通大月氏、安息，讨大宛而降之，东西交通于此大开，西方文化由此输入，予周秦以降传统艺术以相当影响。

前汉末有王莽乱，光武帝复兴汉室（25），迁都洛阳，营造宫阙。其后明帝时班超大力经略西域，与大秦（东罗马）、安息、大月氏等交通大开，佛教始经月氏国（犍陀罗）传入中国，此后佛教艺术与佛教一道渐次浸润中华。

尤其后汉末灵帝好胡服、胡帐、胡床、胡坐、胡饭、胡箜篌、胡笛、胡舞，京都贵族竞相仿之，西域风俗、服饰、乐器由此大举入汉。

汉亡，魏、蜀、吴三国鼎立，其文化承续后汉时代，尤见佛教逐渐繁盛，佛寺、佛塔[2]动辄修造，输佛教于中国之月氏国、于阗地区文化，于当时有相当影响。

秦汉时代一如上述，咸阳、长安、洛阳均有规模宏大之宫阙，极尽美轮美奂，超出想象。此于文献虽为自明之事，然于遗物全部消失之今日，其具体已不可详。闻秦皇汉武供求神仙之道，汉武尤喜神仙楼居，起高耸宫阙，如井干楼，堆材积木，成"井干建筑"[3]，高达五十丈；如神明台，上有承露盘，铜仙人，舒掌捧盘，盘盛玉杯，承云表之露，求长生不老，高亦有五十丈，故可想象当时高层建筑如何发达。其他宫阙之上则置铜凤，以金碧彩绘装饰内外；上林苑设离宫七十所，内养百兽；昆明池中，作长三丈石鲸。凡此种种，皆显示宫殿苑圃营建发达异常。

陵墓制度亦大成于秦汉时代，永为后世楷模。其中尤以秦始皇陵规模最大，殉葬品之丰富冠绝古今。前汉武帝坟陇亦大，瘞藏之盛，不容他人追随。后汉之后厚葬之风益盛，一般臣民墓前亦置石室、石阙、石碑、石人、石兽、

[1] 公元前206年刘邦进入关中，秦王子婴出降，秦朝灭亡。刘邦正式称帝是在公元前202年。——译注

[2] 原文为"塔婆"，也称"卒塔婆"，梵文 stūpa 音译。原指为标识死者埋葬处或为供养而立、形似塔状的细长木板或石板，上记梵字、经文、戒名等。引申义为佛塔。以下按"佛塔"译出。下同。——译注

[3] 指不用柱子，而用木材堆积成井字形状、以成屋壁的建筑样式。如今在日本的东大寺、正仓院及唐招提寺藏经楼等均可看到这种建筑样式。——译注

石床等，其表饰愈加富丽堂皇。

宫殿、庙祀建筑以木材为主，于今悉数消失，而石造建筑规模虽小，却往往遗存至今。此为立于庙前墓前石室、石阙之属。石室中以孝堂山石室（山东长清）保存最为完整，而武氏祠石室（山东嘉祥）、两城山石室（山东济宁）咸已解体，然雕刻画像之石壁犹多保存。

石阙立于庙前抑或墓前。其遗存中重要者如太室、少室与启母庙三石阙（均在河南登封）当属前者，武氏祠石阙、冯焕石阙（四川渠县）[1]、平阳石阙（四川绵阳）、高颐石阙（四川雅安）等属后者。其表面咸刻有诸多画像，以为装饰。

绘画于秦汉时代似显进步异常，然其遗物全然不见。唯有凭依施于庙、墓石阙、石室之画像雕刻可见一斑。据文献，前汉宣帝使人画十一功臣像于麒麟阁，后汉明帝使人画二十八将像于洛阳南宫云台。其他宫阙内壁则有三皇、五帝、忠臣、孝子或神灵怪异之像，绘画之发达超出想象。

雕刻分圆雕、阳刻、阴刻。立于庙、墓前石人、石兽往往遗存至今，作于石阙、石室壁面之画像雕刻遗存亦较丰富。石人有嵩岳庙石人（河南登封）、夔相圃石人（山东曲阜），石兽有置于武氏祠与高颐墓前之石狮，画像石有施于前述孝堂山、武氏祠、两城山石室之石刻件。太室、少室、启母庙、武氏祠、冯焕墓、高颐墓等石阙四面亦镌刻有画像，显示当时雕刻艺术之一端，然除石狮外皆失于简朴古拙。而且此石狮还保有后世不可企及之绝技，由此不难想象当时雕刻艺术异常发达。

工艺品，如文献记载其进步亦超出预想，

又据遗物此情状态愈见清晰。其遗物种类，于地面者不过碑碣之属而已，而葬于墓中被发现者数量极多，计有金属器、玉器、陶器、漆器、瓦砖、染织、刺绣等。

碑碣始于后汉时代，其形制有圭首、圆首两类。圆首头部刻有所谓"晕"物，"晕"端刻龙，为后世螭首之滥觞。亦有上下两侧刻四神图者。通称"穿"之圆孔由碑胸穿过，下方有长方形石台，即方趺。

金属器承继周代，其种类、意趣、手法别开几多生面。金属器有容器、利器、服饰、车具、马具、镜鉴等，于此无遑一一细说。其质地有铜有铁，动辄错金嵌银，或与宝石镶嵌。其表面又阳刻、阴刻诸种图案作为装饰。意趣流动雄健，技巧乃后世不可企及。

玉器上接周代，数量繁多。玉之产地著名者如陕西蓝田，新疆昆仑，后者即和田地区。玉器种类除圭、璧、琮、璋、琥、璜、珑、玦外尚有印章、带钩、玉豚与饰剑所用之璏、珌、琫，以及壅塞死者七窍之眼玉、玲、瑱、鼻塞等。此外还有诸种佩玉类别。其色泽之温润，技巧之洗练，可想见当时其异常发达之态貌。

陶器有本色与施以绿釉或黄釉者。其种类以瓮、壶、甑、杯、盘、案、匙等日常用具最多。作为殉葬品又有陶制阁楼、井栏、囷圈，以及人物、狗、猪、鹅、鸡等。此类陶器往往或描或刻雄劲图案。

文献记载漆器在汉代有异常发展。又据近年来于朝鲜发掘之诸多乐浪郡时代漆器，亦可作为明证。毋庸置疑，中国当时古墓中藏有众多精美漆器，然其木材部分早已腐朽，采集困难，故盗墓者仅取走其附属五金件。此类重要遗物于过去几无出土。

屋顶葺瓦始于周代，于秦汉时愈见发达。

[1] 原文称该石阙位于四川歙县，不确，应位于四川渠县北赵家坪。——译注

然其瓦当仅止于巴瓦[1]，唐草瓦[2]尚未出现。巴瓦图案以使用文字与蕨类纹样最为常见，但往往亦烧制成日象、月象及双兽、猿、鹿、鸿等动物图案，呈雄浑健雅气象。

砖亦始于周代，于秦汉时制作技巧大为进步。砖可分为中空砖（俗称圹砖）与普通砖两种。中空砖大体用于构筑墓阙、祠堂、墓椁等，其表面用模具制成人物、动植物、建筑物或几何等图案，极为精巧。普通砖比今人使用者稍大，分为方砖与长方砖，皆用于构筑墙壁与陵墓之玄室等。其表面有文字，亦有几何、人物、动植物、钱币等阳刻图案，以便于装饰墙面。其文字与图案有浑朴高雅、引人入胜者。

至于染织刺绣，秦汉时绫罗锦绣至为发达早已见诸文献，而其遗物过去全无发现。然而近年来于朝鲜乐浪郡古坟中动辄出现绢、麻布、绫、罗等物，俄国学者于蒙古库伦以北约112千米、诺彦乌拉山北腹古坟中发现之大量绫罗、锦绣、毛毡等物，其色彩亦较鲜丽，据此可窥见汉代染织与刺绣技术已达惊人之程度。

二、六朝时代艺术

中国六朝原指定都建康，即今南京之吴、东晋、宋、齐、梁、陈，但从艺术样式论，可视魏、吴、蜀三国鼎立时代为后汉时代之延续，故以两晋、宋、齐、梁、陈、隋为六朝时代。现以此见解概述六朝时代艺术。

统一三国后之西晋定都洛阳，不久五胡十六国之乱又起，晋室迁都建康，斯为东晋。

[1] 屋檐圆瓦。因多施以巴纹，故名。——译注

[2] 屋檐平瓦。因饰板多有唐草图案，如忍冬唐草、葡萄唐草等图案，故名。——译注

北方匈奴、羯、鲜卑、鼎[3]、羌先后入主中国，建立王朝，兴亡盛衰轮替，终有南北两朝。南朝宋、齐、梁、陈相续，北朝先有北魏，后分东西魏，北齐、北周相继，终由隋文帝统一南北。此六朝时代大体可分为两晋时代与南北朝、隋代二期。

1. 两晋时代

两晋时代在继承始于周汉时期汉民族固有传统文化之同时，或多或少接受波斯萨珊王朝[4]之艺术影响，亦吸收与佛教一道进入中国之犍陀罗艺术形式，并使之中国化。此外于两晋末期，虽不甚明显，然亦多少受到印度笈多王朝[5]艺术形式之影响。有晋一代，异族交替入主中国，建立王朝，兴亡隆替，且夕不保，军阀势力极度盛行，文化事业逡巡不前，然唯佛教得以逐渐扩张势力，受到上自皇帝，下至庶民之尊敬与信任。由印度、西域来中国传经、译经之沙门颇多，想来犍陀罗佛教艺术必给过去传统艺术形式带来颇大变化。唯惜于当时遗物几不可见，故无法充分了解事实真相，可谓两晋时代乃遗物方面之黑暗时代。此前之汉代，

[3] 原文如此，何族不详。——译注

[4] 萨珊王朝（Sasanid Empire，226—650），古代伊朗王朝，又译为萨桑王朝，系古代波斯最后一个王朝，因其创建者阿尔达希尔的祖父萨珊而得名。——译注

[5] 笈多王朝（Gupta），中世纪陀罗笈多一世（正勤日王）统一印度后所创建的第一个封建王朝（约320—540），疆域包括印度北部、中部及西部部分地区，首都为华氏城（今巴特那）。笈多王朝是中世纪印度的黄金时代。——译注

无论建筑、绘画、雕刻，抑或工艺品皆有较多遗存。此后之南北朝，于建筑雕刻与工艺品方面亦有丰富之资料遗存，然介于此间之两晋时代遗物却寥若晨星。然而证之于文献，亦可知当时艺术相当发达，为此后南北朝艺术形式奠定基础。例如，石赵之石季龙，于邺城凤阳门上再造观楼，吊以涂金铜凤；于建春门石阶柱上，浮雕云气蟠螭，技艺精练；于太极殿前建楼，屋柱皆成龙凤百兽形状，雕镂众宝为饰。又如，恒温墓前立石兽石马，碑面刻当时车马衣冠，制作精妙，皆可见一斑。然该时建筑物一处未存，无法具体穷尽真相。

绘画继承于三国时代，发达异常。西晋卫协擅长道释人物画，人称"画圣"。东晋王廙尤为著名。尤其顾恺之于人物画居晋朝第一。谢安甚至为世人激赏为"苍生以来未之有也"，其遗作世界闻名者乃大英博物馆藏《女史箴图》[1]。现存《女史箴图》坊间视为隋唐间摹作，然亦精确表达出其神来之笔。波士顿美术馆藏《洛神赋图》亦疑为谢安作品。[2]此亦乃后世摹写，然犹遗六朝时代风格。此外，戴逵及其子戴勃亦挥动巨腕于人物、山水、动植物等画中，尤其戴逵于雕刻一途显示出其崭新之鬼斧神工。

至于雕刻，因佛教兴隆，通过西域传来之犍陀罗艺术佛像势必给予当时雕刻界以相当影响。然于交通困难之际似乎其量未必多，大作亦少，多止于小品，故此影响并不深刻，反倒是借由当时中国艺术家之努力，使其传统雕刻获得发展。换言之，犍陀罗艺术形式未及风靡中国雕刻界即被中国化。及至东晋末期戴逵出现，以其创新天赋刻意求精，变既往古朴形式

为精妙无比、划时代之大作，人称"振古未曾有"。其后不久法显巡游五天竺归来，带回经像。法显巡游之际正值印度笈多王朝全盛时期，其带回之精妙笈多样式雕刻势必给予当时雕刻界以相当冲击。

前秦建元二年（366），沙门乐僔于甘肃省敦煌鸣沙山断崖始开石窟，雕造佛像。此乃模仿印度阿旃陀与阿富汗巴米扬石窟，为中国石窟之嚆矢。其是否存今不得而知，然以此为契机引发南北朝时代石窟大规模之开凿确为事实。

该时期雕刻存世极少，余所知仅柴田极人[3]所藏"祁弥明画像石"[4]与大仓集古馆[5]新收藏之"木造普贤菩萨像"两件。该时期工艺品遗存亦甚少。石碑于后汉时代大肆制作，而自两晋时代起因薄葬禁止建碑，墓前罕有立碑，故其遗品亦少，往往墓中仅有砖瓦之属与铜镜出土。砖瓦与镜仅述汉代样式，未及别开生面。

2. 南北朝与隋代（上）

五胡十六国之乱与东晋灭亡相始终，形成

[1] 原文有误。《女史箴图》乃顾恺之所画。

[2] 《洛神赋图》为顾恺之之作品，被称为"中国十大传世名画"之一。

[3] 经查日本所有大型百科全书和日本网络的"词汇银行"皆未见收有此人事迹，疑为明治时代普通日本人。——译注

[4] 发现于山东省嘉祥县武梁祠（元嘉元年，151年），作者乃东汉雕刻家卫改，1786年由清代研究古代铭刻的著名学者黄易发掘，明治时期流落至日本。——译注

[5] 大仓集古馆，位于东京都港区赤坂的美术馆，于1917年（大正六）由明治、大正时期实业家和军部御用商人大仓喜八郎（1837—1928）设立，藏品以东洋美术品为主，藏有中国"木造普贤菩萨像"等。——译注

南北朝对立。南朝宋、齐、梁、陈相续，北朝由北魏而东西魏、北齐、北周，终为隋所统一。此南北朝时代文化，一方面系两晋时代之继续，一方面接受波斯萨珊王朝文化，进一步又引进犍陀罗文化系统中略带地域色彩之西域艺术，再吸收笈多王朝艺术形式，最终促进传统之发展，所谓南北朝艺术形式由此而大成，并传之于隋，又通过朝鲜，给予日本影响，形成飞鸟时代[1]艺术。

斯时南北两朝笃信佛教，建造伽蓝，开凿石窟，盛况空前。又共得小康[2]，文化事业异常发达。

据文献记载，建筑物于南北两朝皆有巨大进步。北魏皇兴元年，献文帝于其都城恒安北台（今大同）修造永宁寺七级浮屠，高三百余尺，其规模之宏大世称天下第一。又造天宫寺三级浮屠，高十丈，坚固精巧，为京畿之大观。此后北魏迁都洛阳，建造诸多伽蓝，其中永宁寺九级木浮屠，为熙平元年（516）灵太后胡氏所立，高九十丈，宝刹高十丈，人称其宏丽建造穷极世工，冠于世界。南朝伽蓝宏大亦不相让，因此建筑物异常发达。然而当时建筑物于今仅存河南登封嵩岳寺十二角十五层砖塔与山东历城神通寺四门塔。除石阙类，前者作为砖构建筑乃中国现

存最古老建筑。

斯时陵墓制度大为完备。如文献记载，北魏诸陵雕饰壮丽，然其遗迹今不可寻。而南朝各代陵墓，石柱、石碑、石狮等石像犹存，仿佛当年景观。

斯时于艺术史上最应大书特书者乃石窟之开凿。北凉沮渠蒙逊[3]（在位时间：401—433）于敦煌鸣沙山以东三危山开凿石窟。此乃继前秦鸣沙山石窟之后中国之第二处石窟。北魏文成帝于其都城平城附近云冈开五大石窟，献文帝、孝文帝相继又于该处开凿石窟无数，呈现古今无比之奇观。孝文帝迁都洛阳后，于洛阳附近龙门断崖开凿石窟无数，又于河南巩县石窟寺开凿数处石窟。此外还于山东历城黄石崖、龙洞开凿许多佛龛。北魏时代营建之石窟呈现出古今未有之大观。南朝佛事繁荣绝不在北朝之下，然或因缺乏适合开凿石窟之石山，开凿数量与北魏相比寥寥无几。即令如此，南齐、梁两朝亦皆于其都城建康附近栖霞山断崖开凿数十石窟，其中多刻佛像。幸有此类石窟遗存，故可充分了解南北朝时代雕刻真相。不仅如此，而且又因多次发现圆雕石佛与小铜佛，故其雕刻样式之轮廓得以进一步清晰。唯惜其资料北朝丰富，南朝贫乏。南朝制作雕像固然较少，然多少犹有遗存，在样式上与北朝无大

[1] 指以奈良盆地南部飞鸟地区为首都的推古王朝前后时代。原为日本美术史时代区分，包括以推古王朝为中心，自佛教东传至迁都奈良这一广泛时期。现据日本政治史与文化史来区分，一般认为时间在6世纪末至7世纪前半期。也称推古时代。——译注

[2] 原文为"少康"。疑著者将日文"小康"与"少康"相混。"少康"指中国佛教净土宗七高僧之一。而"小康"指时局、疾病等获得稳定状态。此处取"小康"意。下同。——译注

[3] 沮渠蒙逊（366—433），临松卢水（今甘肃张掖）人，匈奴族，十六国时期北凉的建立者，公元401—433年在位。其祖先为匈奴左沮渠（官名），后来便以沮渠为姓。沮渠蒙逊虽为北方蛮族，却博览史书，颇晓天文。史书赞其"才智出众有雄才大略，滑稽善于权变"。天玺三年（401）建立北凉。义和三年（433）沮渠蒙逊去世，时年六十六岁，葬于元陵，庙号太祖，谥号武宣王。

差别。

此类石窟中往往有佛塔、斗拱、蠹股[1]、屋盖等雕刻，且雕饰图案精美，可见当时建筑手法与装饰之一斑。

绘画承继两晋时代，进步尤为巨大。南朝有宋时期陆探微，系可与顾恺之比肩之六朝巨擘。其门下除其子陆绥外还有顾宝光、袁倩，皆著名。南齐以谢赫最为著名，于人物画有所创新。其著《古画品录》成古今画论之金科玉律，其画"六法"被视为千古不变之典范。所谓"六法"即指气韵生动、骨法用笔、应物象形、随类赋彩、经营位置、传移摹写。将气韵生动置为第一，可知当时绘画于写实之外，还重视作者人格之神韵气力，以及其发达进步有如此优异者。梁以张僧繇最为杰出，佛祖、菩萨、道释人物皆能之，据传其画龙点睛，龙立即飞去，人称六法备精，万类皆妙。北朝比之南朝，多少有些逊色，然犹有相当著名者。南北朝时代绘画如此发达，使人有凌驾雕刻之联想，唯惜者此仅见于文献，其遗作今已不存，实可叹息。

至于工艺品，其中亦有相当石碑遗存。南北两朝略有差异。两晋时代几近绝迹之石碑于当期复活，南朝碑下必有龟趺，碑身有"穿"，即圆孔，系汉代遗制。头部半圆形，绕其轮廓左右刻龙，碑额外空白处与侧面阳刻天人、龙、忍冬图案等作为装饰。北朝碑多立方趺之上，碑身无"穿"，头部左右刻龙，成为所谓螭首滥觞，但不似南朝碑施以华美雕饰。

金属器有铜镜，犹追汉代形式。

陶器有近来出土于坟墓中之瓦俑男女像与瓦俑骆驼、家畜，浑朴中尽得写实之妙。

[1] 蠹股，建筑物承重部件，下方呈开口状，如青蛙之大腿撑开。后也用于装饰。——译注

3. 南北朝与隋代（下）

东魏建都于邺（河南省彰德附近），北齐亦以邺为都。文宣王将国家财政一分为三，一分国用，一分自用，一分供养三宝。如此大力尊崇佛教，务使兴隆，故佛教以帝王为中心一路兴旺发达。当时仿北魏云冈、龙门之例，于其国都附近大力开凿石窟。即在宝山灵泉寺凿有大住圣窟，在北响堂山凿有刻经洞、释迦洞、大佛洞三窟，在南响堂山凿有华严、般若等七窟。又，山西省太原古为晋阳，东魏骁将高欢居于此。其子文宣帝建国，称北齐，奠都于邺，然仍以晋阳为别都，屡次行幸。晋阳在政治、文化方面占有重要地位，故其附近有许多石窟、石佛。其最重要者乃天龙山石窟。

北周建国之初亦尊佛教，然而武帝于建德三年（574）废释、道二教，毁经像，使沙门道士二百余万还俗。宣政元年（578）灭北齐，悉毁齐境佛寺经像，使僧尼二百余万还俗。此所谓"三武灭法"之一，佛教艺术为此大受打击。不久隋文帝一统天下，大力复兴佛教，佛教由此进一步兴盛。隋祚不长，然于云冈、龙门新凿石窟，且又于天龙山、北响堂山、宝山开凿重要石窟，更于山东历城龙洞、玉函山、佛峪建造大小佛龛，及于青州云门山、驼山开凿最精致之石窟。此类石窟及其内外佛像遗存至今，显示北齐、隋代样式之真相。文帝又进一步于仁寿年间使天下各州建舍利塔，北齐、隋二代又多建著名大伽蓝，然当时此类建筑悉归毁灭，无一遗存。

隋文帝合并南北，统一海内，数百年间落入外来异族之手之中原大部治权得以恢复，使中国地域再成汉土，且促进汉族自我觉醒，并逐渐整顿制度文物，至唐代臻于完备。隋文帝于开皇年间大力营造长安都城，名长安为大兴城。世称规模宏大，制度完备，振古以来未曾

有。此大兴城即此后之唐长安城，为日本平城[1]、平安[2]两京制度蓝本。又，隋炀帝追慕秦皇汉武故事，喜自夸，大兴土木。其建造之洛阳城挟洛水，颇壮丽，然与前者相比，规模性质多少有异。

绘画于南北朝皆异常发达。北齐之曹仲达、杨子华，陈之顾野生，隋之展子虔、郑法士为其巨擘，皆擅长佛画。据传描龙画马，山水人物，无不可往，达至妙境。然当时绘画一无遗存，唯从近来于朝鲜高句丽古坟出土之同时代壁画可略见一斑。

该时期工艺品遗存亦罕。镜鉴有海兽葡萄镜，镜背或做瑞兽，或现忍冬图案。唐镜基础毕竟始于隋代。北魏后之陶俑多有发现，而该陶俑何属北魏东魏，何属北齐与隋？于今日研究范围内难以确定。

此外，其他工艺品于各方面皆有异常进步，然几无遗物，故难以详述。

要而言之，北魏文化于周汉以来传统样式基础上摄取犍陀罗艺术手法，最终使其两相合并，达至中国化，而犍陀罗样式痕迹则几不可寻。而其间又略有波斯萨珊与印度笈多样式之影响。北齐与隋文化毕竟为其继续，萨珊、笈多手法较前略多。入唐后其影响进一步增加，终于显现一大变化。

三、唐代建筑雕刻与工艺品

唐代为汉民族复兴时期，又为六朝艺术革命时代。唐版图兼有西域，西接波斯，以西藏为附庸，直通印度，输入萨珊末期成熟文化与笈多优秀艺术，并将此与南北朝及隋代继承之样式巧妙协调，使其进一步融入该自觉性时代之精神熔炉，可谓空前绝后，初唐艺术由此大成。

其建筑大体以周汉时期兴起之传统样式为基础，或多或少摄取波斯与印度之细部装饰，以此创出雄浑壮丽之初唐样式。然其雕刻略与之有异，因有玄奘三藏、义净三藏之往返五天竺，又有王玄策等使臣之来往，故于引进佛教之同时又引进当时戒日王[3]治下异常发达之笈多手法，以此完成与过去南北朝时代性质颇异之样式。反之工艺品却多受波斯影响。唐初与波斯交通大开，所谓之胡乐、胡服、胡帽、胡食为上下所欢迎，风俗习惯为之一变。此"胡"即指波斯。伴随胡乐流行，波斯乐器进入中国。于采用胡帽、胡服同时亦输入染织品、服饰品。由于胡食，波斯食具亦频繁使用。该时期工艺品遗物之大部于中国已不知所踪，幸好于日本正仓院尚保留大量当时输入与仿制之工艺品，见此可知当时波斯器物与受其影响而仿造之工艺品何其多也。要而言之，除却唐初工艺品外，该时期工艺品受到波斯巨大影响，其发展近乎革命性。雕刻方面主要有赖于印度中部地区之影响，而工艺品方面似乎较少交流。

唐代木构建筑毋庸置疑有大发展，但遗物今已全无。唯通过用于砖塔之建筑手法与阴刻

[1] 今奈良市。日本于公元 710 年至 784 年建都于此。——译注

[2] 今京都府。日本于公元 794 年至 1192 年建都于此。——译注

[3] 戒日王（Siladitya，约 590—647），印度塔内萨尔王国普湿婆提王族第六代国王，属笈多王族旁系后裔，音译易利沙、曷利沙伐弹那，意译为喜增王。中国玄奘访印期间正值戒日王治世，颇受礼遇。有人将戒日王朝视为笈多王朝的延续。——译注

于慈恩寺大雁塔入口上方之佛殿画，以及受彼影响之日本宁乐时代[1]建筑，可知其建筑样式之一斑。而砖构佛塔规模大者往往犹存，石筑佛塔规模较小，然亦有雕饰极精者。陵墓皆筑于山上，神道左右并列石柱、石兽、石翁仲等，制度严整瑰丽，永为后世楷模。

雕刻当时有木造、石造、铜造、塑造、干漆造等，既可见之于文献，亦可证之于受其影响而出现于日本宁乐时代之雕刻。易朽腐之木造、塑造、干漆造者今几不可寻。遗存最多者乃石刻者与阳刻于石窟内外者。铜造小佛各地皆有出土，等身大以上者几无遗存。盖后世悉数砸毁浇注钱币之故也。

石窟自唐初至开元天宝年间开凿最盛，其重要者多凿于河南洛阳龙门及山西太原天龙山、山东历城神通寺千佛崖、青州驼山、四川广元千佛崖，尤于甘肃敦煌鸣沙山等地，之后迅速衰颓。此类石窟内部皆以浮雕法雕出本尊、罗汉、四天王、仁王等，内外壁面又凿小佛无数。其中规模最大、最杰出者乃高宗建造之卢舍那佛大像。

石窟之外石制圆雕者有相当遗存，近年来多走私海外，保存于英美法德等博物馆，属于个人收藏者亦不在少数。铜像大者后世悉数被毁，留存至今者多为土中发掘之小佛像也。又，木雕佛像与干漆造佛像极少，然亦并非付诸阙如。

此类佛菩萨像受笈多样式影响，面容轮廓丰满，眼细长，鼻梁高耸连额，口唇灵活，嘴角深沉，重颐，颈部四周有三四条括线，耳大形好，耳垂长悬有孔，发型卷发、螺发相半，躯体四肢匀称，衣纹线条流畅，薄衣，肉体外显。佛座有莲座与方座，背光处浮雕莲花、宝

相花[2]、火焰、化佛[3]，气象最为富丽。此中既有笈多文化之影响，亦为前一时代于增加部分新意后之继续。

陵墓神道左右有石翁仲、石凤、石马、石狮等石像生，在佛教雕刻之外开创一新世界，成为后世楷模。其技术工艺颇可观，如太宗昭陵六骏，系古今无可比俦之杰作。工艺品一如前述，由于萨珊文化影响异常发达。唯惜除石碑、铜钟外如今于地面不知所踪。幸日本正仓院藏有大量属于当时之木工、革工、玉工、漆工、染织工、陶工、金工等各种最为优秀之遗留物品，循此可知当时工艺品之进步及性质。又，中国近年来通过挖掘古墓，发现不少殉葬之陶器、陶俑、铜钟等，长安大明宫遗址与历代陵墓内又有当时瓦砖残片出土，其种类不少，可知唐代工艺品之真相。

石碑始于汉代，经六朝至唐代其形式臻于完美。碑身上冠有螭首，下方设方趺或龟趺，边框与侧面往往雕饰精美图案。其创意之良好，技工之精练，非其他时代可比俦。亦有脱离常态、呈现豪华奇异之特别者。中国人自古对文字多有兴趣，爱护保存如石碑一类文物，故其遗存不少。而如铜钟则多为后世砸毁浇铸成钱

[2] 宝相花，中国传统装饰图纹之一，系综合牡丹、菊花、石榴、荷花的不同特点，重新组合成花朵的形式，又称"宝仙花""宝花花"。盛行于隋唐时期，在金银器、敦煌图案、石刻、织物、刺绣等各方面常见有宝相花纹饰。——译注

[3] 有两种解释：一指如来对地前菩萨等所应现的种种化身，又称"应化佛""变化佛"。与"应身"或"变化身"为同义词。参见《楞伽阿跋多罗宝经》卷一与《大乘法苑义林章》卷七；二指应机随宜而突然化现之佛形。参见《阿毗达磨大毗婆沙论》卷一三五。——译注

[1] 奈良时代之异称。——译注

币，故遗物极罕，余所知仅西安府景龙观铜钟与山东青州真武庙铜钟两件。前者因官民迷信而不可见，后者与日本宁乐时代铜钟形制完全一致，显示日本学于彼之历史情状。

铜镜如汉式者今不知所踪，始于六朝末期之海兽葡萄镜制作广泛，除过去之圆镜外，方镜、八棱镜、八花镜、十二棱镜于此兴起，镜背图案以瑞禽、瑞兽、宝相花等为最多，往往施以七宝、螺钿、平脱[1]等。

陶俑乃藏于墓中之明器，有模仿死者生前生活制作之各种男女人物、鞍马、骆驼、狗、猪、鸡、鹅及神荼、郁垒等像。或于本色陶俑之上施以彩色，或上黄、绿、碧等釉药，皆工艺精湛，极其写实。如人物像，系考证当时风俗之绝好资料。

陶器有壶、瓮、瓶、碗等，本色烧制，呈黄褐色，质软，或浮雕图案，以表面施黄、绿、碧等釉药最为普遍。白瓷、青瓷于当时已见端倪。

以上主要就中国现存与出土之工艺品进行阐述，未论及藏于日本正仓院及其他古老神社、寺庙之唐代遗物。

四、五代与宋的艺术（附 辽与金）

五代 唐末纲纪紊乱，国势衰颓，盗贼起于四方，继而天下大乱。唐亡而代之兴起者，为后梁、后唐、后晋、后汉、后周，最终为宋所统一。其间仅存五十三年，兴亡盛衰，如走马灯，几无余裕开展文化活动。当时遗物可观者稀，其间唯后周之柴窑瓷器，但亦寥若晨星。五代中唯后唐

定都洛阳[2]，他国悉奠都于汴（今开封），其势力范围不出黄河流域。斯时北有契丹（辽），黄河以南、四川地区有所谓十国，割据纷纷。此类国家中相对得以小康、其文化遗产保存至今者亦不在少数。如奠都杭州之吴越王于西湖附近建有砖塔，石幢、石窟等；定都金陵（今南京）之南唐于栖霞寺造有最富丽之石佛塔；辽于东北、河北、山东[3]筑有砖塔与中国最古老之木构建筑（编者注一：大同上华严寺、下华严寺之佛殿、藏经楼与应州佛光寺木塔等），足以大书特书。

北宋 宋太祖赵匡胤统一天下，定都汴京后经太宗、真宗至仁宗，四海晏平，文化事业大为发展。神宗之后外有辽、金压迫，内有朋党争斗，积弱至极，汴京终为金国所占，以至偏安南方临安（今杭州）。一般称宋定都汴京时期为北宋，迁都临安后为南宋。

南宋 高宗南迁，至孝宗时北与金国和亲得以苟且偷安，然屡为金国所苦，之后又逢崛起于北方之蒙古灭金后侵掠宋领土，国势日益凌夷，最终覆亡。

宋文化大体继承于唐，其间虽有所发挥自身特色，然而毕竟缺乏唐文化之雄浑阔大气势，不免有纤弱之弊。不过于绘画与陶瓷方面则凌驾于唐，有异常之发展。

辽与金 契丹于五代之初灭渤海国，称国号为辽。宋之后由东北出发，盘踞河北、山西北方，宋常仰其鼻息。而女真则起于东北，国

[2] 五代时李存勖败后梁兵，攻占幽（今北京）、魏（今河北大名北）等州，取得河北，于龙德三年（923）四月称帝于魏州，改元同光，国号唐，史称后唐。同年十月灭后梁，十二月才迁都洛阳。——译注

[3] 大同、应州均在山西省。疑著者将山西误写为山东。——译注

[1] 漆工艺技法之一，即将金银薄片剪成图案，贴于漆面，上面再涂漆，之后磨去该处油漆的技法。——译注

号为金，终灭辽，并顺势攻陷汴京，使宋不得已南渡。之后于世宗时达臻全盛。其领有黄河流域固不必详说，且南及汉水、淮水，西越陕西达甘肃。此后国力渐衰，终为蒙古所灭。

辽、金皆崛起于东北，几乎未有自身文化，制度文物皆仿于宋，其艺术作品不过蹈袭于宋而已。

建筑 宋建筑起初蹈袭唐朝样式，但之后逐渐显示自身特色。都城汴京大体仿唐制度，宫殿建造宏伟壮丽。佛寺、道观亦祖述唐式，然其建筑细部逐渐发达，既发明斗拱，又多运用装饰雕刻与镂空技术。辽、金亦同。唐木构建筑今无一存，而北宋与辽代木构建筑尚存少许，砖塔亦遗存较多。唐塔平面多方形，而宋、辽塔毋宁普遍为八角形，且罕有铁造。

北宋历代帝陵皆营造于河南巩县。其制度出自唐陵，尤为依凭建于河南偃师县唐高宗太子孝敬皇帝之恭陵，并增添石翁仲、石怪鸟、石羊等，成为此后明清陵墓蓝本。此类陵墓于宋南渡后悉为金人挖掘，然幸有较多石柱、石翁仲、石兽之属安然存今。

宋南迁后建都临安，于该地营造都城、宫阙，并以此为核心营建禅宗五山伽蓝（万寿寺、灵隐寺、净慈寺、天童寺、阿育王寺）以及天目山、天台山等诸多重要伽蓝，然该时期建筑除极少砖塔外几无遗存。根据镰仓时代[1]从南宋输入之所谓"唐样"[2]"天竺样"[3]建筑形式推

[1] 源赖朝于关东地区镰仓建幕府至北条氏灭亡的时代（1192—1333）。——译注

[2] 镰仓时代与禅宗一道传入日本的宋建筑样式。——译注

[3] 镰仓时代由僧人重源从南宋传入的佛寺建筑样式。——译注

断，中国南北朝时代应有相当不同之建筑样式存在。宋南渡时将北方发达之建筑技术带至长江流域，又多少吸收一些南方建筑手法，此后出现之建筑样式，即日本所谓"唐样"。而此前主要发育于中国南方之传统样式依然行其道者，即日本所谓之"天竺样"。镰仓时代输入之中国南方系统与北方系统之建筑样式引发日本建筑界产生巨大变化。

金完全蹈袭北方系统宋代样式，于其都城即今北京大力营造宫阙时，先遣画工至汴京，摹写其制度，以此为范本。之后又毁坏汴京宫阙，拉回屏扆窗牖为北京所用，其规模制度与宋无大差别。当时木构建筑存世者唯曲阜文庙碑阁[编者注二]。石塔、石砖往往遗存，然皆祖述宋、辽样式而已。

南宋陵墓历代营造于浙江绍兴，或有他日回归汴京后使其归葬之意，故仅称"攒宫"，不称陵，制度、陈设亦简单素朴。而其亡后悉为元人挖掘破坏，至明时重新修筑，但唯存形式耳。

金于北京市房山区云峰山下卜地构筑宏大陵墓，然明天启年间辽阳为后金所陷时，明人惑于"形家"之说，恐断地脉，故悉数毁却。至清时重修，然全失当年风貌。

雕刻 盛行于北魏、隋唐时代之石窟入宋后全然废绝，石佛制作亦稀。余所知北方唯山东历城开元寺有一大佛头。南方唯有杭州灵隐寺以延续五代风气而将石佛刻于岩窟内或岩壁上，技巧与唐相比则明显衰退。又或制作诸多木佛、塑像、铜像，然多归湮灭，今唯存少量实物。阳刻于河北正定隆兴寺佛殿壁之塑佛即其最负盛名者。置于该佛殿内铜造观音大立像体量巨大，令人惊羡，然多为后世修补，已失当年风貌。要而言之，宋、辽、金时代雕刻全依唐代样式，虽增添些许优雅与自由手法，然

已失唐之雄浑与崇高之气，逐步萌发卑俗纤弱之弊。

工艺品　此时工艺品存世者主要有金属器与陶器，漆器极少。金属器有铁钟、铁桶、铜镜类。铁钟已离唐制，创出特有形式，而形态、工艺已然退化。铜钟固然有之，自不待言，然为后世熔毁，存世稀罕。铁桶有存泰岳庙者，为唯一一例，然其手法极雄浑富丽。宋、金铜镜皆多有实物存世，然相较于前代，背纹、工艺皆粗砺稚拙。陶器遗物较丰，显示当年其发达异常。北方有定窑、汝窑、钧窑、磁窑，南方有南定窑、哥窑、龙泉窑、饶州窑、建窑等，除青瓷、白瓷、天目釉外，当年还有陶器或描绘或篦雕（刻花）或印花最雄劲大胆之图案于自身表面，其釉色之美，技巧之精，空前绝后，不容后世追随。

染织以锦绣、金襴、缎子等技艺尤为发达，然相较存于中国者，携入并保存于日本者为多。

五、元代建筑与雕刻

元系黑龙江上游蒙古族之一支，崛起后其势渐炽，如燎原之火向四方扩展版图：向南则灭金国、降高丽、吞并宋，之后达至西藏、云南、印度支那，向西则由中亚、波斯、俄罗斯侵略波兰、匈牙利，建立起横跨欧亚、前所未有之庞大帝国。蒙古人系游牧民族，战争时骁勇剽悍，打遍四邻无敌手，然缺乏自身文化，见金、宋文化繁盛即仿效之，制度典章皆以金、宋为宗师，故元文化仅为金，尤为宋文化之继续。太祖一方面大力提倡儒教，另一方面作为怀柔吐蕃（西藏）政策之一又以喇嘛教为国教，历代笃信不移，故喇嘛教势力极其强盛，道教、佛教为此衰颓。与喇嘛教一道，西藏文化大量

进入元代，给予当时建筑、雕刻、绘画（尤其佛画）、工艺品以极大影响。元引进印度中部地区颓废性佛教喇嘛教，且承其艺术，形成特有之发达文化，其艺术性质与唐宋以来传统样式颇相异，故元艺术受此喇嘛教文化感化后面目为之一新，样式上可称划时代。

建筑　太祖仿宋汴京制度，于燕京（今北京）营造规模宏大之宫阙，然相较于唐、宋，其为适应传统习惯颇有斟酌之变更之处。而变动多体现于平面与设施，建筑物主要结构样式则全部蹈袭宋、金。喇嘛教强盛之结果，导致起源于印度中部地区之藏式佛塔首次进入中国。北京妙应寺白塔即其代表。而属宋、辽、金样式的砖构层塔亦多有建造。木构建筑遗存不多。余所知者唯嵩山少林寺钟鼓楼与曲阜文庙元碑阁。此类样式、手法大体属宋、辽、金系统，唯细部略作变更。石构代表遗物有著名之居庸关，其雕刻实乃当代艺术之白眉。

雕刻　元雕刻继承宋代样式，同时又引进西藏喇嘛式手法，性质为之一变。其遗存不多，唯北方太原龙山道教石窟遗存值得一书；南方杭州飞来峰许多石龛佛像亦引人注目。前者可视为宋代遗法，后者喇嘛式手法甚浓厚。

元代雕刻遗存除上述外石刻物稀少。木造、塑造者并非阙如，然世间所知有代表性者极少。

六、明代建筑雕刻与工艺品

元崛起于蒙古，吞并中国后建立横跨欧亚之大帝国，其制度文物多仿效汉民族，然因其以喇嘛教为国教，输入大量西藏文化，且又固守传统习俗，故带有与唐、宋时代传统文化略异之性质。明太祖灭元，再建汉族国家，奠都金陵（今南京），营造大规模都城与壮丽宏伟

的宫阙，兴郊祀宗庙之礼，禁胡俗，复衣冠为唐之旧，其驾崩后后人即依唐宋制度，建造更大规模陵墓，大力发扬民族精神与传统文化。至永乐帝时迁都顺天（今北京），改元代大都名，建更大都城。其陵建于北京北部昌平县，相较太祖陵更为宏大壮丽，可称古今无比之大工程，汉民族为之扬眉吐气。

太祖还大力提倡儒教，于南北两京设国子监，[1] 令州县建立学校、文庙。太祖、成祖次递崇信佛教，诏南北两京印刻《大藏经》，着力兴建伽蓝。而世宗则信奉道教，排斥佛教，佛教逐渐衰颓。

太祖、成祖又信奉喇嘛教，历代予以保护，故西藏艺术继于前代给予中国以相当影响。

道教自太祖以来亦历代受到保护，世宗尤其大力鼓励兴建道观。而后道教日益兴盛，道观建筑相当发达。

要而言之，该时代乃汉民族传统文化之复兴时代，都城、宫阙、佛寺、道观、陵墓等皆极尽宏伟壮丽，然而于今南京宫阙唯留遗址，北京都城、宫殿多为后世改建，保留当年模样遗存者少。寺观庙祀中据推测属于该朝者有相当数量，然于余等调查范围内无法确证其正确时间并充分说明其特质，实为遗憾。

1. 城郭与宫阙

南京都城与宫阙 南京初为吴孙权都城，其后经东晋而宋、齐、梁、陈皆置都于此。隋唐以后首都北迁，然此地犹为中国南部重要城市。明太祖灭元统一中国后，即于过去都城

[1] 原文有误。太祖时尚无"北京"地名，故无"北京国子监"之说。待明成祖朱棣定都北京后才在北京设国子监。——译注

之东南方构筑皇城，设内外城廓。内廓周长九十六里，开朝阳、正阳等十三个城门；外廓周长一百八十里，开上方、夹冈等十六个城门，规模宏大，古今无比。然因山谷湖沼之故，地失于广，有缺乏整齐紧凑之憾。

皇城正门位于内廓正阳门内，号洪武门，经承天门、端门达内城正门午门。午门内有汉白玉五龙桥架于沟渠上。继而奉天门内有正殿奉天殿，再有华盖、谨身、奉先、武英、文华诸殿与乾清宫、坤宁宫等。四周环绕城壁，除奉天门外，其他三面还开有东安门、西安门与北安门。

正阳门外有山川坛、大祀坛。端门右立社稷坛，左立太庙，规模颇宏伟壮丽。然于永乐十五年（1417）迁都北京后逐渐衰颓，至清后益发荒废，今唯存午门、五龙桥遗址，奉天殿遗址现为古物陈列馆。

北京都城 北京最早为辽、金、元都城，明永乐十五年于此建成都城后政权由南京迁入。其周长四十里，四面开九门，中央营建皇城。其后于嘉靖三十二年（1553）扩张都城南侧，筑外城，即瓮城。其制度雄伟壮丽，可与唐代长安城比肩。瓮城南门称永定门，内城南门称丽正门（正阳门），皇城南门称大清门。继而经天安门、端门达紫禁城。皇城北门称地安门。紫禁城西面有苑囿，内挖有太液池，北面筑景山。永定门内东有天坛，西有先农坛，遥相对立。紫禁城前左右各建有太庙和社稷坛。地安门后面次第建有鼓楼、钟楼。都城外东有日坛，西有月坛，与南北两面所建之天坛、地坛相对。皇城东北建有国子监与文庙。此等都城规制规模宏大，制度严整，远在南京之上，为隋唐长安城后之大都城。

清北京城，蹈袭明制度，各类建筑殆咸为清时再建，其规模亦全部继承明制，以此可推

测明代规模与制度。

紫禁城位于皇城中央，四周护城河环绕，南北东西各开有午门、神武门、东安门、西华门。紫禁城大体按纵向分为三区，中央部为最主要殿宇所在，此外分外朝、内廷两区。

紫禁城正面午门内即外朝，有汉白玉栏杆之五座金水桥架于沟渠上，正面有皇极门（今太和）。过皇极门，汉白玉三层塔基上绕有三匝汉白玉栏杆，于其上皇极殿（太和殿）、中极殿（中和殿）、建极殿（保和殿）递次耸立，其景观庄严宏伟至极。

内廷一廓位于其后，其正门为乾清门。内部相继矗立乾清宫、交泰殿、坤宁宫，过此可达坤宁门。此内外诸宫殿左右附设各种门庑殿宇，更显壮观。

中央部主要建筑左右，密集建有无数宫殿、门庑、官署、祠堂等。

明代建筑仅存皇极殿后中极殿、建极殿二栋，其余咸为清代再建或改建。而再建、改建时则依据旧朝平面制度，以此可推见明代宫阙制度。

外朝皇极殿、建极殿所立之塔基有三层，各层皆有汉白玉栏杆环绕，前后铺有壮丽无比之大石阶。

中极殿与建极殿疑为天启七年重建。中极殿立于石基上，方形，面阔五间，进深五间，单层，四面各开放一间供人通行。四角攒尖顶，正中冠鎏金圆宝顶。内部为格子藻井，中央设宝座，内外皆饰以华丽彩饰。

建极殿面阔九间，进深五间，前面开放一间供人通行。重檐歇山顶，内部为格子藻井，中央设华丽宝座，内外皆施以金碧辉煌之彩绘。

大通城门（山西省） 明洪武五年（1372）大将军徐达增筑大同城，四面城门建门楼，东称和阳，南称永泰，西称清远，北称武定。前

面造瓮城，上筑三层楼阁，显示出宏伟壮丽之精神。可惜近年极度颓圮，呈危险状态。

2. 庙祀

西安文庙大成殿（陕西省） 明洪武二年（1369）创建。据传大成殿于成化年间文庙增修时以渭水泛滥漂来之木料所建。双层，四角攒尖顶，其宏大建筑立于石基上，前面有月台。中殿面阔九间，进深六间，内外施以藻彩，以黄釉瓦葺屋顶。内部中央龛内安放孔子牌位，左右设四配（颜子、曾子、子思子、孟子）、两侧放置十二哲牌位。

中岳庙峻极殿（河南登封） 中岳庙，即嵩山中岳庙，祀中国五岳之嵩岳神。创始于汉代之前，受历代崇敬，屡经修建。现正殿峻极殿乃顺治十年 [编者注三] 重修，面阔九间，进深五间，双层，四角攒尖顶，其宏大建筑立于石基上，内外施以装饰，葺黄釉瓦。

3. 佛寺

大正觉寺（五塔寺）大正觉塔（北平西郊） 明成祖时班迪达由西藏来，奉金佛五尊与金刚宝座仪轨。所谓金刚宝座仪轨即释尊成道圣地、佛陀伽耶大塔制度之记述。成化九年（1473）成祖下诏，命按此仪轨修建大正觉塔。

塔由大理石修造，五尊宝塔立于方形塔基之上，大体类于今佛陀伽耶之大塔，而中央塔与彼相比明显较小。十五世纪时彼仪轨经西藏传入中国后立此金刚宝座，实为有趣之事。

塔基方五十尺六寸，由五层构成，各层雕刻大量佛龛，图案颇具喇嘛式。塔基上方正中立十三层、四隅立十一层方塔，刻有大量佛龛，施以各种雕饰。

五台山塔院寺大塔[1]（山西省） 乃五台山最高大喇嘛式塔，高约二十一丈，塔基为双层，有二层斗拱星形平面，塔身较小而相轮异常大，上戴大宝盖，顶上冠以小宝塔。系明万历十年重建。

永祚寺（双塔寺）伽蓝（山西太原） 永祚乃原太原府城东南门外之伽蓝，其大雄宝殿、庑廊、前门各立有两尊浮屠，悉以砖筑，不加一木。系明万历三十九年（1611）慈圣太后捐助，释福登所建。其大雄宝殿为重檐歇山顶，以瓦铺葺，内外皆以砖巧妙构出斗拱、穹隆顶棚。环绕前门、前庭之庑廊亦为砖筑。

双塔皆为八角十三层，亦悉以砖筑墙壁、斗拱、屋檐，外观颇显高大陡峻。

慈寿寺八角十三层砖塔（河北省） 位于北平阜城门外八里之八里庄。系明万历四年（1576）神宗为慈圣太后所建，仿辽式塔。其塔基施以富丽雕饰，一层塔身四面皆作拱门，四隅各设花头窗[2]，壁面阳刻菩萨、天部[3]像，隔柱浮雕蟠龙，头贯[4]各面阳刻十二坐佛。二层以上塔身极低，皆使用柱间斗拱，塔顶葺瓦，

[1] 此塔即大白塔，系明神宗万历七年（1579）皇太后李氏令太监范江和李友重建。

[2] 上部成曲线形状的窗子。此形式曾与禅宗建筑一道传入日本。——译注

[3] 佛教用语。乃居住天界诸神，特别是被配置于胎藏界曼荼罗外金刚部院的天龙八部众、十二天、天文神的总称。也有解释是欲界六天之上、色界、无色界诸天以及日月星宿、龙、阿修罗、阎魔王或药师十二将等的总称。——译注

[4] 系于建筑物上方为连接柱与柱而在柱头使用的横木。——译注

顶上有宝珠、露盘，形态完好，雕饰最为富丽堂皇，系明代佛塔代表性杰作。

黄檗山万福寺法堂（福建省） 万福寺乃位于福清县西面二十里处之伽蓝，唐代创建。其后兴衰不一，明初复建，嘉靖遇火，万历再建。其大雄宝殿、天王殿因民国十七年（1928）溪水陡涨遭冲毁，唯法堂幸免于难。法堂于万历四十二年（1614）再建，双层重檐歇山顶，屋顶坡缓，有轻快之风。斗拱及其他细部带有南部中国地方特色。明末该寺住持隐元禅师于江户时代初到日本，按该寺制度于宇治[5]开辟黄檗山万福寺，故该寺样式与上述法堂颇为相似。

4. 皇陵

太祖孝陵（南京） 元代无皇陵，明后为复兴传统文化，特别参酌唐宋陵墓制度营造出规模更大之皇陵。

太祖孝陵位于南京东面钟山山麓，形制极为庄严华丽。先进大门，过碑亭，左折后右折，过桥可见挟石像生之神道、卧狮、立狮、卧獬豸、立獬豸、卧驼、立驼、卧象、立象、卧麟、立麟、卧马、立马各一对递次站立。其次还有石柱一对、武将石翁仲两对、文官石翁仲两对依次站立。之后乃五间石牌坊。由此右转至灵台前。先渡石桥三座，次经棱恩门、碑亭至棱恩殿。以上建筑悉遭破坏，唯留塔基。于棱恩殿后过一门，有石桥。其次有明楼遗址，上部楼阁已毁，唯空留塔基。之后有大规模之坟丘，

[5] 现为日本京都府南部的一个市，位于宇治川河口，名茶产地。平安时代为贵族别墅区和游乐胜地。除黄檗宗本山万福寺外，还有著名寺庙"平等院"。——译注

即灵台。圆形土坟，坟上杂树丛生，其外部环绕砖壁与沟渠。

石像生自唐宋时代已有，然如孝陵卧像、立像交替站立者无。又，碑亭、明楼制度亦以此为嚆矢。盖参酌唐宋时代陵墓后进一步创建之崭新制度。

明十三陵 成祖由南京迁都北京后，历代皇陵悉数筑于昌平县北面天寿山下，共有十三处，俗称"十三陵"。永乐七年（1409）成祖筑寿陵（后称"长陵"）于天寿山下，于永乐十三年落成。其后宣宗至宣德十年（1435）始于神道两侧设石像生等。之后历代皇陵皆以此长陵为中心，于其左右铺开营建，故此类石像生自然成为各陵皆有之陈设。其规模宏大远在唐宋陵墓之上，古今无比。由神道入口至长陵前门约十六里，营造规模之大可以想见。

神道入口有汉白玉造五间石牌坊，雄伟壮丽。经牌坊过石桥、大红门、多层碑亭、耸立于其四隅之四座石柱，再行几步可见石柱一对、石翁仲十八对三十六躯夹神道次第排列，其景象实为壮观。此类石像生相较于孝陵数量更多，有卧立之石狮、石獬豸、石骆驼、石象、石麒麟、石马各一对，其次有武臣、文臣、勋臣立像各两对。

此类石像生所终之处为棂星楼。过三座石桥达长陵前门。长陵后靠天寿山，坐北朝南。前门之后有稜恩门。稜恩门内规模宏大之稜恩殿耸立于三层汉白玉塔基上。稜恩殿乃宏大建筑，面阔九间，进深五间，双层，四角攒尖顶，茸黄色琉璃瓦，内外施有彩绘，气魄宏伟壮丽。

稜恩殿后汉白玉牌坊、汉白玉香案依次而立，其次为砖构高台，台上有明楼，其后乃宝城即大坟丘。殿及其他建筑四周环绕墙垣，接后方宝城。

唐宋时代皇陵陈设中今唯存石像生。明太

祖孝陵木构殿阁门庑悉归乌有，亦仅存遗址。此长陵保留当年规模，遗存较完好，系明陵中唯一代表建筑。

其他十二陵大抵皆仿长陵制度，然皆破败不堪，濒于毁灭。

5. 雕刻

中国雕刻于唐代已登峰造极。宋代为唐之继续，然而显示出部分退化现象。入元后与喇嘛教一道，西藏样式进入中国，予雕刻界以大变化。明代大体为元之继续，其样式、工艺流于纤巧，不免略带俗气。今举两个年代确切、有代表性之例子。

大同上华严寺佛殿五尊佛（山西省） 上华严寺佛殿乃辽代修建，其内殿中央安置毗卢舍那佛，左右排列阿閦、成就、弥陀、宝生四佛。此五尊佛之样式与台座、背光之手法颇具喇嘛教文化特色。据明成化元年（1465）之重修碑文，可知宣德二年（1427）造中央三佛，宣德四年造左右两佛，当时犹依元制，系喇嘛教样式。

明永乐释迦如来坐像（早崎梗吉氏藏） 台座有"大明永乐年施"铭刻。面相、头发、姿势及台座之莲花等手法颇受喇嘛教文化影响。

明太祖孝陵与成祖长陵神道左右有石像生队列，其雕刻技法颇有可观之处，可以说已然凌驾宋陵石像生。关于此，建筑部分"明皇陵"条目已有说明。

6. 工艺品

明工艺品中最有特色且最发达者乃陶瓷器。于此余不涉及陶瓷器，而专门记述其他工艺品。且余对工艺品之研究不充分，因而有失精确、遗漏之处不在少数,以此为憾。

将工艺品分类,除陶瓷器外可分为金工器、漆器、石器、砖瓦器、木器、染织物等。今仅概述如下。

明初府库充盈,开设官办局、厂。在官府保护之下各种工艺品异常发达,然于明晚期始随国势衰退,逐渐陷入纤弱之态。

金工器 宣德年间设陶冶局,其所铸造之铜炉及其他铜器颇精巧,名宣德炉。景泰年间由阿拉伯传来时称"佛郎嵌"之珐琅器,即我所谓之"七宝",其技术已颇发达。且当时铜钟、铁钟制造技术亦发达,然遗存者少。北京天宁寺明嘉靖四年(1525)所铸之铜钟最为优秀。又,大仓集古馆收藏之明成化元年(1465)铜钟,其样式、工艺皆有颇可观之处。

漆器 漆器于宋元时期已然采用"沉金 [1]""堆黑 [2]"等技法。明继承之,技巧日益精湛,尤以"堆朱 [3]""堆黑"器施以精细底纹,运用各色漆之"存星 [4]"技法最为发达。

石器 在此时期石器亦有显著进步。附属于建筑物之塔基、栏杆、须弥座等雕饰极为精致,置于陵墓香案之石香炉、石花瓶、石烛台亦有可观之物。石碑一方面为元代继续,另一方面又远接唐代样式,螭首之作颇为雄浑壮丽。砚台之雕饰与玉器亦颇精巧。

砖瓦器 斯时最显著之现象乃琉璃瓦即施涂黄绿釉及其他杂釉之瓦之兴起。皇室宫阙与陵墓之建筑铺葺黄釉瓦,瓦当雕刻龙凤纹自此开始盛行。绿釉瓦尤多使用。

明南京故宫出土之黄釉瓦当(巴瓦与唐草瓦)有龙纹。明崇祯四年(1631)作品鸱吻施白、青、黄褐、紫褐等杂釉,颇为美丽。

砖中亦有施黄釉、绿釉等其他各色釉者,以此造墙壁、斗拱、檐栏,外观颇富丽堂皇。南京报恩寺琉璃瓦最为著名。

木器与染织物 木器于建筑物雕饰、家具制作,染织物于蜀江锦、缀锦、刺绣、金襕、印金等技术,在明代皆有异常之发展。因余实例所知不多,故从略。

七、清代建筑

清太祖发祥于东北兴京 [5],乘明衰弱占沈阳,陷辽阳后以此定都,不久后迁都沈阳,即原奉天。太宗继太祖位称帝,于奉天构筑宫阙,即原奉天宫殿。顺治帝时乘李自成起兵而进入北京,以此为都,终灭明而统一中国。

继而康熙、雍正、乾隆三帝治世凡一百三十年,实为清朝文化最盛期,四海渐平,国力殷富,朝廷一面于北京大力改建明宫阙,再兴太和殿,一面修建或重建天下庙祀寺观。因此建筑技术与工艺品一道大为兴隆。

[1] 于漆器中细刻图案,施以金粉之技法。——译注

[2] 雕漆技法之一种,以黑漆为主体。也称"堆乌"。——译注

[3] 雕漆技法之一种。内外涂朱漆百遍,在漆层刻画出山水、花鸟、人物等。盛行于宋代之后。——译注

[4] 涂漆技法之一种。以"枪金法"或"描金法",区分出图案外形,用色漆等着色内部或将色漆镶嵌于刻纹后打磨。——译注

[5] 位于辽宁省东北部抚顺以东,原满洲语为"赫图阿拉"。清太祖于此建都,太宗八年(1633)改称兴京。——译注

清朝崛起于东北，然于文化方面则全部继承明代文化，尤于上述三帝奖励之下盛行古代文化之研究、考证、编辑，怀古之传统精神风靡上下。建筑技术亦如此，几乎未见创意，原样蹈袭明代样式。无论其规模如何之大，装饰如何之美，终不免有缺乏清新纯真气象、一味玩弄夸张富丽手法之讥。嘉庆、道光后内忧外患并起，与国势凌夷相共，建筑艺术亦陷入纤弱颓唐之弊。

该时代宫殿如前述，于其"满洲时代"有奉天宫殿，而康熙年间则有北京紫禁城太和殿，嘉庆年间有午门[1]与乾清宫，光绪年间有重修之太和门，此外还有清末西太后大力建造之万寿山离宫。尤为引人入胜者乃乾隆帝时意大利人郎世宁等参与北京西北方向圆明园离宫之修建计划，与运用法国路易十四建筑样式之细部建造该殿宇一事。斯为欧洲近代建筑影响东方之滥觞，惜于咸丰十年（1860）英法联军攻陷北京时惨遭战火，今仅留废墟。

儒教作为笼络汉人手段之一于此时尤为受到重视，但毋庸置疑此做法乃明代之延续。北京有成均馆，各府、州、县必设学校，且建孔庙。孔庙建筑用意特专，故颇为重要。北京、曲阜、南京、西安之文庙尤为壮观。曲阜文庙大成殿于中国殿庙中最为宏伟壮丽。

道教亦为上下所信奉，除五岳庙、五镇庙规模宏大者外，各州县关帝庙、城隍庙及娘娘庙等淫祀建筑亦于各地大力修建。

佛教以崇信临济禅宗为主。北方有正定之隆兴寺，嵩山之少林寺、房山之云居寺与五台山之诸伽蓝，南方如天童、育王、净慈、灵隐、

万寿各寺，亦即宋代以降之五山犹盛，更有普陀山、天台山等名刹。四川则有峨眉山。总而言之，北方佛寺趋于颓圮，南方伽蓝犹呈盛况，然南方伽蓝多因长发贼[2]乱毁于战火，之后重建者多，足以观者少。

康熙帝为笼络西藏、蒙古，尊奉喇嘛教为国教，并大力鼓励之。之后其势力极盛，四处建有如北京雍和宫，东、西黄寺，奉天黄寺[3]，热河普陀宗乘庙[4]等壮丽伽蓝，西藏艺术之影响亦颇浓厚。然其与清朝覆亡一道迅速遭遇衰颓命运。

伊斯兰教几乎流行整个中国，尤于甘肃、陕西、云南地区最盛。其寺称清真寺或礼拜寺。其制度大体与佛寺建筑相同，唯内殿后壁有礼拜龛，往往以阿拉伯式花拱、文字、唐草图案为装饰，引人注目。

陵墓于兴京筑有先祖以下四祖之永陵，于奉天筑有太祖之福陵、太宗之昭陵，迁都北京后历代陵墓分建于北京东面之东陵与西南面之西陵。大体参酌明代陵制，规模稍小，然宝城、方城[5]等手法与石像生等陈设多少有些新意。

此外，非宗教建筑者有城堡建筑、官衙建筑、会馆、戏台、住宅、牌楼等建筑，今无暇一一细述。

[1] 午门建成于明永乐十八年（1420），清顺治四年（1647）重修，嘉庆六年（1801）又修。——译注

[2] 指太平天国太平军。——译注

[3] 又称皇寺，在今沈阳市和平区皇寺路，为清入关前盛京最大的喇嘛寺院。——译注

[4] 在今河北省承德市狮子沟北侧。——译注

[5] 明清陵墓之制，前建戟门享殿，后筑宝城宝顶，立方城明楼，皆为前代所无之特殊制度。明代宝城，如南京孝陵及昌平长陵，其平面均为圆形，而清代则有正圆形和椭圆形各种。——译注

要而言之，清代建筑虽蹈袭明代式样，然南北性质多少有异，与其说与气候风土有关，毋宁说乃南北居民性格、趣味显著不同之反映。北方黄河流域建筑厚重，多用砖石，屋脊少有上翘，主要运用色彩装饰，显示绚烂富丽之性质。南方长江流域建筑轻巧，木构部分多，屋脊上翘明显，主要使用镂空和雕刻方式装饰，呈现浮华奇拔之外观。概言之，南北虽有异，然清初蹈袭明代样式者于康熙、乾隆时代臻于烂熟发达之顶峰，之后随时代变化缺乏创意之张力，失于手法之洗练，引发颓唐鄙俗之风气，想必乃国运衰亡带来之无奈结果。

编者注一　本篇编辑后又有许多辽代遗物被发现。其中天津蓟县独乐寺观音阁与山门、山西省大同县善化寺大雄宝殿与鼓楼、辽宁省义县奉国寺大雄宝殿皆为（关野贞）博士发现。有关此类建筑本书另有文字详述。

编者注二　此外，1931年于山西省大同县城内善化寺又发现该寺天王殿与三圣殿皆为金代遗物。

编者注三　顺治十年（1653）系清世祖年号，相当于明永明王永历七年。当时此地已属清朝管辖，故此建筑事实上为清代初期产物。然清代完全蹈袭明代式样，此建筑于式样上几无差异，故作为明代实例于此举出。

本篇辑自《世界美术全集》第三、五、六、七、十三、十四、二十二各卷与《世界文化史大系》第十八卷《明兴亡与西方势力东渐》分别采写之时代概述。即使标题冠以《中国艺术史概论》，但《世界美术全集》第六卷之《南北朝末期北齐与隋代》也与第五卷之《六朝时代艺术》一道收入第二章"六朝时代艺术"之中。第十八卷之《明代建筑与雕刻》与第十九卷之《明代末期建筑》因过于简略，故以《世界文化史大系》中相关部分代替。又，《世界文化史大系》第七卷《隋唐盛世》之隋唐《建筑与雕刻艺术》一文，以及《世界美术全集》几乎所有卷中刊出之诸多画面与解说词于此全部从略。

第二章　中国陵墓

目　录

第一　周、秦、汉陵墓

序　言

一、周　陵

  1. 文王陵（附　武王陵）

  2. 成王陵（附　康王陵）

  3. 孔子墓

  4. 孟子墓

二、秦　陵

三、前汉陵墓

  1. 惠帝安陵

  2. 景帝阳陵

  3. 宣帝杜陵

4. 元帝渭陵

四、后汉陵墓

  1. 孝堂山石室

  2. 武氏祠石室

  3. 曲阜礜相圃石人

第二　唐宋陵墓

序　言

一、唐代陵墓

  1. 太宗昭陵

  2. 高宗乾陵

  3. 德宗崇陵

  4. 孝敬皇帝恭陵

二、北宋陵墓

三、南宋陵墓

中國古代建筑与藝術

第一 周、秦、汉陵墓

序 言

余于前年与去年分两次、各三四个月左右时间旅行中国内地，多少就其历史遗迹做过研究。考虑到其陵寝制度对探明汉民族文化性质及其变迁以及与他国之关系等意义重大，故集录所见所闻，敷衍成文，乞盼识者赐教。而余前后两次调查之场所仅下列十多处，即

于陕西省有

周	文王陵	武王陵
	成王陵	康王陵
秦	始皇帝陵	
汉	惠帝安陵	景帝阳陵
	元帝渭陵	
唐	太宗昭陵	高宗乾陵
	德宗崇陵	

于山东省有

周	孔子墓	伯鱼墓
	子思墓	孟子墓
汉	鲁孝王墓石人	
	武氏祠	孝堂山石室
后梁	王彦章墓	

于北京有

明	十三陵

此外还探访诸多明清时代坟墓，然属六朝

与宋代之年代可确证者因缺乏机会无一探访，且上举年代中重要者亦多有遗漏，故余关于陵墓所得知识比较零碎，不足以贯通古今、详悉其筑造之变迁与沿革。何况即经调查亦无法挖掘任何一件文物，故终无机会就其内部结构与副葬品进行研究。以下仅按年代顺序就探访之陵墓记述。又，余于中国以外之诸国陵墓知识均付之阙如，故无法比较彼此，阐明关系，深以为憾。

一、周陵

所谓周陵墓经余调查者不过上举数处耳。除孔子墓外，其所传正确与否难以速断者众。然余于陕西省亲见失于所传而可确证系周、汉时代之无数古墓，据此朦胧所得之知识推想，周代坟墓似多呈低方台状，亦有圆台状者。所谓文王、武王、成王、康王、周公、太公、鲁公等陵墓似属前者，孔子、孟子墓似属后者，然不明确。就此于后详说。又，《青州府志·临淄县》条记载：

> 齐桓公墓在县东南十五里鼎足山括地志云在县南二十里牛山上一名鼎足山一名牛首冈一所二坟晋永嘉末人发之初得版次得水银池有气不得入经数日乃率犬入得金蚕数

十箔珠襦玉匣绘彩军器不可胜数水经注引
从征记云女水西有桓公冢甚高大墓方七十
余丈高四丈圆坟围二十余丈高七尺余一墓
方七丈二坟述征记曰冢在齐城南二十里因
山为坟大冢东有女水或云齐桓公女冢在其
上故以名水也国朝顾炎武齐四冢 [原注]
记自青州而西三十余里淄水之东牛山之左
大道之南穹然而高者四大冢焉郦道元水经
注曰水南山下有四冢方基圆坟咸高七尺东
西直列是田氏四王冢也

原注四王指威王宣王湣王襄王。[1]

据此记载，齐四王冢似为方基圆顶，桓公
墓似为方基，上方圆，有两坟。如后述，秦始
皇陵系双层方坟。然此双层坟始于周，唯彼为
上圆下方，此为上下共方，有异。亦恐双层方
坟周代已有。概言之，周代陵墓多方坟，偶有
圆坟。又有双层坟。内部结构不明，而据《括
地志》所载齐桓公墓可见其一斑。

1. 文王陵（附　武王陵）

《咸阳县志》曰："文王陵在县治之北
一十五里，坐落高山庙东南二里。"余亦亲自
探查所谓文王陵。盖有葬文王于毕一事乃不可
动摇之说，然于古今学者间，此毕或曰在渭南，
或曰在渭北，其所未决。而《西安府志》所云
颇可闻，曰：

按陕甘资政录尚书序云周公薨成王葬于毕

[1]　此段引文不知所据，无法核对，故用字、断句
仍照原文。以后引文均同此例，不一一说明。
内中似有错误，其中原"溜水"当为"淄水"，
原"六基"当为"方基"。——译注

疏引帝王世纪云文武葬于毕毕地杜南又引
晋地道记毕在杜南与毕陌别俱在长安西北
此程大昌所本也春秋传昭九年魏驷芮歧毕
吾西土杜孔皆不言毕所在周本纪武王上祭
于毕马融曰毕文王墓地名也不言所在以故
千载而下渭南渭北疑不能明考孟子文王卒
于毕郢赵岐注毕文王墓近丰镐之地不言郢
所在孙疏引南越志郢故楚都在南郡毕在郢
地故曰毕郢是文王竟卒于楚地宋疏可笑如
此唯朱子诗集传于伐下密注曰所谓程邑其
地于汉为扶风安陵今在京兆府咸阳县金仁
山亦谓毕郢即毕郢古字通或字误也雍胜略
安陵有程地周书王季宅于程孟子文王卒于
毕郢郢即程也亦本仁山说然则文王之葬在
安陵之毕程而不在渭南之杜中明矣按今咸
阳东至长安二十五里南至鄠二十里正赵岐
所谓近丰镐之地若竟在杜中则直是镐地何
云相近也皇览杜中之说既无据又谓安陵毕
陌乃秦文之冢更无明证据史记正义秦文王
寿陵已在万年县东北二十五里何得又在此
耶四书释地又谓在安陵者乃秦悼武王冢又
不知何所见若以为周文王陵则武成康王周
公陵墓皆在其旁历代明禋必非无据而乃必
欲圣王魄兆世夺于昏庸之鬼诚何心耶以程
氏说最易惑人故详辨之至山海经又谓狄山
文王葬所说更无稽难以究诘矣

据此论，文王陵在渭北似无疑问。然今之
所称文王陵，果有足以置信者与否颇可存疑。
盖自古既有渭南渭北之说，足见至今未有陵墓
确切证据。然余见咸阳东北、渭河一带高原，
数万古坟累累相望。由其形制判断，似多为周
汉墓。今之文王陵后有武王陵，前面左右有成
王陵与康王陵，后面稍偏左有周公、太公、鲁
公墓，其四周汉元帝渭陵及汉代大小坟墓星罗

棋布。见此类周代陵墓，虽难以决断是否为所传之物，然其形制与散布四周、公认为汉墓之墓群相比判然有别，明白无误。有人就今之所谓文、武、成、康及其后之陵墓是否存在抱有疑问，然余从诸点考虑，确信从形制判断系周代墓似无大谬。(第一、二图)

文王陵东西约一百五十尺，南北约一百二十八尺，方坟，有长方形台边，顶宽东西约六十一尺，南北约五十八尺，高约六十尺。形状顶稍宽，高度略不足，呈低矮观。所谓成王陵、康王陵形状亦同。陵墓如此低矮，余于其他时代终不得见，是以此类陵墓名称是否真实姑且不论，然视其为周代陵寝似无大碍。

距文王陵后方约一百七十二尺处有所谓武王陵。《咸阳县志》称"在文王陵北"者即此。其形制大体如圆锥体，直径东西约九十尺，南北约八十六尺。文王及成王、康王、周公、太公、鲁公陵墓皆方坟，唯武王陵为圆坟，颇不解。或许当初为方坟，后渐次塌毁，成为圆坟。且作为周代始祖陵墓与他墓相比规模过小。无论如何此陵似有可存疑之处。如《咸阳县志》曰：

> 按文武成康四王俱在县北十五里长安旧志西周之陵并葬于咸阳原上三礼图云先王葬其中以左右为昭穆文王居中武王为昭居左成王为穆居右以下孙夹处东西而葬以今考之武王陵在文王陵后康王陵在文王陵前此间似脱漏成王陵在文王陵前八字原注右俗传以为背子抱孙

不仅形制有异，规模过小，而且所谓昭穆配置亦不合古制，似不足深以为信。(第三图)

第一图　周文王陵

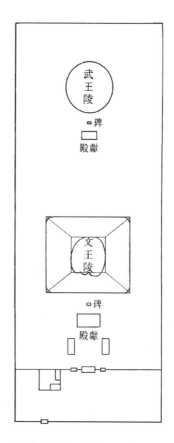

第二图　周文王及武王陵平面图

2. 成王陵（附　康王陵）

成王陵在文王陵前面偏西方向。《咸阳县志》记载："在文王陵西南，坐落陵照村西北二里。"东西约二百七十尺，南北约二百六十三尺，其平面当初为正方形，高约五十尺，顶平宽。外形颇类文王陵，方台较低。前面有献殿，四周绕墙，前面开一门。

康王陵在文王陵前面偏东，几与成王陵左右相对。余就此未调查，然远望之颇似成王陵。周公、太公、鲁公等墓散布于文王陵后方偏东方向。此亦未及调查，然外形与前述诸陵相似，相异之处仅为规模较小。

盖此类诸陵其名称真实与否固不可知，然视其形状，除武王陵外，其余皆由方台构成，一如后述与汉墓形状颇异。余以此形状假定其为周代墓应无不当。（第四图）

3. 孔子墓

位于今曲阜县城以北一里至圣林中，墙垣环绕，在泗水之南。其南门相当于县城北门，老桧数百株森然夹路。《山东通志》曰：

南为神道碑^{碑亭二座}次为万古长春坊^{一座五洞}次为至圣林坊^{一座}坊之内东西列垣如翼其北为至圣林楼门^{楼在周垣之上即鲁故城北垣}门以内东辇路^{宋真宗奉林降舆乘马以后遂名辇路}西为洙水桥桥北为享殿门左为思堂^{三间壁上有唐宋石刻}前为思堂门三间堂之东为后土祠再东为神庖享殿门之北为享殿前列翁仲二^{左执笏右执剑}石麟二石虎二华表二^{以上俱汉永寿元年鲁相韩敕所建}殿之北稍西为至圣墓^{封如马鬣周围五十步高一丈五尺}墓前有碑题曰大成至圣文宣王墓永嘉黄养年书前为石坛其厚三尺方亦如之坛纵横各七其数四十有九墓前一室东向即子贡庐墓处坛之东稍南为伯鱼墓^{商人尚右}有碑题曰泗水侯墓坛之南为子思墓有碑题曰沂国述圣公墓其东有楷亭子贡所手植也亭之北为宋真宗驻跸亭国朝康熙二十三年圣祖仁皇帝诣圣林恭建驻跸亭^{在宋驻跸亭之北}

第三图　周武王陵

第四图　周成王陵

记述颇得要领。余今唯就孔子墓尝试记述之，属后世陈设者从略。读者若参照附图必知晓过半。唯多少补其遗漏，即，架有洙水桥之河沟即所谓洙水，孔子墓近临洙水，远背泗水。子思墓前有石翁仲一对，与享殿前之石翁仲系同时制作。宋真宗与清圣祖之驻跸亭记述中南北有误。圣祖驻跸亭南今有乾隆御笔谒孔庙酹酒碑亭。又，享殿前有石鼎一座。（第五图）

孔子墓规模颇小。《山东通志》曰其四周长五十步，高一丈五尺，记述得当。其东有伯鱼墓，坟上唯见数株槐柏。孔子墓南有子思墓，西面前方有子贡庐墓，今建有小殿堂，安置子贡牌位。《孔子家语》有曰：

孔子之丧公西赤掌殡葬焉啥以蔬米三贝袭衣十有一称加朝服一冠章甫之冠佩象环径五寸而綦组绶桐棺四寸柏椁五寸饰墙置翣

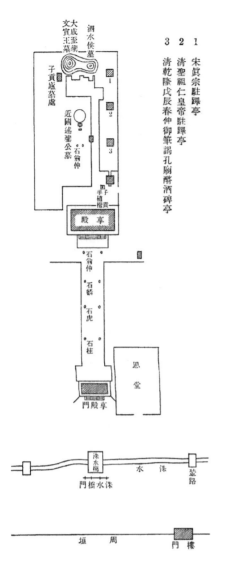

第五图　至圣林图

设披周也设崇段也绸练设挑夐也兼用三代礼所以尊师且备古也葬于鲁城北泗水上藏入地不及泉而封为偃斧之形高四尺树松柏为志焉

由"藏入地不及泉而封"与"高四尺"可知其殡葬俭朴。今坟高一丈五尺，盖经后世修筑增其高也。坟形《孔子家语》曰"为偃斧之形"。《山东通志》曰"封如马鬣"。然今之所见不过普通圆坟而已。此亦后世修筑

多少变其原形乎？

4. 孟子墓

位于邹县东北二十五里四基山西麓，坐北朝南。《邹县志》曰：

> 孟子墓在城东北三十里四基山西麓宋景佑四年龙图学士孔道辅知兖访而得之因于其旁建庙

又，宋景佑五年（1038）新建《孟子庙记碑孙复撰》曰：

> 景佑丁丑岁夕拜龙图孔公为东鲁之二年也公圣人之后以恢张大教与复斯文为己任尝谓诸儒之有大功于圣者无先于孟子孟子力平二竖之祸而不血食于后兹其阙也甚矣祭法曰能御大灾则祀之能捍大患则祀之孟子可谓能御大灾能捍大患者也且邹昔为孟之里今为所治之属邑吾当访其墓而表之新其祠而祀之以旌其烈于是符下俾其官吏博求之果于邑之东北三十里有山曰四基之阳得其墓焉遂命去榛莽肇其堂字以公孙丑万章之徒配越明年春庙成

据此记载可知，孟子墓所在自中古始即不明，宋景佑年间由龙图阁学士孔道辅发现。其真实与否固不可知，然经余调查，于此说明坟墓结构与有关建筑之大概，以资他日参考。

墓东西约八十五尺，南北约九十五尺，圆坟，上有古柏数十株。墓前有石碑与石床、石鼎。次有享殿，享殿前有南门，其左右筑有墙，以此包围享殿与坟墓，已半倾圮。四基山其形如盖状，山上丛生古柏，延及孟子墓四周。墓

近旁四处散布孟子子孙坟墓。墓林前有大桦树，成四列，夹路延续五六百米，苍翠欲滴。墓尽头有石牌坊。整体规模相较孔陵甚狭小，然坟墓比孔陵稍大。（第六图）

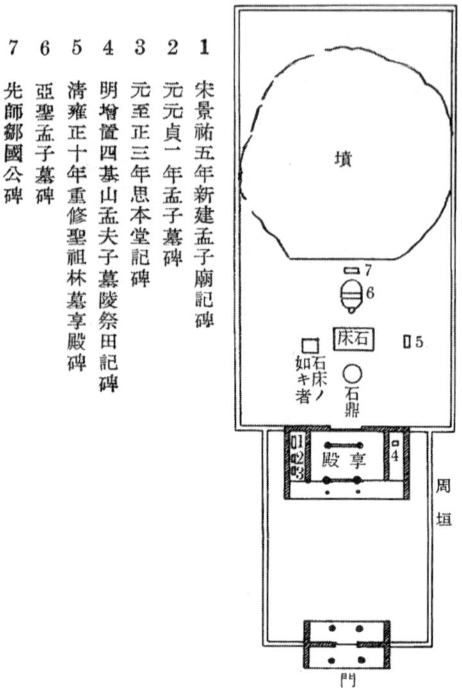

二、秦陵

秦陵中余唯见始皇帝陵。规模雄伟宏大，实可谓空前绝后。二世皇帝与孺子婴墓未及调查，然其制度、规模无足以观者，明矣。

始皇帝陵

《临潼县志》曰：

7 先師鄒國公碑
6 亞聖孟子墓碑
5 清雍正十年重修聖祖林墓享殿碑
4 明增置四基山孟夫子墓陵祭田記碑
3 元至正三年思本堂記碑
2 元元貞一年孟子墓碑
1 宋景祐五年新建孟子廟記碑

第六图　孟子墓平面图

始皇帝陵在县东十里本纪始皇治骊山天下
徒送诣七十余万人穿三泉下锢而致椁宫观
百官奇器珍性徒藏满之令匠作机弩矢有所
穿近者辄射之以水银为百川江河大海机相
灌输上具天文下具地理以人鱼膏为烛度不
灭者久之二世曰先帝后宫非有子者出焉不
宜皆令从死死者甚众葬既已下或言工匠为
机藏皆知之藏重即泄大事毕已藏闭中羡下
外羡门尽闭工匠藏之无复出者树草木以象
山注皇览曰坟高五十余丈周回五里余汉书
刘向传始皇藏于骊山之阿下锢三泉上崇三
坟其高五十余丈周廻五里有余石椁为游馆
人鱼膏为灯烛水银为江海黄金为凫雁顶籍
播其宫室营宇往者咸见发掘其后牧儿入亡
羊羊入其凿牧者持火照求羊失火烧其藏椁
水经注秦始皇大兴厚葬营建冢圹于骊戎之
山一名蓝田其阴多金其阳多玉始皇食其美
名因而葬焉斩山凿石下锢三泉以铜为椁旁

行周回三十余里上画天文星宿之象下以水
银为四渎百川五岳九州具地理之势宫观百
官奇器珍宝充满其中坟高五丈项羽入关发
之以三十万人三十日运物不能穷关东盗贼
销椁取铜牧人寻羊烧之火延九十日不能灭
西京杂记五柞官树下石麒麟二枚刊其肋为
文字是始皇骊山墓上物也头高一丈三尺东
边者前左脚折有赤如血父老谓其有神皆含
血属筋焉博物志始皇陵在骊山北高数十丈
周回六七里今在阴盘县界北水背陵东流障
使西北流又运取大石于渭北诸三辅故事始
皇以明珠为日月鱼膏为烛脂金银为凫雁金
蚕三十箔四门施徼山陵杂记始皇陵周回
七百步下周三泉刻玉石为松柏以明月珠为
日月两京道里记陵高一千二百四十尺内院
周五里外院周十一里宋敏求长安郡国志曰

始皇陵有银蚕金雁以多寄物故俗云秦王地市都穆骊山记始皇陵内城周五里旧有四门外城周十二里其址俱存自南登之二丘并峙人曰此南门也右门石枢犹露土中陵高可四丈项羽黄巢皆尝发之老人云始皇葬山中此持其虚冢耳

据此记载可知，始皇帝役天下之徒七十万人建其陵于骊山之下。其规模之雄壮阔大古今无俦。位于今临潼县以东十里处。远望高出树林之上，屹然如小山。项羽、黄巢之贼皆曾发掘，然大体形状犹存。今为双层方坟，坐北朝南，其边宽约一千一百三十尺，高约一百尺。当年其四周似更广，余行数十百步犹可见其形迹略存，然今皆成田亩。南面呈马鬣状，绵长。《史记》皇览注曰："坟高五十余丈，周回五里余。"《汉书·刘向传》亦同。《博物志》曰："高数十丈，周回六七里。"颇得当。而《两京道里记》曰："陵高一千二百四十尺"，似过高。《水经注》曰："坟高五丈。"《都穆骊山记》曰："陵高可四丈"，盖指上层坟。又，《山陵杂记》曰"始皇陵周回七百步"，亦指上层坟乎？《汉书·刘向传》曰"上崇三坟"。恐当时坟分三层，今之所见为上部两层。下层四周今锄而为地。《史记·秦始皇本纪》曰"树草木以象山"，而今陵上一木未见，想必往昔树木蓊郁。《两京道里记》曰："内院周五里，外院周十一里"。《都穆骊山记》曰："内城周五里，旧有四门，外城周十二里，其址俱存。"猜想当年分内外两城，四面开门。今之所存相当内城耳。《都穆骊山记》又曰："自南登之，二丘并峙。人曰此南门也。右门石枢犹露土中。"如是，则当年陵之南面有两丘左右对峙，以成双阙。《西京杂记》曰："五柞宫树下石麒麟二枚。

……头高一丈三尺。"恐此等石兽曾置于双阙之外。

《临潼县志》所引《汉旧仪》曰：

始皇使丞相李斯将天下刑人徒隶七十二万人作陵凿以章程三十七年锢水泉绝之塞以文石致以丹漆深极不可入奏之曰丞相臣斯昧死言臣将隶徒七十二万人治骊山者已深已极凿之不入烧之不燃叩之空空然如天下状制曰凿之不入烧之不燃其旁行三百丈乃止

足见当时营造规模之大与苦心之所费。《汉书·刘向传》曰："石椁为游馆"；然《水经注》曰："以铜为椁……关东盗贼销椁取铜"，故当年似曾用铜椁。其内部据《史记·秦始皇本纪》记载："以水银为百川江河大海，机相灌输。上具天文，下具地理。以人鱼膏为烛，度不灭者久之。"《汉书·刘向传》曰："人鱼膏为灯烛，水银为江海，黄金为凫雁。"《三辅故事》曰："始皇以明珠为日月，鱼膏为烛脂，金银为凫雁，金蚕三十箔。"《山陵杂记》曰："刻玉石为松柏，以明珠为日月。"可知颇尽奇巧，极其壮丽。又曰："宫观百官奇器珍宝充满其中。……项羽……以三十万人三十日运物不能穷"，内部藏有无数珍宝一事明矣。齐桓公墓有水银池，其中藏有金蚕数千箔，珠襦玉匣绘彩军器不可胜数。如此厚葬始于战国时代，至始皇帝其规模更形盛大。"上画天文星宿之象"一句之后需再述，可资作东汉孝堂山石室内部梁上日月星辰图像之参考。从"令匠作机弩矢。有所穿近者辄射之"与"尽闭工匠藏之"，以防机密外泄。此二句，足见其内部所藏之丰与惧怕后人发掘之心理。要而言之，始皇陵筑于骊山东方山麓，当年改造丘陵，深凿地下，挖长墓道，建广宫室，施以宏大壮丽之陈设，远望恰似起于平地之山丘，周汉以来陵墓除唐代因山而建者外，无一可与之比俦。（第七图）

三、前汉陵墓

前汉帝、后、名臣陵墓多散布于渭水以北之高原上。然亦有位于南岸高原者，其中以高祖长陵、武帝茂陵最为壮观。据《通鉴纲目》记载，房元龄等评曰："长陵高九丈，原陵（光武帝陵——原注）高六丈。"而《关中记》曰："汉诸陵皆高十二丈，方百二十步。唯茂陵高十四丈，方百四十步。徙民置诸县者凡七陵。长陵茂陵各万户，余五陵各五千户。"即，《关中记》之"汉诸陵皆高十二丈"与《通鉴纲目》之长陵高九丈乍一看似有矛盾，然恐因前者据汉尺，后者据唐尺。由此可知汉尺十二丈换算为唐尺，几乎皆为九丈。

《西安府志》曰：

文帝霸陵
孝文帝本纪帝治霸陵皆以瓦器不得以金银铜锡为饰不治坟欲为省毋烦民后七年六月帝崩遗诏曰霸陵山川因其故毋有所改应邵曰因山为藏不复起坟山下川流不遏绝也就其水名以为陵号

昭帝平陵
昭帝纪元平元年六月壬申葬平陵黄图平陵去茂陵十里帝初作寿陵石椁广一丈二尺长二丈五尺无得起坟陵东北作庑长三丈五步外为小厨裁足祠万年之后扫地而葬

李夫人墓
长安志亦名习仙台高二十丈周百六十步在县东北十六里汉外戚传夫人卒上以后礼葬焉水经注茂陵一里即李夫人冢冢形三成

据此类记载，前汉陵墓似多有方台，亦

第七图　秦始皇陵墓

有如李夫人墓为三层[1]者。余调查之惠帝安陵、景帝阳陵、宣帝杜陵皆方台，元帝渭陵成数层方台状，符合此类记载。为省庶民之劳，筑霸陵、平陵时特下诏不起坟，应视为例外。据桑原文学士调查，武帝茂陵为复式截头方锥台形 [注：引自桑原文学士《雍豫二州旅行日记》（载于《历史地理》）]。

1. 惠帝安陵

位于西安以北三十五里渭水之北高原。《咸阳县志》曰：

> 晋志在县东三十五里坐落张马村西南三里周之程邑也汉书云惠帝葬安陵皇甫谧曰去长陵十里去长安三十五里宋敏求长安志关中记曰徙关东倡优乐人五千户以为陵邑善为啁戏故俗称女啁陵也

陵东西约为一百九十一尺，南北约一百八十六尺，即四面皆一百九十尺方坟，高约四十尺，顶平亦方形。总体衡量，相较所谓周诸陵顶稍狭，高度稍高。其四面各自相距约百尺余，有低矮土堆，左右对峙，相去约十尺。盖此系建于陵墓四周双阙遗址也。一如后述，联系山东省嘉祥县武氏祠今犹存双石阙与唐高宗乾陵前存砖构双阙遗址，可谓此陵双阙

[1] 原文为"三成"。据《书摘天下——书籍知识的海洋》（整理方：古诗文网 http://www.shuzhai.org/gushi/shuijingzhu/16472_2.html）就《水经注·卷十三》中的"其庙阶三成，四周栏槛，上阶之上，以木为圆基，令互相枝梧"的解释，"成"通"层"，故李夫人墓"冢形三成"当作"三层"解。——译注

与武氏祠石阙相似，规模宏大，并与乾陵双阙相仿佛。或如武氏祠前有石兽，或如曲阜臺相圃有石人亦未可知。然今形迹全无，无法确证。（第八图）

2. 景帝阳陵

景帝阳陵位于惠帝安陵以东七八百米处。《咸阳县志》曰：

> 贾志在县东五十里坐落木家村西北三里

陵呈方台状，坟基边长约二百三十尺见方，高约四十五六尺，其四面各相距约一百三四十尺，皆有双阙遗址，相去约十四尺，各宽东西约七十尺，南北约二十八九尺，整体形制一如安陵。唯比安陵规模更大。今四周与前面绕有土墙。（第九图）

第八图　汉惠帝安陵

第九图　汉景帝阳陵

3. 宣帝杜陵

宣帝杜陵位于西安市以南约二十里处三兆村高原。《咸阳县志》曰：

> 帝在民间时好游鄠杜间故葬此三辅黄图杜陵之志正方询之居人每方百二十步据地六十亩四面去陵十余步皆有观阙基址其东数千步陪葬数十冢环拱森列大小不等其北里许乱冢百余自是以北直至南城东西延亘高原之上垒垒皆是但不知其名耳长安志杜陵在三兆村周围三百一十二丈守陵二户县册

陵稍高，呈方台状，其边宽约五百五十五尺见方，顶宽约一百五十尺，高约七十尺。当时如安陵、景陵四面立双阙，然今形迹全无，无法确证。今其四周绕有矮墙，前面有一大碑，题曰"汉宣帝杜陵"，背面刻"大清乾隆岁次丙申孟秋"。陵东南有一大陵，其东面与南面有小冢十数，东北面散布六七冢，西南面散布十数冢。此或所谓陪陵乎？

4. 元帝渭陵

元帝渭陵位于咸阳县东北约十五里处。《咸阳县志》曰：

> 贾志在县东北一十五里坐落大寨村西北二里汉书元帝本纪永光四年冬十月以渭城寿陵亭部原上为初陵诏曰安土重迁黎民之性骨肉相附人情所愿也顷者有司缘臣子之义奏徙郡国民以奉园陵令百姓远弃先祖坟墓破产失业亲戚离别今所谓初陵者勿置县邑使天下咸安上乐业亡有动摇

> 之心布告天下令明知之景宁元年七月丙戌葬渭陵本纪注王莽遣使坏渭陵园门罘罳曰无民复思汉氏也

据此可知舍弃旧例，不置县邑于渭陵，以及陵之园门不存罘罳。陵墓方形平面，坐北朝南（与指南针几乎一致），东西约七百二十五尺，南北约七百九十五尺，如图为三层方台形，坡度稍陡，顶宽东西约二百二十尺，南北约一百九十五尺，颇倾圮。如复原图，其上有两层低坛，似共有五层。如此数层方台状陵犹散布于渭陵四周，然因日程余未及全部调查，遗憾至极。此类陵墓似由当时始起，余发现与散布于此附近之周代陵墓有很大差异。(第十、十一图)

四、后汉陵墓

后汉帝、后陵墓皆在其首都洛阳附近。余未得全部调查之便，故不知其样式如何，然推想其规模、制度大体与前汉无大差异。

《后汉书·礼仪志·大丧条》注引古今各注，详细记载历代帝陵之广袤。今节略后列于下，供人便于查证当时制度。

光武原陵
山方三百二十三步高六丈六尺垣四出司马门寝殿钟虡皆在周垣内

明帝显节陵
山方三百步高八尺无周垣为行马四出司马门石殿钟虡在行马内寝殿园省在东园寺吏舍在殿北

第十图　汉元帝渭陵

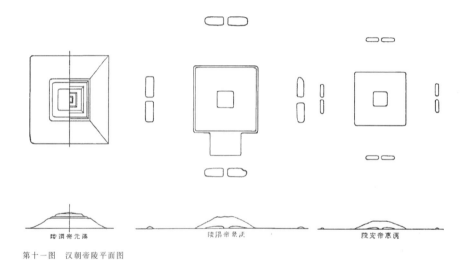

第十一图　汉朝帝陵平面图

章帝敬陵
山方三百步高六丈二尺无周垣为行马四出
司马门石殿钟虡在行马内寝殿园省在东园
寺吏舍在殿北
和帝慎陵山方三百八十步高十丈无周垣为
行马四出司马门石殿钟虡在行马内寝殿园
省在东园寺吏舍在殿北

殇帝康陵
山周二百八步高五丈五尺行马四出司马门
石殿钟虡在行马内因寝殿为庙园寺吏舍在
殿北

安帝恭陵
山周二百六十步高十五丈无周垣为行马四出
司马门石殿钟虡在行马内园寺吏舍在殿北

顺帝宪陵
山方三百步高八丈四尺无周垣为行马四出
司马门石殿钟虡在行马内寝殿园省寺吏舍
在殿东

冲帝怀陵
山方百八十三步高四丈六尺为寝殿行马四
出门园寺吏舍在殿东

质帝静陵

山方百三十六步高五丈五尺为行马四出门
寝殿钟虡在行马中园寺吏舍在殿北因寝为
庙

桓帝宣陵

帝王世纪曰山方三百步高十二丈

灵帝文陵

帝王世纪曰山方三百步高十二丈

献帝禅陵

帝王世纪曰不起坟深五丈前堂方一丈八尺
后堂方一丈五尺角宽六尺

以上十二陵中九陵为方形平面。唯殇帝康陵周长二百零八步。安帝恭陵周长二百六十步，恐过去系圆坟。献帝禅陵不起坟属例外。若此则后汉帝陵多与前汉帝陵相同，为方台式。余未实际调查，故不知其为单层或为双层，待他日有机会调查。

余于陕西省未调查后汉陵墓，然有幸于山东省亲见后汉筑造之石庙。就此拟他日另改题目详述，今于此仅简述梗概。

后汉帝陵建石庙，由上述诸陵中明、章、和、安、顺五陵有石庙一事可知。又，《水经注》亦记载河南、山东后汉坟前往往有石庙。今举三四例：

水又东径汉平狄将军扶沟侯淮阳朱鲔冢墓北有石庙

黄水东南流水南有汉荆州刺史李刚墓刚字叔毅山阳高平人嘉平元年卒见其碑有石阙祠堂石堂三间橡架高丈余镂石作橡瓦屋施平天造方井侧荷梁柱四壁隐起雕刻为

君臣官属龟龙鳞凤之文飞禽鸟兽之像作制工丽不甚伤毁卷八

绥水东南流径汉弘农太守张伯雅墓茔域四周垒石为垣阿相降列于绥水之阴庚门表二石阙夹对石兽于阙下冢前有石庙列植三碑碑云德字伯雅河南密人也碑侧树两石人有数石柱及诸石兽旧引绥水南入茔域而为池沼沼在丑地皆蟾蜍吐水石隍承溜池之南又建石楼石庙前又翼列诸兽但物谢时沦凋毁殆尽

彭水径其鲁阳县南彭山西北汉安邑长尹俭墓东冢西有石庙庙前有两石阙阙东有碑阙南有二狮子相对南有石碣二枚石柱西南有两石羊中平四年立

此类石庙遗存至今者唯以下二处：

一、山东省肥城县孝里铺孝堂山石室
二、同省嘉祥县武翟山武氏石室

其余或埋没土中，或为后人毁损，如今归于乌有。然此类石庙残石往往嵌入各处寺庙之壁，或为私人所藏者不在少数。《山左金石志》记载许多画像石犹存，然余进行调查发现，已消失者亦不在少数。举余亲见者有：

一、山东省济宁州晋阳山慈云寺天王殿画像石一片，1909 年 4 月带入日本，今归东京大学工学部所藏
二、同寺佛殿画像石五片
三、同州文庙明伦堂壁间孔子见老子图像石一片，原位于武氏祠，被移走
四、同庙大成门汉碑阴一片
等

《山左金石志》记载济宁汤阴山关帝庙、汶上西乡关帝庙有四片画像石等，然余亲抵该处百方搜索终不得见，想必为近世好事者搬走。

据《水经注》所载，后汉墓除上述石庙外，其前还放置石阙、石柱、石人、石兽。石兽以羊、虎最多，亦立有狮、马、牛、骆驼、鹿等。武氏祠今犹存两石阙。曲阜城内矍相圃有世称鲁恭王墓前石人二尊。石碑于武氏祠有武氏碑，曲阜文庙、济宁市文庙亦保存众多墓碑，汶上、东平等县亦往往有遗存。关于碑石拟假他日改题论之，此略。

1. 孝堂山石室

孝堂山位于肥城市西南[1]约七十里处孝里铺，系石灰岩低矮山丘。石室位于丘顶，近世建砖构套堂覆盖之。其后有小坟，往昔或为贵人墓。石室立于该贵人墓前，后成为庙。石室前稍下有两隧道，东西相对，相距三十八尺四寸。

石室内部壁画多刻有汉魏六朝后之题名，年代最久者有：

> 一、平原湿阴邵善君以永建四年四月廿四日来过此堂，叩头谢贤明
>
> 二、泰山高令明永康元年十月廿一日敬来，亲记之

永建四年为后汉顺帝朝代，相当于公元129年。永康元年为后汉桓帝朝代，相当于公元167年。可知此石室建立至少比题刻时间要早，系公元一世纪左右之建筑。《中国艺术》作者卜士礼[2]于书中写道："中国考古学者根据铭文推定此乃前汉末期即公元前一世纪作品。"然余未获可得出此结论之确证，亦未闻该考古学者名。

据称该墓乃古代孝子郭巨葬其母之处，或传亦为郭巨之墓。墓侧建有壮丽庙宇以祀郭巨，称郭公祠。乾隆廿二年所立"重修汉孝子郭公祠记"碑称，此山旧称"龟山"，因郭巨葬母改名孝堂山，其村后名孝里，其乡后名孝德。然此为后世附会之说，此墓与郭巨绝无关系。前记永建四年题铭"叩头谢贤明"，丝毫未提郭巨孝养之事可证之。此传说北齐时已有，由武平元年刻于石室西侧北齐陇东王胡长仁之《感孝颂》可知。

石室坐北朝南，全部由灰黑色石灰石建筑。其平面为长方形，正面十三尺六寸三分，侧面八尺二寸八分。前面中央有带础石与大斗拱之八角形柱，以承横梁，横梁两端由长方形石柱支撑。后世于两端补加八角形柱。东面柱刻有"维大中五年八月十五日建"云云。西面柱刻有"大宋崇宁五年岁次丙戌七月庚寅朔初三日郭莘莘自修重添此柱并屋外石墙"云云。东西侧壁均由一石构成。后壁由两石相连而成。歇山顶屋顶，模仿"本瓦葺[3]"。今举石室于建筑上值得关注之诸要点：

[2] 史蒂芬·乌登·卜士礼（Stephen Wootten Bushell，1844—1908），曾作为英国驻华使馆医生在华工作二三十年，其间成为中国美术、考古等领域的专家，尤其在陶瓷鉴赏方面享有很高声誉，著有多部有关中国美术、陶瓷方面的著作。——译注

[3] 由平瓦和圆瓦交替使用而葺成的屋顶。——译注

[1] 当为肥城西北，今属济南市长清区。——译注

一、此石室盖模仿当时木构建筑，结构虽简单古朴，然犹见当时木构建筑样式、手法之一端。

二、柱有础石，尤有与后世相同之大斗拱，颇为珍奇。足知大斗拱于后汉时期早已流行。手法亦颇有趣。

三、屋檐为单檐，棰有圆形断面。

四、屋顶模仿瓦葺，系后世所谓之"本瓦葺"，有梁瓦。

五、有巴瓦，无唐草瓦。巴瓦图案与武梁祠石室巴瓦相似，施以简单曲线。足知此类巴瓦与秦、前汉等时代通用巴瓦无大差异，巴瓦图案与前述时代图案无大变化。唐草瓦起源于何年代余未曾研究，然根据此石室手法可知当时尚无唐草瓦。

六、东西壁上部刻有后汉时代特有之垂饰图纹。

七、内部壁面、架于中央柱上方石梁表面及西面柱背后刻有人物、车马、龙鱼、鸟兽等图案。

余通过此石室之存在，可知《水经注》等所载后汉时代石室之一斑。武氏祠石室规模更大，可惜于后世拆毁，能完整观察古代石室者唯此孝堂山石室。通过刻于内部之图案亦可观察当时风俗习惯为何，以及当时此类技术之发达状况。

雕刻方法如右，先水磨石面，待光滑如镜后以浅刀阴刻出画像。余于山东省各地多见所谓汉画像石，然有此手法者一个未见。故此手法实为该石室独有之特殊手法，颇可珍视。

石壁后方壁面图像分上下两层，上狭下广。上层中央有马车，一人乘之，一人御之。有骊马并牵者，上刻"大王车"三字。前面马车内

下方有四人，坐而吹笙，上方悬鼓，有二人击之。后面二马车相随。此类马车前后有三十位骑马人士，分两列前行，前头二人荷戈，作为先导。下层有三座楼阁，左右相对，其两端与中央各有一座岑楼。屋顶皆四角攒尖式，上描猿与凤凰、鹤、雁等鸟类，楼阁下层有贵人坐像，许多人物前后相向，呈敬礼状。上层亦刻有七至九人。

石室东侧壁面上方屋顶呈圭头[1]状，共刻六层画像。第一层中央有一蛇身人首、执矩形矛之人像，四周云气摇曳，大约为伏羲画像。第二层有房屋，内坐一人；左方有鼓车，一人乘之击鼓，四人曳之，左右两人桎梏而立；两层左右皆配有许多人物。第三层中央有骆驼与象，相并而行；其前后有步骑人物与两马车相随，前方十人作迎接状。第四层中央一人直立，其上书"成王"二字；左右各十数人执笏面对站立。第五层左端描画庖厨，有汲井人、屠豕人、击狗人。其旁配鸡豕之属。中间摹歌舞游戏状，有长袖飞舞者、击鼓者、吹笙者、弄丸者、数人重叠倒立者等；右端呈数人相对说话状。第六层描画马车与步骑人物、鸟兽等。

石室西侧壁面同东面，分六层。由上数第一层两人对坐，其左右有人物与狗。第二层有两组以杖贯胸、二人舁之前行像，盖显示《山海经·海外南经》记录之三苗国中东贯匈（胸）国之风俗。左右有许多人物与狗兔。第三层两马车并列，步骑人物追随右行。第四层二十九人或相向，或相背。第五层右端描画骑射战斗场景。中间有手缚于后之三名俘虏，两名枭首。

[1] 额前往下生的头发。《汉书·外戚传下·孝成赵皇后》有"额上有壮发"句。唐代颜师古注："壮发，当额前侵下而生，今俗呼为圭头者是也。"——译注

左端有两层楼房,上层坐五人,下层坐一人,右向,两人跪地,作禀报状。盖描绘献俘及其首级之场面乎?第六层为游猎场景。

石室中间大梁东面中央刻画河中捞鼎场景。鼎耳系绳,左右各四人引之,鼎右耳缺损。河中有小舟四艘,各两人乘之。又作游鱼状,以示在水中。此外左右刻有连理树、比肩兽、比翼鸟与许多步骑人物、马车等。

西面刻画马车于桥上颠覆,两人落水场景。河中有小舟四艘,舟中有人,作救人状。桥前后有步骑人物,水中配游鱼,空中缀飞鸟。中央上方显示神人、灵气、彩虹等。下端描绘日月星辰像。日圈内刻飞鸟,月圈内刻蟾蜍与兔。又有织机人物,盖织女星也。

正面两柱内侧刻有大龙与猿类动物、小型人物、豕等。

要而言之,此石室图像手法颇稚拙,然刻出当时楼阁与风俗,逾千载其昔日状态犹历历在目。鸟兽之属其马图尤为精巧,跃然逼真。就此图像值得关注之处余略记述如下:

一、有二层楼阁。屋顶四角攒尖式,以茅草之属葺之。

二、柱上有斗拱。

三、楼上绕有栏杆。

四、作为一种标识,空中画飞鸟,水中刻游鱼。

五、可考证马车、服装、器玩制度等。

六、作为一种装饰,于边框处刻钱币,尤喜使用菱形纹饰。

七、画像中似喜描绘墓中人之事迹。

此外,若就风俗习惯仔细研究,必能发现更富于兴味之真相。如当时汉人与日本相同,行坐礼,绝不倚靠椅子即其一例。

2. 武氏祠石室

武氏祠石室位于嘉祥县东南三十里处武翟山下。当初三石室前后并立,然后世因河水泛滥,泥土堆积,半没土中。乾隆五十一年黄易招募仁人志士,发掘、解体石室,另建砖构祠堂,将其带画像石块嵌入祠堂内壁。即今所见之所谓武氏祠堂也。此事详于《黄易修武氏祠堂记略》。今不惮其烦,抄录如下:

乾隆丙午秋八月自豫还东经嘉祥县署见志载县南三十里紫云山西汉太子墓石亭堂三座久没土中不尽者三尺石壁刻伏羲以来祥瑞及古忠孝人物极纤巧汉碑一通文字不可辨易访得榻取堂乃武梁碑为武班不禁狂喜九月亲履其壤知山名武宅又曰武翟历代河徒填淤石室零落次第剔出武梁祠堂画像三石久碎而为五八分书[1]四百余字孔子见老子画像一石八分书八字双阙南北对峙出土三尺掘深八九尺始见根脚尽露八分书武氏祠三大字三面俱人物画像上层刻鸟兽南阙有建和元年武氏石阙铭八分书九十三字武班碑作圭形有穿横阙北道雺土人云数十年前从坑拽出此四种见赵洪二家著录武梁石室后东北一石室计七石画像怪异无题字唯边幅隐隐八分书中平等字旁有断石柱正书曰武家林其前又一石室画似十四石八分题字类曹全碑共一百六十余字祥瑞图石一久卧地上漫漶殊甚复于武梁石室北剔得祥瑞图残石三共八分书

[1] 汉代书体之一种蔡文姬传其父蔡邕之言:"去隶八分取二分,去小篆二分取八分"。用现代语言解释,即二分像隶书,八分像小篆据传系东汉王次仲所造——译注

一百三十余字此三种前人载籍未有因名之武氏祠前石室画像武氏祠后石室画像武氏祠祥瑞图又距此一二里画像二石无题字莫辨为何室者汉人碑刻世存无多一旦收得如许且画像朴古八分精妙可谓生平奇构按武氏诸碑唯武荣碑植立济学武斑碑武梁祠像武氏石阙铭今已出土余武梁碑武开明碑二种未见安知不尽在其处嘉祥汉任城地赵氏云任城有武氏数墓所指甚明何县志讹为汉太子墓然土人见雕石工巧呼为皇陵故历久得不毁失未始非讹传之益也今诸石纵横原野牧子樵夫岂知爱惜不急收护将不可闻古物因易而出置之不顾实负古人是易之责也武斑碑宜与武荣碑并立济学而石材厚大远移非便易唯孔子见老子画像一石移至济学与刘刺史永铨敬置学宫明伦堂其诸室之石大而且多无能为役州人李铁桥东琪家风好古搨碑之功最著洪洞李梅村克正南明高正炎善书嗜碑勇于成美与之计划宜就其地并立祠堂垒石为墙，第取坚固不求华饰分石刻四处置诸壁间中立武斑碑外缭石垣围双阙于内题门额曰武氏祠室隙地树以嘉木责土人世守地有古碑官拓易扰宜定额资其利而杜其累立石存记为久远之图是役也非数百金不辨易与济宁数人量力先捐海内好事者闻而乐从捐钱交铁桥梅村明高董其役易与司土诸君成其功求当代钜公撰碑垂后仿汉碑例曰某人钱万某人钱千详书碑阴以纪盛事汉人造石室石阙后地已淤高兴工时宜平治数尺俾碑石尽出不留遗憾有堂蔽覆椎拓易施翠墨流传益多从此人知爱护可以寿世无穷岂止二三同志饱嗜于一世也乎乾隆丁未夏六月

据此可详悉乾隆年间发掘前状态与黄氏经营之实况。黄氏之发掘、保存功不可没，然今不能与孝堂山石室相比、见其当初结构，甚可惜。

祠堂前有门，门上挂"武氏石室"匾额。前方地面因曾掘下一丈许，成一大坑。此即当初三石室所建之地。今犹处处散布踏步石与石阶石等。前方有二石阙东西相对（面北与偏西北）。又于其前有二石狮。四周散落石阙碎片四五块。

西阙前有铭刻，可知所建年代。曰：

建和元年大岁丁亥三月庚戌朔四日癸丑孝子武始公弟绥宗景兴开明使石工孟孚李弟卯造此阙直钱十五万孙宗作师子直四万开明子宣张仕济阴年廿五曹府君察孝廉除敦煌长史被病芺没苗秀不遂呜呼哀哉士女痛伤

据此可知，此阙系武始公四兄弟为其父于建和元年三月所建。绥宗名梁，官至从事[1]。昔时有碑，然今不知所踪。开明之子武斑、武荣皆有碑存（武斑碑在祠堂内，武荣碑在今济宁州孔庙大成门内）。武斑字宣张，官至敦煌长史，永嘉元年卒。其碑建于建和元年二月廿三日。而石阙后于石碑仅十日即三月四日所建。今合并铭文中事迹记述之。

推想当初三石室中其一恐系武始公兄弟为其父所建，另一系梁武即绥宗所建。《隶释》曰：

---

[1] 据《世说新语》，"从事"为协助刺史工作的官员名称。——译注

予按任城有从事掾武梁碑以威宗元嘉元年立其辞云孝子仲章季章季立孝孙子侨躬修子道竭家所有选择名石南山之好攫取妙好色无斑黄前设坛墠后建祠堂雕文刻画罗列成行拊骋技巧委蛇有章似是谓此画也故予以武梁祠堂画像名之

武梁碑今已亡，其所在亦不明，然石阙铭载宣张即武梁为父建石阙，武梁兄武斑亦有石碑，似为武氏一族茔域，故武梁石室亦恐在此处。碑所谓祠堂必为三石室之一。自古将此类石室称武梁祠堂者始于《史释》。非妥当名称。似可称武氏祠堂。谅此未必为无稽之称。

另一石室或属武斑或属武荣或属他人不详。要而言之，此三石室建立时代略有差异，然相距石阙建造时间即建和元年前后不远，以此足见后汉末期技术之一斑。

石阙 东西相对，高约十三尺六寸，相距二十二尺三寸，各载双层屋顶，立于础盘上。外侧有副柱，载单层屋顶。石阙四面绕以数条带有杏核纹、波纹、绳纹、连弧纹等边框纹，内部阳刻房屋、车马、人物、鸟兽等图案。如前述，西阙前刻有八分书铭文。

石狮 石阙前东西两侧置放石狮，相距七尺一寸八分。各长四尺七寸许，其形状几与真狮相同，有须，然今缺尾。态貌奇古，手法颇精，与石阙与石室所刻画像同样稚拙。汉以后陵墓前多排列石兽，然大都湮灭，仅存此二石狮。可谓能确证汉代石雕技术之贵重资料。

祠堂内画像石 祠堂内部幅宽东西四十六尺五寸，南北十二尺，砖构，葺瓦。四壁镶嵌原石室中画像石。北壁入口东边三块，西边三块。东壁六块，南壁十块，西壁四块，共二十六块。堂内散布敦煌长史武斑碑与大小画像石、屋顶

石十七块。此类石材或为往昔石室后壁、侧壁、梁、桁等，或为刻出瓦形之屋顶石。大者长达十二尺，高至六尺，表面刻有三皇五帝及忠臣、孝子、义士、节妇等事迹图像，旁边一一附有简单说明，亦有死者生平事迹之说明。或画有诸多楼阁、人物、车马、鸟兽、龙鱼，或绘有祥瑞图，或描有奇异不可名状之物类。《石索》[1] 刊有众多图像，然不过为其中之一部分。今无遑一一说明，唯就以下拓本简单做些说明。
（第十二图）

此画像石整体分四层。最上层右起依次为伏戏（羲）、祝诵（融）、神农、黄帝、帝颛顼、

[1] 清朝冯云鹏、冯云鹓合撰。十二卷。分金索、石索两部分。《金索》六卷分为钟鼎、戈戟、量度、杂器、泉刀、玺印、镜鉴等七类；《石索》六卷分为碑碣、瓦砖二类。上起商周，下迄宋元，凡所著录皆绘其图像，摹其文字，附以考证。——译注

第十二图　武氏祠石室第一石拓本

帝喾、帝尧、帝舜、夏禹、夏桀像。像旁各有题词。曰：

伏戏仓精初造王业铃卦结绳以理海内
祝诵氏无所造为未有耆欲刑罚未施
神农氏因宜教田辟土种谷以振万民
黄帝多所改作造兵井田囲衣裳立宫宅
帝颛顼高阳者黄帝之孙而昌意之[缺二字]据石索补子
帝喾高辛者黄帝之曾孙也
帝尧放勋其人如天其知如神就之如日望之如云
帝舜名重华耕于历山外养三年
夏禹长于地理脉泉知阴随时设防退为肉刑
夏桀

伏羲蛇身执矩。神农执耒耝。禹执锹。皆值得注目。

第二层刻孝子事迹图像。右起第一画曾参之母掷杼。下题曰：

谗言三至慈母投杼

上题曰：

曾子质孝以通神明贯感神祇著号来方后世凯式以正抚纲

继而画闵子骞为父御马坠鞭情状。题曰：

子骞后母弟子骞父
闵子骞与假母居爱有偏移子骞衣寒御车失棰

继而画老莱子舞于父母前之情状。题曰：

老莱子楚人也事亲至孝衣服斑连婴儿之态令亲有欢君子嘉之孝莫大焉

继而刻丁兰跪拜于父亲木像前之情状。

丁兰二亲终殁立木为父邻人假物报乃借与

第三层刻画刺客事迹图像。右起第一刻曹沫劫齐桓公之情状。各人物上方题曰"管仲""齐桓公""曹子劫桓""鲁庄公"。

继而刻画专诸置匕首于鱼腹，刺吴王之情状。各人物上方题曰"二侍郎""专诸炙鱼刺杀吴王""吴王"。

继而刻画荆轲刺秦王事迹图像。各人物上方题曰"荆轲""秦舞阳""秦王"。下方刻有首级盛盘之情状，旁书"樊于期头"。

最下层刻有马车二、骑者二、步者一。

此类图像手法过于简朴，然龙、马等动物尚显生动，颇富于表情。系考证当时房屋、车马、服装制度及历史、传说、风俗、习惯之珍贵资料。与孝堂山石室图像一道属中国最古老之雕刻。雕刻方法与孝堂山石室图像不同，先以水平磨石面，次画上图像，浅雕其外部，后恣意凿刻，继而于所剩图像轮廓内阴刻眉目衣纹等。

3. 曲阜矍相圃石人

曲阜县城内矍相圃中有二石人。其来由详于《山左金石志》[1]。曰：

鲁王墓二石人题字

[1] 《山左金石志》，二十四卷，系清代毕沅、阮元同撰。——译注

无年月篆书旧有曲阜县城外今移城内

　　橐相圁

　　府门之卒

　　汉故乐安太守麃君亭长

　　右二石人一人介而执殳高六尺八寸腰围七尺余腹间刻篆书一行曰府门之卒字径五寸一人冕而拱手立颔下有痕如滴泪高七尺一寸腰围五尺四寸胸间刻篆书二行曰汉故乐安太守麃君亭长字径四寸余乡在县东南张屈庄鲁恭王墓前年久倾侧其一已断敲火砺角不护将毁元著者山东学政阮元于甲寅春饬教授颜崇规县尉冯策以牛车接轴徙置今所洗拓其文于门下见卒字亭下见长字皆牛空山金石图未备者案水经注载汉郦食其庙亦有石人胸前铭云门亭长此称亭长门卒殆同义欤

　　据上述，可知乾隆五十九年（甲寅岁）阮元将石人由曲阜县城东南方移至此地张屈庄鲁恭王墓前。鲁恭王系前汉景帝之子，名余，景帝二年立为濮阳王，后二年徙封鲁，都曲阜，在位二十八年，武帝元朔元年薨。此石人所立之墓果属恭王与否，于事隔两千余年之今日因无确证，故有充分理由存疑。进而"汉故乐安太守"云云之铭文，是否明示此石人系后汉之物亦可存疑。《后汉书·地理志》[1]曰：

　　乐安国高帝西平昌为千乘永元七年更名洛阳东千五百二十里

　　乐安国即前汉之千乘国，后汉和帝永元七年更为此名。显然此石人应属此后打造。《金

[1]　原书错，当为《后汉书·郡国四》。——译注

石萃编》[2] 所引《潜研堂金石文·跋》[3] 曰：

　　汉制诸郡置太守王国称相和帝永元七年改千乘为乐安国质帝本初元年以乐安国土卑湿租委鲜薄徙乐安王鸿封渤海自后无封乐安者盖以罗为郡矣此称乐安太守其在桓帝以后平麃姓不详其所出韩敕碑有故涿太守麃次公故乐安相麃季公皆鲁人也则麃固鲁之名族矣季公故乐安相桓帝永寿中犹存此刻所云麃君岂即季公乎季公王国相而追称之曰太守犹荀淑为朗陵侯相而文若传称朗陵令也

《国书》[4] 所引《张埙跋》曰：

　　千乘国汉高帝置王其国者三人贤也此一人前汉建也伉也虽子宠嗣和帝永元七年改国名乐安王其国者二人宠也嗣宠者鸿也质帝立本初元年徙王鸿于渤海此后王乐安者不闻焉国既无侯不应有相而桓帝永寿二年韩敕碑有故乐安相鲁麃季公题名其曰故者则在质帝之前或为宠相或为鸿相而罢归者也既无侯无相当罢为郡别应置太守陆续之中子逢为乐安太守者是也此石人字曰乐安太

[2]　清代金石学著作，书成于嘉庆十年（1805），为一部石刻文字和铜器铭文的汇编。王昶撰。该书共160卷，所收资料以历代碑刻为主，共达1500余种，铜器和其他铭刻仅有十余则。年代从秦到宋、辽、金。——译注

[3]　清乾隆年间钱大昕撰。——译注

[4]　南北朝时代北魏国崔浩编，30卷。系北魏国史。——译注

守麃君者为季公之后裔或族人而不可即传
会为季公也

此说颇在理。质帝本初元年（146）徙乐
安王鸿于渤海后乐安成郡。而据石人铭乐安
太守云云，此石人似属成郡以后所作。亦即，
《山左金石志》称立于鲁恭王墓前者一事碍难
措信。

石人今在曲阜孔庙以西一路相隔之夔相圃
内，一立一仆。立者高出地面七尺，肩宽二尺
六寸，两手执殳，前部腰以下阴刻篆书"府门
之卒"。仆者脚部倾斜，有折损，高六尺五寸，
拱手，后佩剑，腰间前阴刻篆书两行八字"汉
故乐安太守麃君亭长"。手法简朴精巧，引人
注目，是以可知当时雕刻样式，可证当年墓前
立有此人，并足资研究当时书体。

《水经注》载，汉代墓前往往立有石人。
而此类石人几归湮灭。历两千年风霜而独存今
日者唯此二石人矣。此类研究素材实可谓无比
珍贵也。（第十三图）

第十三图　夔相圃石人

第二　唐宋陵墓

序　言

余于 1906 年至中国陕西省旅行，其间调
查部分唐代陵墓。前年又于河南省偃师县考察
唐高宗太子陵，于巩县调查北宋陵墓之一部，
进而又于浙江省绍兴县考察南宋陵墓，于河北
房山县调查金代陵墓。兹略去金代陵墓，主要
就唐宋陵墓做一叙述。且略去内部结构与随葬
品等，主要就陵墓外形及其设施做一说明。

一、唐代陵墓

众所周知，中国自秦汉时代以来厚葬风气盛行，陵墓设施亦因此发达。至后汉，其风尤甚，墓前立石人、石兽、石碑、石阙等，陵墓制度大为完备。三国以后其风渐衰，然自北魏至唐风气又转甚。唐代陵墓制度高度发达，成为后世楷模。

唐高祖陵依汉光武帝陵制度建造。至太宗时，唐代特有陵寝制度开始发展。至高宗时，其设施进一步完备。贞观十年（636）太宗皇后（文德皇后）驾崩时留下遗言，称为节省葬仪费用，拟废筑冢，而改依山造墓。太宗允纳所请，不筑坟而葬于九嵕山。并于贞观十一年下诏，赐允以九嵕山为核心，于其附近建造诸王、公主及辅佐功臣之墓。诸王等各有赐地，且葬入墓中之明器等也由朝廷下赐。太宗进而决定于九嵕山建造自身寿陵。此即太宗为尽可能节省民力，废止修筑往昔高大坟冢，而计划建墓于九嵕山顶之举措。九嵕山高耸于关中大平原北方，约五千尺许，乃当地最高山峰。其顶峰南面为悬崖峭壁，北面坡度略缓。规划于悬崖设栈桥，于峰面凿墓道，造玄室，内部可容棺。栈桥长二百三十步（一步为五尺），玄室深七十五尺，想必该工程至为困难。陵墓于贞观十八年八月竣工，先葬文德皇后于此。太宗驾崩后，朝廷又将太宗遗骸葬此，之后销毁栈道，使后人难以接近。

之前太宗继而于山顶附近建造寝殿，即寝宫，于寝宫前刻其六头爱马石像，于左右两庑各立三石，并亲自作铭，命欧阳询书写勒石。又于寝宫北门即元（玄）武门前，立诸蕃酋十四人石像。此诸蕃酋中有于阗、龟兹、高昌、新罗、突厥、吐谷浑、林邑等君主。如前所述，太宗允纳诸王、公主、诸功臣以此山为核

心，陪葬于山上山下。亦即，太宗曾下诏诸臣，曰余平定天下，多凭依臣下辅弼，为永久不忘其功，可筑诸功臣墓于余陵墓附近，同时刻爱马像，使其立于墓前。

太宗造陵于九嵕山后，代代陵寝皆筑于山顶。即肃宗之建陵筑于其西面武将山，高宗之乾陵筑于更西面之山岭，德宗之崇陵筑于东面嵯峨山，敬宗之庄陵、武宗之端陵筑于更东面之山岭。此一带山顶代代筑陵。唐长安城即今西安府至九嵕山直线距离约一百里左右，天气晴好时，可清晰望见九嵕山。据传太宗葬文德皇后于九嵕山后于长安宫中建慕陵台，每每登台望九嵕山。传说某日魏徵来访，当被问及"能否看见对面九嵕山"后答曰："臣看不见。"太宗曰："难道不在其处乎？"魏徵答："九嵕山清晰可见，然臣以为指高祖陵。"足见由西安府可清楚望见此一带山脉。流经西安府北面之河流为渭水。渭水北方有平原，称毕原，周汉时代陵墓主要筑于该处。因此唐代已无于该地造陵之余地，只能筑于北方山岭。

1. 太宗昭陵 _{（第十四、十五图）}

于兹简单介绍太宗昭陵调查经过：于余1906年旅行之前，大谷光瑞[1]已来此处展开调查，花费相当时日自九嵕山上至山下就地形与陵墓位置进行测量。余思忖有正确之测量图，今后凭图办事即可，故大体仅就山之形状与散布山麓之陪冢之配置状况写生。九嵕山顶南边为峭壁，峭壁处筑有玄室。山顶附近偏西北处

[1] 大谷光瑞（1876—1948），法号镜如，日本西本愿寺住持，京都人。大谷光尊之庶子，曾率探险队调查中亚地区，为世界考古学做出贡献。——译注

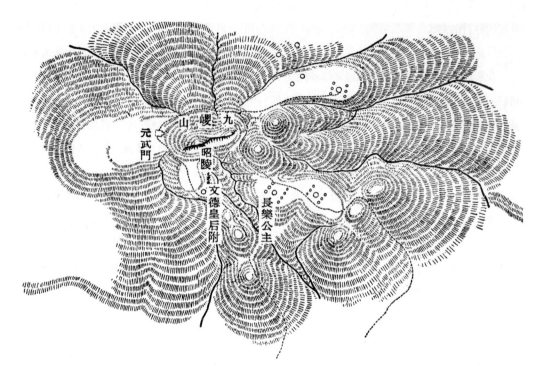

第十四图　唐太宗昭陵平面图

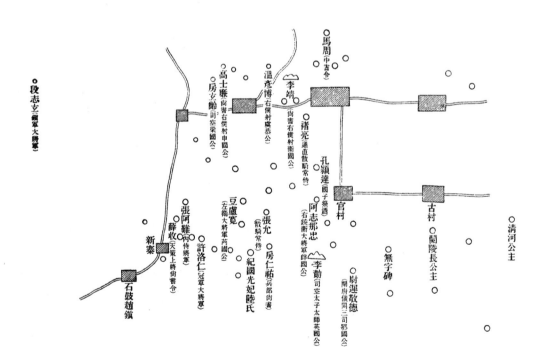

第十五图　唐太宗昭陵陪冢配置图

有玄武门。山上有许多陪冢，可见长乐公主等墓，但诸多墓主姓名不易弄清。猜想皆为诸王、公主等墓。山下约十五六里范围内亦散布许多陪冢，据宋绍圣元年游师雄"昭陵园记碑"载，该陪冢墓主有诸王七人，公主二十一人，妃嫔八人，宰相十三人，丞郎三品五十三人，功臣、大将军六十四人，总共一百六十六人。该陪冢墓前各立有石碑，亦造有石羊、石狮等，然今日石碑、石兽等皆大部灭失。余调查时石碑存三十座，其中有温彦博、房玄龄、李勣、李靖、孔颖达、张允、段志玄、兰陵长公主、清和公主等人石碑，然而多数石碑墓主为谁已不明了。（第十六图）

再说太宗昭陵墓。玄武门如照片所示，上层楼观已失，砖构城台倾圮。城台开三引门，进入后有砖铺道路，尽头高处为寝殿。其前方左右端有东西庑殿，壁上按东西方向各镶嵌三块六骏马石板像。其中最重要者为西庑第一匹马，称"飒露紫"，系太宗平定东都时之坐骑。此马中箭时丘行恭扶太宗，拔其矢，让己马于太宗，杀敌而归。为显丘行恭之功于后世，太宗命浮雕丘行恭拔"飒露紫"胸中箭矢之图像。该马无论风骨、姿态，皆为无可挑剔之杰作。其鞍、辔、镫及其他马具清晰反映当时样式。据丘行恭雕刻亦可知当时服饰、弓、箭、剑等样式，且其雕刻极为写实精美。其余骏马雕像作为当时雕刻亦异常杰出，然六马中之二马已被带往美国，实为遗憾。余于1918年春旅行北京时听闻某美国人为将九嵕山顶太宗石骏马带出，于行贿村民与官吏后终将石骏马由山上运至山下。之后乘筏下渭水，至潼关。然其时因石骏马而受贿之村民间发生争议，最终有人密告西安府，衙门官员大惊，速派骑兵追至潼关，没收石骏马，运回西安。余听后委实释然

于心，然而之后去美国一看，不仅该石骏马，还另有石骏马两匹 [1] 共同装饰于费城宾夕法尼亚大学博物馆，精美无比！前话是否真实不得明知，但最终该石骏马还是被带往美国确为事实。此事于中国而言至为可惜。（第十七、十八图）

其次，玄武门前空地宽广，推想此地曾站

[1] 系"飒露紫"与"拳毛䯄"两匹。——译注

第十六图 唐太宗昭陵玄武门与寝殿遗址

第十七图 唐太宗昭陵六骏中东庑第一石 飒露紫

第十八图 唐太宗昭陵六骏中西庑第一石 特勒骠

立诸蕃酋石像，然于今未存一像。又闻石骏马坐石刻有马赞，然最终亦未发现。唐代欧阳询书写作品今不存，而听闻高宗时勒于台石之段仲容铭文尚在，然于今亦不知所踪。（第十九图）

再次系陪冢。此类陪冢多为圆形土馒头，当时计划修造高度为三丈至四丈。唯李勣与李靖墓形状特别。李勣、李靖征伐突厥、吐谷浑战功卓著。为纪念二人，李靖坟仿铁山、积石山[1]，李勣坟仿阴山、铁山、乌德鞬[2]山而造，皆呈三峰并立状。此类陪冢前亦存有石人、石兽、石碑等。第十九图之陪冢保留较为完整，然而或有石碑而无铭文，系无字碑，故墓主为谁不得而知。该坟前左右立有石人，其次为右石羊左石狮相对立，亦有前方羊、狮各二，再次为石华表一，相对而立，正中有石碑。李勣墓亦同，东面三羊，西面三狮相对立，前方正

面有石碑。而李靖墓则相反，石人一对，石狮、石羊各一对，狮羊左右分立。[编者注一]温彦博墓前面羊一对，其次闭口狮子一对，再次开口狮子一对，前方中央有石碑。长乐公主墓先有石人一对，其次羊一对，狮一对，正面有石碑。如斯或狮羊各分东西，或各一对左右站立。羊狮左右分列之理由大抵因为此类墓系夫妇合葬墓，相向之右方必葬妇人。即置棺时右边置妇人，左边置男人。是否有妇人方向列羊，男人方向列狮之想法，或因某种理由进而按东西方向分列羊狮不得而知。[3]

最后为石碑。如前述今存三十许。其中最优者乃李勣碑与李靖碑，于碑中最为高大。李

[1] 原文少"阴山"。——译注

[2] 实为乌德犍山（郁都斤山）。——译注

[3] 此部分著者文字说明与第十九图图片不甚吻合，比如无名墓的"右羊左狮相对立，亦有前方羊、狮各二，其次为石华表一，相对而立"和"李靖墓则相反，石人一对，石狮、石羊各一对，狮羊左右分立"等。请读者阅读时留意。——译注

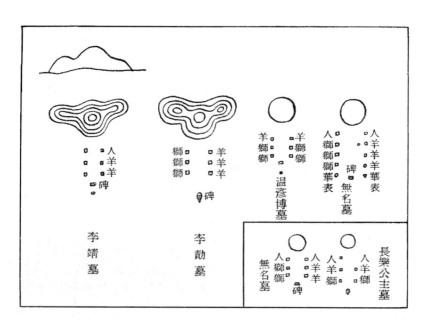

第十九图　唐太宗昭陵陪冢

勣碑高约二十尺，幅宽五尺九寸五分，厚一尺八寸三分，载龟跌上，而龟长九尺五寸。此为中国石碑最大者之一。碑上有螭首，刻龙精巧，碑侧亦有雄健蟠螭纹。查《唐六典》[1]，石碑大小因人而有限制，五品以上高九尺以下。而特为李勣树二十尺高碑，盖为表彰其功绩也。李勣碑由高宗书写，可惜下方刻字全部灭失。不仅李勣碑，其余三十几座石碑手可及处刻字亦全部灭失。此类石碑皆由优质石灰石建造，经一千二百余年风雨侵蚀而未漫漶处刻字犹清晰。然似于明万历年间全部毁损。原因或为获取石碑拓本，或为参观访客终年不断，当地百姓因田园被毁不胜其扰，商量后干脆全部砸毁。李靖碑与李勣碑几乎等大，意趣亦相同，然非龟跌而系方跌。其他碑皆与李靖碑形式相同，高度多为十二尺左右，有侧面雕刻纹饰者，亦有无侧面雕刻纹饰者。

2. 高宗乾陵

高宗乾陵位于乾州西北梁山山上。其时恰逢大唐盛世，则天武后为夸耀于后世特意建造大型陵寝。立于乾陵前方之石人、石兽几乎全部保留至今，成为唐代陵墓代表作。第二十一图之山即梁山，山下七八百米处平原两丘并立，其上立有砖构阙，已毁损。此即陵墓第一门。穿过前行约七八百米可达山麓。上山道路左右两侧两高丘耸立，其上立有砖构高阙。于近处看两阙歪倾，而远处望去则双阙高耸，似门。过双阙，山脊平缓，乃通往陵寝神道。神道入口先有高大八角形石柱左右相立，人称华表。华表表面浮雕为凤凰与龙图案。过华表，有一对带羽翼之巨大石马，亦称"龙马"。再往前行有石像生左右对列。先为石刻鸵鸟像，其形与实物如出一辙。该时唐朝势力直达西方，与波斯（今伊朗）、大食（今阿拉伯）国家交通繁盛，活鸵鸟等亦输入中国。其次列有石鞍马五对，雕刻亦极精巧。再次有石翁仲十对。过此前行，左方有赞颂高宗圣德之"述圣记碑"。此碑文字乃则天武后御拟，中宗御书。因造型巨大，以一石建则观感不良，故此碑以四尺五寸见方石头堆积七层，上载盖石，[2] 然于今皆倾覆，铭文尚清晰可读。与此相对之右方有无字碑。按宋代记录乃由于阗国所贡，然余无法尽信。此碑十分巨大，比李勣碑更为高大，宽幅约六尺五寸，厚四尺八寸许，高二十一尺左右，[3] 全由一石所建，盖中国最大石碑之一。其侧面精雕龙凤、唐草纹饰，碑头有龙形雕刻，尽显雄浑壮丽气象。令人不可思议之处乃一字未勒，故称"无字碑"。与此相反，宋金之后

[1] 唐代官修政书，记载唐前期的职官建置及职掌，共三十卷。开元十年 (722) 由唐玄宗李隆基亲自制定理、教、礼、政、刑、事六条为编写纲目，起居舍人陆坚修撰。——译注

[2] 此处记为"以四尺五寸见方石头堆积七层，上载盖石"，而后文"四唐碑之式样"又记为"重叠五层方六尺一寸四分、高四尺左右巨石作为碑身。碑立于方九尺七寸七分、高二尺九寸大方跌上，上冠以模拟瓦葺石盖"。实际上"述圣记碑"高 6.3 米，宽 1.68 米，上有庑殿式顶盖，下有线刻兽纹基座，中间为五段，共七节，也称"七节碑"。——译注

[3] 此处记为"宽幅约六尺五寸，厚四尺八寸许，高二十一尺左右"，而后文"四唐碑之式样"又记为"广六尺七寸七分，厚四尺八寸四分，高约二十一尺"。实际上无字碑高 7.53 米，宽 2.1 米，厚 1.49 米。——译注

到访人士之题名则雕刻无数，其中最著名者为女真文字题名。于余阅读范围内尚未见有人就此碑因何目的、何时所建做出说明。然余推想，此碑系则天武后为其自身、且为他日预做准备而立之物。由于此无字碑与高宗圣颂碑相对右侧竖立，右方玄室中亦放置普通妇人棺木，故右侧所立之碑恐则天武后为己所立，拟待自己死后再找人雕刻碑文。众所周知，则天武后因篡夺唐朝社稷，其崩后不久武氏一族尽遭诛戮，故只能原样保留，无法再刻碑文。于余所见范围内，此碑为今日中国石碑中第二大碑。(第二〇、二一图)

过此碑，有砖构高台东西相对，即阙。穿过阙，左右有六十四个石人站立。营造乾陵时诸番酋来助，武后为夸耀唐代势力于后世，特意造诸蕃酋肖像，使立墓前，并刻各自姓名与官名于肖像背后。今其首级全部落地，其中仆地全毁者亦有之。继续前行，可见左右有大石狮。高十二尺左右，极其精致。过此又有一

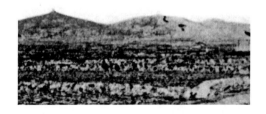

第二〇图　唐高宗乾陵远眺

第二一图　唐高宗乾陵前面

新石碑，刻"唐高宗乾陵碑"六字。再前行七八百米左右始见高大坟墓。高宗乾陵无论地形之选择，设施之高大，抑或规模之宏伟，在唐代皆可称最雄伟宏大，最为完备。其石人、石兽等因出自唐代全盛时期，故皆为罕世杰作。

3. 德宗崇陵

德宗崇陵建于泾阳县北嵯峨山上，相较高宗乾陵，其形制几乎相同，唯规模较小，且石人、石兽等雕刻技术稍劣。由山麓登山前行，可见一小山脊，被平整，先有石柱一对左右而立，然后为石龙马，其次与再次按理应各有五对石鸵鸟和石鞍马，然于今皆无。继而有石翁仲十对，原先应有石碑之处今仅存台石。再而为双阙故址，今化为土堆。其后有石狮，再往前应有坟，然不知何故今不可见。此陵亦为唐陵制度保存较好之一例。(第二二、二三、二四图)

4. 孝敬皇帝恭陵

唐孝敬皇帝恭陵位于河南省偃师县以南。孝敬皇帝为高宗皇太子，随高宗去洛阳时为则天武后毒杀。高宗悲伤异常，以天子制度葬之。相传此墓耗资巨大，民工因不堪苦役相率逃亡。然余见之其规模与高宗乾陵等相比小之又小。墓前先有石柱，其次有着文官服饰人物三对，石狮一对。再次为阙门，然于今成土馒头一堆。前行约一百米有方台形墓，其东、西、北面皆有阙门遗址。想必当时四面有墙与之连接。四隅今亦有土馒头，推想当时为角阙所在。与南门相同，东西北三门外各有石狮一对。此墓制度想必成为此后宋朝陵寝之范本。(第二五图)

此外，唐陵中著名者尚有则天武后之父、

第二二图　唐德宗崇陵前面

武士護之顺陵。此由则天武后建造，余未见，
然法国汉学家沙畹[1] 报告中有其照片。见之可
知其与高宗陵寝略有不同，然石人、石兽相当
精妙。此外尚有睿宗之桥陵与宪宗之景陵，其
制度大体与乾陵相似。

二、北宋陵墓

北宋陵墓建于距其国都汴京（今开封）以
东约二百四十里之巩县，坐落于洛水与注入洛
水之罗水间之平原上，有太祖、太宗、神宗、
哲宗、定宗陵寝。又，罗水以东有仁宗、英
宗、真宗陵寝。因共有八处陵寝，故称"八陵"。

[1]　埃玛纽埃尔·爱德华·沙畹（Emmanuel
　　 Édouard Chavannes，1865—1918），法国东洋
　　 学家，对中国古代史、佛教、金石文、西域等
　　 研究均做出贡献。法文译作有《史记》《大唐
　　 西域求法高僧传》《西游记》等。——译注

第二三图　唐德宗崇陵武将石像

第二四图　唐德宗崇陵文官石像

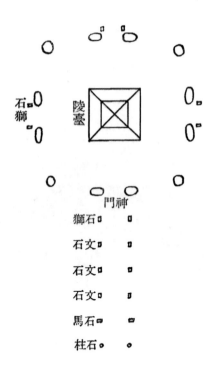

第二五图　唐孝敬皇帝恭陵平面图

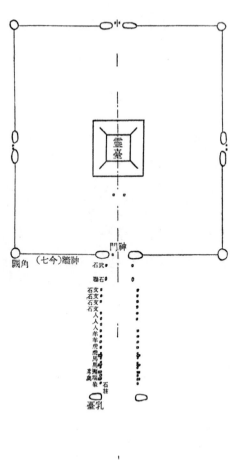

其中余所见者仅太祖永昌陵与太宗永熙陵二陵。此二陵所在交通不便，且无投宿之处，故由巩县出发必须一日间往返。骑马前往亦约有二十五里（《巩县县志》载四十里），故余仅调查此二陵即需一整日，无法调查其他陵墓。据沙畹报告书，渠仅调查仁宗之永照陵。想来与余相似因故无暇调查其他陵墓。（第二六图）

　　以太祖陵与太宗陵相比，太宗陵较为完备。唐陵咸筑于山顶，而宋陵则位于平原。距太宗陵前四五百米处有两土馒头左右相对。此称"鹊台"、砖构，系第一门。进门后约一二百米处又有两土馒头相对。此称"乳台"，系第二门。进入后有石像生、石兽、石翁仲相对站立。先有华表，次有象。象与普通活象大小相仿。唐陵无象，而宋陵始有。再次有奇异雕刻，乃大石，石面刻岩石状，再刻鸟体马面。此亦唐陵所无，恐与唐代龙马相当。再次有獬豸一对，狮脸象鼻。再次有鞍马二对。此与唐陵同，然

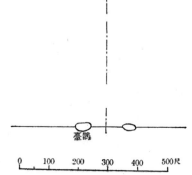

第二六图　宋太宗永熙平面图

不同处在于其左右有马卒各二随附。继而有石虎二对。此亦唐陵所无。再次有石羊二对。此羊于唐代臣下墓中有，而皇帝陵中无。再次有石翁仲三对，着文官服饰石翁仲四对。过此又有石狮一对。狮站立，面朝外。再次有着武将服饰石翁仲一对。其次系神门所在，今化作土馒头两堆。过神门又有石翁仲一对。其次有坟，

称"灵台"。此为五六十米见方大小方台形土馒头，呈上部平坦方锥体。以此灵台为中心，四方有四神门。其外各有一对石狮站立。四隅有土馒头，乃昔时角阙。灵台四周有神墙，连接四面神门与四隅角阙，然于今踪迹全无。此陵墓制度规模极大，然相较唐陵，一位于山顶，一位于平原，不免有些逊色，且比唐陵规模稍小，然出现唐陵所无之石象、石马卒、石虎、石羊等，颇觉热闹。（第二七、二八图）

第二七图　宋太宗永熙陵石瑞禽

　　此陵背后又有陵。皇后陵也，规模颇小。正面有神门，神门近处有乳台，其后左右有石柱、石鞍马、石马卒。其次有石虎两对、石羊两对、着文官服饰石翁仲两对。继而有石狮一对。其次有两土馒头并立，即往昔鹊台。其后有灵台，筑为方锥体。北面东西各有入口，入口各有阙门，神墙围绕四方。总之，宋代帝陵与皇后陵邻近，然皆分开建造，而唐陵与之相反，咸合葬。即一墓中收纳皇帝、皇后之棺木。沙畹报告中载有仁宗陵墓石翁仲、石兽照片，其制度与太宗陵相同。唯雕刻时代靠后，稍显稚拙。（第二九图）

第二八图　宋太宗永熙陵石马

　　北宋为金压迫，迁都临安，上述宋陵或多或少为金人挖掘。继而刘豫[1]置淘沙官，对全部宋陵进行大规模挖掘。所幸石翁仲、石兽等弃之一旁，故保存较好，遗留今日。

三、南宋陵墓

　　南宋陵咸位于浙江省绍兴东南二十五里

[1]　刘豫（1073—1146），南宋叛臣，金傀儡政权伪齐皇帝，字彦游，景州阜城（今属河北）人，建炎二年（1128）杀宋将降金。四年九月被金人立为"大齐"皇帝。——译注

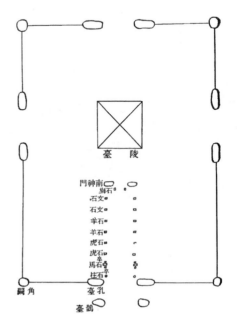

第二九图　宋太宗永熙陵石马

宝山处，按南北方向分别配置，称“南陵”与“北陵”，共有六处。其中高宗、孝宗、光宗、宁宗四陵在南方，理宗、度宗二陵在北方山麓。南陵面对南部崇山峻岭，南向而建。北陵背负北部山峦，北面而建。一般说来，背靠山、面对平原筑陵为常理，而南宋陵皆面山而建，不知是何道理。南宋为金国压迫，迁都南方，但怀抱恢复中原之志，计划他日于中原修筑华美大墓，故于此仅暂筑小墓，不称陵而称“攒宫”。然天人共悯，南宋不但未能恢复中原，反终为元人所灭。不久原浙江总摄、蒙古僧杨琏真伽[1]来此，将南宋陵墓全部挖掘。洪武年间明太祖重建宋陵，故于今无论何墓皆仅存形骸。北宋八陵今废弃于荒原田野中，但南宋六陵后世多少寄予同情，形制虽小，但仍保留陵墓形态：形制划一，规模极小，坟高八丈，直径十四尺左右，土馒头，其前有享殿，再前有门，四面围绕墙壁。墙内种满松树，蓊郁苍翠。实际上南宋未正式建陵，故规模势必不大。因为元人挖掘，故唯留形骸。北宋陵于北方为金国刘豫、南宋陵于南方为元人悉数挖掘。（第三〇图）

第三〇图　南宋孝宗陵

[1]　杨琏真伽，元朝人，西藏喇嘛教僧人，吐蕃高僧八思巴的弟子，至元二十二年(1285)任江南总摄。史载杨琏真伽善于盗墓，曾盗掘南宋诸帝、诸后、卿相陵寝一百余座。——译注

以上就唐宋时代陵墓进行概述。此两代陵墓制度成为后世南京明太祖孝陵之楷模，亦成为北京北部南口附近修筑之所谓明十三陵，清代东陵、西陵等蓝本。尽管明清时代多少有所变更，然于大体精神而言，均参酌唐宋陵墓制度。

编者注一　如第十九图可明显看出，李靖墓前东面仅存石翁仲一躯、石羊两躯，而失西面石像生。如上述，无名氏墓与李勣墓据猜测，其西面曾放置石翁仲与石狮，与温彦博和长乐公主等墓及其配置有异。后人说上述无名氏墓和李勣墓与温彦博和长乐公主等墓及其配置相同，或出自某种误判。对此错误笔者在提交给东方文化学院东京研究所之研究报告中已做订正。

本篇第一周、秦、汉陵墓曾以《中国陵墓》为题，分五次连载于《历史地理》第二卷第五号、第十二卷第一、第二、第四与第五号（1909年5月、7月、8月、10月与11月）；第二部分唐宋陵墓以《唐宋陵墓研究》为题刊载于《东洋》第二十六卷第四二一号（1920年3月）。此外，有关中国陵墓之研究还有连载于1908年7月《时事新报》之报道，以及作为东方文化学院东京研究所研究员最初提交之研究报告《中国皇帝历代王陵之研究》。前者内容与本篇相类，颇简单，故从略。后者系庞大研究报告，计图版九册（照片千余张、实测图三百张），文字七册（六百格稿纸千余张），尚存于研究所，未及印刷，亦无法刊载此处，为憾。

关于后汉石庙另有论文。本书收录已发表于《国花》之《后汉石庙与画像石》，故略去许多图版。关于矍相圃石人，因《考古界》第七辑第一号（1908年4月）刊有《鲁恭王墓前石人》，为避免重复，此从略。

第三章　中国砖瓦

目　录

第一　瓦

一、总　说
二、瓦之种类
三、周代
四、秦汉时代
　1. 全圆瓦当
　2. 半圆瓦当
五、南北朝时代
　1. 北朝瓦当
　2. 南朝瓦当
六、唐代
七、宋元时代
八、明代
九、清代

第二　砖

一、总　说
二、砖之种类
三、汉晋时代
　1. 条砖　（普通砖）
　　01. 条砖之形状与制法
　　02. 砖之文字与图纹
　2. 方砖
　　01. 方砖之形状与制法
　　02. 方砖之文字与图纹
　3. 空砖　（圹砖）
四、南北朝时代
五、唐代
六、宋元时代
七、明代
八、清代

第一　瓦

一、总说

　　建筑物屋顶以瓦铺葺为中国建筑一大特色。正脊两端翘鸱尾，四隅垂脊列吻兽，檐端以巴瓦、唐草瓦装饰，又以黄琉璃、碧琉璃及杂色琉璃瓦于天际划出挺拔轮廓与鲜丽色彩，在世界建筑中此情景唯于中国能见。瓦之起源不明，然至早于中国周代制瓦技术已有显著进步，更于秦代大为发展，至南北朝、隋唐时代受佛教艺术影响，制瓦技术又获一大转机。与此同时琉璃瓦亦开始发明，经宋至明清，进一步演化至今。

　　瓦因何故于中国发达如此，想来与风土气候、国民意趣有关。

　　中国文化发源于黄河流域，即中国北方，后波及南方长江流域。瓦之制作似最早始于周代，起源于以西安、洛阳为中心之北部中国。北部中国雨少干旱，不适于森林、芦草之生长，以薄板、茅草铺葺屋顶确为难事。而此地又乃所谓黄土地质，下层阶级住宅先是以土遮蔽屋顶，而伴随制陶业之发展，发明以土烧瓦之方法后中层阶级以上家庭住宅悉以瓦遮盖。薄板、茅草易腐朽，而瓦几近永不损坏，且可使建筑外观美丽，夏可避暑热，冬可御寒冷，乃适应北部中国风土气候之最好铺葺材料，故从彼至今一直长期使用。

　　南部中国长江流域与之相反，气候湿润多雨，最宜森林、茅草等植物生长，故毋庸多言，铺葺屋顶主要使用薄板或茅草。而伴随北方文化南渐，传来制瓦方法，其适于防御风雨、经久耐用之性能系芦苇、茅草所不可比拟。最终南方地区与北方一样普遍使用瓦片。

　　其次，中国国民尤喜建筑外观之华美，故使用各种方法装饰屋顶，而此类装饰又反映出南北两地人之不同兴趣。北人性格厚重，喜好建筑轮廓庄严、色彩华丽。因此檐角上翘不多，屋脊线条不畅，鸱尾、吻兽所用数量恰到好处，屋顶外观端庄严谨，并使用黄、绿、碧、紫、白、黑等色琉璃瓦，尽量使屋顶色彩华丽美观。而南人则反之，气质敏感聪慧，喜欢轻快奇异之造型，屋檐翘角与屋脊线条甚多，尤喜于正脊与垂脊上大肆排列各种雕刻物，务使屋顶轮廓轻快奇巧。且不似北方，少使用琉璃瓦，屋顶色彩装饰随意不拘。

　　带文字、图纹之古瓦残片或发现于汉代长乐宫、未央宫及建章宫等遗址，或出土于汉代陵墓附近，早为喜好者收藏。王辟《渑水燕谈录》载，宋元佑六年（1091）宝鸡县疏浚民池，起获带"羽阳千岁"刻铭之瓦当。此为瓦文字铭见于文献之始。清乾隆初浙人朱枫撰录西安出土之瓦当文字，作《秦汉瓦图记》。此乃有关瓦当文字著录之嚆矢。其后有程敦之《秦汉瓦当文字》三卷，冯云鹏、冯云鹤共辑之《石索》，吴隐之《遁庵秦汉瓦当存》二卷次第刊行，尤其近年来罗振玉之《秦汉瓦当文字》之问世，使刊载资料日益丰富。

中国人对文字尤感兴趣，其收集之瓦当仅限于有文字铭之物，文字以外之有图纹者几乎忽略不顾，故过去收集采录之物仅限于文字铭瓦。而秦汉两晋时代有文字铭之瓦当多，南北朝时代以后，作文字铭之风止息，专作莲花、兽面、龙凤等图纹，故此类瓦当过去从未引起中国人兴趣，导致其疏于采集，因而于今属秦汉两晋时代瓦当之资料丰富，而自南北朝后至今之资料出人意外十分稀少。余努力收集，然所获较少，故本书集录之瓦当秦汉时代多而南北朝时代后少，乃不得已之结果。

中国瓦当收藏家于中国本国甚多，而日本少。大仓集古馆收藏较多，然其收藏品毁于1923年大地震火灾。最近中村不折[1]获数百件瓦当，盖日本收藏最富者。此外还有东京帝国大学工学部、东京艺术学校、藤井善助有龄馆之收藏，其余不值一提。

于此应特别强调，在朝鲜平壤汉代乐浪郡遗址发现之数百件瓦当，能补中国出土瓦当之不足。此类瓦当今归朝鲜总督府博物馆、平壤博物馆及居住平壤之同好者收藏，并几乎全部收录于余等所编、朝鲜总督府发行之《乐浪郡时代遗迹》中。

二、瓦之种类

屋顶之瓦大体可分为平瓦、圆瓦、唐草瓦、巴瓦、鸱尾、吻兽等。

平瓦（瓪瓦、牝瓦） 平面，长方形，上翘。一般不雕饰图纹等。

圆瓦（瓺瓦、牡瓦） 成半筒状，葺屋顶时先铺平瓦，相接部分伏盖此圆瓦，以防雨漏。此圆瓦一般亦不施图纹。

唐草瓦（花头瓪瓦） 即在屋檐平瓦瓦端粘贴之弧形垂瓦，于其外面浮雕图纹，作为装饰。

巴瓦（花头瓺瓦） 即在屋檐圆瓦瓦端粘贴之半圆形或圆形垂瓦，于其外面浮雕图纹，作为装饰。半圆形瓦当起源于周，至秦汉消亡，圆形瓦当至早起源于秦，直至今日。

鸱尾（蚩吻）、正吻、旁吻 系屋脊两端所翘起之物，起源不详。《格致镜原》[2]所引《苏氏演义》[3]载：

蚩海兽也汉武作柏梁殿以蚩尾水之精能却火灾因置其象于上

又，宋代李诫《营造法式》[4]亦载：

汉记柏梁殿灾后越巫言海中有鱼虬尾低鸱

[1] 中村不折（1866—1943），日本油画家、书法家。曾留法，师从 J. P. 劳伦斯（J. P. Laurens, 1838—1921），擅长历史油画，对六朝书法有研究，日本书法博物馆由其创立。——译注

[2] 清陈元龙撰，共一百卷，专考事物起源。——译注

[3] 唐苏鹗撰，原书十卷，今本仅存二卷，系清人自《永乐大典》中辑出，是一部考究经传、订正名物、解释语词、辨正讹谬的笔记。——译注

[4] 宋哲宗元佑六年（1091）李诫奉敕编修，共三十四卷，刊行于宋崇宁二年（1103），是北宋官方颁布的一部建筑设计、施工的规范书，是中国古籍中最完整的一部建筑技术专书。此书史曰《元佑法式》，主要分为五个主要部分，即释名、制度、功限、料例和图样。——译注

激浪即降雨遂作其象于屋以厌火祥时人或
谓之鸱吻非也

相传汉武帝建柏梁殿时为施巫却火,仿海中善喷水之鱼造物,置于屋脊,为鸱尾之嚆矢,然无法遽信。而据《格致镜原》所引《郡国志》[1]载,北魏穆帝治朔方太平城,其太极殿置鸱尾。又,云冈、龙门等北魏石窟内所刻佛殿亦雕有鸱尾状物,故可知南北朝时代已有鸱尾。自唐至宋以鸱吻呼之。后世其形状逐渐演变,明清时代称正吻,置于侧脊下方者称旁吻。

吻兽 正脊四隅垂脊上所放置之动物造型,李诫《营造法式》称"走兽"。我国称"鬼龙子",然出处不详。即于四隅侧脊上放置人物、奇异鸟兽、鱼等小立像装饰屋顶,使之喧闹繁盛之物。南部中国有些地区甚至在正脊与垂脊上均放置诸多人马像,反倒陷于繁杂。

此外还有世称"滴当火珠",即为装饰檐端巴瓦而载以宝珠模样者。亦有称"椽头盘子"打入楻端者。还有称"套兽"包裹四隅木端者。

三、周代

余于 1918 年在北京一古玩店见到许多由河北省易县故城发掘之半圆瓦当。根据其图纹形状,余判断系先秦时代物品,并购之分寄东京帝国大学工学部与朝鲜总督府博物馆收藏,又以《西游杂信》为题发表论文于建筑杂志。

[1] 地理类书,系西晋史学家、文学家司马彪作,原作已亡佚,但袁少松《后汉书》中幸有收录。——译注

该论文认为,新出土之瓦当系周代物品。1931年中国考古学家大规模发掘易县故城,采集许多与前述相同之瓦当、陶器残片及其他遗物,确证其为燕国物品。因此余之考证不算误判。推想周代已然与当今朝鲜一般,仅以平瓦与圆瓦铺葺屋顶。而圆瓦纳入檐端,有所不便,故于圆瓦一端安放一半圆瓦当以封堵之,并阳刻诸种图纹,以装饰其表面。

1907 年余于秦始皇陵、前汉惠帝、景帝陵拾得全圆瓦当,因此半圆瓦当应于上述年代之前制作,且其图纹与施于周代铜器之饕餮纹完全一致,故可鉴定为先秦时代物品并无不当。

(第三一图)

易县出土之半圆瓦当,据余所见者有:饕餮纹、双龙双虎纹、凸起纹三种。

饕餮纹 半圆瓦当其纹饰与常施于周铜器之饕餮纹一致,手法豪放雄健,相貌奇异雄浑。此类图纹有意趣复杂者,亦有简单者。

双龙双虎纹半圆瓦当 内作双龙相向图或双虎后向相咆哮图。尤其前者气象最为豪迈。

凸起纹半圆瓦当 内作楼梯状凸起纹,边框有简单蕨手纹。

无论饕餮纹,还是双龙双虎纹,其图纹均适于瓦面,其雕刻方法、其构思之雄浑大气为后世所不能企及。

第三一图　周半圆瓦当

四、秦汉时代

如上述，秦汉时代瓦当多有文字铭，早为中国学者与喜好者所收藏，其中亦有一并收藏文字铭及图纹之瓦当者，故中国古今瓦当中以秦汉时代瓦当资料最为丰富。尚且朝鲜乐浪郡遗址不独发现文字瓦当，而且还发现许多图纹瓦当，故可与中国本土学者一道几无遗憾地研究汉代瓦当样式。

三国时代与两晋时代之瓦当不过为汉代样式之继续，尤其东晋时代之遗物尚然不为学界所知，故于此借便将其包含于秦汉时代中一道说明。

如上述，余于秦始皇陵、前汉惠帝与景帝陵发现全圆瓦当，故至晚于秦汉时代已有全圆瓦当。而承继周代之半圆瓦当此时亦多少有所使用，然图纹与周代性质颇异。

1. 全圆瓦当

全圆瓦当图纹可分类如下：文字、蕨手纹、四叶纹、动物纹。

此外，乐浪郡出土遗物中有印花三角形纹与六出[1]间珠[2]纹等，因不甚重要，此从略。

文字瓦当　瓦面有文字铭，既有如"益延寿宫""上林""甘泉""卫""官""司空""长陵东当""冢""西庙"等说明其所属宫苑、官衙、陵墓、庙祀之瓦当，亦有"长乐未央""长生无极""与天无极""寿老无极""亿万长富"等吉祥文字瓦当，且后者为最多。还有如"永奉无疆""万历冢当"等祝祷陵墓长久保存之瓦当。或亦有如"汉并天下"之类纪念性瓦当

[1]　雪花的古称。——译注

[2]　珠玉之一种。——译注

与"永平十五年""大晋元康"等年号铭瓦当。

秦汉时代瓦当无论其书体、其笔意，抑或用于瓦面之工艺，皆显现高雅浑朴之气象与后世不可企及之韵味。书体以篆书为最多，亦使用隶书。极为罕见之一例系鸟兽书。瓦当边框一般稍宽且高，文字数有一字或二字，四字为最多，罕见者有五字乃至十二字。

蕨手纹　余于秦始皇陵、汉惠帝安陵曾拾得蕨手纹瓦当残片，可知早于秦汉之初已有蕨手纹。此种瓦当一般在中央圈内有馒头状隆起物，或在圈内有几何图纹。此外，既有圈内向四方伸出双线，将瓦面分为四区，各区两端内绘蕨手纹之图纹，亦有直接以蕨手纹遮蔽四出线端之图纹。或亦有四出线端向外方回旋，成为蕨手，或蕨手间又有小蕨手之图纹。另有蕨手如风车状，连接内圈之图纹。意趣自由，富于变化，情趣高雅优美，有使后人叹为观止，手不能措之妙趣。

四叶纹　汉代喜在器物中作四叶纹，然用于瓦当甚少。而相较中国本土，乐浪郡遗址常发现此四叶纹图纹。

动物纹　除以金乌玉兔蟾蜍表现日月，以青龙、白虎、朱雀、玄武代表四神之图纹外，亦有于瓦面阳刻双兽、三兽、猿、鹿、灵禽、双螭、蟾蜍捕鱼之图纹。其手法之大胆，意气之豪迈，不容后世追随。(第三二、三三图)

2. 半圆瓦当

作为先秦时代之继续，半圆瓦当亦略行其道。而秦代喜用之饕餮纹、凸字纹此时已消亡，显示时尚之变化。汉半圆瓦当图纹大体可分两种：半截瓦当、树木纹瓦当。

半截瓦当　系汉代通行全圆瓦当图纹之一半，既有蕨手纹，亦有文字铭。

第三二图　秦汉瓦当之一

第三三图　秦汉瓦当之二

树木纹瓦当　半圆瓦当中央作一枝繁叶茂之大树，其下方左右或系马，或有骑马人物，或配蕨手纹、珠纹、巴纹等，无先秦时代之雄浑气魄，而显示温文尔雅情趣。（第三四图）

五、南北朝时代

自秦汉经三国至两晋通行之瓦当图纹，伴随南北朝佛教艺术之勃兴与影响而有一大转变。

第三四图　汉半圆瓦当

即瓦当图纹开始出现莲花纹，既往长期通用之汉式图纹遽然消亡，而在北魏初，文字铭瓦当多少尚能苟延残喘。

该时代南北文化大体趋向一致，然因南北民族气质相异，风土气候明显不同，于艺术一途难免彼此略微有同有异。于今南北朝瓦当发现尚少，但多少可知此间信息。

过去南北朝瓦当无一为世人所知。而自从1929年文学学士原田淑人[1]首次带回南京出土之梁代莲花纹瓦当数件，以及获得北魏旧都大同故城出土之莲花纹瓦当小残片之后，南北朝时代瓦当研究始露曙光。而自余于1930年在南京获得最近出土之梁代瓦当残片数件，于1931年赴大同调查大同以北四十里处方山山顶北魏文明太皇太后陵墓时采集文字铭瓦当与莲花纹瓦当十数片，以及在大同北魏故城拾得与原田学士获得物几乎相同之莲花纹瓦当小残片后，南北朝时代瓦当式样逐渐明朗。（第三五图）

余于大同北魏故城拾得之绿色琉璃瓦小残片，其质稍粗，且混有细沙，与唐以后琉璃瓦

[1]　原田淑人（1885—1974），考古学家，东京大学教授。与浜田耕作等人一同创立过东亚考古学会。曾从事中国东北地区与朝鲜古城址等调查研究。主要著作有《东亚古文化研究》。——译注

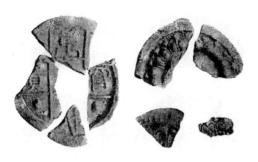

第三五图 北魏瓦当

不同。又因北魏以降后人无理由在此使用琉璃瓦，故有理由确信此琉璃瓦于北魏时代系铺葺宫殿屋顶之物。《格致镜原》所引《郡国志》载：

> 朔方太平城后魏穆帝治也太极殿琉璃台及鸱尾悉以琉璃为之

故可确证当时琉璃鸱尾置于太极殿屋顶，因而葺屋顶之瓦亦可能为琉璃瓦。余于北魏故城获得琉璃瓦残片并非不可思议。

如上述，北魏宫殿置鸱尾，而云冈、龙门及其他北魏石窟内佛殿雕刻亦勒有正脊两端鸱尾图像。然该时鸱尾残片尚未发现。

1. 北朝瓦当

如前述，余仅于方山山顶与北魏故城发现数件北朝瓦当，故详情不得而知。此类瓦当图纹分为两种：文字、莲花纹。

文字瓦当 余于方山获得文字瓦当残片达二十余件，其形式皆同，其中数种文字大小精粗各异。余终未获得完整无缺之瓦当。即使如此，将各种残片合并考虑，亦可知其大体形制。毋庸置疑，其属汉瓦系统，然意趣多少有异，内部带有"万岁富贵"四字铭。

莲花纹瓦当 余于方山获得者与原田学士

收藏者形制几乎相同，与北魏佛像莲座所见者一致，中房颇大，边框稍广，或于边框内作连珠纹。

2. 南朝瓦当

近些年来南京成为国民政府首都，道路开凿，官衙、兵营建设颇为活跃。因此南朝瓦当于地下多有发现。原田学士带回之物与余收集之物大体形制相同，与北魏瓦当性质颇异。此类瓦当恐于梁代前后时期制作，大都边框既高且广，其内部往往绕有珠纹带。作于内部之莲花纹，中心子房小，莲子七颗至九颗，莲瓣细长，其端多尖者，且往往作出脉络纵线。此手法与过去朝鲜百济[1]故都公州[2]（熊津）与扶余[3]（泗沘）出土之文物关系密切，与日本飞

[1] 百济，国家名，系古代朝鲜三个国家之一。公元4—7世纪时盘踞朝鲜半岛西南部。其王室据称是由中国东北部迁移至此的扶余族人。为与高句丽、新罗抗衡，百济在与日本大和王朝合作的同时，将儒教、佛教传至大和王朝。660年为唐、新罗联军所破，持续31代灭亡。——译注

[2] 位于大韩民国忠清南道中心部一个自古以来就很开放的城市，百济都城之一。——译注

[3] 公元前1世纪至5世纪活动于中国东北地区和朝鲜北部的民族，也是该民族所建国家的名称。一般认为属于通古斯民族之一支。1—3世纪中叶为其盛期，494年为高句丽所灭。这里所说的扶余是位于韩国忠清南道南部锦江左岸的一个城市。百济后期都城泗沘即置于此地，有扶苏山城、百济王陵等古迹多处。原为百济别称。——译注

鸟时代法兴寺、法隆寺出土文物相似。余借此可知百济当时置身于南朝与日本之间，系彼日本文化授受活动之中介。（第三六图）

第三六图　南朝瓦当

六、唐代

唐文化在继承南北朝文化之同时，输入印度笈多文化与波斯萨珊文化，并伴随着汉民族旺盛之自觉精神，大胆消化外国文化，开创自身特有艺术。而由瓦当观之，其资料则极少，无法充分了解事实真相。剔除余于1906年在唐故都西安大明宫遗址发现十数片瓦当残片，以及于唐太宗昭陵、德宗崇陵拾得数种巴瓦残片，据余所知唯有高桥健自[1]博士藏有其他

两件。此外再未听闻有学者、喜好人士收藏瓦当，故不得已只能凭依如此贫乏资料论其大要。

大明宫系唐全盛期高宗所建，太宗昭陵系太宗生前以寿陵名称所建，乃当时最高级之宫殿与陵墓，故用于此处之瓦当势必为当时最优秀之官窑制品。而余亲获之瓦当不知因何缘故，其手法稍嫌纤弱，缺乏其他艺术门类中所见之雄浑富丽之气象。故若无新资料之进一步发现，则碍难对此遽断。

唐代建筑正脊置放鸱尾之情状散见于各文献，西安慈恩寺大雁塔（建于长安年间）入口上方阴刻之佛殿图，亦放置与日本唐招提寺[2]风格相似之鸱尾，故情况明朗，然余未曾一度接触该实物。

唐代宫殿屋顶铺茸琉璃瓦之确证，由余于大明宫遗址拾得极为鲜艳美丽之碧色琉璃瓦可作出。当时似未使用黄色琉璃瓦。

瓦当纹　巴瓦最早起源于秦汉时代，而该时代尚无唐草瓦。南北朝时代是否使用唐草瓦尚有疑问。唐代使用唐草瓦一事可确定，然于多人收藏品中未发现实物。

据余所知，巴瓦皆为莲花纹，边框明显既广且低，内部绕有较密致之珠纹带，莲瓣七瓣至十瓣，瓣有单瓣与复瓣，大都中心子房较小，莲子数目少。普遍技巧稍劣，缺乏雄浑大气，有日本宁乐时代末期或平安时代风格。（第三七图）

[1]　高桥健自（1871—1929），考古学家，曾服务于东京帝国王室博物馆，著有《镜、剑玉》《考古学》《铜矛、铜剑之研究》《日本原始绘画》等。——译注

[2]　唐招提寺，位于日本奈良市，系日本律宗本山。公元759年由唐代渡日鉴真和尚作为戒律道场所建。系日本奈良时代宫殿建筑唯一遗存。——译注

第三七图　唐瓦当

七、宋元时代

关于宋瓦，除却余于 1918 年在河南省巩县北宋八陵中太祖永昌陵与太宗永熙陵拾得许多巴瓦与唐草瓦残片外，尚未听闻他人有所收集。辽瓦不过仅有瓦当数件，其一部分乃文学博士鸟居龙藏[1] 于河北省辽代故都与辽宁省辽阳所获据认为系辽代之瓦当，一部分乃余于辽代西京大同之南寺及辽阳白塔、义县奉国寺采集据认为系辽代之瓦当。元代瓦当据余所知于今一片未见。如此说来宋元时代瓦当之匮乏与唐瓦不相上下，且因无文字铭，故未引起过去学者与喜好者之兴趣，从而未能进行收集与研究。

---

[1]　鸟居龙藏（1870—1953），日本人类学先驱之一，曾任中国燕京大学客座教授，系日本大正时代日本考古学领导者和以蒙古、中国东北地区为对象的考古学开拓者。其许多学说于今难以得到支持，但不少富于学术启示与想象刺激。——译注

宋宫阙正殿文德殿铺葺琉璃瓦，元宫殿、门阙、庑廊、角楼等铺葺碧琉璃、青琉璃、绿琉璃、白琉璃等瓦之情状文献有明确记载。据唐制，王公以下人士屋顶不能使用瓦兽，故于垂脊排列吻兽或起源于唐。而李诚《营造法式》明确记载，至宋已广泛使用吻兽。该书说明有套兽、嫔伽、走兽（蹲兽）、滴当火珠。所谓套兽，即包裹屋隅椽端者；嫔伽，即置于屋隅垂脊端部者；走兽，即排列于屋隅垂脊上方者；滴当火珠，即用于装饰巴瓦之宝珠形者。据该书，走兽有行龙、飞凤、行狮、天马、海马、飞鱼、牙鱼、狻猊、獬豸九种。据称唐草瓦又使用垂尖花头瓪瓦之名，故可知唐草瓦下端成垂尖状，至晚始于宋代。（第三八图）

瓦当纹　余于宋太祖陵、太宗陵收集之巴瓦图纹，可分为莲花纹、宝相花纹、兽面三种。边框普遍低而广，其内部有绕珠纹带者，亦有不绕者。莲花纹颇简单稚拙，中心子房无莲子，而代以更小莲瓣或梅花图案。宝相花纹系莲花与宝相花之折中。兽面纹即瑞兽面相浮雕者。鸟居博士与余收集之辽代兽面纹大体与彼相同。余收集之唐草瓦，其面不成垂尖状，上下共成弧形，然其下端在用黏土制作时以手指压作波浪状，瓦当表面呈唐草纹与重弧纹。鸟居博士

第三八图　宋瓦当

与余所获之辽代唐草瓦，下端亦以手指作出波浪状。

上述现象仅局限于宋初。北宋后期与南宋、元代瓦当因资料付诸阙如，其用何种手法不详。

八、明代

明太祖灭元，驱逐长期占领禹域之蒙人，恢复汉民族国家后即奠都金陵（今南京），大力营造京城宫阙，制定郊祀宗庙制度，禁胡俗，使衣冠咸归唐代之旧。其驾崩后朝廷亦参酌唐宋陵墓旧制，使其陵寝规模进一步扩大。成祖永乐帝时迁都顺天府（今北京），改元代燕京名称，于此建造大都城。其陵寝筑于河北省昌平县[1]天寿山下。相较太祖陵寝规模更为宏大。其后历代帝陵皆以成祖陵为核心，营造于其左右。

南京、北京宫阙与太祖、成祖及其后历代帝陵殿舍屋顶皆铺葺琉璃瓦。其帝室之属者使用五色中级别最高、象征皇帝之黄色。嫔妃诸王之属者使用绿色。南北朝以后历朝宫阙皆铺葺琉璃瓦，然为主运用者似皆为绿釉瓦。与皇室有关者使用黄釉瓦恐始于明代。

明代制瓦技术异常发达。官设琉璃厂所制琉璃瓦尤精。其质之坚固致密，其釉之精巧美观为后世不可企及。鸱吻、走兽有时施以杂色。

河北省昌平县成祖等明十三陵殿宇，如今犹存当年之正吻、旁吻、鸱吻与巴瓦、唐草瓦。建于明代之庙祀及其他建筑亦保留当年用瓦。而过去收集、研究宫阙陵园以外瓦当之学者、喜好者极少。因此无可能广泛论述当时瓦当样式，为憾。（第三九图）

瓦当纹 据余所知巴瓦有龙纹、宝相花纹、

兽面纹三种。龙于中国乃皇帝象征，其图纹用于瓦当似始于明代。明太祖建国后于建造大宫阙时为显示皇帝尊严于天下，特意使用黄釉龙纹瓦当铺葺宫殿屋顶。尔后皇室宫殿、官衙、陵园等瓦当专施龙纹，直至清朝末年。

宝相花纹、兽面纹乃继承上述宋代瓦当遗制。

唐草瓦直追前代形制，下端皆为垂尖状，而其图纹则与巴瓦相同，已脱离旧形制，作龙纹或凤凰纹。

正吻 相较宋元时代更为发达，一般形态为口张开，翼伸展，尾上翘，其端或卷或舒，躯体更浮雕小龙，技工颇为精练。

九、清代

清崛起于东北，灭明统一四海后原样蹈袭明北京都城宫阙，且继承明文化，于康熙、雍正、乾隆时代臻于全盛。尤于辽宁省海城缸窑岭、北京宣武门外海王村（俗称官窑）建琉璃厂，大力生产琉璃瓦，运用黄、绿、碧、紫、黑等各种鲜艳美丽釉瓦铺葺殿阁门庑屋顶。而其手法专以明代为准，几无创意。作为特例，唯造出施青花图纹于白瓷之瓦当，值得大书特书。（第四〇图）

巴瓦 全然蹈袭明代，与帝室或亲王有关之宫殿、陵园等建筑使用黄釉瓦或绿釉瓦，瓦当主要作龙纹。唯清初辽宁宫殿与太祖福陵、太宗昭陵不用全圆瓦当，而代用下部垂尖状瓦当，值得关注。

龙纹之外瓦当纹继承前代，有兽面纹，然亦有牡丹纹、寿字纹等。

唐草瓦 亦蹈袭明代，其下端表面呈垂尖状，与巴瓦相同，与帝室亲王有关者施用黄釉瓦或绿釉瓦，浮雕龙纹，亦做成牡丹、唐草等

[1] 现为北京市昌平区。

第三九图　明瓦当　　　　　　　　　　　　第四○图　清瓦当

花草纹。更为珍稀者乃白瓷青花，其表面描有
张开两翼之凤凰图纹。

　　清代瓦过去亦不为学者、喜好人士关注。
日本资料奇缺，余于此无法提出充分之标本。

　　如今中国各种建筑，以正吻、旁吻以及走
兽装饰屋顶，热闹非凡。而南部中国则陷于过
度装饰，正脊、垂脊上排列无数人物造像，致
使屋顶轮廓流于杂乱，失去简洁雄伟之气。

第二　砖

一、总说

　　砖，以水和黏土，纳之于范型，取出
干燥后放入窑内烧成。相当于日本今日所
说之"炼瓦""铺瓦"等。中国自古以来用
"专""塼""砖""甎"或"甓"等名呼之。

　　砖于何时发明不详，然至少在周代已出现
于黄河流域，其后传播于长江流域，直至朝鲜、
越南，最终于飞鸟、宁乐时代传入日本。砖于
汉代异常发达，其后各时代皆广泛使用，其用
法与技巧益发进步，给中国建筑界增添异彩。

　　砖于中国异常发达之原因，与中国风土气
候与社会状态有深刻关系。砖之发祥地黄河流
域，气候干燥少雨，不适合森林发育，建筑所

需木材供给随之不足。而其地质又属所谓黄土层，亦缺乏石材。所幸黄土黏性较强，是以可纳之于范型造泥砖（阴干砖），筑造房屋四壁、穹隆顶棚、墙垣之技术早已发达。今日中层阶级及以下家庭房屋仍频繁使用此泥砖。伴随上古陶器制作技术进步，亦发明使泥砖入窑，烧制成砖之做法。因砖较坚硬，带永久性，故最终成功用于建造官宦房屋四壁墙垣，营建陵寝玄室，构筑拱门穹顶。之后其用途日广，六朝时代之佛塔，明清时代之佛寺殿堂门庑，乃至不用一木，全部用砖。

再者，北部中国夏季炎热，温度在华氏百度 [1] 以上，因空气干燥，流汗少，住宅厚壁能很好阻断暑热，故砖构墙壁最适于住宅。而冬季严寒，亦最适于防寒。因此北部中国黄河流域砖之运用起步甚早，于气候上乃理所当然之事。

南部中国长江流域，气候湿润多雨，森林繁茂，木材供给无虞，且冬季不甚寒冷。相反夏季酷热，大气中多带湿气，汗流浃背，燥闷难当。此点与日本风土气候相似。因而除特殊城堡建筑外与日本相同，以木构开放式房屋最为合适。但受北方影响，陵墓玄室亦以砖构筑，宫室住宅亦逐渐运用砖之永久性加以营造。牺牲风土气候，不得不以砖筑屋之主要原因，与共通于北方之社会状况，即生活普遍不安有关。

中国自古以来或革命变易，或外族入侵，或土匪流寇四处出没，都邑村落屡遭掠夺焚毁，故其四周最好绕以坚固城墙以防御。而且人民经常无法单靠国家保护，不能不自己捍卫其生命与财产，故以砖厚筑屋壁、高建围墙之需要由此产生。此于南部中国地区而言，虽与其气候相悖，但就生命财产之保全方面论，属不

得已而为之。换言之，中国住宅自古就要求其自身为一城郭。

有关砖之资料，日本原有大仓集古馆所藏约三百件，然毁于 1923 年关东大地震火灾，为憾。该馆其后收藏者，加之东西两帝国大学 [2]、帝国京都博物馆、东京美术学校及个人收藏者，合计不过数十件，几不足言。中国本土收藏，据余所知，以南京古物保存所及天津方若氏最为丰富。近年来于平壤发掘之乐浪郡时代砖以朝鲜总督府收藏最为丰富，平壤博物馆及个人之收藏亦甚为丰富。

有关砖之典籍，余见者中有陆心源著《千甓亭古砖图释》廿卷、《千甓亭砖录》六卷、《千甓亭砖续录》四卷，主要举浙江省乌程、长兴附近出土砖，载录资料最为丰富。周懋琦、刘瀚辑《荆南萃古编》二卷，主要刊载湖北省宜昌、荆南地区出土砖。其他还有吴隐撰《遁庵古砖存》八卷，集录浙江省湖州发掘之古砖，皆刊其拓本。余等编撰之《乐浪郡时代遗迹》中刊载乐浪出土砖数百件。

二、砖之种类

砖可分为条砖（长方砖）、方砖、空砖（圹砖）、杂砖。

条砖（长方砖）系普通砖，其形状为长方形，即我所谓之"炼瓦"，一般用于修筑屋壁、穹隆、道路、墙垣及城堡、女墙等，亦用于建筑陵墓内玄室与墓道。

方砖其形为方形，或贴于壁面，或铺于地面（铺砖）。

空砖（圹砖）形大中空，其使用限于汉代，

---

[1]　100 华氏度为 37.78 摄氏度。——译注

[2]　指今日本东京大学与京都大学。——译注

主要用于筑造陵墓玄室即圹壁，亦即所谓墓椁，故中国今称之圹砖。过去多出土于河南省郑州。后世用于修建放置古琴之塔基。《格古要论》[1]记载其称郭公砖。

杂砖即上述条砖、方砖、空砖以外之砖，指建筑柱、桁、斗拱等用砖。

上述各砖砖面多以范型压塑出图纹。其图纹形式与技巧因时代而变化，皆反映出该时代之时尚。

三、汉晋时代

砖于周秦时代即已使用，因未见实物，故说明从略，现仅由汉代开始叙述。从实物判断，砖起源于汉代，而忽然发展异常。三国魏与两晋时代不过蹈袭汉代。故今于兹合并为汉魏晋时代一并论述。

西汉魏晋时代以砖建筑宫殿、住宅墙壁与围墙，然当时砖构建筑除古坟内砖椁外，今无一遗存。不过，朝鲜平壤附近乐浪郡遗址曾出土大量汉晋时代砖残片，说明当时砖已用于建筑官衙与住宅。近年来通过发掘调查，可知中国、朝鲜汉晋时代古坟内玄室墙壁与穹顶乃以砖巧妙构筑而成。

当时所用之砖，系条砖，即普通砖、稍大之方砖与内部中空、体量更大之空砖三种。其砖面皆多以范型压塑出文字铭与几何图案或人物、动物、房屋等图案。两汉时代砖文字、图纹皆颇豪健，而魏晋时代则稍流于纤巧。空砖主要使用于汉代，晋代几近消亡。

文字铭往往显示年号。由此可知砖之制作年代。其年号铭自汉武帝开始贯穿整个魏

晋时代。今叙述条砖、方砖、空砖形状与图纹特点。

1. 条砖（普通砖）

01. 条砖之形状与制法

砖之大小应便于一人使用。过小则多徒劳，过大则操作不便，故其大小自有限制。其形状普遍为长方形，便于修筑墙壁、顶棚。其尺寸大体如下：

最大：长一尺一寸三分，广七寸二分，厚二寸五分（大仓集古馆藏 利后子孙砖）；

最小：长八寸六分，广四寸二分，厚一寸五分（同馆藏 晋元康十年砖）；

普通：长一尺左右，广四寸五分左右，厚二寸左右。

然其最长者有一尺二寸者，最狭者有三寸八分者。现今日本使用之"炼瓦"长七寸五分，广三寸六分，厚二寸，故汉晋时代砖一般比日本砖大。

用于构筑圆拱之砖成楔形，一边厚一边薄。中国称此为刀砖。为构筑屋壁与顶棚等，须将相邻砖之一端作枘，另一端作出半圆形榫，以容枘，相互结合可助屋壁与顶棚之坚固。

制砖范型四侧面为木框，能开闭，内侧往往阴刻图纹、文字等。制墼即泥砖时，下铺木板或"安帕拉"草编[2]，于其上置木框，放入充分调和之黏土，以有柄叩板自上方打击夯实，而后解去木框，取出墼，干燥之。此叩板为防黏土附

[1] 中国现存最早的文物鉴定专著。

[2] 说法不一，一说来自马来语 ampela，一说来自葡萄牙语 amparo，一说即中国古称植物蒟蒻，即茅草类植物之一种，自生于中国南部，可编制席子、草帽、袋子等。——译注

着，或卷麻绳，或表面阴刻方格纹或其他图纹。砖上有绳纹、龙纹或其他图型压纹，此之故也。

02. 砖之文字与图纹

砖之侧面、两端或一端多阳凸文字或图纹，作为装饰。文字书体以隶书最多，然亦有篆体。右书最为普遍，然而往往亦有左书。书法普遍古雅浑朴，有韵味，为后世不可企及。就砖文所见事项分类，有记年号月日者，有记墓主、家、造墓人或砖工姓氏者，有祝祷坟墓永存、子孙吉利、世道太平者，有哀惜亡人者等。

图纹可分几何图案、人物纹、动物纹、钱锭纹与屋纹五种。

几何图案 属此纹者最多，大而别之有直线纹、曲线纹。直线纹最多者为斜格纹，即菱纹或菱系纹，自最简单至稍复杂者应有尽有。又有纵横线交错、斜线交错或二者并用者。或有重叠山形、折线及羽状纹等者。曲线有圈纹、重圈纹、重弧纹、车轮纹、流水纹、蕨手纹等。或单独使用，或与直线相伴，汇成一种几何图案。

人物纹 有画人面者，有作人物像者，有描绘狩猎、钓鱼、骑马、御车者等。

动物纹 有作龙虎显示青龙、白虎者。亦喜使用凤凰（朱雀？）纹、鱼鸟纹。

钱纹与锭纹 往往喜用，盖有祝祷富贵昌盛之意。

房屋纹 少使用。双阙图最为普遍，往往画人物以配之。

2. 方砖

01. 方砖之形状与制法（第四一、四二图）

方砖主要用于镶嵌在墙面或铺在地面，其

第四一图 汉方砖

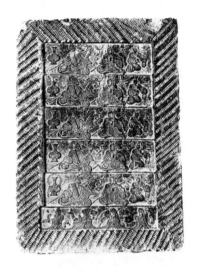

第四二图 汉长方砖

形状一般为方形，有时亦有长方形。方砖大者一尺见方左右至一尺二三寸，长方砖大者长一尺五六寸，广六七寸。

02. 方砖之文字与图纹

方砖表面以阳凸文字或诸种图纹作为装饰。文字者以纵横线作方格，各方格内入一字。文字一般为篆体。图纹者边框绕以几何图案，内作虎、豹、云纹等。此即以阴刻文字与图纹之范型作出浮雕形式。又如下述空砖条所说，亦有用压塑方法作出几何图案以成边框，其内部以各种纹饰、图像之塑形作为装饰。

3. 空砖（圹砖）(第四三、四四图)

空砖用于小墓阙、小祠堂、墓椁。

汉代坟墓前往往有石阙、石祠。山东省肥城县孝堂山石室与该省嘉祥县武氏祠石阙、石祠最为著名。而无法建造该类石阙、石祠者往往以砖造小墓阙、小祠堂。

小墓阙（砖阙） 左右对立，成平面长方形。有一砖构成与数砖构成者。其四面以范型显现图纹，顶部冠以盖状物模拟瓦葺。

小祠堂（砖室） 因以重叠空砖筑于地面，故早遭破坏，今无遗存。用于祠堂之空砖，如下述与墓椁圹砖制法相同，故欲明确区分彼此乃难事。

墓椁 如上述，用于墓椁之空砖过去主要

第四三图　汉空砖

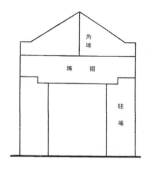

第四四图　空砖玄室入口结构图

出土于河南省郑州。墓椁有纵圹式与横圹式两种。纵圹式系小墓椁，其地面与四壁以空砖筑造，其顶棚亦以排列空砖筑就。横圹式系大墓椁，前有墓道。其玄室椁壁以累积空砖筑就，顶棚恐以排列木材铺就。墓道入口如第四四图所示，以方砖、楣砖筑造，而为支撑楣砖，往往于其左右立砖柱。楣砖上方合拼有两块三角砖以成山形。因而所用空砖有长方形、隅缺长方形、三角形、半梯形等。入口左右柱子有作柱头与柱脚者。

空砖大小不一，其大者长三尺左右至四五尺，广一尺二三寸至二尺，往往厚五六寸。

空砖内部中空，两端穿有圆形或长方形孔。其表里各面压塑各种图纹作为装饰。图纹或雄劲奇拔，或稚拙古雅，或纤巧致密，意趣丰富，手法纵横，汉代有此类技巧可谓发达卓越。此类图纹可分为：

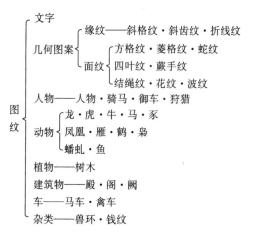

四、南北朝时代

南北朝时代除如过去使用砖筑宫殿、住宅、陵墓、玄室外，还伴随佛教之发展，出现悉以砖甋构筑之多层佛塔。此类塔于今几归湮灭，唯于河南省登封嵩岳寺遗留一座十二角十五层

砖塔。嵩岳寺原系北魏宣武帝离宫所在,孝明帝正光四年(523)改宫为寺,建此砖塔。其意趣独异,气象雄伟,然砖为普通砖,无任何雕饰。由此可想见南北朝时代砖之运用范围日广,技巧亦显著进步。

然而于今有关南北朝时代图纹砖资料极少,文献记载匮乏,遗物收集困难。此时条砖一方面继承汉代式样,既有文字铭,亦有菱纹、襻纹等几何图纹,又有龙虎、凤凰、钱币等图纹,另一方面则受西域传入之佛教艺术影响,开始运用莲花纹、忍冬纹等崭新图纹。近年来南京施行城市计划,开凿新马路时发现许多条砖。其大部归南京古物保存所收藏。此类条砖中有运用南朝式莲花纹与忍冬纹之新式条砖,但多数系汉代菱纹、襻纹及南朝式莲花纹与忍冬纹巧妙折中样式之条砖。其形制应属梁代。(第四五图)

此外,南京出土砖有带宋、齐、梁、陈年号铭者,然文字主要系八分书或正书,不似汉代笔画含有装饰意趣,因而缺乏工艺品价值。又,出土之北朝砖中部分带有北魏、东魏、北齐等年号铭,然其形制、手法皆属汉代系统。再者南朝受佛教艺术影响,势必产生新形式,然余未见其实例。(第四六图)

方砖实例更缺。属南朝者余全然不知。属北朝者唯见东魏兴和四年砖与北齐天保八年砖。此类砖阳凸南北朝式迦陵频伽鸟[1]、如意珠宝、莲花纹、忍冬纹、云气纹等塑型,故可知当时

方砖已脱离汉代传统,明显带有佛教艺术色彩。更须大书特书者乃北魏初琉璃砖用于建筑一事。如《魏书·西域传》大月氏条记载:

世祖时。其国人商贩京师。自云能铸石为五色琉璃。于是采矿山中。于京师铸之。既成。其光泽乃美。于西方来者。乃诏为行殿。容百余人。光色映彻。观者见之莫不惊骇。以为神明所作。自此中国琉璃遂贱。人不复珍之。

汉代绿、黄釉瓷器及其他陶器制造发达,北魏世祖[2]时大月氏商人传其制造术,以琉璃砖造可容百余人之行殿,世人惊骇。此后琉璃制造技术盛行于世,世间渐见多不怪。而其后此技术衰退,终永为国民所忘。如"瓦"项下所说,朔方太平城太极殿有琉璃鸱尾与琉璃台,以及余等于大同北魏故城内拾得碧釉瓦,则为势所必然之事。

五、唐代

中国文化于唐代臻于鼎盛,各类艺术皆异常发达,砖构佛塔大肆兴建,其遗物今存世不少。举其著名者有:

[1] 据印度神话和佛教传说,迦陵频伽鸟系半人半鸟形神鸟和佛教中乐舞之神,也是西方极乐世界中叫声最悦耳的神鸟,被作为佛前乐舞供养。——译注。

[2] 即拓跋焘(408—452),字佛狸,鲜卑族,明元帝拓跋嗣长子,母明元密皇后杜氏,北魏第三位皇帝(424—452 在位),政治家和军事家,谥号太武皇帝,庙号世祖。——译注

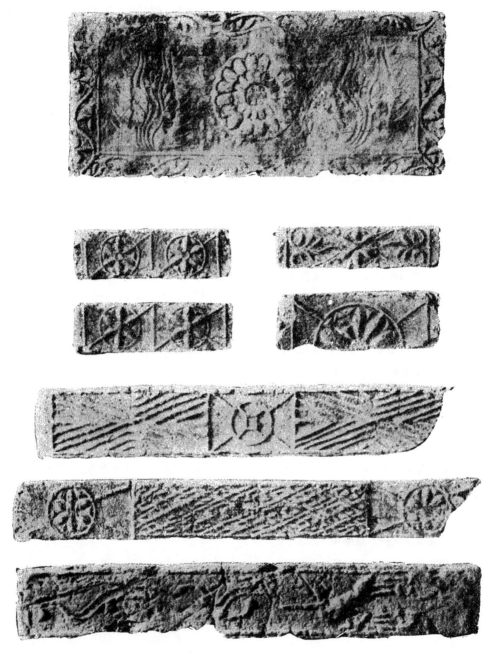

第四五图　南朝条砖

第四六图 北朝方砖

陕西省西安	慈恩寺大雁塔	七层	长安年间
同	荐福寺小雁塔	十三层	景隆年间
同	兴教寺玄奘塔	五层	总章二年（669）
同	香积寺砖塔	十三层	永隆二年（681）
河南省登封	会善寺净藏法师塔		天宝五年（746）
山东省历城	九塔寺砖塔		初期[1]

第四七图　唐方砖

代几近湮灭。

不过余略知此时方砖有带图纹者。1906年余游历陕西省时于唐代宫城大明宫址、唐太宗昭陵与德宗崇陵始获图纹方砖。此类方砖咸残缺，然其表面阳刻莲花纹与唐草纹。此外似未有收集唐代方砖之学者与喜好人士。

因此于唐代条砖、方砖更多发现之前无法确切论述其样式。（第四七图）

其结构、意趣皆日益进步，而筑造用砖则一无图纹，故而普通条砖工艺资料匮乏。于余所知范围内条砖无一带图纹。文字砖偶见，唯极稀少。汉代盛行之文字砖与图纹砖传统至唐

六、宋元时代

宋元时代继承前代，除以砖构筑墙壁外，还以砖修造佛塔，且日益兴盛。今举其重要者有

属宋者

浙江省台州千佛寺		八角七层	
同	绍兴大善寺砖塔	八角七层	
同	天台山国清寺塔	六角九层	
河南省开封国相寺繁塔		八角三层	

属辽者

北京天宁寺塔		八角十三层	
同	房山云居寺南塔	八角十一层	辽天庆七年（1117）
辽宁省锦县白塔		八角十三层	辽清宁年间

属金者

河北省正定临济寺清塔	八角十三层		
同	正定广惠寺花塔	金大定再建明正统重修	
辽宁省辽阳白塔	八角十三层		
同	开原石塔寺砖塔	八角十三层	金大定三年（1163）

属元者

浙江省宁波育王寺砖塔	八角七层	至正廿四年（1364）
河北省北平妙应寺白塔	喇嘛式塔	至元十六年（1279）

[1] 原文如此。相传该寺是唐朝大将尉迟恭所创，故此处的"初期"当为唐朝初期。——译注

此类砖塔用砖一般为无纹砖，然台州千佛塔每砖皆阳刻佛像，开封相国寺繁塔外贴各砖表面圈内阳刻一坐像，辽金诸多砖塔塔基往往使用雕饰砖。

如上述，宋辽金时代逐渐以阳刻佛像、花草装饰砖面。元蹈袭之，然未留明显实例。

宋普通砖除上述用于佛塔外，颇缺遗物。近年来唯见中国出土者往往阳刻人物图纹。

关于方砖，余于1918年在河南省巩县宋太祖永昌陵、太宗永熙陵曾获数种方砖残片。据余所知此为唯一遗物。此砖表面浮雕唐草图纹，里面作斜方格纹。（第四八图）

属元者除上述用于砖塔外不知是否有人采集。

第四八图　宋方砖

七、明代

明代有官设琉璃厂、砖厂，用于大规模建造都城、宫阙、陵园，盛况空前。宫阙墙壁自不待言，如陵园龙凤门、琉璃花门、焚帛炉、影屏，亦皆使用杂色琉璃砖，极尽奢华富丽气象。而且庙祀建筑亦往往使用此琉璃砖。又，此时砖构穹隆技术日益发达，不仅砖塔，而且如杭州灵隐寺无梁殿、苏州开元寺无梁殿、太原双塔寺大雄宝殿与门庑亦不用一木，全以砖构。内部穹隆、顶棚自不待言，甚至内外斗拱、屋檐以及各种雕饰细部悉以砖构之。

不独普通墙壁，而且为做出复杂之斗拱及其他细部，亦使用各种特殊形状之砖。对规模大之装饰，则合并数块砖以形成图纹。彼此图纹吻合则不差分毫，其手法实为罕见。

八、清代

清代如瓦条所说，于东北、北京开办琉璃厂，蹈袭明代样式，使用琉璃砖建筑宫殿、庙祀、陵园。北平紫禁城内西苑小西天佛殿、万寿山离宫佛香阁及辽宁东陵（太祖福陵）、北陵（太宗昭陵），河北东陵、西陵皆使用琉璃砖。其技术工艺异常进步，应用范围亦不断扩展，然其根本不过模仿明制，终不至显示出崭新之特色。（第四九图）

关于中国砖瓦已发表文章较多，有刊载于《建筑世界》第十九卷第一号（1925年1月）至第八号之题为《中国瓦当图纹》之八篇文章，以及该刊第二十一卷第四号（1926年4月）之《关于唐瓦当》，该刊第二十一卷第十二号（1926年12月）之《关于中国瓦当》《书道全集》，第二卷之《关于瓦》《考古学讲座》之《瓦》

第四九图　清杂釉蟠龙砖 [清太祖福陵]

　　《书道全集》第三卷之《关于砖》、该全集第
四卷之《三国与西晋时代之砖与瓦当》、启明
会第三十四次演讲集中之《中国砖瓦》与《中
国工艺图鉴》四之《砖瓦篇》等文章。于兹收
集各时代砖瓦资料之同时，采用《中国工艺图
鉴》四《砖瓦篇》中之解说。并将一部分图版
缩小后插入本篇作为参考。

第四章 中国六朝以前之墓砖

目　录

一、汉魏两晋时代坟墓结构

二、砖之名称

三、砖之年代

四、砖之形状与制法

五、砖之文字

六、砖之图纹

七、结　论

中國古代建筑与藝術

一、汉魏两晋时代坟墓结构

散见于文献之汉魏两晋时代坟墓，一般外部堆土，作方台形或半球形，内部设玄室、墓道，其墓壁、顶棚以砖或石筑就，然考古学家发掘调查当时中国本土古坟却未见一处上述坟墓实例。所幸文学学士滨田耕作[1]与鸟居龙藏曾于中国东北发掘据认为系汉代之古坟，余与文学学士谷井济一、工学学士栗山俊一两先生于朝鲜一道调查据推定为乐浪、带方时代[2]汉民族墓，共同发现其内部有砖筑玄室，有理由想象此类古墓结构与当时中国本土坟墓形式相同，至此汉魏两晋时代坟墓结构始略明朗。

鸟居龙藏于辽阳发掘者系长方形纵圹，无墓道，墓壁与顶棚以砖构筑。据云滨田学士于营城子附近牧城驲调查者，于方形玄室前有长方形玄室，壁以砖构，顶棚成穹隆状，前方有墓道。此类古坟所用砖相较朝鲜与过去中国出土者较厚且大，侧面有几何图案，恐属前汉或后汉时代所作，不超过三国两晋时代。

余等调查之乐浪郡时代（后汉两晋时代）古坟，如棋盘状散落于朝鲜平壤大同江南岸、人称"大同江面"之地区，其数不知有几百。濒临大同江、人称"土城"之地区，推想有乐浪郡城遗址。余等发掘其四五处墓内部皆有方

[1] 滨田耕作（1881—1938），考古学家，京都大学教授、校长，对确立日本考古学的科学研究做出贡献，著作有《考古学通论》《东亚考古学研究》《考古学入门》等。——译注。

[2] 乐浪，汉武帝讨伐朝鲜平其北半部后于今平壤为中心设郡之郡名；带方，后汉末割乐浪郡南部，设新郡之郡名。此二郡长期处于汉族势力范围内，西晋末（313）乐浪先亡，带方次灭，为高句丽与百济领有。——原著夹注

形玄室，其前面有墓道。有之玄室前又带前室。此类玄室壁以砖构筑，顶棚亦以砖巧妙作成穹隆状。有之似架设木头，以成藻井。地面亦铺砖，有棺木置于其上之形迹，常发现据认为系用于此棺之铁钉。此类玄室墓壁、顶棚、地面之用砖，长约一尺，广约五寸，厚约二寸，与玄室相对之内面阳刻几何图案，作为装饰。以此类砖构筑墓壁、顶棚时不用胶泥，砖与砖之间空隙往往嵌插瓦陶片。内部常发现刀、戟、铜铁镜、戒指与陶瓷、甄、坩等随葬品。今概说余等所调查者中最具代表性之大同江石岩洞一古坟，以窥其一斑。此坟如图所示，内有前后两室，后室即玄室，广八尺八寸七分，深九尺九寸二分；前室广八尺六寸六分，深六尺二寸三分，两室间有半圆形通道。前室前有墓道入口，积砖以壅塞。墓道长未调查，故不明。

（第五〇图）

两室墓壁皆一砖厚度，壁以砖之长端与短端交叠筑成。为防外部土压，墓壁故意作成内弯状，其用心周到实可赞。两室皆巧妙将顶棚筑成穹隆状，然玄室上部已塌，故当时顶高不明。前室地面至穹隆顶高七尺一寸二分。地面以两层砖铺就。内部发现各种随葬品。如图所示中间有铜镜二面，其大者从形制判断，明显乃汉代所作。其小者属两晋时代制品，故可做推定该墓年代之资料。

带方时代古坟散布于黄海道凤山郡、京义铁路沙里院车站附近唐土城（恐为带方晚期郡址）中央四周，结构与乐浪古坟相同。其中最引人注目者乃距沙里院车站东北约1200米处、靠近铁路南边之古坟。外形成方台状，与中国周汉时期墓制相同。内部有玄室，广十三尺，深十二尺三寸三分。玄室前方有墓道。玄室入口左右各有低矮小室。玄室墙壁以砖构筑，顶棚为穹隆状，然上部崩塌，玄室内充满封土。

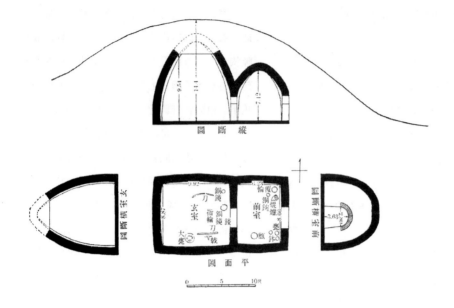

第五〇图　石岩洞古坟实测图

墓道壁亦砖构，然顶棚亦崩落。玄室壁厚一块砖，内面弯曲，如石岩洞。此玄室壁砖有"使君带方太守张抚夷砖"铭文，始知此墓属带方太守。又发现"太岁在戊渔阳张抚夷砖""太岁申渔阳张抚夷砖"铭文砖，故可知此墓造于戊申年，相当西晋武帝太康九年（288）。一些砖侧面与端面等如乐浪砖，带有几何图案。

中国本土出土砖据大仓集古馆所藏与典籍记载，大抵与乐浪、带方时代古坟出土者大小一致，形制相同，而与中国东北古坟发现者形状多少有异。余据此可知过去中国出土砖，即筑造与当时乐浪、带方古坟结构几乎相同之玄室墓壁、顶棚所用砖。此玄室当时如何称呼？据记于筑造此玄室砖之文字可知有以下数种：

1. 穴　　延晃 [光] 元年封穴闰月十八日□□大岁在戌（《千甓亭古砖图释》）

2. 灵穴　　宝鼎三年吴兴乌程所立灵穴（同上）

3. 巚 [圹]　元康元年八月造巚壁 [甓之通借] 功虎兴（《千甓亭砖续录》）

4. 圹 [同上]　万年大子临圹号思呼　天神祇安乐受考万年

5. 宫室　　归于地魂归于　天宫皇巚密足支（《荆南窔古编》）

6. 神室　　晋故太中大夫施氏施神室（《千甓亭古砖图释》）

7. 玄宫　　哀哉夫人奄背百姓子民忧戚夙夜不宁永侧玄宫痛割人情（朝鲜带方太守墓砖）

可知玄室或称穴、灵穴，或称巚、圹 [均"圹"之借字]，或称宫室、神室、玄宫等。此外其他记录有玄室、元宫等称呼，然余未于砖铭文中发现此类称呼。

据砖铭文经常又有椁、郭、垺等字句。如

1. 椁　　□太守淮南成 [？]　□府君夫人之椁。（大仓集古馆所藏砖）

项伯无子七女造椁。（《宛委余编》[1] 所载砖文）[注]

2. 冢椁　大康三年七月造作甓[甓] 吴兴乌程人菅晏冢椁（《千甓亭古砖图释》）

3. 甓郭　义熙六年上计甓郭（同上）

4. 灵郭　孔余杭之灵郭（同上）

5. 甓浮　元康六年大岁丙辰扬州吴兴长城湖陵乡真定里施晞年世先君之冢八月十日制作甓浮。（同上）

2 之"造作甓"之"甓"为甓之借用字，即"制砖"义；3 之"甓郭"又可写作"甓郭"，与"砖郭"同义；5 之"甓浮"亦即"甓浮"，浮与郭同，如《说文》载："郭郭也"，与"郭"同义之字。[2]

此类椁、郭、浮字所指为何？自不待言，指砖构玄室四壁与顶棚。"椁""郭"同音同义。如前述"浮"同"郭"，盖"椁"乃防棺木直接接触封土，因水湿加速腐朽而于棺外筑砖，以挡外土。原"郭"义为划出外部界线，如城郭。钱币周缘稍高之处称周郭。人称轮廓者亦有此意。于墓而言作内藏物之外部界限即棺郭。起初用木作，故字从木。后恐木易腐朽故以石、砖代之，即石椁、砖椁（或甓椁）。棺椁之间或狭窄仅容明器，或宽广大可为室，即所谓玄室也。原周汉时期墓有纵穴（纵圹）与横穴（横

[1] 《宛委余编》系明朝文史学家王世贞所撰。
　　——译注

[2] 《宛委余编》引《古今图书集成·冢墓部》曰：魏兴郡堵水。南历堵山。又东径七女冢。冢夹水罗布。如七星。高十余丈。周回数亩。元嘉六年大水破坟崩。出铜不可称计。得一砖。刻云"项伯无子七女造椁"。

圹）。横穴者规模特大，一般前有墓道。鸟居龙藏报告中东北汉代古坟属前者（龙藏称"砖棺"，毋宁称"砖椁"为妥）。而滨田学士报告中之墓属后者。余等调查之乐浪、带方时期古坟皆属后者，有玄室与墓道，其四壁顶棚皆以砖构。此玄室边界之砖构四壁即椁。

余据此可知乐浪、带方时代古坟几乎皆有砖椁，不难推想中国本土汉晋时期古坟亦同样有砖椁。一如前述中国本土出土砖记有"椁""冢椁""甓郭""灵郭""甓浮"等字句。前述 1 之椁即以砖筑之墓椁；2 之冢椁即冢中之椁；3 之甓郭、5 之甓浮亦如前述，即以砖构出之郭；4 之灵郭指玄室之郭。余据此可知汉晋时代（至少据年号铭为西晋时代）以椁、郭、浮等称玄室墓壁与顶棚。

近来学界颇盛"椁圹"之议，喜田文学博士曰，过去考古学家所谓之石椁为误，应称圹。所谓石椁即于圹内另置棺者也。高桥健自曰，为藏棺而穿之穴即圹，然以石筑之内部则非圹，而系石椁，支持过去考古学家之学说。余大体赞成高桥学说，相信喜田博士之说大半出自误解。因"椁圹"之论与本篇主题无涉，故于此无暇详论，唯简单举其要点，供读者参考。

盖"圹"即穴，无论其纵横广狭，亦不问其壁为土为石为砖，玄室皆不外乎为"圹"。故如前述此玄室壁砖出现穴、灵穴、崀、圹（皆为圹）等字，显示当时即以此类名称指玄室。而既于圹内安放灵枢，则应如地砖铭文称之为神室、玄宫，或如文献记载称之为玄室、元宫为妥。

"椁"即此圹（玄室）之周郭，即以木、石或砖筑其四壁而成之墓穴之一部分。故"圹""椁"自然有别。过去考古学家略有思考者绝不混同"圹"与"椁"。如高桥先生指玄室内部时使用"石椁内"一语。而喜田博士批

评过去考古学家直接以圹为椁完全出自误解，乃无的放矢。而如上述以石壁围就之内部亦不失为"圹"。高桥先生以此称"石椁内"乃得当之举，而又云不能称"圹"，系千虑一失。喜田博士未注意圹之周壁即椁，视椁为另置于石圹或砖圹内之容棺之物，为误。以日本古坟石棺为石椁毕竟由此误解所致。

因与本篇相关，余主要就带玄室之汉晋时代古坟进行论述。该时期亦有小规模者，如鸟居先生所说之东北汉墓，有纵穴且顶棚低矮者，亦有比之更小，令人存疑是否可称之为玄室者。又如唐宋以后墓制，纵令有椁，亦不过仅可容棺也。其内部称室称圹皆费踌躇。而椁不论内部广狭，皆为阻挡土壤、保护墓之内藏之周郭，但鲜有双层、三层造椁之举。

近代由于墓制变化，中国学者往往不辨古代"椁"义。《潜研堂金石文·跋》卷二曰：

乾隆初武康人蔡方逸者于屋后培土见一穴极深启之乃古墓墓有七圹圹中无棺椁唯古泉数千枚中略 圹皆砖甃两面无字左侧有咸和四年八月七字

若圹皆砖甃，此非砖椁焉？而云无棺椁，可笑之至。此类谬误不少。喜田博士于其著作《古代坟墓年代研究》中论及砖椁种类时曰：尤其近年来我考古学家于发表有关在朝鲜、中国东北等地进行考古调查之成果等场合，其苦心之研究却未能得到彼国学者之理解，或招致嘲笑亦未可知。

今西学士更于杂志《史林》第一卷第二号露骨批评余等受朝鲜总督府委托编撰之《朝鲜古迹图谱》，曰：结尾进一言，彼书阐明之蹈袭过去考古学家误用例，将墓圹记作椁是为一例。既已误用多年，则今无须改弦更张，

可就此沿用，而将墓圹与椁混同如此，岂不甚为失态？

然如过去考古学家所说并未以墓圹为椁。余等亦决不将墓圹记为椁。余等于图谱说明中云墓圹时常用玄室一语，云墓圹周郭时常用石椁、木椁或砖椁之文字，二者明显有别。可惜今西先生不识圹椁之别，附和喜田先生谬见反倒以余等之说作"甚为失态"语。如此荒谬之批评非"甚为失态"又为何事？

二、砖之名称

汉晋时代如何称呼此类墓椁用砖？证之于砖上文字，有专、塼、甓、壁（甓之借字）四种。其例如下：

1. 专 元嘉十五年作专。会稽张显建专。
2. 塼 泰和三年作塼。泰和元年塼。
   泰和三年七月南阳杨兴祚起作此塼。
3. 甓 凤凰三年施氏作甓。大（通"太"）康二年岁在辛丑 施家甓。□在辛丑施甓。万岁。
4. 壁 永安六年八月二十四日作壁。大宁元年七月二十日邹氏壁。
   咸和七年大岁任［壬或在］辰九月二十日制作壁。
   又，仅一例用墼字代用壁墼沈参军冢墼
   其次，有为作此砖而用之范和範字，以及以水调黏土入范，仅风干不入窑烧者，即墼此字。

   范 □□月二十九日 作此范。［即范］
   墼 永平七年七月十一日 作墼。

三、砖之年代

砖恐早已行之于周汉时代，然据砖之年号铭则始于前汉景帝、武帝时期，自后汉末至西晋年间者最为丰富，及至南北朝时代渐少，至南齐与梁乃止。

今各举四五例：

《荆南窣古编》以

中元年　汉景帝即位八年（公元前149）

《千甓亭古砖图释》以

建元元年八月作　汉武帝时（公元前140）

为起始。尚有数例，如：

建元六年　汉武帝时（公元前135）[《荆南窣古编》]

元狩元年　同　（公元前122）[同]

元鼎六年　同　（公元前110）[同]

元封二年　同　（公元前108）[同]

征和元年八月三日作　同　（公元前92）[《千甓亭古砖图释》]

其终末者大体如下：

齐永明九年　南齐武帝时　（公元491）

建武四年　　南齐明帝时　（公元497）

梁天监八年　梁武帝时　　（公元509）

梁大同元年　同　　　　　（公元535）

《岳阳风土记》[1]载："枫桥堡有古冢。岁久倾圮。耕者得砖。上有文。曰大唐秦公墓堂。"若此，则唐代亦有墓砖，然余尚未见其时墓砖。过去典籍亦未见采录此文。自此中国墓制渐小，亦不作玄室，棺外唯作小砖椁。砖有文字、图纹者稀，复不为后人注意。此所以余不涉及唐以后，主要论述六朝及六朝以前墓砖之故也。

[1] （宋）范致明撰。一卷，不分门目，随事载记，而于郡县沿革、山川改易、古迹存亡考证特详。——译注

四、砖之形状与制法

砖之大小须便于一人操作。过小多徒劳，过大则操作困难。故其大小自有限制。其形状用于构筑墙壁、顶棚者普遍为长方形，其尺寸大致如下：

长方砖

最大：长一尺一寸三分，广七寸二分，厚二寸五分 大仓博物馆藏 利后子孙砖

最小：长八寸六分，广四寸，厚一寸五分 同馆藏 晋元康十年砖

普通：长一尺左右，广四寸五分，厚二寸左右

然其最长者有一尺二寸，狭者止于三寸八分。中国东北地区出土者一般较大，滨田文学学士采集之砖有厚达二寸二分者。现今中国使用之"炼瓦"长七寸五分，广三寸六分，厚二寸。故可知汉晋时代用砖一般较大。（第五一图）

铺地砖同样普遍使用长方砖，然往往亦有方砖。中国东北出土方砖有一尺一寸见方者。

用于圆拱之砖为楔形，一端厚，一端薄，中国称之为"刀砖"。

为构筑墙壁、顶棚，有于相邻砖之一端作枘，另一端作榫，以容此枘，相互结合，可助墙壁、顶棚之坚固者。想来现今吾人使用之"炼瓦"未有下此功夫者。以此可卜当时中国文化之发达。

第五一图　石岩洞古坟砖椁所用砖

制砖方法如下：制砖范型四侧为木框，能开闭，内侧往往阴刻图纹、文字等，有上下板。作甓时下铺绳索或"安帕拉"草编或阴刻图纹之木板或竹编等，其上置木框，将加入少量水充分调和之黏土倒入范型，自上方打击夯实后，以铜线之类物体削去范型表面余土，而后除去木框。故大部分砖之下面有绳纹或笼纹，少数有"安帕拉"草席纹或竹编纹，然上面一般稍平滑。偶有阳刻几何图案、花纹及其他图纹者。

观察乐浪、带方时代砖椁，墓壁内面砖侧面多有图纹，有前后室之古坟，其间通道两侧与圆拱之用砖前后及内侧三面一般施以图纹。而据场合亦有少数砖全然无图纹。

五、砖之文字

有于砖之侧面、两端或一端作文字者。书体以隶书最多，亦有篆书。一般为阳刻，偶有阴刻。往往文字作左书（反书）。书法普遍古朴，以此可知当时风尚与字画等。此类砖文所示事项可分类如下：

1. 记述年号月日等：
    例　元康元年八月二十日造
    　　甘露三年七月作

2. 记述墓主、家门、造墓者或砖工等姓氏：
    例　墓主　永安七年乌程都乡栋肃种
    　　　　　太康九年八月十日汝南细
    　　　　　阳黄训字伯安墓
    　　家门　甘露二年八月潘氏
    　　　　　晋太康六年八月杨氏兴功
    　　造墓者　元康六年七月十七日栋豨
    　　　　　为父作
    　　　　　元康八年六月孤子宣

    　　砖工　元康元年八月造巇
    　　壁工虎兴［壁工即甓工。虎兴系其名］

3. 祝祷坟墓永存
    例　万年永封　万年不毁
    　　万世不朽　万年不败

4. 祝祷子孙吉利
    例　大吉利　大吉阳　大富阳　长寿贵
    　　安乐　吉羊宜子孙　富贵万年
    　　子孙万年　传世富贵　常宜侯王
    　　富且昌爵禄臻　嗣长殷
    　　大吉二千石至令丞
    　　大吉羊宜侯王二千石令长
    　　万岁无极子孙千

如上述，祝祷子孙绵长、升任高官高位、富贵昌达长寿者占砖文之大部分。盖福禄寿自古为中华民族之理想，此理想与死者葬吉地则子孙享福，藏凶地则子孙罹殃之风水迷信相结合，导致砖面出现如此字样。借此可知当时汉民族理想之一端。

5. 祝祷盛世太平　此类例不多。
    例　太平岁　大（通"太"）康九年岁在戊申世安平

6. 哀悼死者　中国出土者余未见其例，唯带方太守墓砖有之。
    例　哀哉夫人。奄背百姓。子民忧戚。夙夜不宁。永侧玄宫。痛割人情。使君常方太守张抚夷砖［端铭］
    　　天生小人。供养君子。千人作砖。以葬父母。既好且坚。典觉记之。
    ［夫人指太守。典觉恐系供养太守人之姓名。］

7. 其他　此类例亦不多。
    例　万岁青龙白虎绪甓［系绪氏甓］
    　　左青龙［中间龙虎图］右白虎令子贤者在父母率道叭椠［系渐］

上述文字皆作于侧面或端面，以此类砖筑屋壁、顶棚等，内面可见文字，亦偶有于砖之上下面篆书文字或压塑阳字者。

六、砖之图纹 (第五二图)

砖之侧面与端面又有带各种图纹者，亦偶有于砖之上下面作图纹者。将此类图纹分类，有几何图案、花纹、人物纹、动物纹与钱锭纹五种。

几何图案 属此类者最多。大而别之，有直线纹和曲线纹两种。直线纹最多者乃斜格纹，即菱纹或菱系纹，有最简单至稍复杂者。又有组合纵横线或斜线，或两者共用，或重叠山形折线，或于中央干线自左右平均画出斜线成羽毛状者；曲线纹有并列圈纹、层圈纹、左右背合重弧纹、带辐线之车轮纹、流水纹、蕨手纹等。此类图案或单独使用，或属于与直线相伴作出之一种几何图案。(第五三图)

花纹 花纹砖甚少。除大仓集古馆所藏、在砖侧作四莲花图案，花间分别容有"大吉昌"三字之大吉昌砖外，还有于砖之上侧面分别作出人面图案与莲花图案之黄龙元年砖，以及京都文科大学收藏、圆圈内并容钱纹与风车、车轮、莲花挺水图案之砖。此外余所知者不多。

人物纹 有显示人面者、人物像者，手法普遍稚拙。大仓集古馆藏黄龙元年砖上作三具人面像，颇珍奇。

动物纹 动物有合用龙虎以表示青龙、白虎之意者与单独分别使用者。亦有喜用凤（朱雀？）、鸟、鱼图案者。

钱锭纹 砖往往喜用钱锭纹，盖有祝祷富贵昌盛之意。如孝堂山石室、武氏石阙所见，汉代造墓者早已作钱纹。可见用钱纹不独于砖。

钱有标识五铢、大泉五十之钱与无字钱，以及于钱孔四角作出四条线之钱。又有于方格内单独容钱与置钱于斜格纹交叉点之图纹。锭纹系置圈纹或钱纹于⋈形中央者。用例虽多，然手法多少有异。[1]

上述图纹普遍见于墓椁用砖。然据罗振玉所藏砖拓本，尚有阳刻舟中钓鱼、猎虎、骑马、御马车以及人物、房屋、狗等图纹。又，罗氏所藏砖广一尺余，长二尺余，其砖面作斜格、方格缘线，内有龙、牛、豕、树等图像。此类砖是否果为墓中之物不明，然属六朝以前之物，故一并载之，供参考。(第五四图)

七、结 论

余就中国、朝鲜出土之汉魏六朝时代砖之用途、形状、制法、文字与图纹等做出论述。今概括之以作为结论：

1. 此类六朝及六朝之前砖系构筑当时坟墓玄室墓壁、顶棚，即椁之用砖。

2. 砖纹、椁、冢椁、灵椁、壁垾等词汇为解决当今学界讨论之"椁圹"问题提供有力之资料。

3. 通过记于砖之文字，可了解过去汉民族于坟墓之思想。

4. 通过砖面文字可证当时书体、字画等。尤可补今日少见之三国两晋时代石碑之缺。

5. 通过砖之图纹可证当时汉民族之趣味、时尚，又多少可卜当时艺术之发展进程。

[1] 此处关于砖纹之分类与第 89 页的略有不同，请读者予以关注并做鉴别。——译注

本篇系发表于《建筑艺术》第三〇辑第三五五
号（1916 年 7 月）之文章。其中包括与此文章
几乎同时以《关于六朝以前之墓砖》为题发表
于《考古学杂志》第六卷第一号（1916 年 7 月）
之文章。二者内容略同，但多少有所补充，今
采用前文。

第五二图　砖图纹之一

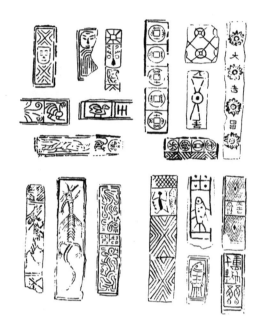

第五三图　砖图纹之二

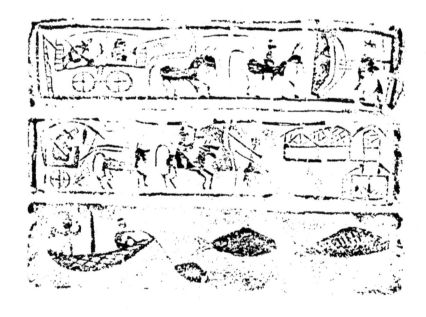

第五四图　砖图纹之三

第五章　中国碑碣之样式

目　录

一、汉碑之样式

二、三国与西晋时代之碑碣

三、南北朝时代之石碑

　　1. 南朝碑

　　2. 北朝碑

四、唐碑之样式

五、宋金碑之样式

六、元碑之样式

中国古代建筑与艺术

一、汉碑之样式

勒文辞于石作纪念至早始于周代。世称大禹书写之《岣嵝碑》、孔子书写之《延陵季子墓碑》与《殷比干墓题字》虽无法尽信，然石鼓之刻字乃先秦时代产物似无置疑之余地。秦于峄山、琅邪台、会稽山、泰山等地有可确证之石刻，相传前汉时代有鲁孝王刻石、居摄坟坛刻石等。而此类刻石唯属勒文辞于石之物，尚不具备所谓之碑之外形。从遗物观察碑似始于汉代。欧阳修《集古录》曰"自后汉以后始有碑文，欲求前汉时碑文卒不可得。是则冢墓碑，自后汉以后始有也"，乃确论。即碑始于后汉，尤至末期益多建造，因而当时碑石存今者不少。西晋武帝咸宁四年（278）发诏，命薄葬，禁碑表，之后建碑一事遽衰，故其遗存极少。

汉碑由普通碑身与下趺组成。碑身系刻文字与题额等处。趺横卧地下，系承碑身之座。

碑趺 于余所见范围内碑趺皆称方趺，平面长方形，高度较低，四周作宽斜面，即"水垂"。此斜面有直线形与略带有斜坡形两种。四川省雅安高颐碑之方趺，斜面前中央刻环，左右刻龙虎对峙相争状，以此显示青龙白虎含义。

碑身 碑身立于碑趺上，端面一般为长方形，其头部有圆形和圭形两种，亦往往有扁圆形或方形。

1. **圆首** 碑首部呈丰圆形，沿周缘作垂虹状圆曲形，一般称"晕"。此为汉碑特色。碑晕有两种，一为沿碑轮廓左右均衡作出狭小而宽幅一致之晕者（如孔彪碑），一为有晕三四条或五条，或偏左或偏右，一端狭小，一端宽大，下垂，作不均衡状者（如孔宙碑偏右，

孔褒碑偏左）。而不论何种场合，此类碑晕皆于碑首沿对角线由前往后斜出。（第五五、五六图）

碑晕往往刻龙。郑季宣碑于左右均衡之碑晕两端作龙首。高颐碑与樊敏碑唯于不均衡下垂之宽广碑晕处刻一龙。

2. **圭首** 即碑首尖锐向上成三角状者，角度为七十度至九十度。景君碑、鲁峻碑、武斑碑、郑固碑等皆属此形式。

3. **碑穿** 汉碑形式完美者必于碑面前后贯通一圆孔，此圆孔称"穿"。其位置一般在碑中心线之上。若系圭首碑，则有位于碑首三角形底边线之"穿"与在三角形底边线上方或下方之"穿"；

第五五图　汉博陵太守孔彪碑

第五六图　汉豫州从事孔褒碑

若系圆首碑，则一般作于碑中心线上、"晕"起点以下。而如孔谦碑，亦偶有偏向"晕"梢一端者。

4. **碑额** 圆首、圭首碑一般皆刻两行字于"穿"上与碑顶之间。孔彪碑、郑季宣碑、鲁峻碑即其例。有时圆首碑"晕"宽、垂向一方时，会稍偏向另一方勒字。樊敏碑、高颐碑与费凤碑等即其例。有时会挟碑"穿"勒字于其左右。孔宙碑即其例。碑额文字一般为篆书，但如武荣碑、鲁峻碑也有八分书者。勒法以阴刻为最多。而如武荣碑、衡方碑等亦偶有于碑面稍低处勒出长方形，于其内阳刻文字。（第五七、五八图）

5. **碑文** 有"穿"之碑一般于碑"穿"下阴刻碑文，一般为八分书，偶尔亦有篆书。有时碑"穿"位置低挡在文字中，会避碑"穿"刻文字。北海相景君碑即其例。文字配列均衡整齐，或画纵线，或如棋盘画纵横线，容文字于其内。然亦偶有行间疏密不均等者。

6. **装饰** 碑轮廓偶有带图纹之边框。曲阜文庙孔君碣之波纹、梧台里石社碑之锯齿纹与垂幕状纹等即其例。又如孔庙置百石卒史碑，碑之侧面亦刻有某种图纹。

如碑"晕"条说明，碑"晕"两端有刻龙形者。如白石神君碑，其碑头左右刻斜向下方之龙，龙下各有一人举两臂承龙腹。又如张迁碑，圆首顶部左右作对峙之鸟，更按碑之轮廓刻升降之三龙，其意趣实为奇特珍异。此外，四川益州地区碑往往于碑面刻四神图。载《隶续》卷五之益州太守无名碑，上刻朱雀，下刻玄武，左右刻青龙白虎；柳敏碑、六物碑、单

第五七图　汉泰山都尉孔宙碑

第五八图　汉执金吾亟武荣碑

排六玉碑、没字碑、沈府君神道碑等上刻朱雀，下刻玄武；金广延母徐氏碑两侧面刻青龙白虎。恐此类由碑"晕"发展而来作龙形者，系后世螭首之滥觞，刻于碑底之玄武最终成为龟趺。

此外，《隶续》所载《蜀郡属国辛通达李仲曾造桥碑》之碑首刻四人物；《是邦雄桀碑》上刻麒麟，下刻牛首。余亲睹者中梧台里石社碑碑首刻人物、树木、禽鸟等，装饰最为珍奇稀罕。

要而言之，碑始于后汉时代，其样式与装饰获得急速发展，遂成后世碑碣蓝本，而其取材之广泛，构想之自由，不容后世追随。

汉碑之"晕""穿"与圭首之起源 有关汉碑"晕"与"穿"之起源资料，散见于后

汉刘熙之《释名》、唐封演之《封氏闻见录》
与宋洪适之《隶续》。近代清顾炎武之《金石
文字记》、阮元之《山左金石志》等亦有评说。
据上述学说，碑碣原系为下棺而立于坟墓两旁
或四隅之物件，以木作，胸部穿圆孔，以贯通
辘轳之轴，顶部作半圆形，将系于辘轳之绳
之一端置于其半圆上，且为防止离脱而斜作
沟。即"肇始碑"乃为下棺于圹中之设备，之
后书君父臣下之功绩与佳事于其上，最终发展
为后汉时代之石碑。亦即"晕"与"穿"为其
遗制。另一说为，碑乃往昔于宫庙庭院祭祀时
拴牺牲之木桩，为拴牺牲而设之孔即后来之碑
"穿"。此二说常为学者所信奉，无人敢提出异
议。余亦大体赞成此说。即圆首碑有"晕"有
"穿"，出自墓圹边之木制下葬设备。若否，则
有"穿"，尤其"晕"之左垂、右垂，其上部
有斜走之沟盖皆难以理解。又，圭首碑有"穿"
系出自庙庭之木桩。其头部呈三角形恐当初为
木制，为去水而斜切两旁木桩。而近年来文学
博士市村钻次郎提出新说，认为汉碑圆首由琬
圭（圭首部圆者）、三角首由琰圭（圭首部呈
三角状者）演变而来。并以后世碑录《琬琰集》
《琬琰录》[1]等证明之。博士新说乃发古人未见
之卓见，然"穿"与"晕"之发生解释尚有难
以首肯之处，为憾。余认为，有可能钻次郎因
碑之圆首、三角首与琬圭、琰圭相似，故以琬
琰比附碑石。就此原拟详作研讨，然博士论文
恰好不在手边，只得暂时搁笔，留待他日再做
讨论。

[1]　此二书分别为宋朝杜大珪与明朝徐朝文所纂，
　　　虽咸为名臣碑传，但皆与碑石史料有关。——
　　　译注

二、三国与西晋时代之碑碣

后汉时期厚葬之风盛行，墓前皆设立精美
石碑，故当时墓碑遗存较多。而自建安十年
（205）曹操禁墓碑，魏文帝频下薄葬诏后，墓
前立碑事渐稀，故墓碑遗存者仅范氏碑与王基
断碑数座。相反，墓碑以外之物件却遗留较多。
魏上尊号碑、受禅碑、鲁孔庙碑等即其例。其
中余亲见者有鲁孔庙碑与范氏碑，前者圭首有
"穿"，后者残缺，然圆首有左垂"晕"，皆继
承纯粹汉代样式。

吴碑缺乏实例，仅存天发神谶碑与禅国
山碑。

四川省多存雄浑富丽之后汉碑，然不知何
故未闻有蜀碑遗存。

进入西晋时代，墓碑禁稍弛缓，然于武帝
咸宁四年（278）禁碑令又趋严，墓前立碑之
风长期衰颓，故而遗存亦少，仅有任城太守孙
夫人碑、明威将军郭休碑等数座。而禁墓前立
碑之结果，乃导源于在玄室内置放小型墓志碑
之风。近年来此类墓碑出土者不少。中书侍郎
荀岳碑、沛国相张朗碑、征东将军军司刘韬墓
志与武威将军魏君侯柩碑等即其例。

此类玄室内墓志碑往往模仿普通碑式
样，通过此类墓志碑可稽考当时墓碑制度。如
荀岳碑、刘韬墓志碑系圭首，循汉制，然不
造"穿"，碑小。又，张朗碑小，然碑首作偏
"晕"，其两端刻龙首，系祖述汉式。魏君侯柩
碑立于玄室内棺侧，其首扁圆状，省去"晕"，
汉碑已有此例。（第五九图）

普通碑余虽一无所查，然毋庸置疑其样式
似皆蹈袭汉制，一步不出其外。由墓志碑实例
可以推测，其碑首有圭首、圆首两种，圆首作
"晕"，其两端往往刻龙首。明威将军郭休碑即
其实例。

第五九图　晋沛国相张朗碑

　　要而言之，三国、西晋时代作为后汉末期厚葬之反动，立墓碑事渐稀，墓碑以外之物件亦不如前代盛行，故其样式与制法丧失创造性意趣，不过原样蹈袭前代制度而已，汉末急速发展之碑碣于兹亦猝然遭遇衰运。

三、南北朝时代之石碑

　　南北朝时代文化，一方面有南北共通之处，另一方面又颇有相同。伴随晋室南迁，北方汉族精华与其文学艺术一道移入江南。而北方黄河流域则有所谓五胡十六国交替入主中原，盛衰荣枯，飘转不定，其文化发展亦随之有所逡巡不前。进入南北朝，南朝以建康即今南京为中心，宋、齐、梁、陈咸继承东晋文化，有更大进步，发扬其富丽绚烂之特色。北朝北魏由大同迁都洛阳后，其文化亦迅速发展，之后东西魏、北齐、北周相继建国，然相较南朝，似犹多少有些逊色。

　　就余欲说之石碑进行观察，南北两朝皆祖述汉碑，然不知何故，其样式颇为相异。想来

系南北趣味有异有同所致。

　　相较二者，南碑样式早已定型，技巧亦臻于精练之至。然北碑由简劲浑朴逐渐转为富丽雄伟，其手法亦逐渐进步。隋统一南北后专事继承。入唐后始达完美之境。而南碑无论于形式、技巧，皆胜北魏一筹，然伴随南朝灭亡及其厄运，南碑亦随之由地面消失。

1. 南朝碑（第六〇、六一图）

　　刘宋碑　南碑最早出现者系宁州刺史爨龙颜碑。此碑建于刘宋太明二年（458）年，其碑样式因《金石续编》[1]有记述，故可知其大要：

> 额高二尺八寸上刻两蟠龙下中穿径五寸六分左右日月各径五寸日中刻踆乌月中刻蟾蜍穿上高八寸广一尺五寸六行行四字题宋故龙骧将军护镇蛮校尉宁州刺史邛都县侯爨使君之碑廿四字

　　据此记述，可知碑有汉遗制"穿"，"穿"上有长方形碑额，上刻两蟠龙，左右刻容三足乌与蟾蜍之日月像。此样式与下述梁碑几乎相同，故可知梁碑由宋碑所出，宋碑恐自东晋碑发展而来。

　　梁碑　所幸以南京为中心遗留数座梁碑，今举之有：

　　梁　散骑常侍司空安成康王萧秀碑
　　　　　天监十七年（518）薨

[1] 清代陆绍闻著。碑刻汇编，二十一卷，所收始于汉代，止于金代，共碑志四百二十八件，皆为《金石萃编》所未收录者，体例悉依前编旧制。原附于《金石萃编》书后行世。——译注

第六〇图　梁临川靖惠王萧宏碑碑首拓本

第六一图　梁临川靖惠王萧宏碑

第六二图　北魏中岳嵩高灵庙碑

梁　中司徒骠骑将军始与忠武王萧憺碑

　　普通三年（522）薨

梁　临川靖惠王萧宏碑

等

此类碑年代相近，样式、手法几乎一致，下面皆有龟趺，其上立碑身。龟趺盖恐由汉碑下所刻龟蛇即玄武发展而来。龟风格写实，然手法颇简朴。

碑身立于龟趺之上，其首部呈半圆形，外轮廓各刻二龙，双龙身卷合，作虬结状，由汉碑"晕"变化而来。半圆形首部中央有圆孔，称"穿"，其上方作长方形碑额，亦为汉制。"穿"四周刻莲花，左右刻蟠龙，上刻鬼形，下刻宝珠，以此为中心左右又刻鬼形与忍冬化飞云，意趣丰富，手法雄伟奇拔，古今卓越。碑身边框一般刻雄伟富丽之忍冬纹，然碑侧往往于忍冬纹带状区域内刻麟、凤、鬼图，气象雄浑卓荦。（第六二图）

2. 北朝碑 _{（第六三、第六四图）}

北魏碑　余亲自调查之北魏碑遗存有：

中岳嵩高灵庙碑	太安三年（457）
兖州贾使君碑	神龟二年（519）
魏鲁郡太守张猛龙碑	正光三年（522）

中岳庙碑立于方趺之上，其首部呈扁圆状，左右刻由汉碑"晕"演变而来之相背之龙，与梁碑相近。然梁碑刻于碑首轮廓外，此碑刻于轮廓内。有四脚，亦梁碑所无，有"穿"与额，又系汉制余波。

兖州贾使君碑亦置于方趺之上，首部刻蟠龙，较之前者有进步，然颇古拙。张猛龙碑相较中岳庙碑年代稍后，然更为古朴，系晋明威将军郭休碑制度变化之产物。此贾思伯碑、张猛龙碑与梁安成康王萧秀碑、靖惠王萧宏碑几

第六三图　北魏衮州贾使君碑

第六四图　北魏鲁郡太守张猛龙碑

乎造于同一年代，然其样式彼此不仅大有差异，而且其意趣、技巧之优劣不可同日而语。由此可知当时南北文化之性质。（第六五、六六图）

　　北魏定都洛阳，于龙门大力开凿石窟，造无数大小佛龛。佛龛侧面往往有碑形，刻造像铭。碑形首部刻蟠龙，其意趣、技巧颇可观。

东魏碑　余所知有两碑：

侍中黄钺大师高盛碑（河北磁县）

天平三年（536）毙

鲁孔子庙碑（山东曲阜文庙）

兴和三年（541）

　　高盛碑螭首部分被毁，左右两龙相背，与之虬结，举后脚承宝珠（缺损）处中间有圭形额，乃唐碑之嚆矢。其意趣之崭新，气象之雄劲，实为北碑杰出者。碑身侧面亦阳刻蟠螭云气纹，此亦令人生奇。北魏碑入东魏后意趣渐佳，技巧亦洗练，始发展至可与南碑相抗衡者。

　　鲁孔子庙碑螭首意趣亦较完美，然相较前者稍逊一筹。

北周碑　余唯知一碑：

第六五图　东魏侍中黄钺太师高盛碑

第六六图　东魏鲁孔子庙碑

西岳华山神庙碑（陕西华阴西岳庙）
天和二年（567）

北齐碑 石窟内往往作造像铭碑形，刻有雄浑富丽之螭首，然余未见单独石碑。北齐碑继承东魏高盛碑样式，螭首精致完美，不仅成为唐碑之先河，而且其碑身下有龟趺，于余所知范围内此做法始见于北碑。或有南碑影响亦未可知。

要而言之，北碑比之南碑样式大有差异，到底不及南碑意趣、技巧之洗练，然渐次有发展，由北魏至东魏、北周大成其所谓螭首、龟趺之雄浑富丽之形式，而乘隋统一南北之东风又完败南碑，入唐后臻于完美，永为后世典范。

四、唐碑之样式

碑始于后汉，至三国两晋时代衰颓，入南北朝后再次盛行，然南北样式各异。北魏碑其首部刻蟠螭，然犹不免古拙。自东、西魏而北齐至隋逐渐发达，一时成为典范。入唐后伴随各种艺术急速发展呈现巨大进步，其意趣之精妙，雕饰之华美空前绝后，出现碑碣之黄金时代。石碑之发展至唐达至极限，再无发展余地，后世唯株守其形式而逐渐退化衰颓。唐太宗、高宗朝代颇显雄浑豪迈气象，由武后至玄宗朝臻于精美华丽极限。此后唯株守其形式，未见有任何意趣之创新，从而逐渐显现衰运。然相较其后之宋元时代犹胜一筹。

唐碑普通样式，碑身首部成所谓螭首，下有方趺或龟趺，往往碑身侧面亦有雕饰花纹者。此类形制皆起源于北朝碑，而南朝碑样式伴随隋之统一归于消失。

螭首 唐碑特色尤在于其螭首之雄浑富丽，左右各二龙或三龙，并头噬咬碑肩，其体相互

虬结，举后脚承宝珠状处，中间有首部尖锐之碑额。此龙虬结之意趣实为巧妙、紧凑，未有寸隙。如李勣碑、李靖碑、虞世南书写之温彦博碑最有代表性。至开元天宝年间，意趣益精巧，技巧益洗练，龙脚下与碑额边框或刻云纹（大智禅师碑），碑额内或作佛龛（道因法师碑），题字间或显各种图纹（少林寺太宗御书碑）。（第六七、六八图）

碑文字篆书最为普遍，然亦有八分书与楷书，又偶有飞白书[1]。阴文最多，亦有阳文。文字间纵横作罫，亦有不作罫者。

碑身 无任何装饰，唯刻文字者多。然亦有如少林寺太宗御书碑，于边框作花草纹；如王羲之撰写之集字圣教碑，上并刻七佛；如雁塔圣教序碑，上刻佛菩萨、神王像，下刻飞天像，左右边框浮雕宝相花者。亦有特于碑侧作云气纹（李勣碑、李靖碑）、宝相花纹（少林寺太宗御书碑、大智禅师碑）、云龙纹（乾陵无字碑）等者。尤如太宗御书碑与大智禅师碑，浮雕菩萨、神将、瑞禽怪兽于宝相花旋回之间，其意趣之超拔，手法之雄浑富丽古今无俦。（第六九、七〇图）

方趺 作为碑碣之台座，方趺最为普遍。方趺为长方形，上作斜面者最多，然亦有如少林寺太宗御书碑，较高，四面刻佛菩萨像与瑞兽宝花者。

龟趺 遗存者较少。余所知其最古老者乃李勣碑，带古朴之风。然至升仙太子碑时加入写实手法，颇有雄壮富丽气象。清和郡王纪功碑年代最后，其大无可比俦，然多少兆起颓唐之弊。此外余尚知几许，因不太重要，从略。

重要之唐碑 唐碑遗存者颇多，故其中尤

[1] 飞白书亦称"草篆"，一种书写方法特殊的字体，相传系由蔡邕而作。——译注

第六七图　唐英国公李勣碑

第六九图　唐清和郡王纪功碑

第六八图　唐少林寺太宗御书碑

第七〇图　唐高宗乾陵无字碑

为值得关注者不在少数。今例示余所见规模最
大者，乃河北正定清和郡王纪功碑。其碑身
广七尺八寸，厚二尺四寸，包括螭首高约
二十四尺。又，龟趺长十四尺，高四尺一寸五
分，故其之大可惊。其次为乾陵无字碑，广六
尺七寸七分，厚四尺八寸四分，高约二十一
尺。[1] 趺石为长方形，广十一尺四寸，幅八尺
六寸五分，高二尺四寸。碑身、趺石皆由一
石制成。

再次为李勣碑、李靖碑、升仙太子碑，皆
广约六尺，厚约一尺九寸，高约十八尺。龟趺
李勣碑长九尺九寸，升仙太子碑长十二尺一寸，
虽不及前者，然犹遥遥凌驾于其他碑碣。

继而举其样式、手法最杰出者，有李勣碑、
李靖碑、雁塔圣教序与雁塔圣教序记两碑、明
征君碑、少林寺太宗御书碑、大智禅师碑与多
宝塔感应碑等。

具特殊形态之碑 除上述普通碑外，唐代
还创出未曾有之崭新样式石碑。首先应举出者
乃石台孝经碑与嵩阳观碑（河南登封）。（第七一、
七二图）

乾陵述圣碑与玄宗御书华岳庙碑规模硕
大，到底不能如普通碑由一石制成，故重叠数
石为碑。乾陵述圣记碑重叠五层方六尺一寸四
分、高四尺左右巨石为碑身。碑立于方九尺七
寸七分、高二尺九寸大方趺上，冠有模拟瓦葺

第七一图　唐嵩阳观圣德感应碑

第七二图　唐太宗晋祠铭碑

[1]　此处记为"广六尺七寸七分，厚四尺八寸四分，
　　高约二十一尺"，而前文讲"2.高宗乾陵"部
　　分（947）又记为"宽幅约六尺五寸，厚四尺
　　八寸许，高二十一尺左右"。实际上无字碑高
　　7.53米，宽2.1米，厚1.49米。——译注

石盖，[1] 然今已仆倒，卧于地面。玄宗御书华岳庙碑规模更大，恐系中国古今最大石碑。可惜碑阁曾遭祝融之灾，碑石亦烧残，今仅存碑身最下方之一石与趺石。又如乾陵述圣碑，碑身乃数石垒成，最下方一石广十一尺，幅六尺，高七尺许，故可以想见当初规模之大，实可与玄宗御书纪泰山摩崖碑[2] 一竞高下，同样东西无俦，君临古今碑碣之上。

唐太宗晋祠之铭碑 今碑身与螭首保存完好，然方趺系后世修补。螭首颇雄壮富丽，然未刻鳞甲，故手法稍嫌简单。碑额异常大。因属贞观二十一年造，故为唐碑开初之作，然北朝碑样式、手法至此已臻完善，足成后世蓝本。碑身广四尺五分，厚八寸五分，高六尺四寸五分，螭首高约三尺。

孔子庙堂碑 此碑系虞世南奉敕于武德九年（626）撰文并书写。贞观年间碑成，不久因文庙罹灾烧毁。长安年间再刻，然亦不知何时消失，今存文庙者乃宋初王彦超复刻。故碑文与篆额一如原样，然螭首技法拙劣，不足观也。今立于文庙仪门前亭，特以砖壁保护之。

虞恭公温彦博碑 唐太宗昭陵筑于西安以北百余里九嵕山绝顶，自山上至山下散布无数功臣、亲戚之陪冢。此类陪冢犹遗当时碑者众。

关于此陪冢碑拟另文论述。温彦博碑亦为其中之一，螭首极为雄壮富丽，碑侧阴刻云气纹作为装饰。碑身立于方趺上，广三尺七寸九分，厚一尺二寸三分，高约十二尺五寸，为初唐碑代表作。（第七三图）

梁文昭公房玄龄碑 立于同为唐太宗昭陵陪冢房玄龄墓前。螭首为初唐时已然充分成熟之样式。蛟龙相背，互相虬结，举后脚承宝珠，气象雄伟豪迈壮丽，实为初唐碑杰作。广四尺二寸四分，厚一尺四寸二分（高度漏测）。（第七四图）

慈恩寺大雁塔内大唐三藏圣教序碑与大唐三藏圣教序记碑 慈恩寺距今西安南门外八里，唐贞观二十二年（648）始建。大雁塔于永徽三年（652）由玄奘三藏所建，砖筑五层塔。其上层筑石室，南面立太宗、高宗之三藏圣教序与序记碑。而此塔乃砖表土心，故草木钻出，逐渐颓圮，因而至长安年间改筑为七层砖塔，即今所存之大雁塔。该塔一层南面入口左右各设一广四尺八寸四分、深九尺二寸之小室，沿其后壁东立圣教序碑，西立圣教序记碑，其前设门扉，然于今唯存蹴放石。

两碑同形同大，以黑大理石做成，立于方趺上，碑身下广上狭，其上浮雕释迦、两罗汉、两菩萨、二天人，其下浮雕三天人，左右边框刻以富丽之宝相花纹，碑身上冠以螭首。技巧精练，实为初唐碑杰作。

碑文太宗碑如普通方法，由右向左刻写，高宗碑由左向右逆向刻写。此为当初两碑并立石室内，前者于右，后者于左之故。

碑身底边广三尺三寸，顶边广二尺八寸六分，高五尺八寸七分，趺石广三尺八寸四分，高一尺三寸七分。（第七五图）

国子祭酒孔颖达碑 立于同为唐太宗昭陵陪冢孔颖达墓前。碑身三分之二今已没于地下，螭首刻画深，鳞甲宝珠鲜艳，技巧极为洗练。

---

[1] 此处记为"重叠五层方六尺一寸四分、高四尺左右巨石作为碑身。碑立于方九尺七寸七分、高二尺九寸大方趺上，上冠以模拟瓦葺石盖"，而前文"2.高宗乾陵"（947）又记为"以四尺五寸见方石头堆积七层，上载盖石"。实际上"述圣记碑"高 6.3 米，宽 1.68 米，上有庑殿式顶盖，下有线刻兽纹基座，中间为 5 段，共 7 节，也称"七节碑"。

[2] 原文如此。似为上述华岳庙碑。——译注

第七三图　唐虞恭公温彦博碑

第七四图　唐梁文昭公房玄龄碑　　第七五图　大唐三藏圣教序碑

第七六图　唐国子祭酒孔颖达碑

侧面刻图纹，然颇漫漶。（第七六图）

鄂国忠武公尉迟敬德碑　唐太宗昭陵陪冢碑之一，今半没土中。螭首制法与普通所见者相异，两龙于碑头盘虬如结绳。意趣新颖，工艺卓越，侧面刻有极富丽之花草图纹。（第七七图）

兰陵长公主碑　亦唐太宗昭陵陪冢碑之一。螭首样式略相似于房玄龄碑，而比后者高，毋宁以匀称美胜出。然侧面缺图纹。（第七八图）

五、宋金碑之样式（第七九、八〇、八一图）

碑碣样式大成于唐，后世几无变化。宋碑毕竟为唐碑之延续，蹈袭唐之手法，然技巧渐衰。而宋初螭首形制、碑侧图纹犹颇雄伟壮丽，足可与唐比肩者不在少数。西安碑林太祖乾德元年（963）所立"梦英篆书千字文碑"，其技术之精妙几与唐碑无区别。河南登封中岳庙之"大宋新修嵩岳中天王庙碑"亦成于太祖开宝六年（973），龟趺背甲边缘刻云纹，碑座侧面作云中骑师神像，碑身侧面浮雕优雅宝相花，仿佛唐大智禅师碑，更于下部浮雕五仙童奏乐歌舞状等，极为富丽。然碑过高，螭首失于小，缺乏匀称美，相较唐碑颇有不及之处。山东泰安东岳庙"大宋东岳天齐仁圣帝碑"，建于真宗大中祥符六年（1013），龟趺广七尺一寸三分，厚二尺二寸，含螭首高约廿五尺，系余所见宋碑中最大者。龟趺左右侧、碑座侧面边框环绕牡丹、唐草，内刻云龙纹，更于龟趺下部石基上方刻波纹，其四周浮雕山岳状，为唐碑所未见。螭首有优雅之风，然雕刻浅，有略平之嫌。登封中岳"中岳中天崇圣帝碑"建于真宗大中祥符七年（1014），为宋初代表作，龟趺雄壮豪迈，螭首亦秀丽，然有过于拘泥典范之弊。

河南偃师升仙观"宋重修升仙太子大殿

第七七图　唐鄂国忠武公尉迟敬德碑

第七九图　宋梦英篆书千字文碑

第七八图　唐兰陵长公主碑

第八〇图　宋中岳中天崇圣帝碑

第八一图　宋新修嵩岳中天王庙碑

碑"建于仁宗明道二年（1033），碑身在方趺上，边框刻宝相花纹，螭首甚雄健，工艺可追唐碑，实为宋碑之白眉。（第八二图）

宋碑过于株守唐碑形制如斯，或于碑身边框与侧面刻花纹，虽有颇可观处，然毕竟属模仿，伴随时代变迁逐渐陷于颓唐纤弱之弊。

不过，宋碑中于宋初多少脱离唐制，尝试新颖手法者并非阙如。山东曲阜文庙"大宋重修衮州文宣王庙碑"，建于太宗太平兴国八年（983），立于雄伟壮丽之龟趺上，碑身边框绕以宝相花，螭首比之唐碑颇低，碑额既广且大，二龙盘虬于左右，其手法与面目已变，工艺亦洗练，盖宋碑中最值得注目之杰作。碑额边框与上部三角形内亦刻有宝相花纹。（第八三图）

金碑亦仿宋祖述唐制，然相较于宋工艺衰颓，亦有蹈袭上述宋碑新手法者。山东曲阜文庙"大金重修至圣文宣王庙碑"即此。螭首低，碑额大，颇雄伟壮丽，然刻画浅，略有鄙俗之风。即便如此，于金碑中仍为大作且优秀。龟趺气象亦颇豪迈雄健。（第八四图）

要而言之，宋金碑毕竟不出唐碑范畴之外，虽有尝试变化者，也不过略施以改窜而已，未创造出新形式。技巧亦颇有可观之处，但与时间变化一道走上衰颓一途。

又，完全脱离普通唐碑形制者有泰阴碑。此碑作屏风状，上部刻涌云状，手法珍稀，仅此可归入宋碑之创新案例。

宋金碑无法脱离唐碑传统形制，唯甘于模仿蹈袭，而朝鲜于高丽时代继承新罗文化，创造出如玄化寺碑、玄秘塔碑、大觉国师碑之奇特崭新之样式，其现象值得玩味。对照彼此二者异同一目了然。

六、元碑之样式 _{（第八五、八六图）}

元碑碣样式蹈袭宋制。如"宋金碑之样式"条所说，宋碑不过系唐碑之延续，故元碑毕竟不过为唐碑之末流，唯株守旧制而已，全无独创性，未显示清新泼辣之迹象。不过其间并非全无稍事变化改窜者，然亦因此陷入纤弱怪异之弊。而于螭首于龟趺，亦有气象颇豪迈雄健者。

螭首 今就实例概述之。三原县文庙大元加封圣号碑、西

第八二图　宋重修升仙太子大殿碑

第八三图　宋重修衮州文宣王庙碑

第八四图　金重修至圣文宣王庙碑

第八五图　元加封公国复圣公制词碑

第八六图　元重修尊经阁记碑

安文庙奉天路重修庙学之记碑（至正六年，1346）最为模仿唐制，西安文庙皇元加圣号诏碑虽出唐制，然刻画过深，反倒形显疲弱。济宁文庙大元加封宣庙碑二龙盘虬，处处点缀云纹，手法珍异，然轮廓纷乱，有鄙俗之憾。曲阜颜子庙大元加封公国复圣公制词碑与大元敕赐先师允国复圣公新庙碑之螭首，于圭额二龙左右相对，相互盘虬，亦与前者相同，拘泥于技巧之末，反失气魄。济宁文庙重修尊经阁记碑与前者相同，二龙左右相对，其上部轮廓中央凹陷，两肩稍凸，龙颜、龙体、龙脚全然无力，极纤弱。

元碑一步不出唐宋碑范畴外，略尝试变化者终归失败，最终未能创造出清新手法，为憾。

龟趺 亦乃唐宋制度之延续，往往有作风写实、精神雄伟壮丽者。西安文庙皇元加圣号诏碑之龟趺堪称杰作。济宁文庙元碑之龟趺并非无纤弱之嫌，然意趣古朴。曲阜文庙元大德十一年（1307）所建蒙古字、汉字双碑龟趺与

至元九年（1349）建曲阜颜子庙大元敕赐先师允国复圣公新庙碑之龟趺，无论态貌，抑或龟甲，手法皆颇瑰丽，亦不失为元代杰作。

要而言之，元碑龟趺亦出自唐宋遗制，一步不能出其之外，然往往刻画写实，相应手法并非无可观者。

碑身 唐宋时代或于碑身边框刻宝相花纹，或于碑侧刻花纹和升降龙等作为装饰，然元碑整体意趣简略，尝试华丽雕饰者几近于无。

关于中国碑碣之文章，曾以在病床口授于犬子，使其代读于文部省主办之书道讲习会后，以《中国碑碣形式之变迁》为题将草稿付印之形式分发给知己好友。本篇采集广泛，现将分别发表于《书道全集》第二、四、六、八、九、十八、十九各卷之文章归集，假以《中国碑碣之样式》为题载录。

第六章　西安文庙与碑林

目　录

序　言

一、文　庙　　　　　二、碑　林　　　　　三、著名碑帖

中国古代建筑与艺术

序　言

陕西省西安府乃过去长安都城之所在，隋唐时代达至鼎盛，然宋元以后远离政治中心不断衰颓。即便如此，因位于人称天府之国之关中大平原中心，于今仍相当繁华，城内规划等堂堂正正，有凌驾北京之势。城内有著名文庙即孔庙，文庙背后拥有大量碑刻之碑林。中国内地都市内必有文庙，故不能称稀罕，然西安文庙规模较壮观，仍具有故都之文庙价值。西安文庙之所以能夸耀于世，在于其碑林保存唐宋以来著名石碑与法帖石刻。

一、文庙

西安文庙并非创立于明代。文庙内可见虞世南孔子庙堂碑，可确证在唐代以前已有孔庙。然今之文庙乃宋代所建，元至元年间扩建，明正统年间知府孙仁又扩建。今所见殿宇门庑等恐于明代扩建时建造。文庙境内正南面有砖筑高大照壁，其中央浮雕精美云龙，照壁上有繁复之斗拱与黄瓦铺茸之顶。此照壁两端有彤壁，即涂朱之墙垣延伸左右，进而折向后方，环绕境内四周。正面无门，门开于左右墙垣，上悬"礼门"和"义路"二匾额。照壁北面立有彩色木牌坊，悬"太和元气"匾额，人称太和元气坊。其后有半圆形泮池，石桥架于上，绕以石栏杆。池中无一滴水，却长有高约四五米大树，蓊郁苍翠。继续前行，可见有三石柱门并列，曰"棂星门"。中门匾额曰"文庙"，东门曰"德配天地"，西门曰"道冠古今"，字系雕刻。进门后有长方形庭院，南北向比东西向长，中间立有刻以怪兽之石制八角柱形华表两对与

下列著名石碑：（第八七图）

孔子庙堂碑（虞世南书）

智永千文碑

隋皇甫君碑（欧阳询书）

又，庭之东西垣各开三门。庭内有祭祀地方贤人学者之乡贤祠。庭北有单层三间三户门，其左右有侧门。进门后又有长方形庭院，正面后方双层大成殿巍然屹立，东庑、西庑于左右各伸向前方。有碑亭三对前后整齐并列于由此大成殿与东西庑围合而成之中庭，并安放有清帝御书碑。其配置整齐，规模宏伟，不愧具有关中大都市文庙之价值。

大成殿面阔九间，进深六间，双层大型建

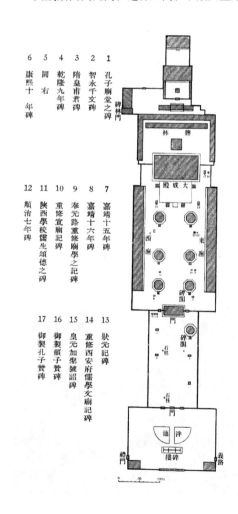

第八七图　西安府文庙平面图

筑，屋顶特以黄瓦铺茸，内外皆施以浓色重彩作为装饰，美轮美奂。前面设宽广石坛，左右与东西庑置有颜子、曾子及其他七十子木牌位。大成殿前中亭立有下列元、明、清三代石碑：（第八八图）

明嘉靖十五年碑

明嘉靖十六年记之碑

元奉先路重修庙学之碑（至元十三年）

元重修宣庙记之碑（至元十三年）

陕西学校儒生颂德之碑

清顺治七年碑

明状元碑（弘治十六年）

明重修西安府庙学文庙记碑（成化十一年）

元皇元加圣号诏碑（大德十一年）

清御制颜子赞碑（康熙二十八年）

清御制孔子赞碑（康熙二十五年）

二、碑林 （第八九、九〇图）

碑林位于大成殿后，保存众多石碑。相传宋龙图阁学士吕大忠，惜唐开成年间所刻石经或仆卧榛莽之间，或埋没泥土之中，故于文庙后相地，移立于此地，进而将玄宗皇帝御注孝经碑、颜真卿、欧阳询、褚遂良、徐浩、梦英等所书石碑立于其四周，此即碑林之创始经过。之后明成化年间巡抚马文升、万历年间长安知县沈听之、咸宁知县李得中予以修缮。入清后康熙五十九年候补知县徐朱再次修缮。乾隆三十七年《关中金石记》作者、巡抚毕沅又大力修缮，进一步扩大规模。其后嘉庆十年西安府知府盛惇崇重修及至今日。其间不断追加陈列唐宋以后直至近代之古今石碑，又多方收集淳化阁法帖以及唐宋以后著名书法家法帖石刻，于今几达五百余座。

周汉以来西安一带乃古代文化中心，故为中国古碑最多之地区。可惜多毁于黄巢之乱。宋天圣年间为修堂塔，使用大量石质优良之汉唐碑，甚或用石碑于修建石垣与铺地面石。宋代又有某好事官吏大肆作石碑拓本，得拓本三千余种。无知乡民怒其田园被毁，将许多石

第八八图　西安文庙大成殿

第八九图　西安府文庙碑林平面图

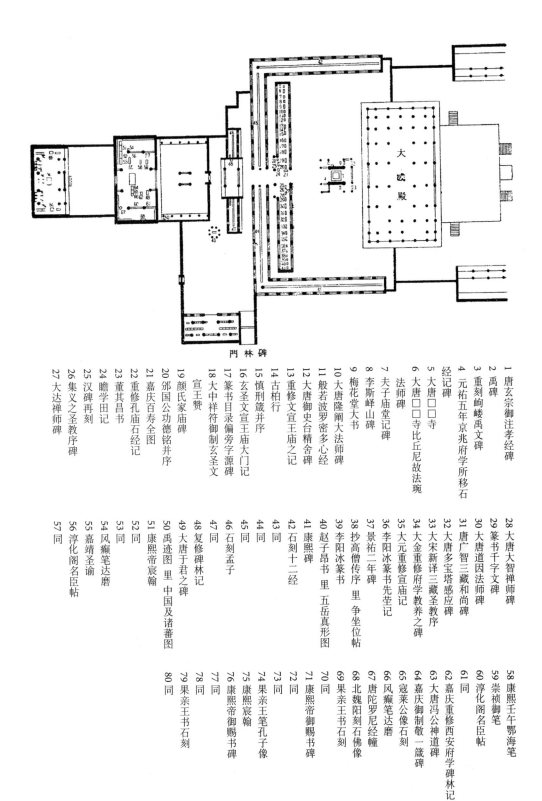

門林碑

1 唐玄宗御注孝经碑
2 禹碑
3 重刻岣嵝禹文碑
4 元祐五年京兆府学所移石经记碑
5 大唐□□寺
6 大唐□□寺比丘尼故法琬法师碑
7 夫子庙堂记碑
8 李斯峄山碑
9 梅花堂大书
10 大唐隆阐大法师碑
11 般若波罗密多心经
12 大唐御史台精舍碑
13 重修文宣王庙之记
14 古柏行
15 慎刑箴并序
16 玄圣文宣王庙大门记
17 篆书目录偏旁字源碑
18 大中祥符御制玄圣文宣王赞
19 颜氏家庙碑
20 邠国公功德铭并序
21 嘉庆百寿全图
22 重修孔庙石经记
23 董其昌书
24 瞻学田记
25 汉碑再刻
26 集义之圣教序碑
27 大达禅师碑

28 大唐大智禅师碑
29 篆书千字文碑
30 大唐道因法师碑
31 唐广智三藏和尚碑
32 大唐多宝塔感应碑
33 大宋新译三藏圣教序
34 大金重修府学教养之碑
35 大元重修宣庙记
36 李阳冰篆书先茔记
37 景祐二年碑
38 抄高僧传序 里 争坐位帖
39 李阳冰篆书
40 赵子昂书 里 五岳真形图
41 康熙碑
42 石刻十二经
43 同
44 同
45 同
46 石刻孟子
47 同
48 复修碑林记
49 大唐于君之碑
50 禹迹图 里 中国及诸蕃图
51 康熙帝宸翰
52 同
53 同
54 风癫笔达磨
55 嘉靖圣谕
56 淳化阁名臣帖
57 同

58 康熙壬午鄂海笔
59 崇祯御笔
60 淳化阁名臣帖
61 同
62 嘉庆重修西安府学碑林记
63 大唐冯公神道碑
64 嘉庆御制敬一箴碑
65 寇莱公像石刻
66 风癫笔达磨
67 唐陀罗尼经幢
68 北魏阳刻石佛像
69 果亲王书石刻
70 同
71 康熙帝御赐书碑
72 同
73 同
74 果亲王笔孔子像
75 康熙宸翰
76 康熙帝御赐书碑
77 同
78 同
79 果亲王书石刻
80 同

第九〇图 西安文庙碑林内部

[1] 此平面图文字说明与正文中文字说明略有不同。请读者留意。——译注

碑文字凿去。修缮霸桥时亦毫不吝惜使用石碑。汉代以后石碑因此大抵化为乌有。唯置于碑林者未遭此灾，平安保留至今，实为吕大忠创立所赐，应曰侥幸。

碑林前即大成殿后有碑亭，其中央建有著名之唐玄宗御注孝经碑。

碑阁内尚置有以下石碑：

重刻岣嵝禹文碑

禹碑

元祐五年京兆府学所移石经记碑

碑亭后有东西细长建筑，内存古碑共三十九块，实为碑林中尤物之渊薮。今列举之（碑名有所遗漏）：

大唐□□寺比丘尼故法琬法师碑（刘钦旦书）

（景龙三年）

夫子庙堂记碑（梦英书）

李斯峄山碑

梅花堂大书

大唐隆阐大法师碑（天宝二年）

般若波罗密多心经

大唐御史台精舍碑（开元十二年）

重修文宣王庙之记（建隆三年）

古柏行

慎刑箴并序（天圣六年）

玄圣文宣王庙大门记（大中祥符二年）

篆书目录偏旁字源碑（梦英书）（咸平二年）

大中祥符御制玄圣文宣王赞（大中祥符五年）

颜氏家庙碑（颜真卿书）

邠国公功德铭并序（杨承和撰并书）（长庆二年）

嘉庆百寿全图

重修孔庙石经记（万历十七年）

董其昌书（万历四十五年）

瞻学田记（至元六年）

汉碑再刻（永和二年、汉安元年）[1]

集义之圣教序碑

大达禅师碑（柳公权书）（会昌元年）

大唐大智禅师碑（史维则书）（开元廿四年）

篆书千字文碑（梦英书）（乾德三年）

大唐道因法师碑（欧阳通书）（龙朔三年）

唐广智三藏和尚碑（徐浩书）（建中二年）

大唐多宝塔感应碑（颜真卿书）（天宝十载）

大宋新译三藏圣教序（云胜书）（端拱元年）

大金重修府学教养之碑（杨焕书）（正大二年）

大元重修宣庙记（至正廿六年）

李阳冰篆书先茔记[2]（大历二年）

景祐二年碑

抄高僧传序 里 争坐位帖（颜真卿书）

李阳冰篆书（大历二年）

赵子昂书 里 五岳真形图

康熙碑

此类碑由中心线左右分列，四周墙壁嵌有许多颜真卿、怀素、张旭、赵子昂等法帖石刻。

此建筑后面又有第二处细长建筑，其端部伸向前方，形成一凹字状，内部保存著名唐开成年间石刻十二经。

[1] 此碑名似不像原碑名。译者未能亲赴该碑林调查，但根据《汉碑整理》（http://wenku.baidu.com/link?url=fMN4yNXoqbIkpoBqwbv75QLuwRLLVSnkcewaNUlsvgOvru1fiDwh）和《汉碑集释》（http://wenku.baidu.com/link?url=6GRfFgUCAS02QGLufbktk8bqA-RycI-1UySO）可知，迄今为止发现的建于汉永和二年（137）的石碑仅有《汉敦煌太守裴岑纪功碑》一碑；建于汉汉安元年（142）的仅有《伯天□作寿石堂刻石》一碑，不知该"汉碑再刻"是否指此二碑？——译注

[2] 亦称（李阳冰）《栖先茔记》。——译注

又其后有第三处建筑。由中堂与左右庑组成。
中堂内有：

复修碑林记碑（道光廿二年）

东西庑有：

石刻孟子（康熙年重刻）

同

此西庑西北角有八角小亭，内有：

大唐故骑都尉濮州濮阳令于君之碑

继续前行，进小门有第四处建筑。其前面有庭院，其东西成步廊。东廊墙壁嵌有许多隋唐墓志铭：

唐故宣功参军巨鹿魏君夫人赵氏墓志铭并序（元和五年）

唐故银青光禄大夫行内侍员外置同正员上柱国张公夫人雁门郡夫人

令狐氏墓志铭并序（天宝十二载）

隋故逢议大夫宋君志

大唐净域寺故大德法藏禅师塔铭并序（开元四年）

大唐故珍州荣德县丞梁君墓志铭并序（垂拱二年）

大唐故朝散大夫秘书省著作郎致仕京兆韦公玄堂志（元和十四年）

大唐故口州司功参军魏府君墓志铭并序（元和乙未）

大唐故韩君之墓志（咸亨四年）

大唐故集贤直院官果王府未吏程口墓志

故左卫府长史通议大夫宋君墓志铭（大业十二年）

西廊墙壁嵌有万历、乾隆、嘉庆、道光等明清时代小碑。其中极为珍贵者乃伪齐阜昌七年十月所刻地图碑：

表 禹迹图

里 中国及诸蕃图

第四处建筑前东面墙壁有赵子昂书石刻，内部中央龛安放孔子像，左右立"淳化阁法帖"石刻及数十座石碑。其重要者有：

康熙帝宸翰碑

同

同

风癫笔达磨石刻

明嘉靖圣谕碑

淳化阁法帖

同

清鄂海书碑（康熙壬午）

明崇祯御笔碑

淳化阁法帖

同

清嘉庆重修西安府学碑林记

大唐冯公神道碑（柳公权书）

清嘉庆御制敬一箴碑

寇莱公像石刻

风癫笔达磨石刻

唐陀罗尼经幢

北魏阳刻石佛像

继而隔庭院有第五处建筑，内部所置石碑悉为清代制品。其主要碑石有：

清果亲王书石刻

同

清康熙帝御赐书碑

同

同

清果亲王笔孔子像

清康熙帝御赐书碑

同

同

同

清果亲王书石刻

同

碑林至此建筑告结束。然于第三建筑西面，过略广庭院有第六建筑，内部保存明清时代碑三十六座。然不甚精美，且涉繁杂，故不一一罗列。

此建筑之南面有门，乃碑林唯一正门，平

日大门紧锁，由官署监督，然门前并列拓本屋四五间，往彼屋去则有人手持钥匙为余开门介绍引导。拓字者每日进入碑林内制作石碑拓本，带回陈列店销售。拓字最多者石碑有颜真卿多宝塔感应碑、颜氏家庙碑、虞世南之孔子庙堂碑、欧阳询之皇甫君碑等；法帖类有颜真卿、张旭、怀素、米芾、赵子昂、董其昌等墨宝与淳化阁法帖等。每日至少有四五位拓字者，将需求最多之相同石碑从早到晚拓印几十张。其操作方法粗暴不堪，全无责任感。如此一来特意保存之贵重石碑于漫长岁月中自然磨损，所刻文字渐渐瘦削，当时之笔意全然无法辨别。而且自私之拓字者一时拓取大量著名石碑，待文字处处损毁后自称自身所持拓本为旧拓，售予好事者。如此年年岁岁逐渐磨损，拓本因年代久远益显珍贵，如明拓、元拓、宋拓等售价日高。宋拓等价格惊人，往往以数十两、数百两白银为单位飞涨。即便中国官员心平气和如许，然亦有人为之担忧，自每年旧历十一月至严冬季节禁止一切拓字者进出，目的乃防止天寒石碑冻坏。拓本屋通常选择碑林中优秀碑帖，以一套五十五种出售。然毋庸置疑，有时亦应客人需要分离出其中一至二种销售。

三、著名碑帖

兹就众多石碑、法帖中著名者与有时代性之代表作进行阐述。

峄山石刻 峄山巍峨耸立于山东省邹县东南十里处，山上原有秦二世皇帝与丞相李斯所书石刻，然为后人焚毁。宋人郑文宝自其师徐铉获得该摹本，于淳化四年八月勒之于石，置于长安国子监，此即峄山石刻。过去他地亦有许多其他峄山碑摹刻，然人曰于长安者为第一。

余于山东省泰安府岱岳庙见李斯所书泰山石刻残片，又得李斯所书琅邪台石刻墨本，似觉与真物相比缺乏高雅风韵。恐系再三摹刻斯碑精神已逝。

智永千文碑 智永系王羲之第七代孙，其书绝妙，得家法真传，隋唐年间成学书者宗匠。据传当时求书者如市，其家门因屡蹴洞穿，不得已以铁板裹之。过去曾印刷八百本正楷草书字帖以千文出售。此石刻乃由宋大观年间长安崔氏所藏真迹摹刻，然似有可斟酌之余地。

隋柱国左光禄大夫弘义明公皇甫府君碑 此碑系于志宁撰文，欧阳询所书，字体清俊，与九成宫醴泉铭一道乃可窥其书法堂奥之贵重遗物。唯因后世拓字者多，石面显著磨损，笔意大减，为憾。（第九一图）

孔子庙堂之碑 众所周知，虞世南系唐初著名人物，于书道方面亦传智永法师之法，为时人所重。此碑系虞世南武德九年奉敕撰文并书写者。碑成后其拓本呈太宗，太宗特赐王羲之黄银印一枚，故毋庸置疑为其得意之作。惜于贞观年间碑成后仅拓数十张颁赐近臣，文庙即遭祝融，此碑烧毁。其后则天武后于长安年间再刻，又不知何时消失，存于今者乃宋初王彦超复刻者。如此反复重刻，虽留字迹原貌，然其精神、气魄已不复原物所有，为憾。碑高七尺七寸，广四尺二寸（据《金石萃编》），上刻螭首，然多少缺失雄健气概。今此碑左右侧与上方以砖覆盖，以防雨露侵蚀。（第九二图）

玄宗御注孝经碑 通称石台孝经，系天宝四年玄宗作序并注，书体为八分书，皇太子以篆书题写碑额。其规模之大，制作之精良，为余于中国所见数千石碑中无可比肩者。碑立于广六尺七八寸、高一尺四寸方石台上，由四块四尺三寸见方、高十尺八寸五分之大石四面围合组成。其上载有高二尺五寸许之额石，额四

第九一图 隋柱国弘义昭公皇甫君碑

第九二图 唐孔子庙堂碑

周浮雕狮子与云气纹。其上又载有宽大盖石。此盖石厚一尺许，刻满云纹。其顶上又置有高一尺许之头饰石。全高约十六尺四五寸，气象雄浑，样式富丽，实为盛唐艺术之精华。尤于台石四周各作二格狭间[1]形状，内阴刻奇兽，外阴刻宝相花纹，更为精彩。书法丰腴秀丽，与著名玄宗御书"纪泰山铭"一样值得观看。（第九三图）

唐大智禅师碑 此碑系严挺之撰文，开元年间人称分隶[2]第一大师之史维则以篆书题写碑额与以八分书题写碑文，于开元二十四年九月所建。作为普通石碑其螭首壮丽精美，实与多宝塔碑一样为古今杰出者。碑首刻龙形，六朝时代已然有之，然犹不免多少带有古拙之风。入唐后该造型忽然迅猛发展，手法精练，气象雄伟，臻于空前绝后之妙境。此碑实为精品中之精品，美碑中之美碑，尤于碑侧富丽宝相花纹中阴刻飞天、迦陵频伽鸟、凤凰等，将唐代技法发挥至极致。赞其为普通石碑中之女王绝无不当。书法亦丰润，不辱开元第一之名声。碑广四尺，全高十一尺五寸。（第九四、九五图）

大唐三藏圣教序碑 此碑文三藏圣教序由太宗皇帝撰写，咸亨三年由弘福寺沙门怀仁集

[1] 格狭间，亦称香狭间，系施以古代坛、台等侧面与窗户等。上部为火灯形、下部为碗形、由曲线组成的装饰性剞形。古称牙象或眼象。——译注

[2] 指八分书和隶书。《隶释·汉安平相孙根碑》洪适释："今之言汉字者则谓之隶，言唐字者则谓之分，殆不知在秦汉时，分隶已兼有之。"元揭傒斯《赠吴主——并序》："国朝分隶谁最长，赵虞姚萧范与杨。"清钮琇《觚剩·石经》："按六朝以前用分隶，今石经皆正书。"——译注

晋右将军王羲之书摹刻于石而成。由于集字而成，并非无些许之憾，然因之得见羲之书法堂奥，属无上至宝，自古珍重异常。其碑广三尺二寸五分，全高十一尺六寸，上刻有螭首。

大唐故翻经大德益州多宝寺道因法师碑
此碑广三尺四寸八分五厘，全高十尺三寸三分，螭首极壮丽，碑额上浮雕释迦三尊，更于其上圭首内刻天人，碑侧刻宝相花纹，将唐代技法发挥得淋漓尽致。碑文由李俨撰，欧阳通正书书写，于龙朔三年十月所建。欧阳通乃欧阳询之子，其书之妙当时与乃父齐名。人称大小欧阳。然其书者今唯存一碑。

此碑背面刻有宋咸平元年众人赠著名篆书家梦英诗三十一首，碑额刻梦英真像。此为宋代直接利用碑背之肇始，做法甚为经济。（第九六图）

隆阐法师碑 此碑螭首缺损八分，天宝二年十二月建，广三尺一寸，高五尺六寸，撰者、书者皆不明。书为行体，存有羲之圣教序之笔意。此碑尤为值得关注者乃其侧面阳刻最为优雅之宝相花纹。碑背有宋乾德四年四月镂刻，郭忠恕真、行、草三体之"黄帝阴符经"。此亦古碑经济利用案例之一。此郭忠恕为宋初人，欧阳修推崇为李阳冰之后篆书第一人。（第九七图）

大唐西京千福寺多宝佛塔感应碑 此碑由岑勋撰文，颜真卿正书书写，徐浩题额而成。碑样式、手法颇优秀，螭首精妙无比，可称千古珍宝。碑广三尺四寸九分，厚一尺五分，全高九尺四寸五分，系天宝十一年四月二十二日所建，故至今有一千一百五十六年历史，然刻画犹鲜明，保存极为良好。恐颜真卿为大忠臣，且善于书法，后世景仰爱护，磨损亦随之减少之故。此碑于颜真卿壮年建成，故相较他者笔画稍瘦，呈稳健娟秀之态。（第九七图）

第九三图 唐玄宗御注孝经碑

第九四图 唐大智禅师碑

第九五图 唐大智禅师碑侧面图案

第九六图　唐道因法师碑

第九七图　唐多宝佛塔感应碑

此碑背刻"楚金禅师碑"。楚金禅师系建造颜真卿书写之多宝塔之人，故其死后由此因缘刻其碑文于多宝塔碑背面。贞元二十一年刻。此亦经济利用石碑之较佳案例。由沙门飞锡撰文，吴通微正书书写。

颜氏家庙碑　堂皇大碑，广五尺，厚一尺八分，全高十一尺许，四面刻字。系颜真卿为立于父庙自撰自书者，乃其晚年所作。书体庄严端懿，其特色得以最佳发挥。其正书后人推崇为古今第一，加之碑额由周汉以来篆书第一人李阳冰题字，可称其为书之双绝。螭首固然雄伟壮丽，然相较唐碑属普通之作。

广知三藏和尚碑　此为真言七祖之一、长安大兴善寺不空三藏之碑，碑文由严郢撰，徐浩书，建于建中二年十一月十五日，高十尺一寸五分，碑首雄浑壮丽，然非特别杰作。

大达法师玄秘塔碑　广四尺三寸五分，厚一尺一寸三分，全高十二尺三寸，会昌元年所建。裴休撰文，柳公权正书书写。柳公权初学于王羲之，后遍览众人书法，体势转雄劲而柔媚，自成一家，极度为时人所重，公卿大臣等以未得柳书作父母碑为不孝。此碑最为庄重刚健，其正直不阿之气概自然流露笔端。螭首亦颇壮丽，碑额边框绕有美丽云纹，碑侧宝相花纹间刻异兽，意趣雄浑富丽。

此外，唐碑有御史台精舍碑、邠国公功德铭碑、法琬法师碑等，但无特别可观之处，故从略。然彼螭首皆雄浑壮丽，尤其邠国公功德铭碑碑侧刻有巨大宝相花纹。李阳冰篆书之"先茔记"亦为可关注石碑之一。

篆书千字文碑　此碑系乾德三年十二月即宋初所建，样式、手法犹存唐遗风。螭首之雄浑壮丽，碑侧图纹之瑰丽，实为宋代第一杰作，然与大智禅师碑、多宝塔碑终无法比较。盖中国艺术整体于唐至鼎盛，而后相继衰退，及至今日，故此碑劣于盛唐碑，乃时代变迁不得已之事。碑面刻李阳冰生后、人称篆书第一人梦英之篆书千字文，碑额由袁正己隶书题写。广三尺六寸一分五厘，厚一尺八分，全高十尺七寸五分，碑背刻乾德五年九月陶壳撰、皇甫俨正书书写之篆书千字文序，内有夸赞梦英"史籀没而葵邕作，阳冰死而梦英生"语。总之，此碑中梦英之篆书、袁正己之隶书、皇甫俨之正书皆当时一代名书，后人难以企及。

篆书目录偏旁字源碑 宋咸平二年六月所建，刻梦英书并自序。广三尺四寸七分，厚九寸，高十尺许，螭首式样、手法与前碑相伯仲。此碑后有宋至和元年四月文彦博等联名署刻之"京兆府小学规"。篆额左右阳刻牡丹、唐草图纹。

摩利支天经碑与黄帝阴符经碑 宋乾德六年所建，上刻摩利支天经，下刻黄帝阴符经，前者右阴刻李奉珪画摩利支天像，后者右阴刻翟守素画黄帝问道于广成子像，皆可窥宋代绘画技法之堂奥。书为袁正己得意之作，有欧阳询遗风。此外宋碑有新译三藏圣教序（端拱元年十月）、元圣文宣王赞（大中祥符元年十一月）、慎刑箴（天圣六年）、重修文宣王庙记（建隆三年八月）等，但不甚重要。宋初犹存唐余风，螭首图纹等虽雄浑壮丽，然随时代变化手法陷于固定，呆板繁杂。

大金重修府学教养之碑 此碑建于正大二年十二月，刘渭撰文，杨焕正书书写，张邦彦篆书碑额题字。广二尺九寸五分五厘，厚七寸五分七厘，高约七尺七寸八分，螭首已大半缺损。碑上部阴刻云纹，侧面粗大花草图纹中刻狮、马等，犹多少可见唐代遗风，然手法颇劣。

大元重修宣圣庙记碑 此碑为至正二十六年三月建，董立撰文，张仲书写，王武篆书题额，广三尺一寸三分，厚八寸一分，高六尺八寸三分，碑首呈扁圆形，碑额左右分刻麟凤，侧面刻粗大宝相花纹。可见元代手法。

皇元加圣号诏碑 此碑立于文庙大殿前，上部正书元大德十一年七月十九日加圣号诏，其边框刻云龙纹，其下部刻皇庆二年五月赵世延撰并正书之跋。边框绕以宝相花纹。敕碑用云龙纹盛行于元代中国，然此碑等盖为其始。螭首、龟趺皆完整，相较唐碑略带异形，盖脱离典型手法，略别开生面之故。广四尺九寸九分，厚一尺三寸一分，高十三尺许。龟趺高三尺，长八尺四寸，乃发挥元代技术真髓之大作。（第九八图）

此外，大成殿前庭院有重修宣圣庙记碑与（至元十三年九月徐灵撰、正书、篆额）奉元路重修庙学记（至正六年十月虞集撰、王守诚书、苏天爵篆额）碑。龟趺、螭首皆具，略带轻快之风。（第九九图）

重修西安府儒学文庙记碑 此乃明成化十一年建，广一尺二寸五分，高十五尺许。立于高二尺六寸四分、长八尺六寸五分之龟趺上，颇硕大。然螭首过大，缺乏匀称美。文字为行书，边框刻宝相花纹。龟鼻尖略矍，系清代通行手法之魁首。

此外，明碑中有嘉靖御制敬一箴碑、崇祯御笔碑等。其碑额左右与边框皆阳刻龙纹。又，弘治十六年状元记碑立于刻有奇异图纹之台座上。此手法于中国极为罕见。

康熙帝孔子赞碑 清康熙二十五年七月建，广三尺九寸七分，高十四尺许，龟趺高二尺一寸，刻康熙帝御制御书孔子赞，左右侧浮雕云龙。螭首过小，观感不佳，龟刻手法亦难以感佩。

此碑邻近有康熙二十八年五月建康熙帝御制御书颜子赞碑。比前者稍小，手法几乎相同。

此外还有圣祖、世宗、高宗等御书碑，然可观者少，从略。

以上就文庙与碑林中重要石碑进行论述。其他可注目者有石刻十三经与淳化阁法帖。

第九八图　皇元加圣号诏碑

第九九图　元奉天路重修庙学记碑

石刻十三经　如前述，建于凹字形长方体建筑内，自中央向左右延升各约七十五尺，再向前方弯曲约百尺，每石广三尺许，厚九寸，高七尺许，两面阴刻文字，下有地覆石，上有盖石。此即刻于唐之十二经。清代又补刻《孟子》，共十三经。此十二经即《周易》九卷、《尚书》十三卷、《毛诗》二十卷、《周礼》十二卷、《仪礼》十七卷、《礼记》二十卷、《春秋左氏传》三十卷、《公羊传》十二卷、《榖梁传》十二卷、《孝经》一卷、《论语》十卷、《尔雅》三卷（十二经共六十五万二千五十二字）。唐文宗太和四年应郑覃发提议，召宿儒

硕学为正经籍之误谬，成永世之典范，勒经于石。于太和九年开工，开成二年冬上呈其拓本。此宏大工程不足三年即完工。石碑初置于国子监，宋代空弃草莽中，久叹不遇。元祐年间吕大忠移此文庙后，造建筑，图保存，即此碑林之滥觞。康熙二年又刻孟子于八石，置于其后建筑内，共成十三经。总之，唐代石经几乎全部完整保留至今，实属罕见。

淳化阁法帖　众所周知，宋淳化三年奉太宗命将历代帝王名臣等手书勒于石者进行再刻。此外，法帖类著名者有张旭草书《千字文》断片、《心经》、《肚痛帖》、怀素《圣母帖》、《藏真贴》、《律公贴》、《草书千字文》，颜真卿《争座位帖》，米芾《天马赋》，苏东坡《集陶潜归去来辞》，赵子昂《天冠山诗》，董其昌《徐公家训》等。因为世人熟知，且叙述篇幅过大，从略。

如前述，西安文庙设施较宏伟，与碑林一道对保存唐宋以后众多名碑名帖尤为著名，研究此类碑文，不仅能详尽书法变迁，而且能明确唐以后石碑形制、样式沿革，窥探历代技法堂奥之一斑。对此点自觉兴味别样盎然。中国内地于汉魏六朝碑可推举曲阜文庙、济宁州文庙，于六朝以后经幢墓志石等可推举河南存古阁等，然集众多碑帖于一区域内者，除西安文庙、碑林外别无其他。此即予余别样兴味之缘由。

本篇曾连载于1909年7月《时事新报》《文艺周报》中。

第七章　曲阜文庙同文门与济宁文庙戟门之碑碣

目　　录

一、曲阜文庙同文门之碑碣　　　　　　　二、济宁文庙戟门内碑碣

中國古代建筑與藝術

中国保存最多、最重要之碑碣者，有西安文庙碑林、曲阜文庙同文门与济宁文庙戟门。其他地方亦略保存些许著名石碑，但数量较不足。余今介绍曲阜文庙同文门与济宁文庙戟门中以汉碑为主之碑碣。

一、曲阜文庙同文门之碑碣

曲阜文庙乃建于孔子故居之庙，其规模之宏大，殿庑之壮丽，于中国庙祀中首屈一指。过其正面棂星门、圣时门，渡架于泮池之石桥，再经弘道门、大中门，始达此同文门。同文门后奎文阁巍然屹立，过大成门，始达正殿大成殿。

同文门面阔五间，进深两间，三户单层门，重檐歇山顶，瓦葺。左右侧壁与内部中央门扉两端间壁以砖裹之。以双斗拱承双层橡木屋檐，内外皆施色彩。（第一〇〇、第一〇一图）

同文门左右端之间如第一〇一图所示，内外皆以木栏包围保护，内部陈列许多汉代以后碑碣。如：

汉代以后碑碣

碑碣	数量
汉碑与石刻	十三
魏碑	一
北魏碑	一
西魏碑	一
北齐碑	一
隋碑	一
唐碑	四
宋碑	三
年代不明小碑	一
共计	二十六

其配列位置如图所示，仅汉碑即有十三座。如此多之汉碑保存一处，舍此无他，故于碑碣史上同文门之价值巨大，令人慨叹：不愧为曲阜文庙也！

北面西端之间有"孔君碣"与"豫州从事孔褒碑""熹平残碑"镶嵌于砖壁间。北面东端之间无汉碑。南面西端之间立"汉敕造孔庙礼器碑""孔庙置守庙百石卒史碑""孔谦碣""祝其卿坟坛刻石""上谷府卿坟坛刻石"。

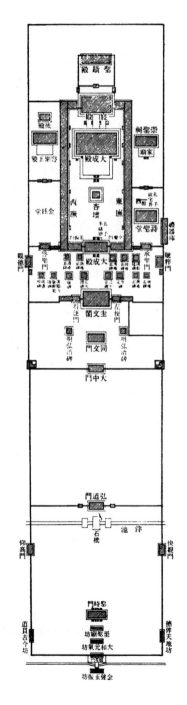

第一〇〇图　曲阜文庙平面图

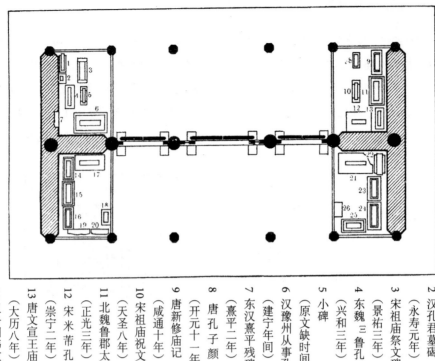

1 唐兗公之颂（天宝元年）

2 汉孔君墓碣（永寿元年）

3 宋祖庙祭文碑（永寿元年）

4 东魏[1]鲁孔子庙碑（兴和三年）

5 小碑（原文缺时间）[2]

6 汉豫州从事孔褒碑（建宁年间）

7 东汉熹平残碑（熹平二年）

8 唐孔子颜回赞御制碑（开元十一年）

9 唐新修庙记（咸通十年）

10 宋祖庙祝文（天圣八年）

11 北魏鲁郡太守张猛龙碑（正光三年）

12 宋米芾孔圣手植桧赞（崇宁二年）

13 唐文宣王庙门记（大历八年）

14 汉鲁相韩敕造孔庙礼器碑（永寿元年）

15 魏鲁孔子庙碑（黄初元年）

16 隋修孔子庙碑（大业七年）

17 汉鲁相乙瑛请置孔庙百石卒史碑[3]

18 汉孔谦碑（永兴元年）

19 汉祝其卿坟坛石刻（居摄二年）

20 汉上谷府卿坟坛石刻（居摄二年）

21 汉泰山都尉孔君之碑[4]（延熹七年）

22 北齐夫子之碑（乾明元年）

23 汉鲁相史晨飨孔庙碑[5]（建宁元年）

24 汉博陵太守孔彪碑（建宁四年）

25 汉鲁相谒孔庙残碑（碑侧有唐贞元七年[791]杜廉等人题记[6]）

26 汉五凤刻石[7]（五凤二年）

第一〇一图　曲阜文庙同文门平面图

[1]　原文写为"西魏"。——译注

[2]　原文缺时间。其余缺漏者译者亦做增补，不一一注明。——译注

[3]　原文写为《孔庙置守庙百石卒史碑》，有误。此碑又名《乙瑛碑》或《汉孔庙置守庙百石孔龢碑》。——译注

[4]　原文写为《汉史晨飨孔庙后碑》。其实该碑为两面刻，前碑刻于东汉建宁二年 (166) 三月，17 行，行 36 字；
后碑刻于建宁元年 (165) 四月，14 行，行 36 字，碑文记载鲁相史晨祭祀孔子之情状，全称为《汉鲁相史晨
飨孔庙碑》。汉《史晨碑》前后碑合称《汉鲁相史晨奏祀孔子庙碑》。——译注

[5]　原文写为《汉泰山郡尉孔庙碑》，有误。——译注

[6]　亦称《鲁孝王刻石》。——译注

[7]　原文缺时间。——译注

南面东端之间有"泰山都尉孔宙碑""史晨飨孔庙后碑""博陵太守孔彪碑""鲁相谒孔庙残碑""五凤刻石"。又有六朝唐宋碑碣。有关此类诸碑之形制与文字前项已述，故在此仅标明其图面位置。

二、济宁文庙戟门内碑碣

仅次于曲阜文庙保存较多汉碑者为济宁文庙戟门。戟门位于大成殿前，面阔三间，进深二间，一户单层门，重檐歇山顶。其左右侧与中央入口左右壁以砖筑之。门内外左右侧间保存汉魏时代碑碣，如图。(第一〇二图)

北面东侧间有"汉北海相景君碑""汉尉氏令郑季宣碑""汉司隶校尉鲁峻碑"三碑

西南并列。北面西侧间有"汉执金吾丞武荣碑""汉郎中郑固碑""魏庐江太守范式碑"三碑东面并列。南面东侧间接东端柱，"汉郭泰碑"夹于两旁砖柱之间。此碑背刻粗放豪迈之画像。门内立有二碑，但不为后世重视。其一位于东方者，乃大元册封孔子之碑。

与文庙相接所建州学明伦堂内有三四碑值得关注。即"汉永建五年刻石""朱君长题字"及"汉残碑"等。另有由武氏祠移来之"孔子见老子画像石"与"李白书壮观二大字"等石碑。与同文门相同，上述汉碑说明前项已作，故从略。

本篇曾载于《书道全集》第二卷。

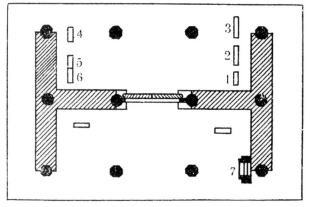

7 汉郭泰碑（建宁二年）（背面画像）
6 魏庐江太守范式碑（青龙三年）
5 汉郎中郑周碑[3]（延熹元年）
4 汉执金吾尉武荣碑[2]（永康元年）
3 汉司隶校尉鲁峻碑（熹平二年）
2 汉尉氏令郑季宣碑（中平三年）
1 汉北海相景君碑（本初元年）[1]

第一〇二图　济宁文庙戟门平面图

[1]　原文时间标注有误。据查此碑立于汉汉安二年(143)。——译注

[2]　原文标写有误。正确的说法乃《执金吾丞武荣碑》。——译注

[3]　原文标写有误。正确的说法乃《汉郎中郑固碑》。——译注

第八章　南北朝时代塔与犍陀罗塔之关系

中国南北朝时代塔系由两晋时代输入之犍陀罗式佛塔演变而来。此观点余已在某建筑杂志以《西游杂信》形式发表之《印度佛教艺术》中做过说明。南北朝时代佛塔主要有砖构与木构两种形式，乃东洋多层塔之滥觞（不过南北朝时代亦有小型石塔）。

遥想两晋时代，犍陀罗式佛塔经由西域传来，与中国固有木构、砖构建筑合流并逐渐中国化，最终发展为南北朝式佛塔。日本法隆寺五重塔系纯中国化南北朝样式，唯相轮带印度因子。云冈、龙门石窟内外所刻佛塔亦充分中国化，欲分析其与犍陀罗式佛塔之关系极为困难。而最近东京帝国大学工学部委托北京古董商江藤涛雄购买并转寄至余处之佛塔图案拓本，系不可多得之珍本，可充分说明其与犍陀罗式佛塔之关系。

余按顺序先叙述犍陀罗塔之特征。毋庸置疑，犍陀罗塔与桑奇[1]佛塔同样起源于中部印度式佛塔，带半球状塔身之佛坛构筑精美奇异，最高可达数层。其时建造之佛塔往往遗存于白沙瓦[2]地区，尤遗存于近年来考古局总监约翰·马歇尔[3]爵士发掘之塔克西

拉[4]故都一带。然塔头部皆失，无法想象整体形象如何。而据今陈列于加尔各答博物馆之犍陀罗式小佛塔与在塔克西拉·莫赫拉莫拉都寺院发现之小佛塔，几可窥见当时完整之犍陀罗塔形式，当日幸运。前者先设方形高坛，坛四面以科林斯柱[5]各分出二佛龛，龛内施以有关佛教传记之雕刻。方坛上重叠三层稍小圆坛。其下层环刻坐像佛，中层列柱间刻力士像，上层刻玉垣状。各层以希腊式襞状伸缩性装饰凸起为分界。此三层圆坛上载有半球形塔身，塔身表面浮雕莲花图纹作为装饰。塔身上有由石垣演变而来之方形受花[6]纹雕刻。上立塔刹，支撑五个大宝盖与三个小宝盖，顶上带有宝珠状饰物。（第一○三、一○四图）

近年来于莫赫拉莫拉都寺院发掘之小塔（参见第三七六图），其样式大体与前者相似，第一层为平面圆形，高且大，其下多刻狮子像以承之。

[4] 塔克西拉（Taxila），是一座有着 2500 年历史的著名古城，其佛教遗迹有 2000 多年的历史，是举世闻名的犍陀罗艺术的中心，也是南亚最丰富的考古遗址之一。中国高僧法显、玄奘等都到过那里。

[5] 科林斯柱式（Corinthian Order），古代希腊建筑柱子样式之一，公元前 5 世纪由建筑师卡利漫裘斯（Callimachus）发明于科林斯（Corinth），此亦为其名称之由来。它实际上是爱奥尼柱式的一个变体，两者各个部位都很相似，比例比爱奥尼柱更为纤细，只是柱头以毛茛叶纹装饰，而不用爱奥尼亚式的涡卷纹。雅典的宙斯神庙（Temple of Zeus）采用的就是科林斯柱式。——译注

[6] 位于塔尖相轮与宝珠下、形体向上的花形装饰，多则 8 瓣。——译注

[1] 桑奇（sānchī），系位于印度中央邦之遗迹名。该遗存位于桑奇山丘，其佛寺塔群著名于世，为古代印度佛教建筑之代表。——译注

[2] 白沙瓦（Peshawar），巴基斯坦北部城市。——译注

[3] 约翰·休伯特·马歇尔（John Hubert Marshal，1876—1958），简称约翰·马歇尔，英国考古学家。著有《摩亨佐达罗及印度河流域文明》《呾叉始罗》和《犍陀罗佛教艺术》等。——译注

第一层坛周围三叶龛与梯形龛交互相容，龛内刻有坐像。其上重叠三层矮坛，各坛雕刻柱形与佛像等作为装饰。其上载有比半球稍高之塔身，塔身上竖有带受花纹雕刻与七个宝盖之塔刹。

塔克西拉之尧里安塔周围近年来发掘出众多小佛塔。如于印度其他佛塔群所见，该小佛塔系后人建立主塔后辅建之产物，用于供养。其南面中央之小佛塔（参见第三七四图），方形塔基上有由狮阵支撑之略小二层方坛。各坛四面列柱间容三叶拱龛与梯形龛，于下层坛龛内雕刻坐像。此数层坛上当初曾有塔身与相轮纹饰，从塔身又发现完整之白灰制小佛塔。

此小佛塔于二层方坛上重叠三层圆坛，上面置放半球形塔身。作为装饰，其四周与下方嵌入各种宝石。塔身上方有受花，塔上竖有带十一个紧密相连宝盖之刹柱。最上方冠有印度仙客来（或萝卜海棠）状有趣顶饰。此小塔特征为塔身较小，宝盖塔刹明显发达。

要而言之，犍陀罗式佛塔之特色，系于方形、圆形或方圆合筑形之数层高坛上载以半球形塔身，其上竖有相轮状塔刹。与阿旃陀第九、第十、第十九、第二十六石窟内中部印度式佛塔相比，后者毋宁重视塔身，其塔基变化似乎不如犍陀罗式塔明显。

于此拟与南北朝时代佛塔做一比较。当时佛塔遗存之多层塔仅有河南登封嵩岳寺十二角十五层塔（北魏），单层塔仅有山东历城神通寺四门塔（北周）。云冈、龙门石窟内外往往有多层塔雕刻。而与犍陀罗式塔关系最为密切者系前述江藤涛雄寄送之佛塔图案拓本。此佛塔图案雕于东魏造像碑背。碑正面中央葱花拱龛内刻坐佛像，右面刻肋侍菩萨，上方刻天盖纹，左右与下方刻许多小佛像，中央坐佛像下刻"千像主前赵郡太守嘉段州刻史河间邢二。

第一〇三图　犍陀罗式小佛塔（加尔各答博物馆藏）

第一〇四图　尧里安塔侧小佛塔内发现之舍利塔

兴和三年六月二十日"字样。据此可知该造像系东魏兴和三年（541）所作。其天盖纹与法隆寺金堂天盖相似，颇有趣。（第一○五图）

此碑背阴刻上述佛塔图案，其左右有供养人物。佛塔下有台座，其上有低矮须弥座，支撑较大佛龛。龛前作葱花拱入口，其内部刻有安置坐佛像之情状。此佛龛上筑有体量逐渐缩小之三层坛座，以承半球形之塔身，亦即覆钵。覆钵上有带受花与十七个相轮之塔刹，其上部冠有奇异宝珠作为装饰。此台座两端有脚，小须弥座上载有佛龛，使人联想到日本法隆寺之"玉虫橱子"[1]与"橘夫人橱子"[2]。而令吾等更感兴趣者，在于此佛塔形状颇类犍陀罗式佛塔。即高叠大小数层坛座，于其上作塔身与宝盖，恐由犍陀罗式佛塔演变而来。尤于塔身下三层坛座刻以特殊饰物，恐由犍陀罗式塔层坛四面作列柱佛龛等做法演变而来。塔身即覆钵上部以莲花装饰，亦相似于犍陀罗式佛塔之做法。当然，若与犍陀罗式塔细部一一比较，彼此相异颇大，然于大体形态与意趣多少可见其共同特征。余想象犍陀罗式塔最早乃通过图案与雕刻于两晋时代引进中国，进入南北朝后虽经中国化，然如图案拓本犹留原痕迹。此佛塔佛龛右方刻有"北面像主邢佰尚"，恐为正面像主邢二之兄。（第一○六图）

想来高筑数层坛座，于其上竖塔刹之犍陀

[1] 日本法隆寺收藏的宫殿形状橱子，木造，涂黑漆，高 2.226 米。因在橱子各处透雕装饰五金具下嵌入"玉虫（一种鞘翅目甲虫）"羽毛，故得名。日本飞鸟时代代表性工艺品，国宝。——译注

[2] 相传系橘三千代（光明皇后之母）为安置自家佛像、金铜阿弥陀三尊像而造的木制橱子，高约 2.7 米，收藏于法隆寺，日本国宝。——译注

第一○五图　东魏兴和三年造像正面拓本

第一○六图　东魏兴和三年佛塔图案拓本

罗式塔进入中国后，一成砖构佛塔，一成木构佛塔。然于砖构佛塔而言塔身似乎付诸等闲，其与宝盖一道成为所谓相轮，而坛座愈益发达，成为多层塔，坛座反而成为塔之本体。恐此做法与中国传统楼阁建筑合流，终至出现木构多层塔。现存北魏唯一多层塔——嵩岳寺十二角十五层塔拟另文叙述。又，神通寺四门塔为单层塔，虽与犍陀罗式塔无缘，但有颇珍稀之处，故亦拟假他日介绍。（第一○七图）

第一〇七图　敦煌千佛岩第一百二十窟北魏壁画宝塔略图

其次，吾等须注意者乃南北朝时代佛塔主要受犍陀罗式塔影响而有发展，而中部印度佛塔式样亦早为北魏时代所知。深入研究南北朝时代艺术，可知有两种佛塔形式：一为犍陀罗式艺术于两晋时代被中国化而传至北魏之形式，一为受中部印度笈多艺术影响而产生之形式。余于1919年11月19日访问法国著名探险家保罗·伯希和[1]时，承伯希和好意，得以亲见他于敦煌千佛洞石窟拍摄之数百张照片。其中第一百二十窟内部壁画明显反映出北魏形式。

[1]　保罗·伯希和（Paul Pelliot，1878—1945），法
　　　国东洋学家，1906—1908年勘察考古中亚，于
　　　敦煌千佛洞采集大量4—10世纪之古文献。除
　　　勘察考古报告外，还著有《敦煌千佛洞》等著
　　　作。——译注

在其壁画中余曾见中部印度式宝塔图案，即如草图所示。当时余于仓促间快速摹写，故不甚精确，然见此图可辨别其大体形式。据此草图，可知坛座有中部印度特有之多边形平面，其上有莲座，以承较高且宽大之圆形塔身。塔上有受花纹。是否八角形或多角形今已不明，然可确定非方形。其上竖有六个小宝盖与大宝盖，顶上安放宝瓶状饰物。其形制纯粹为后世喇嘛塔。由此可见中部印度式样已为北魏时代所知，壁画亦有所描写，但实际上并未修建，当时主要建造由犍陀罗式塔发展而来之多层塔。而入唐后随着中部印度传来密教，中部印度式佛塔亦大量输入，传至日本后成为宝塔与多层塔。[编者注]

编者注　关于敦煌千佛洞第一百二十窟内中部印度式宝塔形制，据关野博士说经仔细核对其后出版之图片（M. Pelliot: Touen-Houang, V, Pl. CCLX.），发现其塔形明显系后世添补，与壁画年代有所距离，故希望就该最后一节所阐述之学说加以订正，但最终未能发表，甚为遗憾。就此第一百二十窟，伊东、冢本、关野三博士共著之《世界建筑集成·中国建筑》（建筑学会发行）下卷解说中刊有关野博士之说明。此说明未涉及此塔形，然今一并刊出，供参考。

本篇曾作为《辽东之家》第三节发表于《建筑杂志》第三六辑第四二七号（1922年2月）

第九章 嵩岳寺十二角十五层砖塔
——现存中国最古老之砖塔

1918年余于中国旅游时，曾于河南省登封接触到许多汉代石阙及珍贵遗物。其中嵩岳寺砖塔不仅为北魏建筑与中国最古老佛塔，而且多少留有犍陀罗式塔痕迹，令余不禁笑逐颜开。对此余于《西游杂信·登封之遗迹》中曾有介绍，然当时仅介绍"十二角十五层砖塔系北魏时代建造，手法颇珍异，未见有相类似建筑"一语，并仅刊载其全景照片一张。今略就其年代与细部试做说明，以阐明其作为中国最重要之佛塔之缘由所在。

　　嵩岳寺位于中国五岳之中岳嵩山（又名嵩岳）之西麓，原为北魏宣武帝离宫。孝明帝正光四年（523）下诏改为寺院，并耗尽国帑，大力营建殿宇，筑十五层砖塔。该塔即今之所见佛塔。《说嵩》[1]有以下记载，可知寺院沿革。

　　寺故元魏宣武离宫也建于永平二年诏冯亮与沙门统僧暹河南尹甄琛视形胜处创兴焉有凤阳殿八极殿明帝正光时榜间居寺广大佛刹殚极国财僧徒七百众堂宇逾千间建立十五层塔

　　又据同书所载唐李邕（678—747）撰《嵩岳寺碑》曰：

　　十五层塔者后魏之所立也发地四铺而耸陵空八相而圆方丈十二户牖数百

　　李邕系初唐人，不仅认为嵩岳寺系北魏时

[1] 清景日昣撰，全书分地理、星野、沿革、形势、水泉、封域、巡视、古迹、金石、传人、物产、二氏、摭异、艺林、风什等三十二卷，介绍嵩山地区地名760余处，古迹218处，金石268处，收历代诗赋744首，文156篇。——译注

建立，而且从其形制判断亦属北魏建筑，故此说似无大碍。余于1918年6月18日曾冒酷暑攀登于山谷之间，至寺院已近黄昏。当日因犹有其他待访遗迹，故仅仓促照相并就其细部略作素描，无暇制作实测图，为憾。（第一○八、一○九图）

　　塔之平面由十二角形成，实为珍稀。中国有四角或八角之塔，而十二角塔除此之外他处未见。而其又由十五层构成，亦无可比俦。中国佛塔一般最多为九层、十一层，止于十三层。详察细部其手法之珍奇更令人惊讶。一层之下又有地层，亦稀罕。地层唯以砖构，四面开入

第一○八图　嵩岳寺砖塔

第一○九图　嵩岳寺砖塔细部

口，无任何装饰（今留前后入口，左右入口堵塞）。一层各隅立六角形片盖柱[1]，四面入口上方设葱花拱，拱内壁面开长方形窗。此葱花拱恐由输入之犍陀罗葱花拱演变而来。其尖顶装饰野蜀葵图纹，亦有趣。云冈、龙门等北魏佛龛频繁使用葱花拱，此为判定该塔年代之有力证据。后世建筑绝不使用此类葱花拱。唐宋以后砖塔遗存不少，然无一塔使用葱花拱。

一层隅角两壁面有奇异装饰。其下方左右并列简单格狭间，右方以砖"浮雕"出横向狮子，左方以砖"浮雕"出正向狮子。其上方壁面开有葱花拱窗，窗上与檐端水平装饰凸出物下方作长方形板壁状，稍凹进壁面。水平装饰凸出物由三层砖次第向外砌出构成，成倒置斜坡状（以下称斜撑），上方又有奇特女墙图纹装饰，其内部容括冠有顶饰之球盖状屋顶。此意趣显示一种绝非唐宋以后可以想象之特质。尤其各隅角之片盖柱有础石，上戴奇异头饰，往往与北魏柱所见之手法相似。

第二层以上各层塔身高度急剧降低，随着高度增加，其直径逐渐缩小，其轮廓呈细长炮弹状，令人赏心悦目。顶部冠有相轮，此相轮恐为后世修造。各层檐端斜撑由十四块砖组成，且略成凹曲线，故使塔之外形带有于雄健中又

不失优雅之情调。各层低矮塔身各壁面中心作葱花拱窗，左右作棂子窗。此手法亦于唐宋以后全然未见，与李邕碑所说"户牖数百"情景完全相符。当初塔身外部壁面悉以白灰涂抹，然于今几乎剥落殆尽，仅遗留形迹。

要而言之，该塔平面十二角，层数十五层，其形态雄健而细部奇异，与唐宋以后砖塔大异其趣。与记录相互对照，可确认其为北魏建筑物似无大碍。若果其然，则该塔不仅系北魏唯一遗迹与中国现存最古老之佛塔，而且系中国最古老之砖构建筑物。其堂堂雄姿有充分资格与云冈、龙门雕刻一道装点北魏艺术史。

此佛塔于形制上固然与犍陀罗式佛塔有相当距离。而如前节所论，层层塔台重叠，相轮安放其上，频繁使用葱花拱，恐为早期传入之犍陀罗艺术中国化产物之痕迹。

本篇曾作为《辽东之冢》第四章之内容发表于《建筑杂志》第三十六辑第四二八号（1922年3月）。又，本书未能收录之其他著作中另有与文学博士常盘大定共著之《中国佛教史迹》（全五卷并附各解说）论著。该论著第二卷有关于嵩岳寺之记述。今与本篇一道收录，仅供参考。

[1] 一半与壁面或建筑物之一部相连，一半为半面
    普通柱子形状的薄形伪装柱。——译注

第十章 慈恩寺大雁塔与荐福寺小雁塔之雕刻图纹

中国古代建筑与艺术

中国陕西省西安即既往文化发展如日中天之唐代长安都城故地。然因历代兵荒马乱频仍，以宏伟富丽夸耀于世之宫阙、寺观大部悉归湮灭，唯有慈恩寺大雁塔与荐福寺小雁塔于今犹摩空挺立，残留故都余韵。两塔一层入口皆有精美雕刻图饰，然过去之记录似未全部记载。而此图饰系贵重资料，足以确证当时建筑与其他艺术样式。余于1915年6月曾就慈恩寺大雁塔图饰在考古学会进行演讲，该讲稿刊载于《考古学杂志》第八号，今就此进行补充，另加上荐福寺小雁塔图饰说明刊载于此，以做介绍。

慈恩寺乃唐高宗尚在东宫之际为其母文德皇后所建，故特以慈恩寺名之。其后巡游天竺归返长安之玄奘三藏亦居此寺。高宗永徽三年（652）玄奘仿西域佛塔形制建五层塔。其塔基一百四十尺见方，相轮顶高一百八十尺（一说一百九十尺），各层中心藏舍利，其数几达一万。上层以石筑室，内立太宗撰"大唐三藏圣教序"碑与高宗撰"大唐三藏圣教序记"碑，皆由褚遂良书写。螭首之制法，碑身之装饰，趺石之雕刻，共显初唐雄浑气象。（第一一〇、一一一图）

此塔原为砖表土心，即内部筑土，外面砌砖，故其后草木生长，逐渐损毁。是以则天武后于长安年间（701—704）将其全部拆除，仿西域佛塔形制新建六层砖构佛塔。此即存留于今之大雁塔（据《西安府志》《唐两京城坊考》等）。

塔全由砖筑，一百三十七尺见方，立于高约十五尺之塔基上。玄奘筑塔按过去所说若为一百四十尺见方，则重建之际恐系原样保留当初塔基筑新塔于其上。塔一层为八十三尺见方，

第一一〇图　慈恩寺大雁塔

第一一一图　慈恩寺大雁塔南面入口楣石雕刻图案

全高目测约二百尺。各层递次缩减面积与高度，呈现娴静而稳定之外观。各层壁面以砖构出柱状与斗拱状，腰檐亦以砖渐次构出。塔顶系砖构或瓦葺，于今草木葳蕤，难以辨别。相轮仅存残部。一层中央有方形屋室，四面开有长方形入口。由中央屋室登木楼梯可达最高层。一层正面入口左右又开有入口，其内立太宗与高宗所撰之碑。盖起初置于最高层之上述两碑，再建时移入此处。

如前述塔之四面开有入口，而于今唯南面保留入口，其他三面入口以土壅塞。南面入口

上方以砖筑拱，左右立黑色大理石方形立石，其上方与砖拱间置有半圆形楣石。此方形立石原雕有画像，然于今几近磨灭，仅可见类似铠甲之物。恐系四天王雕像。

楣石雕刻较清晰。图纹即阴刻于大理石面之纹饰。中央作释迦说法图，左右各刻一罗汉，再左刻六菩萨，右刻四菩萨（当初似与左方相同，而今楣石缺损，拓本仅见四菩萨），并左右各刻一仁王（今仅存于左方）。本尊上方有天盖，空白处刻树木。本尊、罗汉、菩萨、仁王等姿态刻法颇为精致，与东大寺[1]大佛铜座

莲瓣图像最为相似。吾等据此可知大佛莲瓣之图像乃出自于唐。

余于南面入口发现此珍贵图纹，思忖其他三面入口楣石亦有图纹雕刻。然于今以土壅塞，故予拓字人钱币，使其先去除西面入口沙土，果然发现有更惊人之精彩图像。之后作拓本。（第一一二图）

此图像内容乃释迦于五间单层四角攒尖顶佛殿中央说法。释迦跌坐于华美莲座上，其前置香炉。左面九位、右面八位菩萨各侍坐于莲座上。佛殿左右檐廊内左右又各立两位菩萨。整体上说唐代木构建筑今于中国不存，所幸日本尚保存唐招提寺金堂及较多同时期木构建筑，故欲究明唐代真相必须访问日本，研究宁乐朝修建之该时代建筑。而宁乐朝同类建筑是否完全摹写唐式建筑？是否根据日本国民趣味略产

[1] 位于奈良市，系华严宗本山，别称金光明四天王护国之寺、大华严寺、城大寺、总国分寺。日本南都七大寺之一。公元 745 年由圣武天皇所建。——译注

第一一二图　慈恩寺大雁塔西面入口楣石雕刻图案

生变化？因重要原产国之中国已不存任一实例，故无法进行比较研究，得出准确判断。而此次有幸得见此慈恩寺大雁塔雕刻图像，足以窥见当时建筑形制之一斑，于唐代建筑研究方面成一大转机。今说明其建筑特色之概要。

此佛殿面阔五间，与日本宁乐、平安朝太极殿相似，前面中心柱间呈开放状态。

石坛　佛殿立于石坛上，与日本宁乐朝相同，正面设两处石阶。

柱础　柱下有刻莲花之础石。日本宁乐朝建筑础石上方或呈圆形，或呈方形，不刻莲花形。余前些年曾沐浴于骊山温泉，温泉周围有大理石造唐代础石。此础石刻精美莲花，故可判断唐代使用过与此画像相同之础石。

柱　柱圆长，顶部经圆凿，稍小，与日本唐招提寺金堂柱相同。

斗拱　系双层梯状斗拱，不用椽子。斗拱与肘木形状与日本宁乐朝之斗拱与肘木相同。

斗拱间　上有斗束，下有蟇股[1]。日本宁乐朝实例系重叠双跳斗束。此蟇股与设于法隆寺金堂栏杆之蟇股相同，又与画于《过去现在因果经》[2]中之建筑物蟇股相似，故可认为唐代建筑物多使用此类蟇股。另，斗拱间壁面画凤凰、云纹等，与"信贵山缘起"[3]画中之东大寺大佛殿斗拱间画宝相花纹相似。可以认为唐代于此类建筑外壁亦以粉彩装饰。

屋檐　屋檐为双椽结构，地椽圆，飞檐

[1]　檐下承重之木构件，因下方开放，如青蛙大腿形状，故名。——译注

[2]　南朝宋求那跋陀罗所译记载释迦传记的译述。——译注

[3]　日本"卷绘画"代表性遗作之一。画于12世纪后半叶。共3卷。——译注

方，与日本药师寺[4]东塔与唐招提寺金堂等相同。隅椽悬挂风铃，与日本当时佛殿相一致。

屋顶　屋顶系四角攒尖顶。按唐代惯例，殿宇中最重要殿宇之屋顶系四角攒尖顶，次为重檐歇山顶，再次为歇山顶。此画像中屋顶为四角攒尖顶，表明乃重要殿宇。日本宁乐朝太极殿、东大寺大佛殿、唐招提寺金堂、兴福寺金堂等皆四角攒尖顶，由唐制而来。

屋顶交互铺葺平瓦与圆瓦，屋脊两端设鸱尾。该鸱尾与我唐招提寺金堂鸱尾形态相同，颇有趣。屋脊中央莲座上置宝珠。中国至今屋脊中央仍置有宝珠装饰。日本宇治黄檗山万福寺佛殿、三门[5]等屋脊中央皆有此装饰，盖出自中国做法。今虽不存宁乐朝实例，但据西大寺[6]"流记资财账"[7]记述，弥勒金堂屋脊中央置有金铜狮子，狮子后脚踏两朵云彩，前脚捧装宝珠火焰之莲座。此仍系仿效唐制，然相较大雁塔佛殿，其手法更为雄伟壮丽。

[4]　位于奈良市，系法相宗本山。南都七大寺之一。公元680年始建于藤原京。天皇迁都奈良后，移于现存位置。——译注

[5]　"三门"乃万福寺16栋重要建筑物之一，建于1678年（日本延宝六年），形式为三间三户二重门。"三间三户"指门正面柱间3间，3间皆成通道（日本禅宗寺院的"三门"一般是"五间三户"）。——译注

[6]　位于奈良市，系真言律宗本山。南都七大寺之一。亦称高野寺、四王院。公元764年由称德天皇发愿建造。1235年睿尊（兴正菩萨）入寺再建，成为戒律道场。——译注

[7]　奈良、平安时代，根据规定诸寺每年向朝廷申报的寺院财产账目。——译注

庑廊　佛殿左右有庑廊。该庑廊坛基[1]与屋脊顶端皆向与佛殿相接部分上方翘起，与"信贵山缘起"画卷中大佛殿图像相同。

此佛殿形制与日本宁乐朝建筑几乎一致，并略保留日本现存佛殿所不能见到之物。由此可知从整体而言日本宁乐朝建筑乃模仿唐制而有大成。又据此佛像可见唐代木构建筑之一斑，至此始能具体说明彼此样式之关系。

唐代绘画于初期异常发达，但其实物于今几无遗存。而此塔雕刻中之图像乃由当时画工作成，并按原样阴刻，故可见当时绘画构图样式之一斑。《名画记》[2]载："慈恩寺塔院有吴道元、尹琳、胡人尉迟乙僧、杨廷光、郑虔、毕宏、王维、李果奴、张孝师、韦銮画。塔前壁有画泾耳狮子跳心花为时所重，见《唐语林》。"故此慈恩寺塔院当时似有吴道元、王维等名家所作绘画。此塔前壁之当时著名绘画，恐皆出自此类名家之手。由此可以想见此塔阴刻之画像亦必出自当时名家之草图。可惜此类名家画像表面后人题名甚多，严重破坏图像。然即便如此，图像意趣亦大抵可见。题名最早者系大观丁亥（1107）所作，万历、天启、崇祯年代者最多。

余待西面入口壅塞之土去除，发现此重要图像，故又使拓字人去除东面、北面入口壅土。然渠见此情状要价十分贪婪，谈判陷入僵局，而余归国日期已近，为赶日程终失调查机

会。如今回想仍遗憾不已。

荐福寺所在地乃过去隋炀帝官邸，唐则天武后于文明元年（684）高宗驾崩后白日在此建寺，称"大献福寺"，天授元年（690）改称"荐福寺"。中宗即位后进一步大力扩建，神龙年间及之后佛经翻译于此大举进行，该寺愈加成为著名大伽蓝。至景龙年间宫人等首倡集资，建十五层砖塔。即今存之小雁塔（据《咸宁县志》《唐两京城坊考》）。（第一一三图）

塔平面为方形，一层广三十七尺一寸七分见方。今最上两层已毁，仅存十三层。一层最高，第二层以上明显降低，且层层高度递减。又因各层面积减缩度小，中央部分略显膨胀，故显轮廓美丽。其外形颇异于慈恩寺大雁塔。与彼塔一、二、三层高度逐渐缩减相反，此塔仅一层部分高，他层甚低。彼各层面积缩减度多，而此少。彼各层腰檐于一直线内，此呈曲线。与彼相比此外形的确优美。一层正面有入口，中央有十三尺四寸七分见方屋室。当初前后有入口，于今后门闭塞。过去恐能登至最高一层，然于今除一层有缺边顶棚外，各层皆无地板，地面与最上层屋顶贯通。内部正面佛坛上有橱柜，其内部置有菩萨像，左右各列五座佛像。又另使升出顶棚，正面安置释迦三尊，左右安置六罗汉像。（第一一四图）

正面入口广五尺八寸一分，上方呈三轮拱状。方形立石由黑色大理石制成，外面与侧面浅刻宝相花纹，楣石上宝相花纹中左右刻伽陵频伽鸟。楣石上方有栉形石[3]，其中央置有舍利壶，左右各刻二天人供养于云中之图像，亦各点缀两只飞鸟。此类天人、伽陵频伽鸟、宝相花、飞云等描刻精巧，线条运用自如，画面

---

[1]　"庑廊坛基……向与佛殿相接部分上方翘起"。原文如此，不知何意。或反映实际情况。——译注

[2]　该书名全称似为《历代名画记》，唐代张彦远著，系中国第一部画史专著。成书于大中元年（847），全书共10卷。是研究中国绘画的重要资料。——译注

[3]　如梳子背部呈弓形，也称半月形的石块。——译注

整体间隙少，十分紧凑，显示最壮丽华美之气象，与日本宁乐时代图案关系最为密切，可谓研究中日文化史之贵重资料。可惜中国人素来仅珍惜文字，不重视图画，如慈恩寺大雁塔，因后人题字略有损坏。而此塔图像大部分保存完好，诚为幸事。余于调查之际无暇作拓本，回国后委托当时在西安府高等学堂任教之足立 [1] 理学学士作拓本。即刊于此书者。所憾者系拓字人偷工减料不拓楣石下部。此楣石有嘉靖年代刻字。因拓本下方缺失，故无法充分了解其意思，然大体书写以下事件即，明成化末年因地震塔中央裂一尺余。其后又有地震，愈合恢复如初。此事与日本京

第一一三图　荐福寺小雁塔

[1]　此处仅有姓，未注名，何人不详。——译注

第一一四图　荐福寺小雁塔南面入口楣石雕刻图案

都八坂塔 [2] 过去遇地震倾斜异常，一高僧祝祷后一夜间恢复直立之故事相似，颇有趣。

本篇曾刊载于《建筑杂志》第二九辑第三四七号（1915年11月与12月）。如该文序言所说，于考古学会就慈恩寺大雁塔雕刻图像进行演讲

之讲稿曾以《慈恩寺大雁塔之雕刻图》为题刊载于《考古学杂志》第五辑第八号（1915年8月）。于此进行补充修改，又附加荐福寺小雁塔雕刻图像之说明，拟以《建筑杂志》之文章形式刊发。又，有关慈恩寺大雁塔之文章亦刊载于《宗教界》第四卷第四号（1909年4月）与《佛教史学》第一卷第五号（1912年5月）。为避免重复，此从略。附注：《中国佛教史迹》第一卷亦有慈恩寺与荐福寺之详细记述。

[2]　即京都法观寺五重塔之通称。——译注

第十一章　蓟县独乐寺
——中国现存最古老之木构建筑与最大塑像

目　录

序　言

一、山　门

二、观音阁（大士阁）

三、观音阁与山门之建造年代

结　论

中国古代建筑与艺术

序　言

1931 年 5 月 29 日余与工学学士竹岛卓一一道，在居住北京（时称北平）之建筑师荒木清三、照相师岩田秀则陪同下驱车前往东陵（清顺治、康熙、乾隆、咸丰、同治诸帝陵所在），途中路过蓟县县城，偶然间隔一方砖墙看见道路左边立一单层门。余一瞥即知其为古建筑，停车由旁边小门进入，见单层四角攒尖顶山门悬一匾额，题"独乐寺"，门内左右二金刚力士对立。继而见双层高大建筑，即观音阁巍然挺立，其内部安置高五十余尺之十一面观音立像。建筑样式明确显示其系辽代建筑，由此可知其雕刻亦与建筑同步进行。于此发现中国最古老之辽代木构建筑遗存纯属意外，甚喜。而因须急速赶往预定之目的地东陵，故决定于返程途中调查此伽蓝。余为调查东陵原仅准备胶片三十打，而于东陵一地此胶片已全部用完，故与当时东陵马兰峪之一家照相馆商量，请求让渡一些胶片，但仅得一打。其中半打用于拍摄东陵，仅留半打准备用于 6 月 5 日返回独乐寺时拍摄。所幸荒木多少留有一些胶片，故借用并委托岩田拍摄，然其成果不彰，无法充分拍摄。而且因时间关系须赶往北京，故余除拍摄半打胶片并在此示于诸位外，仅就该寺做简单记述，两建筑之平面实测工作主要由竹岛进行，无暇详细研讨。

于此先观看独乐寺山门与观音阁，说明其内部佛像，其次论述该建筑之营造年代。

一、山门

单层三间一户，四角攒尖顶，恐为古制遗存。立低矮石坛上，前后设一台阶。柱有圆凸部分，斗拱为双跳斗拱，肘木之圆曲形由凹曲线连弧构成，使用斜切端面之拳端 [1]，以薄形实肘木支撑圆椽，附壁第二、第三、第四出肘木由通肘木浅刻而成。斗拱间又容双跳斗拱，但与柱上斗拱手法多少有异。

屋檐为双椽结构，地椽圆，飞檐方，如一般所见。然此系后世修缮。屋檐出度小，且木料尺寸规格亦小。

柱贯 [2] 两端垂直切除，且无台轮，系古制。位于柱与横木之间之装饰斜撑与位于柱腰之栏杆系后世补加。中间悬匾额，题"独乐寺"三字。

地面铺方砖，藻井处无板，椽子暴露，架双层虹梁，其上载有板蜀股，以短束柱与三斗、通肘木支撑檩与脊檩，由双层虹梁各端斜出短柱，支撑脊檩与横梁。此亦系古制。（第一一五图）

第一一五图　独乐寺山门

屋顶由圆瓦、平瓦交错铺成，位于屋脊两端之鸱尾颇有古韵，与辽代建筑、山西省大同上下华严寺大雄宝殿与薄伽教藏殿鸱尾相似。恐系当初遗制。四隅垂脊翘檐上并列走兽，此恐后世补加。

内外木材皆施以简单色彩，左右侧壁内面

[1] 或称拳鼻。——译注

[2] 连接柱与柱之横木。——译注

描四天王，为后世所作。门内前方左右置有金刚力士。咸高约十六尺，虽为后世修缮补彩，然依旧面貌雄伟，作阿吽状，戴宝冠，着胸饰，携金刚杵，扼腕，劈张双腿，较好显示肌肉张弛状，颇为写实塑出天人腰裙之褶褶与其飞动之感觉。即便属后人补加修缮，其大致姿势、态貌亦保持当年手法，与建筑物共属辽代所作。（第一一六图）

二、观音阁（大士阁）

面阔五间，进深四间，双层重檐歇山顶大佛殿，立于石坛上，前面设月台。至近世因上下层屋檐全部修缮，以至屋檐出度过短，椽子失于纤细，与斗拱及其他大尺寸部件不般配，严重损害建筑物美观，实为可惜。

一层前面中央三间，南面中间一间为入口，

两端二间与东西北三面为砖壁。柱粗大，有圆形凸起，不用台轮。斗拱为四跳拱，如金刚门，有带连弧形之圆曲形肘木与斜切端部之拳端及低矮实肘木，以断面呈圆形之圆檩支撑双层椽屋檐。其小藻井与支轮乃后世修改，然略保留当时风貌。双跳斗拱之肘木以及附壁肘木皆由通肘木做出，与金刚门相同。（第一一七图）

中央三间斗拱间有三层肘木之平斗拱，然其下方不用斗束或板蚕股之类物件，似乎斗拱尚未完成，使人略感不足。又，端部间全部缺失平斗拱。

屋檐地椽圆，飞檐方，然如前述为后世改建，颇呈贫弱之态。

前面三处入口今无门扉，门框上方与藻井间有带花雕之窗棂，系当年所建或后世补建不明。

二层亦面阔五间，进深四间，中央前三间为入口，其他间为墙壁，四周设回廊，以双跳斗拱之腰拱支撑，绕有回栏。二层斗拱为四层斗，第三、第四斗使用双层尾棰，尾棰端部被

第一一六图　独乐寺山门细部

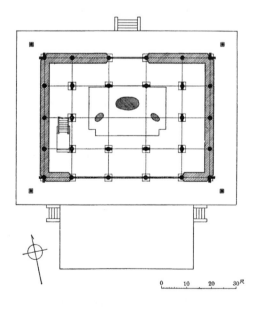

第一一七图　独乐寺观音阁平面图

斜切去。又有垂直切去端部之拳端，亦为古制。柱贯端部亦同样被垂直切去。

斗拱间使用二跳斗拱，其下缺斗束或板蟇股类，与一层相同。

内部四周一间开放，作为外殿[1]，中央三间二面为内殿[2]，设置唐代式样圆曲形佛坛，绕有栏杆。颇似古代样式，是否系当年所作不明。坛上中央安置高五丈余之立观音像，其左右安置高约十尺之胁侍菩萨立像（疑为"梵天与帝释天"）。（第一一八图）

殿内因安置如此大型佛像，故内殿一层藻井部分洞开，直通二层，形成双层结构。第一层使用双跳斗拱，周围绕有栏杆，其间有雷纹形木棂。其手法令人联想至日本法隆寺金堂、五重塔与东大寺法华堂佛坛之栏杆。第二层以扁六角形状割开地板，亦以双跳斗拱支撑栏杆。栏杆中端横木、下端横木间设复杂雷纹形木棂。斗拱间亦使用双跳斗拱，以板蟇股类奇异斗束支撑斗拱。通过设于大殿西面之木楼梯可上下于一层与二层，可巡览观音大像之腰部与胸部四周。（第一一九、一二〇图）

大殿上层藻井乃木格藻井，以四跳斗拱支撑，尤于大像上部作八角锥形，各隅梁间作三角菱形。

上层外面绕有回廊，以三跳斗拱支撑，尤于前面中间部分作出宽广空间，整体设栏杆。

内外皆以色彩装饰，然颇简朴。唯外部柱贯、通肘木、圆檩、小壁等彩绘图纹，系后世补加。（第一二一图）

屋顶交错铺葺圆瓦与平瓦，犹存据认为系辽代之巴瓦与唐草瓦。屋脊中央有塔状物，两端置鸱尾。垂脊下方端部置垂吻，上方置走兽。

[1] 寺庙内殿外侧供参拜之场所。——译注

[2] 寺庙内安放神体或本尊之场所。——译注

第一一八图　独乐寺观音阁前面

第一一九图　独乐寺观音阁细部（上层）

第一二〇图　独乐寺观音阁细部（下层）

因无法靠近观察，故不能确定年代。

安置内部之观音立像系塑造，大致测量下层地面至上层地板高三十三尺八寸，上层地板至大虹梁下端约十五尺，从此至观音顶部约三尺，故像高约五十一尺。塑像有如此高大者他处未见。虽经后世修缮上彩，然其大体姿势犹存当年风貌，匀称规整，面相显露温和端庄之态。（第一二二图）

观音大像前左右站立胁侍菩萨（疑为"梵天与帝释天"）立像，咸高约十尺。可惜右侍（正对为左）失右手，左侍伤右眼，失左手。

今观察两胁侍菩萨，相貌温和、雅致、端庄、秀丽，姿势齐整，衣纹褶襞颇写实而稳健，后世修缮少，保留当年样式。唯彩色图纹系近代改描，然大体保存既往风貌。其样式犹存唐代遗风，可窥见日本宁乐时代雕刻余韵。实为现存辽代最古老之遗作，亦为无可比俦之杰作。

（第一二三图）

三、观音阁与山门之建造年代

余一见即知观音阁与山门系辽代建筑，然今寺内石碑无存，问当地小学教师所建年代，其回复不得要领。回北京后赴中国营造学社向朱启钤与阚铎两先生讲述发现辽代建筑之始末，不久阚铎先生见示光绪《顺天府志》所载摘要：

> 独乐寺在州治西南寺不知何时创建辽时沙门圆新居之据感化寺窣堵波记 统和二年僧谈真重修有统和四年翰林院学士承旨刘成撰碑盘山志中有杰阁设大士像相传盘山舍利塔神灯自塔而下先独乐而后及诸佛刹云蓟州志顺天府志二十五蓟州

第一二一图　独乐寺观音阁内部

第一二二图　独乐寺观音阁本尊头部

第一二三图　独乐寺观音阁本尊右胁侍

据此可知辽统和二年有过重修，并可想象此重修实为重建，亦可喜余推定其为辽代建造无误。而《府志》记述为重修，故不明其究竟系修缮古建筑，抑或系重新修建。中国于修缮场合与重建场合均使用"重修"文字，故为确证其为辽代建筑需要进一步研究。

其后余赴大同调查下华严寺薄伽教藏殿，发现藻井梁下有"重熙七年"墨铭，为研究辽代建筑获得一确证。1902年伊东博士调查之山西省应县佛光寺木塔系辽代清宁年间所建。比较此两建筑样式与独乐寺观音阁与山门样式，可知彼此有相同之处，年代亦相距不远。

今草此文章之际，匆忙间无法展开充分研究，然有幸于文献上获得系辽代所建之确证。现概说如下。

余翻阅光绪《顺天府志》，除再读阙铎先生见示之记述外还发现有

国朝乾隆十八年赐帑重修^{旧闻考}百十四

之记载，然仅知乾隆十八年有过修缮。又，其一百二十八之"艺文"条又仅记载：

独乐寺修观音阁^{碑存刘成撰并正书统和四年孟夏在蓟州本寺}

而未载碑文。《蓟州志》卷三"坛庙"条载：

独乐寺在西门内阁上一匾额观音之阁唐李太白书

卷一明代王于陛《独乐寺大悲阁记》载："创寺之年邈不可考其载修则统和己酉也"己酉年即统和二十七年，故与碑中所说统和二年相违。此二十七年说其来何自不明。

《京畿金石考》[1]卷二载：

辽修独乐寺观音阁碑^{刘成撰正书}^{统和四年}在翁同山中

与《顺天府志》"在本寺"记述不同，而乃"在翁同山中"。此外《寰宇访碑录》[2]亦仅记：

重修独乐寺碑^{刘成撰正书}^{统和四年}直隶蓟州

亦未载碑文。《顺天府志》记："刘成碑之事载《盘山》[3]。"然详查《盘山志》亦终未见碑文。近日翻阅朱彝尊《日下旧闻》，有幸见到其碑文大要。抄录之曰：

独乐寺不知创自何代至辽时重修有翰林院学士承旨刘成碑统和四年孟夏立石其文略曰故尚父秦王请谈真大师入独乐寺修观音阁以统和二年冬十月再建上下两级东西五

[1] （清）孙星衍撰，二卷。此书著录金石，取宋人诸金石书及孙星衍家藏直隶诸府、州、县所出吉金贞石之文，分隶郡县。——译注

[2] （清）孙星衍撰，邢澍订补，十二卷，嘉庆七年成书。为收录石刻种类较多的一部石刻文献目录。全书依时代著录周秦至元代石刻8000余种，包括部分瓦当铭文。每件石刻注明撰人、书人、书体、立石年月和所在地或藏家姓氏，原石佚者则注明引用拓本藏家。——译注

[3] （清）智朴纂，十卷，补遗四卷。内容分为名胜、人物、建置、物产、游幸、文部、诗部、杂缀等。书中收录魏、晋、唐、辽、金、明至清康熙年间的大量资料。——译注

间南北八架大阁一所重塑十一面观世音菩
萨像盘山志

据此可知，故尚父秦王请谈真大师入独乐
寺。大师于统和二年修观音阁。而此修者明确
系指再建一座上下两层、东西五间、南北八柱
之大阁楼。即今观音阁无疑，与双层、东西五
间、南北八柱之现状一致。所谓当时新塑观音
像云云，必为今之观音大像。据此记述可以明
确，观音阁于统和二年重建，其形态与今观音
阁相同。而尚需考虑者即今建筑果为当时建筑
之重建者，或非经后世改建者此一问题。为做
决定，必须明确仅从建筑结构样式研究是否能
确证其系辽代建筑此一问题。

可确证年代之辽代建筑者，系前述梁下有
"重熙七年（1038）"年号铭之下华严寺薄伽教
藏殿。将其式样与观音阁比较，彼此间相同之
处甚多。即：

1. 斗拱。观音阁一层为四跳拱，薄伽教
   藏殿为二跳拱，不同，然肘木圆曲形
   皆由数个内弯弧接续组合而成，而且
   面上皆做削角处理[1]。斜切去除拳端端
   部与于通肘木面浅度刻出肘木形状二
   者相同。

2. 观音阁上层斗拱为四跳拱，第三、第
   四跳拱斜切去除其端部后成为双层尾
   棰，与薄伽教藏殿内部经阁斗拱完全

一致。不过前者拳端垂直切除，后者
拳端斜切去除，多少有异，然前者一
层所用拳端如前述，与后者相同。

3. 观音阁二层柱间有双跳斗拱，系柱间
   斗拱之使用先驱，其手法与薄伽教藏
   殿之手法完全一致。

4. 观音阁内部二层栏杆之雷纹木棍与薄
   伽教藏殿内部经阁二层栏杆之雷纹木
   棍颇为相似。

样式、手法如此一致，说明其建筑年代极
为接近。若薄伽教藏殿系辽代建筑，则观音阁
势必为辽代建筑。

二者间略有差异之处如下：

1. 观音阁柱上缺台轮，而薄伽教藏殿柱
   上有台轮。

2. 前者顶棚为细格嵌板顶棚[2]，而后者为
   格子藻井[3]，以彩色描莲花纹与天人图
   纹于格间。

日本飞鸟时代建筑中法隆寺金堂、五重塔
等无台轮，法起寺[4]三重塔、法轮寺三重塔等
有台轮，故中国至早自南北朝时代起建筑物即
有使用或不使用台轮者。因此不能根据是否使

[1] 原文为"笹刳"。这种处理方式在日本法隆寺
金堂斗拱之肘木（栱）也可看见。该金堂肘木
不同于后世之直线造型，两端和下方皆作夸张
的曲线造型，同时加以削角处理，日本人曰"笹
刳"。这样的斗拱造型名曰"云形斗拱"，其
中斗亦作弧线形，即"云斗"，面向外侧翘起
的云形肘木即"云肘木"。——译注

[2] 于梁、檩间纵横交错角材成格子状，并在格子
上方平铺木板形成的顶棚。多用于古代佛寺和
宫殿。——译注

[3] 以角材组成格子状，并在格子上方平铺木板形
成的顶棚。做法上和细格嵌板顶棚相同，不同
的是格子藻井乃挂在梁下以做支撑。——译注

[4] 位于奈良县生驹郡斑鸠町冈本的圣德宗（原法
相宗）寺院。系圣德太子改冈本宫为寺之产物。
相传为太子创建，亦传为山背大兄王创建。有
飞鸟样式之最大三重塔和铜造菩萨立像。也称
冈本寺和池后寺。——译注

用台轮决定时代先后，然无论如何，观音阁无台轮系袭用唐代以来制度。

日本主要于飞鸟时代至藤原时代[1]使用细格嵌板顶棚。此观音阁细格嵌板顶棚亦为始于南北朝、隋、唐之传统手法。余所见中国宋、金以后几乎所有建筑物皆使用格子藻井，故相较薄伽教藏殿格子藻井，观音阁细格嵌板顶棚更能显示古代制法。此外于内外斗拱、勾栏样式上，观音阁亦较之薄伽教藏殿更有古朴简约之风韵。故于年代上可推测观音阁更为古老。据碑文，观音阁乃统和二年（984）重建，比薄伽教藏殿于重熙七年（1038）建造之时间早五十四年，故此推测与文献相符。而且事实已证明观音阁于统和二年重建后原样保存至今，未经后世改建。

为进一步证明此推测，以下试与其他被视为辽代遗迹之建筑再做比较。

文献上能稍确证其年代之辽代其他建筑有山西省应县佛光寺八角五层木塔。文献记载不确，然于样式上可视为辽代建筑者，有大同上华严寺大雄宝殿与善化寺（南寺）大雄宝殿及鼓楼。先说明年代稍正确之佛光寺木塔。

佛光寺八角五层木塔早在1902年即经伊东博士勘察，其勘察报告载《建筑杂志》第一百八十九号（1902年9月刊行）。去年余等赴大同调查佛光寺，然恰逢雨季，连日降雨，河川暴涨，无法访问，故遗憾地中止计划，返回北京。不过通过伊东博士报告与营造学会编撰之《中国建筑》（上卷）所刊照片，可知其大体样式。

据伊东博士报告所引同治"重修佛光寺碑

[1] 指停派遣唐使（894）后摄政、关白执权的平安时代中后期，因摄政、关白均为藤原姓氏而得名。——译注

记"与光绪年刻碑，皆称木塔建于辽清宁二年。又，《应州续志》[2]"山川条"载："郡志云辽清宁二年建"，并就佛光寺有以下记述：

通志云旧志载晋天福间建辽清宁二年重修考田蕙记寺无旧碑文仅得石一片书辽清宁二年田和尚奉敕募建十二字郡志州志皆本此不知旧志何据岂寺权舆于天福而木塔则肇自清宁也耶[3]

指出寺院天福年间创建与木塔清宁年间建立皆无根据。又，朱彝尊认为塔建于清宁二年，于《应州木塔记》中不容置疑地写道："建自辽清宁二年。"要而言之，此木塔虽不如下华严寺藏经殿有不可动摇之确证，但在与藏经殿之比较研究上，清宁二年说足以信赖。

今比较佛光寺木塔与独乐寺观音阁，可见其样式有以下颇相似之处：

1. 据伊东博士勘察，佛光寺木塔凸状屋檐柱上斗拱系二跳拱，其样式与观音阁一层相似，斜切去其拳端之做法亦相同。

2. 木塔一层斗拱系四跳拱，其手法与观音阁二层完全相同。唯前者有拳端，后者缺拳端。而有此异样圆曲形之拳

[2] （清）吴炳等纂修。清乾隆四十三年刊。——译注

[3] 原文转录时断句、文词似皆有误胡谧撰《山西通志》卷一百六十九"应州条"相关部分的记载是："晋天福间建辽清宁二年重建考田蕙记（译注：指田蕙撰万历《应州志》所记）寺无碑记仅得石一片书辽清泰二年田和尚奉敕募建十二字郡县志胥本此不知旧志何据岂寺权舆于天福而木塔则肇自清宁也耶"——译注

端，与观音阁作于上下二层内部柱间斗拱第一通肘木面拳端形状颇为相似。

3. 木塔于凸状屋檐侧面所承斗拱之斗束下作板蜀股。而支撑观音阁内部二层栏杆之拱束间斗拱亦使用相同性质之斗束。此类斗束亦载于宋《营造法式》。

4. 木塔所用栏杆之斗束形状与手法与观音阁完全一致。

要而言之，观音阁细部样式与木塔非常相似。尽管木塔斗拱已发育至接近完整之斗拱，但观音阁尚在接近过程之中，局部各处犹不成熟。又，前者斗拱上部作带圆曲形之美观拳鼻，而观音阁尚未作此。由此考察，可以认为木塔建造年代比观音阁延后许多。若观音阁于统和二年重建，木塔如散见于各文献中所说系清宁二年（1056）所建，则其间经过七十二年岁月。如方才所说，其间样式有不同之发展乃正常之理。故木塔若为辽代清宁年间所建，则观音阁断无比之晚出之理。因此可确证统和年间重建后并未经后世改建。

继而可以认为上华严寺大雄宝殿、善化寺大雄宝殿及鼓楼于样式上亦为辽代建筑，然于今无遑详述，且无详述必要，唯述及此类建筑有与下华严寺薄伽教藏殿及佛光寺木塔相同性质之细部足矣。故而有与独乐寺观音阁相同之样式，可一并归入辽代建筑群中。（第一二四、一二五图）

结　论

如上所述，独乐寺观音阁系辽代圣宗统和二年重建，相当于北宋太宗雍熙元年与日本圆融天皇永观二年，距今九百四十八年，即晚于日本藤原时代醍醐寺五重塔（951）三十年，

早于平等院凤凰堂（1053）六十年，实属今日中国所知最古老之木构建筑，而且其规模宏大，手法雄伟，尤于内殿安放之高大观音立像，极尽奇巧，显示其工艺精良，匠心独运。如此特殊之结构世无比俦。令人想象伴随当时佛教兴盛，建筑艺术发展至何等奇异高度。

进而吾等关注之物系本尊十一面观音立像。其与建筑物同时建成，即令后世修缮补彩，

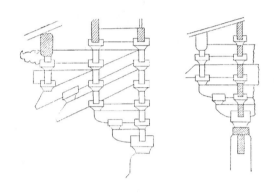

第一二四图　佛光寺木塔斗拱示意图

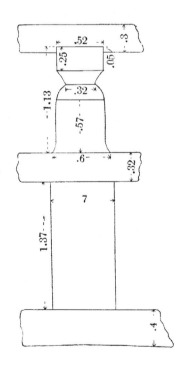

第一二五图　佛光寺木塔第二层高栏

犹存当年风貌，塑像全高五十余尺，为中国最大者。其肋侍菩萨立像亦不晚于辽代，系罕见杰作。

山门亦与观音阁相同，乃统和年间重建，其结构、手法可为辽代建筑代表，而且安置于其内部之金刚力士塑像亦属辽代，虽经后世修补，然大致反映当时样式、手法。

独乐寺系古代著名大伽蓝，明代王宏祚于其《修独乐寺记》中记述："是州也宫观梵刹之雄，以独乐寺称。寺之雄，以大士阁称。阁之雄。以菩萨像称。"观音阁内殿正面悬挂乾隆御笔"普门香界"匾额，一层正面悬挂咸丰御笔"具足圆戒"匾额。以此可卜乾隆、咸丰时代寺运之兴盛。又，"独乐晨灯"系渔阳八景[1]之一，以此可知该寺乃古代著名胜地。可惜近年寺庙已废，其僧房为小学所用，中国遗存最古老、最贵重之建筑与其高大塑像一道不加任何保护逐渐走向倾圮，惜矣！

本篇曾载于《美术研究》第八号（1932年8月）。

[1] "渔阳八景"即青池春涨、白涧秋澄、采树烟霏、铁岭云横、盘山暮雨、独乐晨灯、崆峒飞雪、瀑水流冰。——原注

第十二章　辽宁省义县奉国寺大雄宝殿

目　录

序　言

一、总　说

二、大雄宝殿建造时间

三、大雄宝殿之结构样式

　　1. 平面

　　2. 细部

四、佛　像

五、建造时之尺寸与建筑物尺寸

结　论

序　言

1932 年 10 月上旬，余与工学学士竹岛卓一以调查中国东北建筑物遗迹为目的，从东京出发，10 日到大连，14 日至沈阳，于该地受到奉山铁路局局长阙铎先生款待时，希望能在调查沈阳、长春、开原、铁岭、辽阳、鞍山遗迹后至锦县调查该处砖塔。阙铎先生答，其北方之义县亦存有砖塔与北魏太和年间石窟。余夙闻松井等、箭内亘、稻叶君山三位先生曾探访过该石窟，亦渴望有机会进行调查，故将此探访活动纳入余等日程。

之后余等历访前述沈阳等地，28 日从沈阳出发到锦县，29 日赴义县，30 日探察北魏石窟万佛堂，见到十多处虽已破败然犹存当年风貌之石佛、千体佛、阳刻天人壁、顶棚等遗物，不免喜出望外。匆忙大致调查后于午后 3 时返回义县城内，先至东北隅之奉国寺，意外发现其大雄宝殿不仅样式属辽代建筑，而且规模宏大，故于惊喜之余愕然忘我。原定直接调查城内砖塔，翌日返回锦县，然为此偶然大丰收，决定延宕日程一日。其后访忽忽寺，至嘉福寺，得知其砖塔亦属辽代，探查一直持续至日暮时分。翌日 31 日再访奉国寺，余主要从事记录并摄影，竹岛进行测量亦拍摄。翌日 11 月 1 日余等离开义县前往早朝寺，余画斗拱示意图，竹岛拍摄。

余等不过花费一日多时间研究此大雄宝殿，因日程原因无法充分调查，亦无暇一一读取存于大殿内外之众多石碑，颇感遗憾。详细研究只能留期他日。今仅就此次调查梗概向学界报告。

余等旅行时该县土匪出没无常，处于极危险状况，然承阙铎先生自沈阳派遣铁路监察员及数名警员随行，又承锦县驻屯军好意，沿途受到周到保护，得以平安完成工作，欣喜异常。另，奉山铁路局荒木清三先生受阙铎先生之托，自沈阳起始终同行，于调查方面给予众多帮助，深以为福。借此机会对上述各位表示衷心感谢。

于此仅述奉国寺大雄宝殿，至于北魏万佛堂与义县城内辽砖塔待有其他机会说明。

一、总说

余等于 1931 年 5 月在河北省蓟县发现中国现存最古老之木构建筑、辽代独乐寺观音阁与山门，并撰文刊于《美术研究》第八号（1932 年 8 月）。去年 10 月又于中国东北义县城内发现辽代建筑奉国寺大雄宝殿。此系年代次于前者东北最古老木构建筑。此次发现出于预想之外，故兴味盎然。

余于大连购得八木奘三郎著作得知义县城内有大伽蓝，称"奉国寺"，殿内有金、元、明、清碑碣。据此类碑文记述，寺建于辽开泰九年（1020），其后于金明昌年间、元大德年间、明嘉靖年间等重修。关于其建筑年代过去因无明确记述，故余等将其视为中国普通伽蓝，未将寺庙考察置于重点，而多为其存有金元碑碣所吸引，探访时先于门外仰观大雄宝殿宏伟雄姿，一见即知其为辽代所建。及至接近观察内外细部装饰，则惊异于其保存尚属完好，其内部斗拱、藻井宝相花纹与天人图像犹鲜明，不觉发出感叹声。唯内殿并列七尊大佛像与肋侍菩萨像经后世加塑添彩，原初之美大为毁损，不胜遗憾。（第一二六图）

据殿内金代碑文，得知大雄宝殿系辽代建筑，又据元大德碑，明确其为辽代开泰九年所建，距今已有九百余年。见此木构建筑营造于中国东北如此偏远之地，又经几多风霜，仍完

第一二六图　奉国寺全景

好保留至今，唯有瞠目结舌。有关此建筑年代之考证容后详述。

奉国寺位于城内东北隅，南向，房基高于平地，前方狭，后方营建大雄宝殿之处广，且以砖高筑。

伽蓝前面立单层两扉大门，其左右有侧门，皆于前方设置石阶。进门过三间木牌坊，上低矮石阶，见单层重檐歇山顶无量殿。上述皆经后世改建。过无量殿后门，一长甬道稍高向北延伸，过石台阶可达月台上。月台后面宏伟大雄宝殿巍峨矗立。甬道与大雄宝殿西侧一廊内并列僧房及其他建筑。

二、大雄宝殿建造时间

文献缺少奉国寺沿革介绍。今殿内存之金明昌年代碑文最为古老，且清晰显示当时情状。全文录于下：

宜州大奉国寺续装两洞贤圣题名记
　　奉使礼部尚书历阳张　邵　撰　草茅士
　　刘永锡书
自燕而东列郡以数十东营为大其地左巫闾右白霫襟带辽海控引幽蓟人物繁夥风俗淳古其民不为淫祀率喜奉佛为佛塔庙于其城中棋布星罗比屋相望而奉国寺为甲宝殿穹

临高堂双峙隆楼杰阁金碧辉焕潭潭大厦楹以千计非独甲于东营视他君亦为甲当亡辽时寺有僧曰特进守太傅通敏清慧大师捷公以佛殿前两庑为洞塑一百二十贤圣于其中饰以众彩加以涂金巍峨飞动观者惊竦而四十二尊庄严未毕自辽乾统七年距今三十余岁矣圣朝天眷三年沙门义擢以迁为寺主乃与尚座义显都和义谦议续而成立咨于寺众谋于郡人不期而同皆以为可计四十二尊众彩涂金庄严之费约用钱千万于是本郡节度使镇国上将军高公闻其事首以清俸助缘余各施金帛有差鸠公庀徒经营有序乃以檀越为名氏依施财先后为名次列于碑刻用告来者
明昌三年正月旦日前管内僧政清慧大师赐紫沙门觉俊立石

宜州即今义州古名。《辽史·地理志》[1]载：

宜州崇义军上节度本辽西兪县地

故知义州辽代称宜州。而如碑文，金代亦同样称宜州。据碑文可知当时城中塔庙星罗棋布，其中以奉国寺规模最为宏大。辽代僧人清慧大师捷公于佛殿前东西对峙两庑内塑洞窟，安置一百二十尊圣贤像，众人为其庄严景象而惊悚。又作四十二尊，然未完成即告中止。据此可确知佛殿及其前两庑辽代即有。碑载辽乾统七年云云，故可知于此两庑塑洞窟，造

[1] 为十六部正史《地理志》之一。现通用的《辽史》为元顺帝时脱脱等人所撰，凡一百一十六卷（含《国语解》一卷），《地理志》占其中的五卷。——译注

一百二十圣贤像与四十二尊乃辽代乾统七年所为，佛殿比之更为古老。

碑载"自辽乾统七年。距今三十余岁矣。圣朝天眷三年"云云。辽乾统七年即公元1107年，金天眷三年即1140年，其间相隔三十三年，故碑记"距今三十余岁"之"今"指天眷三年。此天眷三年沙门义㠸等为半成品四十二尊涂金傅彩始得以完成。至明昌三年（1192）勒其缘由于石，即此碑。

据此碑可知大雄宝殿创建于辽代，至少在乾统七年以前。

此金碑南面有元大德七年癸卯（1303）所立，题有"大元国大宁路义州重修大奉国寺碑并序"之大碑。曰：

> 夫佛法之入中国历魏晋齐梁代代张皇其教降而至于辽割据东北都临潢是为事佛辽江之西有山曰医巫闾广袤数百里凡峰开地衍林茂泉清无不建立精舍以极工巧去巫闾一驿许有郡曰宜州古之东营今之义州也州之东北维寺曰咸熙后更奉国盖其始也开泰九年处士焦希赟创其基其中也特建守太傅通敏清慧大师捷公述其事终也天眷三年沙门义㠸成厥功

据此碑可知辽、金之宜州至元改称义州，寺名初称咸熙，后更名为奉国。而且文献始见其创建于开泰九年，处士焦希赟为开创人。其后明昌碑所见乾统七年清慧大师捷公与天眷三年沙门义㠸之复兴事业于此大碑亦有记述。大碑亦记载大德七年帝之妹、公主普颜可里美思携驸马宁昌郡王发愿重修伽蓝一事。

此外，殿内嘉靖十五年立"补修奉国寺圣像记碑"祖述前碑，称"初建其时大辽圣宗开

泰九年"，又称"大明成化廿三，骠骑将军右参□□公雄谒斯视废。弗忍凋残，叹前人创修之艰，悯将来摧颓之易，捐已赀帛，命工修饰。"又，康熙四十五年"大清国重修义州大奉国寺碑记"曰：

> 始创于辽之开泰九年而其重修则元之大德七年也历有明三百年屡葺屡毁碑石累累至本朝康熙三年有山海关衲头僧募赀修葺至康熙十三年而告成至三十三年地震栋宇摧醳像饰漶剥风雨不蔽靡复旧观

以下记述城守尉赵公讳辛珠等人助力，不出三年修缮告终之事。

根据上述碑文可知奉国寺大雄宝殿系辽开泰九年创建，其后无祝融之灾，唯于辽乾统七年、金天眷三年、元大德七年、明成化二十三年、清康熙十三年与三十七年等加以修缮。

《盛京通志》[1]"祠祀条"载：

> 奉国寺 在城内东北隅大雄宝殿四十五楹前殿五楹万寿殿三楹大门三楹寺内殿高七丈佛像称之一名七佛寺创于辽开泰中元布延库哩页额实公主施元宝千锭增修明弘治中相继修葺

其沿革皆祖述殿内碑文。

余等通过研究碑文，得知大雄宝殿创建于辽开泰九年。而根据其建筑结构样式，是否

[1] （清）阿桂等纂修，系清代前期东北地区内容最丰富、体例最完备的一部地方总志。

——译注

果为当时遗存未经研究尚无法证明上述言说为正确。

根据余等过去调查，如以《蓟县独乐寺》为题刊于《美术研究》第八号（1932年8月）之论文所说，现存创建年代可以确证之辽代建筑，系：

蓟县独乐寺观音阁与山门

辽统和二年　（公元984）

大同下华严寺薄伽教藏殿（藏经阁）

辽重熙七年　（公元1038）

应县佛光寺八角五层木塔

辽清宁二年　（公元1056）

见奉国寺大雄宝殿结构样式，尤为斗拱手法，如以下"大雄宝殿之建筑样式"细部斗拱条所说，其四跳拱几与独乐寺观音阁上层斗拱一致，然缺后者支轮与小藻井，显示年代稍晚于后者；又与下华严寺藏经阁下层斗拱或佛光寺五层木塔一跳拱几乎一样，然缺后二者拳端圆曲形，与独乐寺一样仅垂直切除其端部，显示其年代略早于后二者。从斗拱发展史考察，此大雄宝殿位于独乐寺观音阁与下华严寺藏经阁中间。果如是，则由文献所得结论、辽开泰九年（1020）恰好比观音阁之统和二年晚三十六年，比下华严寺藏经阁之重熙七年早十八年，两相一致。因此不妨认为开泰九年说为正确说法。（第一二七图）

另外部柱间斗拱下方板蜀股样式与翼状拳端样式，同独乐寺观音阁与下华严寺藏经阁亦一致：外殿系虹梁下方描画之网状彩色图纹，与下华严寺藏经阁藻井梁下图纹意趣相同；内殿大虹梁与外殿系虹梁内侧所画天人图，亦与下华严寺藏经阁藻井格间天人图样式、手法颇相似等。其细部与装饰彻头彻尾具有辽代性质，可证其系辽代创建并原样保存至今。

第一二七图　奉国寺大雄宝殿前面

三、大雄宝殿之结构样式（第一二八图）

1. 平面

大雄宝殿立于高约十八尺砖筑塔基上，前面有月台。塔基东西广约一百八十尺，南北约百尺，月台东西广约一百二十尺，南北约五十尺。月台前设有石阶梯，低矮砖墙绕大殿塔基与月台四周。月台上东有平面六角形钟楼，西有一二米见方碑亭，中央置有石香炉。

伽蓝所处地面稍高，大殿塔基尤高，系辽代伽蓝特色。辽重熙七年所建大同下华严寺与被认为系辽代建筑之上华严寺、善化寺（南寺）等即属于此。而作为奉国寺先驱、建于统和二年之蓟县独乐寺无此高台，可谓奉国寺伽蓝系此制度之嚆矢。又，大殿塔基前有月台，其上方东西配有钟楼、碑亭，乃辽代建筑特色。蓟县独乐寺、大同两华严寺、善化寺亦与之相同。

大雄宝殿面阔九间，进深五间，为堂堂大型建筑。正面中央与左右各第三间及背面中央皆设有入口，正面中央左右各第一、第二间设窗户。此外四面柱间悉以厚砖裹筑，包柱于内，直至柱贯下。

大殿中内殿面阔七间，进深二间。从前面二间、其他三面一间可通向外殿。内殿有高二

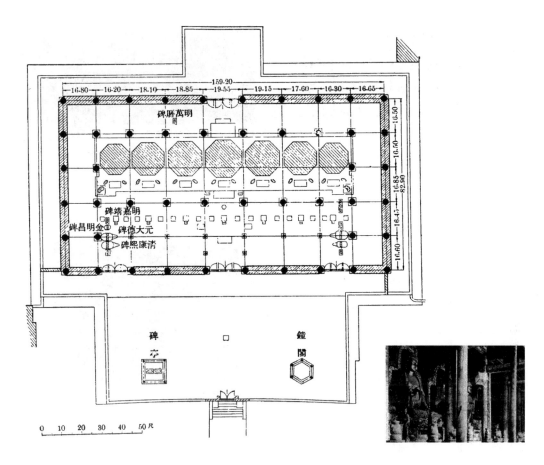

第一二八图　奉国寺大雄宝殿平面图

第一二九图　奉国寺大雄宝殿内部

尺五寸砖筑佛坛，上面安置七尊坐于莲座上之大佛像。

相对于面阔七间、进深二间之内殿，外殿原本宽广开阔，然后世密植细圆柱以支撑大虹梁，大大损坏内部美感。

佛坛上各本尊前置桌子，其左右有肋侍菩萨立像，两端立有二天王像。佛坛下各本尊前稍高石台上，其中央与左右皆安置石香炉与石花瓶，前面外殿两侧东立六座碑，西立五座碑。

（第一二九图）

2. 细部

础石　方形，上部刻成馒头状，以承柱脚，

然其内殿础石雕刻花纹。共有四种，或浮雕莲花，或花纹，或唐草纹，手法颇雄伟壮丽。

柱、柱贯及台轮　柱皆粗大，向上逐渐缩小，然无圆状突起，柱头略显粽形[1]。柱贯较高，其端出柱外，垂直切除。台轮稍薄，其端亦出柱外，与柱贯一道垂直切除。

斗拱　四跳拱，第一、第二跳拱与大斗上十字交叉之肘木重叠。此外，重叠双层尾棰，上尾棰上载三斗与实肘木，以承圆檩，拳端垂直切除。其手法与独乐寺观音阁上层斗拱完全

[1]　中国古代柱子的一种装饰形式，指柱之上下渐次窄小而略带圆形的部分。多见于禅宗建筑。——译注

一致，使人可推想其年代相近。未发现如下华严寺藏经阁斜切端部之拳端。

柱间有四跳拱，其下方采用一种带板蔫股之稍小斗拱，以取代普通大斗。又如在独乐寺观音阁所见，有拳端状圆曲形，使成翼状，以取代附壁肘木。

斗拱规格较大，其肘木上有水刹，端部圆曲形由四个接近直线之小连弧组成，尾棰端部斜切，各层通肘木浅刻普通肘木状之圆曲形，其端部载卷斗，等等，皆与独乐寺观音阁与下华严寺藏经阁等普通辽代建筑手法相同。

内部斗拱于柱上使用双层肘木以承系虹梁，于柱间载二层肘木于二跳拱上，以支撑上方四层通肘木。

屋檐　系双椽结构（双檐），飞檐较短。地椽圆，飞檐方，然端部皆多狭小。椽间狭小而木料规格大，故颇呈庄重态貌。独乐寺观音阁屋檐经后世改建已失原貌，而此屋檐原样保留，弥足珍贵。又，檐隅如他例所见呈扇椽状。（第一三〇图）

屋顶　四角攒尖顶，出檐多，坡度缓，颇呈稳定庄重态貌，一见即可联想到日本唐招提寺金堂。圆瓦与平瓦交错铺葺，其巴瓦、唐草瓦中含原初使用之瓦，然屋脊两侧图纹砖、两端鸱吻及垂脊之兽吻皆经后世修缮。巴瓦中有双凤纹者，唐草瓦中有雷纹一类图纹者，可认为系原初旧瓦。又，有狮子图纹之巴瓦与以指压下端作波纹形之唐草瓦，亦可认为系次于前者之旧瓦。（第一三一、一三二图）

入口　大雄宝殿前面中间及其左右第三间设入口。飞贯上方铺竖板，下方以小柱分作三个区划。中区广，设双开栈门，左右区窄，容一开栈门。疑为古制，然又恐后世改作。

窗　正面中间左右第一、第二间砖筑腰壁上方开窗。系格子窗。窗桹间中央入三贯。一

第一三〇图　奉国寺大雄宝殿斗拱及屋檐

第一三一图　奉国寺大雄宝殿斗拱

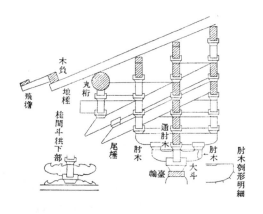

第一三二图　奉国寺大雄宝殿斗拱示意图

般认为系金天会、皇统年间建成之大同善化寺（一名南寺）三圣殿之窗与此手法几乎一致，故为当初遗制。

地面　铺方砖。

顶棚　内殿各前后柱间架大虹梁，于其上

作粗大棹缘顶棚[1]。然此棹缘顶棚乃后世补作，当初恐无顶棚，可见屋顶椽条。此大虹梁与外殿之系虹梁、柱贯、斗拱皆施彩绘，然仅此棹缘顶棚手工稚拙，不施彩绘，且过于低矮，各本尊背光顶部未收纳于其下方，而由隙间出于其上部。此皆后世补作之明证。（第一三三、一三四图）

外殿无顶棚，可见屋顶椽条，仅用四周侧柱上三四层系虹梁权充顶棚。手法稍显粗糙，多少带有野趣。

壁　除入口与窗外，柱贯以下墙壁悉以砖厚筑，包裹侧柱。内外斗拱处墙壁横向砌砖，粉以石灰。从粉刷剥落处可看出砖内面有粗绳击打痕迹，此类砖系辽代特有，一般认为系辽代建筑之义县嘉福寺白塔、辽清宁年间锦县大广济寺白塔亦使用此类砖。

装饰　中国最古老木构建筑、蓟县独乐寺观音阁内部装饰极其简单，无任何纹饰，施于外部之藻绘为近世补加，手法拙陋，损害建筑之美观。而奉国寺大雄宝殿内部有幸原样存有当初色彩装饰。虽略有剥落毁损，然大多犹鲜明如初。盖中国于后世修缮之际，原本缺乏保存原初装饰意愿，普遍重新进行粉刷，彩绘新图纹。故吾等常抱遗憾：建筑物为旧，而装饰皆为后世改变。所幸前些年发现大同下华严寺藏经阁内部藻井留存当初辽代图纹，今于奉国寺大雄宝殿亦发现当时原样藻彩，当日考古界之幸事。下华严寺藏经阁装饰主要集中于格子

[1]　此"棹缘顶棚"乃日文"棹缘天井"的译词。查询网页未见有此顶棚的说明和译词。该日文顶棚的意思是木构住宅最为常见的顶棚之一。即用细横木（棹缘）按**30—60cm**（普通**45cm**）的间隔、以直角方向固定在顶棚上形成的一种普通装饰顶棚。——译注

第一三三图　奉国寺大雄宝殿内部藻井

第一三四图　奉国寺大雄宝殿内部斗拱间小壁

藻井，此大雄宝殿彩绘则直接施于无藻井之屋顶下，比前者早十八年。除敦煌千佛洞石窟内装饰外，中国东北地区现存者最为古老。（第一三五、一三六、一三七图）

建筑外部当初恐施彩饰，但于今完全剥落，不留痕迹。唯柱头以色彩绘雷纹与龟甲纹，系后世补加。

内部柱面彩色完全剥落，但斗拱以上部分遗留较多。插图显示斗拱装饰，肘木与斗部分明显可见美丽宝相花纹。又，内外殿上方椽条屋顶下大虹梁与系虹梁彩绘网状纹、天人、宝相花纹，手法精美，犹如天人图，与日本藤原时代初期之佛画有密切关系。

于此当留意者，系绘于系虹梁内侧之网状纹。此网纹由流畅美丽之曲线构成，各网线中央有花纹。此网状纹亦施于下华严寺藏经阁格子藻井之格缘，系辽代图纹特色。而金元以后

第一三五图　奉国寺大雄宝殿内部斗拱装饰

第一三六图　奉国寺大雄宝殿系虹梁下部装饰

第一三七图　奉国寺大雄宝殿大虹梁下部装饰

似几近绝迹。

　　大雄宝殿内外殿最初恐柱子至斗拱、藻井皆施此类藻饰，景象极为庄严富丽堂皇，然后世于内殿上方安装粗俗拙陋之藻井，隐蔽其上方装饰，而且其他部分或剥落，或为尘埃蒙蔽，仅得见其一部分，可惜。

　　壁画　大殿内部四壁绘有佛画。正面窗下壁面分东西画十八罗汉图，其他壁面各柱间画大佛像，颇带古风，然恐最早不超过明末之前，或改描于成化、万历年间。是否如此待今后研究。

四、佛像

　　内殿佛坛安置七尊塑造大佛像于各自莲座上。莲座高七尺，佛像高约二十尺，其后皆有透雕大背光，然其顶部为后世补加之藻井掩蔽。

　　如此七尊高大金色佛像罗列内殿，其场面颇为壮观。各佛像前左右安置高七八尺许彩塑胁侍菩萨立像。

　　此类大佛像与菩萨像躯体皆匀称健美，面相颇温和美丽，略有辽代遗风，然惜于后世增塑补彩，已损当初之美。又，背光过于纤细精巧，缺往昔雄伟气象，恐后世改作。(第一三八图)

五、建造时之尺寸与建筑物尺寸 [1]

　　余研究大雄宝殿柱间尺寸后大体知道当时所用尺寸。首先，正面中间为十九尺五寸五分。

[1]　原书之计算与数字较为费解，且恐不无错误。于此照译如上。——译注

第一三八图　奉国寺大雄宝殿内佛像

可推想当初恐计划修建二十尺。求当时尺寸单位，

19.55÷20＝0.9775

即当初一尺等于日本曲尺之约九寸七分七厘五毫。以此九寸七分七厘五毫除大殿全长一百五十九尺二寸，得当时计划尺寸。即，

159.2÷0.9775＝162.86

四舍五入，为百六十三尺。假定此为当时辽尺尺寸，反过来以此除曲尺之一百五十九尺二寸，则可得辽尺单位。即，

159.2÷163＝0.9767

即九寸七分六七。将此视为辽尺一尺，以此除大殿宽度八十二尺九寸，得当时计划尺寸。即，

82.90÷0.9767＝84.87

四舍五入，整数为八十五尺。如前法，反过来以此除曲尺之八十二尺九寸，则，

82.90÷85＝0.9753

即九寸七分五三。

将此与大殿长度换算获得之九寸七分六七平均，为九寸七分六厘。即，

（0.9753＋0.9767）÷2＝0.976

此九寸七分六厘为此殿长度与宽度换算获得之辽尺单位近似值。由此可算出大殿各柱间当时计划尺寸。

正面中间	二十尺
左右各第一间	十九尺五寸
第二间	十九尺
第三间	十七尺
隔间	十七尺
侧面五间各	十七尺

与前述正面全长一百六十三尺，侧面全长八十五尺一致。吾等由此可知辽代尺寸与用此尺寸计划建造之各柱间尺寸。

此辽尺之九寸七分六厘恐沿用隋唐尺寸。有关唐宋尺寸本应有所论及，然与此大雄宝殿无直接关联，故从略。

结　论

如前述，奉国寺大雄宝殿系建于辽开泰九年，即距今九百一十三年前之建筑，仅次于独乐寺观音阁，为中国东北地区现存最古老木构建筑。往昔于如此偏僻之地，营造如此壮丽之大伽蓝，足见辽代佛教势力与文化发展有异常惊人之处。后世虽经几次修缮，然柱、斗拱、屋檐以及内部藻井之原始材料有幸得以留存，且未按中国普遍之习惯加以色彩改变，原装饰得以保持较鲜艳色彩，系其价值得以进一步提升之缘由所在。

本篇曾刊载于《美术研究》第二辑第十四号（1933 年 2 月）。

第十三章　大同大华严寺

目　录

序　言

一、下华严寺伽蓝

  1. 上、下华严寺大雄宝殿与

    薄伽教藏殿建造年代

  2. 创建后之沿革

  3. 伽蓝之配置

  4. 薄伽教藏殿

    01. 建筑

02. 藏经阁

03. 佛像

04. 海会殿

二、上华严寺伽蓝

  1. 伽蓝之配置

  2. 大雄宝殿

序　言

1918 年 5 月余游大同，参观上、下华严寺，当时预定另择日期详细调查，然因旅行原因最终丧失该机会。余认为上华严寺之大雄宝殿、下华严寺之薄伽教藏殿与海会殿系辽代遗物，乃中国现存最古老之木构建筑，然如前述原因，于匆忙之际仅止于记录其概略，事后遗憾不已。前些年与常盘博士共同编著《中国佛教史迹》，其中论及上、下华严寺，然其说明过简，故于 1931 年 6 月与竹岛工学学士再赴大同访此二寺，得以较详细之调查与拍摄，尤于梁下发现墨铭，始明确下华严寺薄伽教藏殿系辽重熙七年（1038）所建，更知其内部安置之许多佛像亦为同时代重要遗物。于今再说上、下两寺之建筑与雕刻，以补前稿之不足。

一、下华严寺伽蓝

1. 上、下华严寺大雄宝殿与薄伽教藏殿建造年代

前文曾说今上、下华严寺旧合称大华严寺。关于其创建年代，明成化元年"重修大华严寺感应碑记"曰："稽诸始创，肇自李唐"。万历九年"上华严寺重修碑记"曰："厥初不可考。历汉唐宋，间有修置，亦不能详。独李唐时尉迟敬德一增修。迨辽金世，补葺不一。"认为其草创于唐初。而《辽史》载"清宁八年建华严寺。奉安诸帝石像铜像"，则未言及寺之创建，恐系说明寺中营造安置诸帝石像、铜像之建筑。《大同府志》"祠祀条"载："旧有南北阁、东西庙。像在北阁下，已失所在。"又，"古迹条"载："石像五铜像六。内一铜像。衮

冕垂足而坐，余俱常服"，故知此类铜石像安置于该寺北阁内。而《金史》记述世宗于大定六年夏五月行幸西京华严寺，观辽帝诸像。又，《元史·石天麟传》亦说铜像犹存。余于前文就上华严寺佛殿说过"见其样式，颇带古韵，推定为清宁八年所建亦似无不当"，然如下文所论，尚有再考之余地。

又，前文就薄伽教藏殿认为，《大同府志》虽有辽重熙七年所建之记述，然据藏经殿内所立"大金国西京大华严寺重修薄伽教藏殿记"碑载，大华严寺自古以来即有经典，未记述《大同府志》重熙七年创建之事，唯曰辽重熙年间校正经典。《大同府志》或敷衍此意，或另有凭据，不得而知。然可明确者乃此寺辽代已有，并免遭辽末保大[1]兵燹。从建筑样式与手法判断，认定其为辽代建筑似无不当。若此，则可姑按《大同府志》定为重熙七年（1038）所建。而于 1931 年 6 月 27 日调查薄伽教藏殿之际，偶然发现其内部藻井梁下有年号铭墨迹，可知此推定正确无误。此铭文墨迹作于中门上方东西梁下，南面铭文肉眼可见，然北面铭文许多字黏成一行，肉眼不可读，用镜反射日光于部分文字，并用望远镜始能读出。南、北梁下铭文如下：

南梁下铭

维重熙柒年岁次戊寅九月甲午朔拾五

[1] 保大（1121—1125）系辽代君主天祚帝耶律延禧的年号，共存世 5 年，亦为辽代最后一个年号。保大二年，宋金联军攻陷西京。四年辽人之一部耶律大石西走自立。五年，天祚帝为金人所捕。金灭亡后，耶律大石建西辽国。此间战火不断，寺庙被毁严重，华严寺建筑海会殿亦于辽末保大之战中毁于兵燹。——译注

日戊申午时建

北梁下铭

推诚竭节功臣大同军节度云弘德等州观察处置等使荣禄大夫检校太尉同政事门下平章事使持节云州诸军事行云州刺史上柱国弘农郡开国公食邑肆仟户食实封肆佰户杨久玄[1]

1903 年伊东博士、1909 年冢本博士亦到访此薄伽教藏殿。余于 1918 年亦曾亲往。其后工学学士藤岛亥治郎、村田治郎两先生及其他学者、美术家来此参观者亦不在少数，而从未发现此梁下铭文，盖因藻井高且寺内昏暗。发现此年号铭可确定该建筑之年代，对判定其他建筑物之年代亦可成为一良好标杆。

村田学士于去年 12 月在《建筑学杂志》发表题为《中国山西省大同大华严寺》之文章，认为此薄伽教藏殿建造年代为辽清宁八年，否定《大同府志》重熙七年说，盖未读此铭文，乃误判。《大同府志》重熙七年说全然出自此梁下铭文。

[1] 受当时条件所限，著者所读的此南、北梁下铭句读、用字可能有误。据山西大同古建筑文物保管所解玉保所撰的《大同华严寺薄伽教藏殿的辽塑及经橱》，可知左侧四椽栿底的题记是："推诚竭节功臣，大同军节度，云、弘、德等州观察处置等使，荣禄大夫，检讨太尉，同政事先门下平章事，使持节云州诸军事，行云州刺史，上柱国，弘农郡开国公，食邑肆千户，食实封肆百户，扬又玄"右侧椽底题记是："维重熙七年岁次戊寅玖月甲午朔十五日戊申午时建"（载《山西大同大学学报》2009 年第 4 期）——译注

不过亦不能认为既然薄伽教藏殿年代可确定为重熙七年，则大华严寺创建于此后二十四年之清宁八年。大华严寺之草创至少应在薄伽教藏殿建造之前。因此无法强断唐代创建说为无稽之谈。故而《金史》清宁八年所建之记述非指该寺之草创，而是指营造安置铜石像之建筑之修建时间。

于前文余认为大雄宝殿系辽代建筑。然村田学士认为："岂非金天眷三年以后数年间再建？"而根据样式恐属辽代建筑。关于此拟于后文大雄宝殿条说明。

2. 创建后之沿革

有关大华严寺创建后之沿革，金大定二年（1162）五月所立"大金国西京大华严寺重修薄伽教藏殿记"碑载：

今此大华严寺从昔已来亦是有教典矣至保大末年伏遇本朝大开正统

天兵一鼓都城四陷殿阁楼观俄而灰之唯斋基厨库宝塔经藏泊

守司徒大师影堂存焉

保大末年，天兵一鼓，都城四陷，指辽保大二年（金天辅六年、1122）。此年西京为金兵所陷。此时大华严寺亦罹兵燹，然所幸斋堂、厨库、宝塔、藏经阁及守司徒大师影堂火中留存。据碑文，金天眷三年（1140）有抱负之五位僧人合力试图重建，于旧址造面阔九间、进深七间之大殿，又造慈氏观音降魔阁与经幢楼、三门、垛殿，然左右洞房四面廊庑庶几未成，五位僧人相继而殁，工程亦停顿。其后僧人、省学等出面，继承先师遗志，继续营建，

且补散逸经典，三年后大功告成。

据此碑，薄伽教藏殿经阁显然免遭战火，而大雄宝殿未见于遗存建筑名单中，故被烧毁亦未可知。令人产生再建之面阔九间、进深七间（今为面阔九间、进深五间）之大殿或为今大雄宝殿之疑问。村田学士认为大雄宝殿乃天眷年间重建并无不当。若薄伽教藏殿系重熙七年建造，则与此样式几乎一致之大雄宝殿断无及至天眷再建之理。此待后项论述。

又，元至元十一年（1274）"西京大华严寺佛日圆照明公和尚碑"载："大殿、方丈、厨库、堂寮，朽者新之，废者兴之，残者成之，有同创建。本寺藏经，零落甚多。我写或补，并令周足"，[1] 叙述当时修缮大殿及其他建筑且补藏经不足之情状。

《大同府志》记述，明洪武三年改大殿名为大有仓，二十四年就薄伽教藏殿设僧纲司，建复寺。崇正四年毁，五年重修。

明成化元年"重修大华严寺感应碑"曰：

稽诸始创肇自李唐大金重加修葺元末屡经兵燹颓圮特甚唯正殿岿然独存迨我圣朝宣德间高僧洽南州弟子了然禅师来就说法于兹延纳缁众遂成丛林而题额则因其旧而名之乃毅然以增修为己任飞锡云游募缘四方历二年遂造金像三尊由京师遥请至此沿道驿传屡著灵异于宣德二年孟夏三月迎佛入城时则有若边将武安侯郑公享太监郭公

敬都督曹公鉴参谋沈公固敬而慕之询谋同出其内帑鸠工庀材儋力为之严大雄殿安毗庐三像旁翼两庑僧众丈室栖禅有居常住有库庖湢有序材良工能各称其制百废俱举焕然一新至宣德四年前后落成继述虽不乏人而克振宗风者盖不多见也推首僧澄涓住持焉澄涓既没复荐首僧资宝任为住持化缘塑像二尊共辏为五如来及构天花棋枰彩绘檐拱灿然大备

据此碑，知元末虽经兵燹，而独大殿岿然屹立。宣德二年三月作金像三尊，庄重修饰大雄宝殿，构筑僧房及其他建筑，宣德四年前后落成。又造二佛，合作五尊安置大殿内。并安装格子藻井，彩绘斗拱。

又据《大同府志》得知清雍正六年、乾隆八年有过重建。

要言之，大华严寺似草创于唐初，经五代而于辽重熙七年所建之薄伽教藏殿今犹俨然存在。其大雄宝殿与海会殿亦为辽代建筑。今为寺前小学校占用之小殿宇似属明初所建。盖其创建虽为唐初，而至辽代随佛教兴隆进一步扩建寺庙，成一大伽蓝。辽末虽经数次战火，其辽代重要建筑仍保存至今，尤如薄伽教藏殿，系中国现存最古老木构建筑之一，于中国建筑史上占有最重要之地位。

3. 伽蓝之配置

伽蓝面朝东，前面有正门。过正门有圆池。次有天王殿。其前左右南北虎廊相立。天王殿面阔三间，进深三间，歇山顶，其样式似为明初所建。此天王殿今为小学校占用。过天王殿后面第二门，可见南有净业堂，北有客堂，相对而立。客堂后有关帝庙。其后系高十三尺

---

[1] 以上引文有舛误。据白勇所撰《大同华严寺元碑及其相关问题》，正确的碑文似为："大殿、方丈、厨库、堂寮朽者新之，废者兴之，残者成之，有同创建。本寺《藏教》零落甚多，或写或补，并令周足。"（《文物世界》，2007年第5期）

许之月台，通过十五级石阶达月台上，可见一小门，悬额题"慈云广覆"。其左右呈六角平面之钟阁（北）、碑阁（南）相对而立。其后方中央有香炉台。与月台西面相接，有今伽蓝正殿、薄伽教藏殿。与月台前左右端相接，北有圣会处，南有世称梭布社之面阔三间、歇山顶之小殿宇，相对而立。皆为近世所建。

此月台北面海会殿南向屹立。现存下华严寺建筑止于上述，然于其中尤为薄伽教藏殿与其内部佛像同为辽重熙年间所建，系今日所知中国最古老之木构建筑之一，而且可以想象海会殿亦为该时所建，与其内部安置之佛像一道，于中国建筑史与雕刻史上占有最重要之地位。（第一三九图）

第一三九图　下华严寺薄伽教藏殿前面

4. 薄伽教藏殿

01. 建筑

薄伽教藏殿立于高台上，前有月台，面阔五间，进深四间，单层重檐歇山顶，坐西朝东。其塔基比月台稍高，高度如葛石[1]，仅前面中央三间设门扉，两端各一间与左、右、后三面

[1] 位于寺院建筑物塔基等上端边缘，兼作缘石之长方形石头。——译注

斗拱下壁以砖厚筑。因砌砖柱础隐而不见，恐方形柱石上部被平整削去。柱略有圆形凸起，头部作粽状圆曲形，其柱贯、台轮之制法亦与日本几乎相同。斗拱为二跳拱，柱间亦采用稍简单之二层斗拱，系所谓柱间斗拱之滥觞。其肘木圆曲形由连续四个内弯弧线组成，故通肘木圆曲形刻出后略显高企。此特色为其他时代罕见。又，四隅斗拱制法稍复杂，斗拱拳端处仅斜切其端，系辽代特色。

屋檐为二层椽结构，地椽圆，飞檐方，系承续唐代做法，与日本药师寺东塔、唐招提寺金堂、平等院凤凰堂等相同。然四隅为扇椽，系日本所谓"唐样"之起源。（第一四〇图）

内部内殿面阔三间，进深二间，中央处莲座上安置释迦，左右方莲座上安置药师、弥陀坐像，前面侍立众多佛菩萨、天部像。内外殿上方皆有藻井，除前面入口侧面有后世补彩外，几乎全部保留当年色彩。格子缘描菱纹，格间由波纹或菱纹组成之圈内描牡丹花，或往往画飞天图，颇有优雅之风。

置于内殿之三尊佛上方作八角穹形藻井，内部施横栈，格间描花草图纹。如前述，于中门上方左右支撑穹形藻井之大虹梁下有年代与供奉者名之墨铭。

装饰为常见手法，柱贯以下柱四周漆朱色，柱贯与台轮、斗拱等描简单图纹，圆檩与椽各施彩饰。总而言之，九百余年前辽代彩色装饰能与建筑一道平安保存至今，属极稀罕之事。（第一四一图）

02. 藏经阁

辽兴宗、道宗时佛教兴盛，登峰造极。兴宗重熙年间开始校订《大藏经》与刻版，道宗清宁五年始告完成。"大金国西京大华严寺重

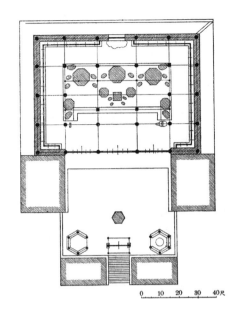

第一四〇图　下华严寺薄伽教藏经阁平面图

第一四一图　下华严寺薄伽教藏殿内部藻井

高，左右侧中央处顶棚更高，以显示层层变化。而且大殿后面中央一间设窗，左右架飞梯，进一步高筑此处楼阁，使与之相连之顶棚与左右侧顶棚显得更为高大，实乃奇思妙想，值得惊叹。（第一四二图）

经阁一层斗拱为四跳拱，与辽清宁二年（1056）所建山西省应县佛光寺八角五层木塔相同。柱间斗拱采用三具相同斗拱。屋檐系双椽结构，地椽圆，飞檐方。二层亦同样采用四跳拱。二层前面设回廊，以三跳拱支撑。栏杆处采用宝珠柱与某种形式之斗束，栏杆中段横木与下端横木间有极纤细巧妙且各区划意趣相异之雷纹木棂。

一层各柱间设二扉门，其内部设隔架藏经册。二层排列佛龛即所谓天宫，设花头窗。显示当时已然采用集群斗拱，墙壁设花头窗，成为所谓"唐样"建筑之先驱。

斗拱之大斗交互漆绿青与铜蓝，与之呼应，肘木交互漆铜蓝与绿青作为装饰。又，肘木为绿青时卷斗漆铜蓝，贴金箔，交互彩绘。肘木

修薄伽教藏记"碑文曰："及有辽重熙间，复加校正，通制为五百七十九秩"，即指此事。当时大华严寺建薄伽教藏，于其内建经阁，藏《大藏经》。今除堂内正面中央三间外四壁建有经阁。此经阁造法相当于宋李明仲《营造法式》卷三十二所载之天宫壁藏。其意恐系接其壁架构房屋，称壁藏，于其上并列佛龛，书"天宫"二字而来。经阁为双层，前面两端上层顶棚稍

第一四二图　下华严寺薄伽教藏殿内部经阁

为铜蓝时卷斗则反其道而行之。以此去单调，求色彩变化。事虽小，然可见当时工匠之良苦用心。

此经阁无论于结构、于装饰皆颇得变化之妙。而其几乎原样保存至今，为中国罕见之实例。

经阁门扉今完全闭锁，然余于 1918 年访问之际曾见其内藏《大华严经》，经注"洪熙元年正月日"，可知其于明洪熙元年（1425）补藏。然当时于匆忙之际无暇调查其他，故是否辽代遗物不明。

03. 佛像（第一四三图）

内殿佛坛上中央释迦端坐莲座上，左右有两罗汉立像，其前方左右两胁侍菩萨相对端坐莲座上。左间药师端坐莲座上，如前者，其左右亦并列两罗汉、两菩萨。各本尊前面有若干后世雕造之坐佛像及小菩萨像。佛坛两端大菩萨像相对端坐莲座上。四隅各立四天王像作护卫状。三本尊皆高约九尺，罗汉、菩萨高约八尺。可以想象除三本尊佛前面小佛与菩萨像外，其余皆与建筑一道为辽代所造。

此三尊本尊佛姿态端庄，面相温和，与日本藤原时代塑像一样，有带火焰与回旋纹之背光。其莲座之各莲瓣描金泥小佛。佛坛两端相对之菩萨坐像端坐莲座上，头戴宝冠，胸饰璎珞，风姿仪容颇为端庄美丽，衣纹手法尤显示出自由、写实风格。各胁侍菩萨端坐莲座上，负宝珠形背光，其姿势、面相、衣纹、背光之样式与技巧皆与前述佛菩萨性质相同，说明系同时制作。

要而言之，此殿内安置之佛菩萨像由其形制判断，明显系与建筑同时制作。不仅为辽代杰作，而且后世补修比例少，形态保存完好。

如此众多雕像集于一堂且保存完好，实可谓奇迹。

04. 海会殿（第一四四、一四五图）

乃高大建筑，面阔五间，进深三间，单檐歇山顶。正面中央一间为入口，左右侧间设窗，其他间为壁，斗拱以下以厚砖筑就。斗拱系出斗[1]，颇异于常见之斗拱。斗拱间置平三斗，以短束支撑。屋檐如薄伽教藏殿系重椽结

[1] 寺院建筑斗拱之一种。于大斗上结三斗，于其外侧卷斗上置肘木与三斗以支撑横梁。——译注

第一四三图　下华严寺薄伽教藏殿本尊

第一四四图　下华严寺海会殿

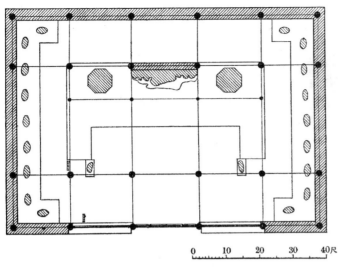

第一四五图　下华严寺海会殿平面图

第一四六图　下华严寺海会殿内神将

构。正脊下方三角区域装饰部分清晰显露内部小屋结构，显示简洁雄劲之气象。屋顶交互铺葺平瓦与圆瓦，正脊两端安置与薄伽教藏殿相同之鸱吻。内部内殿面阔三间、进深一间，四周一间通行，出去则为外殿。内殿藻井系后世补加，当初恐与正脊下方三角区域装饰部分一样无藻井，可见椽条。今内殿筑高二尺五寸许佛坛，其上方中央安置如岩窟内竖立单膝之观音坐像。其前方左右安置众多佛菩萨像。此类塑像最近经补彩几不可观。当时佛匠于堂内频施新彩于佛像，其中一神将右手执矛，左手扶之，乃杰作。其面貌怪异，骨骼强健，衣裾塑法显示写实之妙。所塑年代不明，恐系辽金时代所作。只可惜匠人今上底漆后又于其上施以彩绘，已损当初美丽质感。（第一四六图）

此殿建筑年代不明，然从其形制判断恐为辽代所建。其藻井架构方法颇似李明仲《营造法式》所载"十架椽屋前后并乳栿用六柱"图。

二、上华严寺伽蓝

1. 伽蓝之配置

伽蓝坐西向东，正面有大门，入门后北有云水堂，南有念佛堂，相对而立。中央立关帝庙。关帝庙左右稍偏西，北有客堂，南有禅堂，相对而立。接其后北有祖堂，南有库房，相对而立，皆双层楼阁。其西各有一小房，北悬"乘戒俱全"、南悬"宏宗演教"匾额。再向后登二十二级石阶，可达月台上。月台高约十五尺，正面立三间木牌坊与左右幢竿，中央有铁香炉与陶香炉。其左右北有钟楼，南有鼓楼，相对而立，皆为六角平面。月台后颇显壮丽之大雄宝殿屹立于高塔基上。上华严寺建筑以此大雄宝殿结束。月台北凹地上另有僧房。（第一四七图）

第一四七图　上华严寺大雄宝殿前面

2. 大雄宝殿

乃大型建筑，面阔九间，进深五间，单檐
歇山顶，除正面中央一间与其左右第二侧间为
入口外，其余部分斗拱以下皆筑以厚砖。柱无
粽，斗拱系二跳拱，手法几与薄伽教藏殿相同。
台轮、柱贯端部垂直切去，显示其乃古制。内
部以二跳拱肘木支撑系梁，斗拱间各有柱间斗
拱，为柱间斗拱之嚆矢。此斗拱用斜行肘木，
乃奇特手法。又，外部斗拱用斜切端部之拳状
木鼻，与薄伽教藏殿同，然内部系梁上使用带
木蜃股与奇特圆曲形之拳状木鼻。内殿用二跳
拱承大虹梁，其上筑藻井。入口一侧大殿前
后为藻井，左右为可见椽条式屋顶。地面铺
方砖，内外装饰浓"色"重彩，四周壁面描
美丽佛画。世称光绪年间作品，有拙陋之感，
然颇近大作。内外装饰出自近世补彩。唯后
面入口一侧可见据认为系原初涂抹之简单色
彩。（第一四八、一四九图）

内部内殿面阔七间，进深三间，四周一间
通行，出去则为外殿，然内殿前后列柱稍向后
退，显示外殿宽广。内殿后部整面设石佛坛，
其上部中央毗卢舍那佛、东面阿闪佛、成就
佛、西面阿弥陀佛、宝生佛各自端坐于高莲座
上，左右各有十尊天部立像。其他殿内各处置
有众多佛菩萨像，皆为后世所作。如前述，据

堂内所立"明成化二年重修大华严寺感应碑记"，
可知宣德二年作中央三尊佛像，其后补塑二尊，
筑藻井，内外色彩一新。

五尊佛皆为明代雕刻之代表作，咸端坐于
四面突出之方形喇嘛教式莲座上，其面相、姿
势、衣纹稍可观，然略带俗气。背光亦喇嘛教
式样，其上部中央透雕迦楼陀夷[1] 捉龙女图与
唐草、鳄鱼等，其下部左右各作一奇兽，乘坐
于象头以承上方。背光四周透雕唐草纹与凶猛
火焰。

此大雄宝殿建筑年代如大华严寺大雄宝殿
与薄伽教藏殿之创建年代条目说明，有人怀疑
此大雄宝殿毁于辽末战火，系金天眷三年重建，
然今见其斗拱与其他构件样式与重熙七年所建
之薄伽教藏殿几乎相同，二者年代无明显差异。
又，伊东博士于1903年调查之山西省应县佛
光寺八角五重塔系辽清宁二年（1056）建筑，
然其斗拱样式与异形拳状木鼻圆曲形与此大雄
宝殿完全一致，而且余等于去年6月在河北省
蓟县发现之独乐寺观音阁，文献可证系辽统和
二年（984）所建，似亦与此大雄宝殿样式契合。

而金天眷三年相当南宋绍兴十年（1140）。
此前十五年即北宋宣和七年（1125）所造建筑
有河南省登封嵩山少林寺初祖庵，其样式与此
上华严寺大雄宝殿有相当距离。又，大同有善
化寺、俗称南寺之大伽蓝，其大雄宝殿属辽代
建筑，样式与此上华严寺大雄宝殿相同。而
其三圣殿与天王殿乃金皇统三年（1143）重建，
与少林寺初祖庵样式几乎相同，今无遑一一详

[1]　迦楼陀夷，又作迦留陀夷、迦庐陀夷、黑伟
　　　陀夷等。意译为大粗黑、黑曜时起、黑上等。
　　　五百罗汉第五尊。迦楼陀夷学问高深，为佛陀
　　　出家前的宫廷教师。亦为佛弟子中恶行多端之
　　　比丘，六群比丘之一。——译注

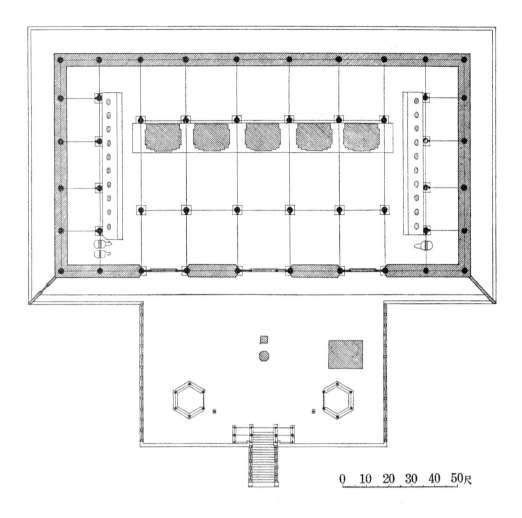

第一四八图 上华严寺大雄宝殿平面图

第一四九图 上华严寺大雄宝殿内部

述。要而言之，辽重熙与金天眷之间相距百余年，其建筑样式有相当变化与发展。今见上华严寺大雄宝殿样式与下华严寺薄伽教藏殿、独乐寺观音阁、佛光寺八角五重塔、善化寺大雄宝殿等辽代建筑性质相同，与少林寺初祖庵、善化寺三圣殿、天王殿等金代建筑颇相异，故推定此上华严寺大雄宝殿为辽代建筑似无不当。果若此，则此大雄宝殿免遭辽末战火，碑曰于天眷三年重建恐指其他建筑。今大雄宝殿面阔九间，进深五间，而碑曰大殿面阔九间，进深七间，故明显非同一建筑。大华严寺今含上下

二寺，故碑所曰之大殿或位于寺内某处，然早已消失，其遗址不详。（1932年6月稿）

（追记）余于1932年10月30日与竹岛学士一道探访中国东北义县城内奉国寺，发现其大雄宝殿系辽开泰九年（1020）所建。见其样式与下华严寺薄伽教藏殿相近，亦与上华严寺大雄宝殿颇为相似。据此可增加一有力证据，可推定此上华严寺大雄宝殿系辽代建筑。就此问题余曾通过照片与素描详细比较论述诸建筑物之样式，欲阐明上华严寺大雄宝殿属辽代建筑，然今无余裕，故拟待他日再行研究。（1933年2月校正时追记）

本篇曾载于《常盘博士花甲年纪念佛教论集》。如其序言所说，针对收录于《中国佛教史迹》第二卷上、下华严寺之有关记述，增加部分乃根据再次调查发现之新资料。

第十四章　大正觉寺金刚宝塔

大正觉寺金刚塔位于北京城外西面，其塔基上有大小五座佛塔，故俗称"五塔寺"。此佛塔系明成化年间仿中部印度著名佛陀伽倻金刚塔而建，《燕楚游骖录》[1]记其由来甚详，曰：

大正觉寺乐善园西三里许大殿五楹后为金刚宝塔塔后殿五楹塔院之东为行殿朱彝尊日下旧闻考原书所谓真觉寺明永乐间重建金刚塔成于成化九年凡五浮图俗因称五塔寺乾隆御制碑文略云自万寿寺迤东不二里而近有招提五塔离立众因以寺所有名之实旧志所称大正觉寺者也燕都游览志云真觉寺原名正觉寺乃蒙古人所建寺后一塔甚高名金刚宝座从暗窦中左右入蜗旋以跻于颠为平台台上涌小塔五座内藏如来金身帝京景物略成祖文皇帝时西番班迪达来贡金佛五躯金刚宝座规式封大国师赐金印建寺居之寺赐名真觉成化九年诏寺准中印度式建宝座累石台五丈藏级于壁左右蜗旋而上顶平为台列塔五各二大塔刻梵像梵字梵宝梵花中塔刻两足迹地迹陷下廓摹耳此隆起纹螺相抵蹲是由趾著迹涌步著莲生灯灯焰就月满露什法界藏身斯不诬焉塔前有成化御制碑曰寺址土沃而广泉流而清寺外石桥望去绕绕长堤高柳夏绕翠云秋晚春初绕金色界班迪达梵语材能也

亦即，据《帝京景物略》[2]，成祖时西番（或为西藏）班迪达来贡金佛五尊与中部印度金刚宝塔制作蓝本。成化九年（1473）下诏按此式样建此宝塔。

中部印度金刚宝塔制作蓝本当指佛陀伽倻大塔制度，故此说颇足凭信。（第一五〇、一五一图）如照片所示，此金刚塔系于高方台上所建之五座塔，方台有五层，上绕以护栏，下筑塔基。塔基五十尺六寸见方，方台高出地面约四十尺，正面设入口，入口上成半圆拱，正中刻"迦楼罗"[3]与龙女，左右刻鳄鱼、羊、狮子、象等。图纹系喇嘛教式，显示中部印度风格。塔基上下刻莲瓣，腰身浮雕喇嘛教式宝瓶、金刚杯、轮宝、狮子等，葛石、础石上亦刻纤细美丽之花草纹。方台各层皆列刻花拱龛，与之相隔间作上载三斗之柱形，于其上部作屋顶状，龛内各容一尊坐佛。

第一五〇图　大正觉寺金刚塔

[2] （明）刘侗、于奕正合著，奕正摭求事迹，而侗排纂成文，是编详载北京景物，以京师东西南北各分城内、城外，而西山及畿辅并载其中。——译注

[1] 京汉铁路管理局编辑，1912年1月1日出版，出版社不详。甲编卷一介绍顺天府北京沿革、历代都邑、京城、边墙、山水、堤梁、历代政绩。——译注

[3] 迦楼罗，梵语Garuda，印度教中一神名，传说中之巨鸟，常食龙（蛇），驮载毗湿奴神（Visnu，印度教中三大神之一）。佛教也采用此传说。——译注

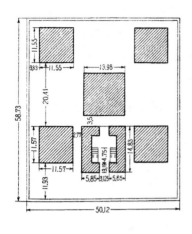
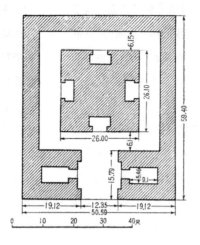

第一五一图　大正觉寺金刚塔平面图

方台南面入口左右设侧室，如平面图所示，其后正中作东西二十六尺、南北二十六尺一寸之壁体，其四面各开佛龛，四周绕以广六尺一寸余之通道。左右侧室内壁体中设小石梯，蜿蜒曲折可达正中前面楼梯室，过此可达台上。台上正中耸立十三层方塔，四隅各耸立一座十一层稍小方塔，皆以汉白玉筑造。塔基四周阳刻佛足印、八宝、双马、狮子、孔雀等。第一层四面亦各设佛龛，左右刻两肋侍菩萨、宝树等，佛龛拱轮内亦雕刻"迦楼罗"、龙女、羊、狮、象等。第二层以上壁面列刻众多佛像，其间作柱形。正中塔十三尺九寸八分见方，高约四十五尺，四隅塔各十一尺五寸余见方，高约四十尺。

楼梯室双层平面一层方，二层圆，其斗拱、回檐位于柱贯以上。一层用黄绿釉砖，二层用绿釉砖，檐顶两层皆以黄瓦铺葺，作高宝顶。

佛陀伽倻塔系为纪念释迦成道灵迹而于早年修建，而现存约为6世纪左右重建，14世纪初经缅甸佛教徒修缮，近世更以白灰进行彻底粉刷，外观颇新，然于形制上似大体无显著变化。（第一五二图）

第一五二图　佛陀伽倻大塔

明成祖时（15世纪初）西番班迪达传来者势必为缅甸佛教徒修缮后之大塔做法。于列拱装饰之层台上建大小五座塔可证彼此相互一致。又，二者塔基大小亦在伯仲之间。若此则大正觉寺金刚塔乃仿效佛陀伽倻大塔而建应不致为误说。唯佛陀伽倻大塔正中塔明显高大，四隅塔颇小，而大正觉寺金刚塔差别不显著，盖西番人传来之做法仅显示其大体，并不准确。总之，15世纪左右佛陀伽倻大塔做法传至中国，大正觉寺金刚塔据此营造一事颇有趣。

北京西面碧云寺之所谓金刚宝塔亦如此塔，上有五塔。据"乾隆帝御制金刚宝座塔碑"，碧云寺乃朝廷按乾隆十三年西僧（或为西藏僧）入贡之做法命有司所建之寺。若此则金刚宝座做法最早传至西藏，后两度引进中国。

本篇曾作为《辽东之冢》第十七项内容刊载于《建筑杂志》第三十八辑第四六四号。关于大正觉寺《中国佛教史迹》第五卷另有记述。一并记此，供参考。

第十五章　乾隆营造之长春园中欧式建筑

今就乾隆年间建于北京郊外，世称长春园离宫中的欧式建筑略做介绍。

西洋建筑似乎最早在明末即传入中国，但仅限于澳门、广州外国人居住地的商馆或耶稣教会堂（亦即天主教堂）等屋宇。这类建筑在明末清初逐渐扩展到各处。总体而言西洋建筑技术仅运用于西洋人来东方后建造的自住建筑与耶稣会堂，乾隆年间前西洋建筑技术并未被中国宫廷建筑采用。众所周知，清代最强盛的时代为康熙、雍正、乾隆三代。康熙皇帝在位六十一年，雍正皇帝十三年，乾隆皇帝六十年，此三代在位的一百三十四年是清代最为繁荣的黄金时代。那时国家太平，国库充盈，版图辽阔，帝室之富无可比俦。而且此三帝都是近代罕见的明主，其中乾隆皇帝尤为好学，除文学外，对艺术特别抱有兴趣，大力鼓励艺术发展。朝廷设画院，每日都有众多画家出入，为宫廷御用作画。此外，陶器及其他工艺品也都在乾隆皇帝的奖励之下获得高度发展。因而该三代

之中，尤其在乾隆皇帝时中国文化达到烂熟境地，放射出最为灿烂的光芒。乾隆皇帝不仅醉心于绘画与工艺品，而且在建筑方面也抱有极大兴趣，依其所好建筑许多殿堂，在庭院等规划上也亲力亲为。其中最为显著的当属世称圆明园的离宫。该园是康熙四十八年为太子（雍正皇帝）在北京西北面三十余里处建造的园林，并赐名为圆明园。雍正皇帝即位后扩地增建，成为异常美丽的离宫。之后乾隆皇帝继续扩地营建，使之成为中国庭园中规模最大、最完备的园林。（第一五三图）

乾隆皇帝于圆明园以东开辟土地，建长春园，并与其南面相接建万春园。此三园相邻，成为一处令人惊叹的特大型壮观离宫。乾隆皇帝每年夏初移至圆明园，百官也随他转移到此地办公，冬初再回北京。因此圆明园又称夏宫，成为夏季宫殿。圆明园位于第一五三图西面，东西一千余米，南北七百余米，总面积约七十二万六千平方米。长春园位于与其东面

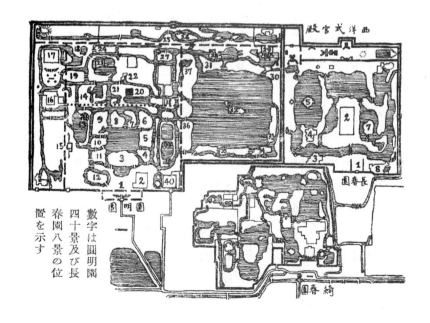

第一五三图　圆明园全景图

相接部分，东西五百余米，南北五百四十余米，约二十六万平方米。向南突出部分为万春园，东西约六百米，南北约五百四十米，形状虽不规则，但总面积约为二十六万四千平方米。此三园合并总面积约为一百二十五万平方米。仅此即为乾隆时代全国庭园之总和，其宽广实可令人叹为观止。园中有众多池塘，最大池塘称湖，直径三百三十米左右。此外还于各处挖池沼，长春园池沼最多，其间以掘池所出之土筑假山。其山蜿蜒于各处，其间或成谷，继而又形成谷水，形成池沼，形成湖泊，并种植苍翠蓊郁的树木，再于其间建造无数宫殿，一日不可遍游。山谷间又有蜿蜒小道，四处绕行，此处为一区划，有宫殿，彼处为另一区划，又有宫殿，再绕行，山间也有宫殿。如此反复，各处都建有许多宫殿。这类宫殿皆穷尽乾隆时代工艺的精华，极为壮丽，奢侈无比。

当时西洋有许多世称耶稣会派的传教士到访，其中有服务朝廷的与天文、数学等学科有关的会士，也有从事各类机械制作等的会士，还有几名画师。其中一人在给欧洲朋友写信时曾详细报告圆明园。信中用"Jardin de Jardin"一词赞颂圆明园。此为法语，意为"庭园中之庭园"，即圆明园为世界庭园中的庭园。以此理解，则圆明园的名字早已成为世界性名称。

传教士中有一人是意大利人，原名 Giuseppe Castiglione，中文名是郎世宁。乾隆皇帝命令他在长春园北面一角建造西洋建筑。此时又有一名传教士来自法国，原名 Benoist Michael，中文名叫蒋友仁，奉命作西洋式喷泉。今天要说的主要是长春园中这些外国人所建造的建筑与喷泉。

在此之前应就郎世宁稍做介绍：郎世宁于 1688 年生于意大利米兰，1715 年即康熙五十四年他 27 岁时作为传教士来到中国。因擅长绘画，所以应召为康熙作画。雍正皇帝时被重用，进出朝廷画院作画无数。乾隆皇帝时更受重用。据说在画院作画时乾隆皇帝曾到他身旁看画，并一一指点，甚至为郎世宁作画一一题赞。郎世宁于乾隆三十一年即公元 1766 年以 78 岁高龄谢世。他从 27 岁到华为朝廷服务至 78 岁，主要以绘画为业。需要着重说明的是他不仅绘画，还参与设计建造长春园中许多西洋建筑。

郎世宁原创作油画，来中国后对中国画产生兴趣，开始研究中国画并将西洋写实风格带入中国画，创造出中西结合之画法。此后几乎未作油画，常用中国画画具画中国画于绢、纸之上，可谓中西结合，即大体中国画八分，油画两分。而其画又极其精彩，画风致密、精巧、写实，尤擅长动物画。动物画中以马、羊、猿、鸟、兔画为精。不光动物，也擅长画各类花草，如牡丹、蔷薇等，又擅长画人物，曾作乾隆帝及其他人肖像画。但这些都不是油画，而是在中国画中渗入一些油画阴影画法，属于非常写实而又精彩的肖像画。这些画作于今遗存很多，但几乎没有油画。郎世宁画中的唯一一幅油画世称"香妃像"，即为乾隆帝妃子香妃所作的画，非常精彩。虽然世称仅此一幅，但无确证。郎世宁来华主要从事渗入西洋素描技巧的中国画创作。其中国画极为致密，写实风格非常精巧。

乾隆三十二年某日乾隆帝看油画，发现某画有喷泉，于是召郎世宁询问喷泉之事。郎世宁思忖其大约为凡尔赛或某处喷泉，并也希望仿制。乾隆帝问是否有人可以规划。郎世宁接受任务后与众多传教士商量，推荐蒋友仁。于是郎世宁负责设计西洋风格建筑，蒋友仁负责设计喷泉。最初造一处喷泉后乾隆极为满意，故叫蒋继续建造第二个喷泉。

这些建筑样式正是 18 世纪意大利巴洛克

风格样式，似乎与巴洛克建筑完全相同。但郎世宁并未完全照搬西洋建筑样式，而多少加入一些中国元素。估计其中也含有乾隆帝等人的喜好。毕竟乾隆帝非常注意保存国粹，画院中虽采用数名西洋画家，但他不喜欢油画。郎世宁之流醉心于中国画并为之刻苦努力倒也罢了，可也有人为此感到困惑。因为乾隆帝不让他画油画，而力主画中国画。尤其感到困惑的是擅长人物画却被驱使多画花鸟的画师。由此可见乾隆帝的兴趣在于保存国粹，因此在建西洋建筑时恐怕不希望纯西洋风格，而希望加入某些中国元素。郎世宁非常理解乾隆帝的这种心情，所以计划在西洋建筑中多少加入一些中国情趣。但与其绘画中的八分中国画、两分油画风格相反，其建筑规划为西洋八分、中国两分。这些建筑皆由砖构，外贴汉白玉，汉白玉上施以各种雕刻。巴洛克建筑风格是一种自由奔放、奇特而又崇尚华美的风格。乾隆帝不以为忤，反而允许设计师不计工本大胆使用，郎世宁也因此得以充分发挥自己的才干。

北京近郊 18 世纪巴洛克风格建筑终告建成。假如能留存今日，则能给予人们极大的兴味。可惜今天几乎看不见了。为何圆明园消失了？就是因为咸丰十年英法联军攻陷北京的那一场著名战争：英法联军登陆大沽后攻陷通州，打算侵犯北京。到城外后一部分军队赴圆明园进行彻底掠夺。圆明园中有无数的珍宝，装饰也非常豪华。彻底掠夺这些宝物实在令人难以容忍。联军刚到大沽时恰逢八月，十月即进入北京，媾和谈判由此开始。那时清帝避难于热河，恭亲王奉命展开媾和谈判。之前因为英国领事及众多洋人被中国士兵拘禁于圆明园中，所以在谈判时联军主张先释放被拘禁的洋人后才能谈判。于是英国领事及洋人被释放，但其中有十二人已死。具体原因是因为受缚三日不

给食物，其中十二人因不堪虐待而死去。因此英国特使埃尔金非常愤怒，并考虑要采取必要的措施给中国人以强烈刺激，使之刻骨铭心，而不致再重演如此无视国际法的野蛮行为。于是他与英国将军格兰德一道商量后得出结论：烧圆明园为最佳方案。因为圆明园是中国朝廷所珍视的离宫，而且规模宏大，壮观异常，烧毁它对中国朝廷必有刻骨铭心的功效。法国将军蒙特邦反对此方案，说即使中国人行为野蛮，烧毁如此美丽壮观的建筑也极为不妥。但埃尔金与格兰德将军不肯退却，最终于 10 月 18 日清晨放火烧毁圆明园。大火延烧至 19 日，全园化为焦土。此前联军提出过各种媾和条件，但中国方面均不接受。联军认为采用拖延战术到任何时候都不会奏效，所以威胁若不答应其条件，则将全部烧毁圆明园和北京皇宫。时间是 17 日。18 日联军放火烧毁圆明园。听到圆明园被烧的消息中国方面惊恐万分，且狼狈不堪。于是联军于 19 日大火熊熊燃烧之际提出再次谈判，若中国方面不答应媾和条件也将烧毁北京皇宫。恭亲王非常狼狈，立即答应联军要求，媾和条约由此得以签订。假如圆明园不被烧毁留存至今，则无论作为中国国宝，还是作为东方名园，抑或作为 18 世纪巴洛克风格壮丽辉煌的建筑输出东方后的纪念物，都可成为文化史上的珍贵纪念。毁于大火实在可惜。

此后虽曾数次计划重建但绝非易事。况且中国自此开始内忧外患，无暇顾及此事，最终归于放任不管。纵然如此，之后此处仍为禁区，四周建有高墙，衙役环视看守。因圆明园宫殿大部分是木构建筑，所以付之一炬后如今了无踪迹，仅剩下建筑物遗址，如同罗马废墟。而清朝灭亡，中华民国建立后，早先派出的看守也不知所踪，游人开始自由出入。而且势力此消彼长的北京权势人物还逐渐损坏圆明

园遗构，或拿走砖瓦修建自家公馆，或取之建造自家庭园，如今上述遗构也不见踪影。1918年我访问北京，听到圆明园的事情后询问圆明园现在情形如何。据居住该处的日本人说，圆明园被英法联军烧毁后任其荒废，今天已无所存，去也无益。因为过去不知道有此西洋风格建筑，故最终未去参观。1921年瑞典斯德哥尔摩博物馆馆长西廉访华调查圆明园遗址，拍摄照片后回国，于1926年出版了《中国宫殿》一书。这是一本有关北京紫禁城及其他中国宫殿，附有大量照片，分上、下二册的精彩书籍。我见到后惊讶不已，遗憾自己没能于1918年去北京观看残留至今如此壮观的遗址，并希望有机会一定要去参观。

自西廉在世界范围内发表有关长春园西洋建筑的信息后，特别在中国人中间产生了极大震动，理由是连西洋人都能就此发表详细意见，而如今中国人若不对此加以关注则不成体统。故此后中国人逐渐开始关注圆明园。前年中国诞生了与日本建筑学会性质相同的"中国营造学社"。该学社为圆明园的逐渐荒废感到惋惜，与北平图书馆一道在中山公园举办了"圆明园遗物与文献"展览会，大力提倡保护圆明园遗址，并印刷发行了"圆明园特刊号"。这就是《中国营造学社会刊》第二卷第一册，其中详细记载着圆明园的情况。

1931年5月我与竹岛学士共赴北京拜访营造学社，提出希望参观圆明园。该社人士立即做出反应，说他们有实测图，并特意为我俩复制了蓝图，而且还派刘南策负责陪同。于是我与竹岛二人前往参观圆明园。先从长春园东门进入，也就是穿过倾圮不堪的二重壁障，从这西洋建筑所在区域的东面进入。全区宽广辽阔，一两天内根本无法全部看完，所以我们仅游览其中一个区划。令我们惊叹的是西廉照片

中许多建筑虽倾圮但仍遗存，而仅过了十年，损坏即很严重，以前有的建筑已不知所踪。遗留至今的建筑构件与西廉照片相比，残留部分也大为减少。究其原因都是权势者任意取走砖石，加以利用，所以逐渐消亡。而这些残留建筑区域如今仍有工人频繁出入，动辄拾走砖石。营造学社人士就此费尽口舌进行劝阻，但根本于事无补。也就是说仅在用嘴皮子反复说教，但实际上并未采取任何保护措施，以致如今损坏日益严重。如放任不管，则我们所拍摄的照片过三五年后再看恐怕将全部变为老照片。距今约一百八十年前建成的如此漂亮的巴洛克风格建筑，恐怕将于不久的未来消失得无影无踪。下面请一边看我们拍摄的照片，一边听我说明过去的圆明园是何种景况，与今日比较又成为何种情状。

此外我们有幸得见乾隆年间制作的摹写长春园西洋建筑的铜版画。这些画是去年3月在北京宫殿中发现的。另外沈阳宫殿在前年冬天也发现相同的铜版画。热河行宫也发现了二十幅相同的铜版画。这些是自前年冬天到去年春天发现的铜版画，是乾隆五十一年制作的，也是中国画工掌握郎世宁传授的铜版画技术后奉乾隆帝的命令制作的，而且有乾隆帝御览后加盖的"乾隆御览之宝"印章。这些画画面极其写实、精细，与遗址对比可谓相得益彰。由此我们可以明白其画作是如何真实，明确判断当时圆明园的结构和式样。（第一五四、一五五、一五六、一五七、一五八、一五九、一六〇、一六一、一六二、一六三、一六四、一六五、一六六、一六七图）

第一五四图是营造学社赠送的实测图中西洋建筑的部分平面图，是1924年一位叫金某的中国人制作的。制作时长春园似乎还保存相当多的遗址，我们去实地调查时发现该图制作比较好。我们是从东面进入，但调查顺序却

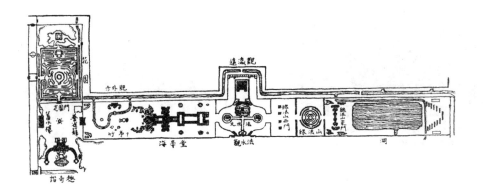

第一五四图　长春园内欧式宫殿配置图

第一五五图　长春园谐奇趣南面（乾隆铜版画）

第一五六图　长春园谐奇趣部分（1931年拍摄）

第一五七图　长春园花园正面（乾隆铜版画）

第一五八图　长春园方外观正面（乾隆铜版画）

第一五九图　长春园方外观现状（1931年拍摄）

第一六〇图　长春园海晏堂西面（乾隆铜版画）

第一六一图　长春园海晏堂西面现状（1931 年拍摄）

第一六二图　长春园远瀛馆正面（乾隆铜版画）

第一六三图　长春园大水法正面（乾隆铜版画）

第一六四图　远瀛馆及大水法现状（1931 年拍摄）

第一六五图　长春园线法山上西眺景观（1931 年拍摄）

第一六六图　长春园湖东线法画（乾隆铜版画）

第一六七图　长春园湖东现状（1931 年拍摄）

从西面开始的。这样一来首先调查的是"谐奇趣"。该园正中有高大建筑,远处左右有圆形翼状物凸出,其端部有八角形建筑,前面就是喷泉。再向北走西侧有"蓄水楼",但如今不知所踪,似乎过去是一个用于储水的大容器形建筑。与之相对东面有"养雀笼",该建筑有扇通往东面的门,两侧布满金属网,大概当时在里面饲养孔雀等鸟类。其北侧建筑当时似乎是养鸟宫人居住的场所。由此建筑再向北走正中有门,叫"花园门"。其内部有以植物造成的迷宫,但叫花园。如今上面部分完全损坏,仅留有遗迹,当时的设计图却描绘得十分周全。环行其中正中央稍高处有一阁楼,出口即作于此。其后方也有建筑物,再后面山上也建有亭子。稍退回不远向东穿过养雀笼可看见一条河沟,河沟上架桥,桥正面有座大型建筑物叫"海晏堂"。又有座建筑物南面朝向海晏堂正前方北侧,叫"方外观"。这是座长方形建筑,从两侧上楼梯可直接登上二楼。海晏堂正前方即蒋友仁设计的喷泉,非常壮观。正中有池,四周排列十二生肖动物像,可按照所设定的时间自动喷水。过海晏堂向后行走可看见一座非常漂亮的建筑物,叫"远瀛馆"。其南面有"大水法"。中国人将喷水译为"水法",因此"大水法"就是"大喷水"的意思。其正中造池,中间设有许多喷水装置。"大水法"前左右各立有九层塔,水也从塔中喷出。与北面"远瀛馆"相对设有一个极其富丽壮观之皇帝宝座,坐此可以观水。从这里再向东走有一个

门,其东面有山叫"线法山"。实际上是一个小山丘,山上有建筑,从建筑上可以眺望四方。过此门后又有门,该门东面有一个巨大长方形池塘,池塘东面有许多西洋建筑。猜想是官吏和其他各类宫人的居所。[编者注]

如上述,乾隆三十二年首次在长春园建造西洋风格建筑和凡尔赛风格喷泉。如大家所看到的都是一些用汉白玉建造的非常华丽的宫殿建筑和喷水工程,以及非常漂亮的庭园和花园迷宫等。它们充分发挥当时意大利巴洛克建筑风格。如刚才所说如果能原样保存下来,那么将作为东方国宝令人兴味盎然。可惜被英法联军完全烧毁,而现状保护也很不得法,其砖瓦逐渐被权势者运走,任其衰颓。有些砖瓦被运到北京各公园中安放在四处。为了未来,营造学社正想尽办法保存现状,或举办各种遗物展览会,或不断宣传保护意义和方法。

[编者注] 当时博士系以幻灯机显示乾隆时代铜版画与1921年奥斯巴尔德·西廉拍摄之照片及1931年博士自拍照片,一边进行对比,一边进行演讲。但因版面关系本书节略许多画面,仅收入部分照片供参考。

本篇系1932年11月29日夜于建筑学会之演讲稿。

第十六章　热河行宫与喇嘛寺

目　录

一、总　　说

二、热河行宫
1. 行宫内建筑物
2. 苑池之形式

三、喇嘛寺庙

中国古代建筑与艺术

一、总说

热河系中国东北之"日光"[1]。中国东北地区有足够魅力吸引国内外游客者非热河省[2]莫属。放眼望去数千里，可见热河省所有山岭几无一木，风景肃杀。而唯于此地有宛如明镜之湖泊掩映于松林之间，四周山麓排列幢幢宏伟壮丽之喇嘛寺，犹如沙漠中出现之绿洲。余二十年来一直希望考察热河，然于去年始有机会实现此愿望。

热河省乃今日名称，官方称其地为承德。承德四周群山环抱，内部地域狭小。热河系滦河支流，来自东北方，并沿其东面向南流淌。热河西部之平原位于行宫范围内。行宫南面有市井街道，狭窄且甚曲折，廛铺简陋，据称有人口三万，总体印象乃极为贫困，实属意外之事。与之相反行宫与喇嘛寺却十分壮观。

承德过去并非重要之地，而自康熙皇帝建避暑山庄后瞬间成为内蒙古第一名胜之地。自康熙四十二年至康熙四十七年共花费六年时间行宫才大体建成。康熙皇帝爱之深切可由御制《避暑山庄记》得知。其中写道：朕数巡江干，再幸秦陇，北过龙沙，东游长白（山），未见有如热河近于北京而风光如此明媚之地。

行宫之所在西北丘陵起伏，东南平旷，遍布湖泊、树林、宫阙、亭榭，四面高筑石墙，约有十六里余，可以想见其占地面积之广。行

宫东面与热河流水相隔有山，山麓并列溥仁、溥善、普乐、安远四寺。东北面热河左岸普宁（俗称大佛寺）、普佑二大寺巍峨耸立于邑落之上。行宫北狮子沟对岸山麓于淡淡烟霭中可见须弥福寿庙、普陀宗乘庙、殊像寺、罗汉堂如图似画，犹如一座西洋城市。

往昔行宫四周山峰树木繁茂，而于今砍伐殆尽，唯行宫、寺庙周围保留过去风貌。即令如此，以行宫为中心，四周山河、市廛、寺庙等综合性景观仍妙不可言。相较于余夙游之印度"阿格拉"[3]、罗马"圣彼得大教堂"、西班牙"阿尔罕布拉宫"[4]，印象更为深刻。

二、热河行宫

行宫系康熙皇帝每年五、六月至七、八月于此驻跸处理政务之地。康熙皇帝名之避暑山庄，其以天然形胜之利开一大池苑，营造宫殿台榭，并亲选三十六景吟诗作赋，命群臣相和。乾隆皇帝亦每夏必幸此地，于行宫内建永佑寺、水月寺、碧峰寺、旃檀林、汇万总春之庙、鹫云寺、珠源寺、斗姥阁、广元宫等九所寺观，又另选三十六景。乾隆皇帝时行宫臻于完美，成为世界屈指之名园。此后嘉庆皇帝亦数度行幸，咸丰皇帝因英法联军攻占北京蒙尘于

[1] 日本著名国家公园之一，跨栃木、群马、福岛、新潟4县，有著名建筑东照宫与中禅寺湖、鬼怒沼山等优美湖泊和山岳。——译注

[2] 新中国建立前东北四省之一，省会城市为承德。1956年1月1日正式撤销。原热河省土地分别划归辽宁省、河北省、内蒙古自治区。——译注

[3] 阿格拉（Agra），印度北部城市，位于冈底斯河支流加姆那河南岸，有泰姬陵、阿格拉堡等遗迹。——译注

[4] 阿尔罕布拉宫（Alhambra），世称"红城"，系位于西班牙格拉纳达市郊外的一座宫殿，为伊斯兰风格宫殿建筑代表。13—14世纪由伊斯兰教徒建成，因红砖壁面而著名，显示阿拉伯建筑之极致。——译注

此，系史上著名事迹。其后伴随清朝衰败逐渐荒废。清灭后成民国督军居所，而自汤玉麟[1]居于此地后破坏更为严重。纵然如此其仍不失为东方一大名园。（第一六八图）

第一六八图 热河行宫正宫正殿（澹泊敬诚殿）

1. 行宫内建筑物

行宫于南面开三门，正中称丽正门，东门称德汇门，西门称碧峰门。丽正门内建筑系正宫，内有正殿、东西配殿、廊庑、后殿等，皆木构。该建筑简洁潇洒，颇有日本情调，恐系康熙皇帝出自山庄需要，故意回避俗艳装饰而致。作为中国建筑不施油彩，原木建构，实为罕见。正殿俗称楠木殿，咸由楠木建造。宝座用紫檀与黄杨木，布满雕刻，意趣高雅。可惜民国后汤玉麟盗走嵌有翡翠、玉石、珊瑚等珠宝的桌椅等其他家具，其大且搬运困难者则悉数撬去珠宝。汤玉麟又移走康熙、乾隆等皇帝的精美御书匾额，拆除以景泰蓝制作之山水等图案墙板（余于沈阳汤玉麟私邸曾见过大量从

[1] 汤玉麟（1871—1937），山东掖县人，绿林出生，曾在张作霖东北军第27军任53旅旅长。1926年任热河最后一任"都统"。1929年热河改省，改任热河省主席，直到1933年日军占领承德。——译注

行宫掠夺之珠宝，堆积如山）。（第一六九、一七〇图）

德汇门内宫殿之一郭，过去主要用于宴会场所。清灭后为督军府占用。

行宫苑池内当时四处建有小离宫与亭榭，然于今大半归于乌有。

行宫内山头、河谷间与平原立有乾隆年间建造之九座寺观，为行宫平添诸多韵致。其中位于东北隅平原之永佑寺规模最大，立于寺中之九层琉璃塔高约三百尺，时至今日其黄绿色琉璃砖映照夕阳仍烁烁发光。然伽蓝建筑全部被毁。因汤玉麟取砖，墙壁、地面悉数被撬，惨不忍睹。其他寺观亦多成废墟，其遗构亦大体残破不堪。唯一保存稍好者乃珠源寺铜殿。柱、壁以至藻井、屋顶、门扉、窗牖等悉以青铜制造。汤玉麟魔手未予伸及，实为不可思议之事。

第一六九图 热河行宫澹泊敬诚殿内部宝座

第一七〇图 热河行宫内永佑寺琉璃塔

2. 苑池之形式

行宫西北山峦起伏，其间有峪，称梨树峪、松林峪、榛子峪、西峪。东南一带为平原，湖泊潋洄，有岛有洲有土坡，其间有世称"水心榭"之亭桥与大小桥梁，相互连接。湖水北面有大平原，点缀以老榆树，人称"万树园"。与其相对的永佑寺凌空亭亭而立。昔日行宫内山上山下树木丛生，而于今已失大半，唯湖泊周围与河谷之间，柳、榆等大树尚留往日风貌。今以提纲写法概说苑池形式。（第一七一、一七二图）

1. 规模宏大，有山有谷，有清波荡漾之湖泊，亦有广漠平原。其规模之大于今日中国无可比俦。北京近郊万寿山离宫与著名之圆明园皆无法比拟。

2. 利用苑内涌出之水连接大小湖泊，又作形状各异之桥梁架于其上，平添几多情趣。

3. 利用自然山、谷，于峰顶谷底配设佛寺道观，巧妙协调自然美与人工美。

4. 使小丘土坡蜿蜒起伏，湖泊流淌其间。多作出入口使地形复杂，风景变化多端。

5. 各处建宫殿、别墅、亭榭、楼阁，使之与各处寺观配合造出景致。

6. 植松于山谷间与湖水畔，水边尤植柳。又于广袤之万树园植老榆树，可惜榆树颇老朽。溪间、山上之老松近年为汤玉麟盗伐，掘树痕迹历历在目。

7. 麋鹿多出没山谷原野之间。池沼中栖息各种鱼类。康熙皇帝《避暑山庄记》中载"文禽戏绿水而不避，麋鹿映夕阳而成群"，似乎栖息于此之麋鹿与鱼类自彼时起即将行宫视为自身唯一之乐土。

8. 行宫一侧与街市相近，四周峰峦围抱状如屏风。隔热河东临溥仁、溥善、普乐、安远四寺，东北面有普宁、普佑两寺，北面朝狮子沟，俯视须弥福寿庙、普陀宗乘庙、殊像寺、罗汉堂等寺庙，与四周景观一道构成一大综合性名园。

要而言之，此行宫苑池彻底以自然风景为基调，与日本庭园颇相似。原先中国庭园一如西洋，强调人工建造，有将自然人化之倾向。如万寿山离宫，以石垣为湖岸，绕以石栏杆，刻意叠砌假山，劈山筑以高大石垣，于其上建楼阁。其余皆大体如此。

圆明园历康熙、雍正、乾隆三代而成名园，其样式颇似此行宫苑池。然其全然建于平地，无山无谷，且规模亦小。咸丰年间为英法联军焚毁后，今荒废至极，名园风貌已然不存。而热河行宫苑池纵令荒芜，犹充分保留当年景象，故可面对世界自夸为东方一大名园。

第一七一图　热河行宫内苑池景观之一

第一七二图　热河行宫内苑池景观之二

三、喇嘛寺庙

承德喇嘛庙实为东方之骄傲。须弥福寿庙与普陀宗乘庙相邻而建，远望如西洋之一大都市，其规模之大可以想见。

如上述，行宫东面热河流向远方绵延起伏之群山山麓，自南向北有溥仁、溥善、普乐三寺与安远庙。行宫东北热河右岸有普宁寺即大佛寺，东邻普佑寺。行宫北与平日无水、人称狮子沟之旱河相隔，有须弥福寿庙、普陀宗乘庙、殊像寺、罗汉堂背山自东向西排列。殊像寺与罗汉堂间有戒台，于今唯留遗址。

其中溥仁寺、溥善寺最为古老，系康熙五十二年蒙古各旗为圣祖六十寿诞而建，比其他寺庙规模小，今废圮不堪。而其内部安置之喇嘛教佛像比其他伽蓝佛像制作精美。普乐寺系乾隆三十一年敕建而成，乃大型伽蓝。安远庙系乾隆二十四年归降之准噶尔达什达瓦部落于乾隆二十九年依敕仿伊犁固尔扎庙形制而建，与普通中国建筑相异，为西藏式样。其正殿普度殿面阔七间，进深七间，四层，其屋顶以黑釉瓦铺葺，尤为罕见。

该庙位于形状突出之高大塔基之上，隔热河与行宫相对。面向低地，近可看大佛寺，远可望须弥、普陀两庙，占尽形胜之利。

普佑寺系乾隆二十五年敕建而成，乃大型伽蓝，今无僧人居住，用作兵营。佛殿、山门等屋顶、梁、檩为无知士兵劈碎，作为燃料。精美佛像与四大天王、十八罗汉塑像为风雨侵蚀，行将崩溃。描于壁上之精美佛画今半挂皮半脱落，色彩消褪，显示盛极必衰之理，不亦"怜"乎？

普宁寺又名大佛寺，位于普佑寺西面，系乾隆二十年依敕为纪念平定准噶尔战役，仿西藏三摩耶庙形制而建，亦为大型伽蓝。世称大乘阁之大佛殿立于宏伟壮丽之大雄宝殿后方高台上，其左右配有奇特形状之琉璃塔四座及许多世称白塔之西藏式建筑。大乘阁系五层大殿，第五层小，四角攒尖顶。第四层四隅各有一个稍低矮之四角攒尖屋顶，外观颇奇特。殿内正中五层连通，为内殿，安放木胎金漆三十六臂观世音菩萨大立像。其高七丈二尺，为世界最大木制雕像。躯体比例匀称，面相亦较温和。尤其身体两侧伸出之三十六只大长臂，如何安全固定实乃不可思议。平日有人宣传其比奈良东大寺大佛高大，而实际情况并非如此。奈良大佛高五丈三尺五寸，为坐像，若直立为十丈七尺。此观音像为七丈二尺立像，高固高矣，然论其大则远逊于奈良大佛。即令如此，木像能如此高大仍值得惊叹。观音像两侧各立有高四五十尺之胁侍菩萨像。外殿有层层楼梯，通过楼梯绕其四周可达其顶部。（第一七三、一七四图）

殊像寺系乾隆三十九年仿五台山香山寺而建，其本堂为二层大佛殿，称会乘殿。其后方最高处有假山，其上有八角二层之宝相阁，内部安置高大文殊菩萨骑狮像。

罗汉堂系乾隆三十九年建造，其本殿平面如田字，并列安放等身大五百罗汉像，颇壮观。正中建二层阁楼，内外皆施有重彩，金碧辉煌。然废圮严重，屋顶四处破损，藻井或落或将落，幸而有旁柱支撑。

普陀宗乘庙与须弥福寿庙于喇嘛庙中体量最大，最能明显反映西藏伽蓝制度。普陀宗乘庙系乾隆三十五年西藏归附中央政府，高宗大喜时仿西藏布达拉宫样式而建。而实际上此庙与今西藏拉萨法王宫形制颇相似。须弥福寿庙系乾隆四十五年高宗七十寿诞时后藏班禅额尔德尼来京，帝嘉其远来仿西藏形制而建。（第一七五、一七六图）

第一七三图 普宁寺大乘阁前面

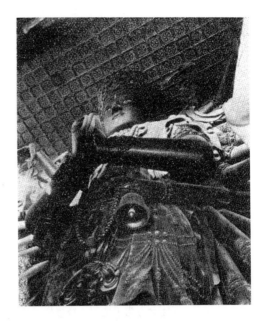

第一七四图 普宁寺大乘阁本尊

第一七五图 普陀宗乘庙全景

第一七六图 普陀宗乘庙万法归一殿

　　普陀宗乘庙建于由后山突出之高台之上，地势前低而向后方逐渐升高，寺庙周围绕有高墙，前面开三阙门，东西隅建有白台，两侧开东西两门。前门前两狮对立，再向前有五孔石桥。过前门有碑亭、五塔门、僧房、白台、琉璃牌坊等。继续向前可见三层大红台上又有一座六层高大建筑，其仪表堂堂，凌空劈立，规模之宏伟壮丽实可惊叹。其上又有三层建筑，内有庭院，称群楼，下面仅有塔基，唯各层皆有窗形，外壁全部涂以红漆。此群楼今遗外部砖筑四壁，其余全部损坏。唯伽蓝本堂、万法归一殿尚平安巍然伫立于内庭。此殿面阔七间，内外皆有华丽彩饰，上下两层屋顶全部铺葺镀金之铜瓦。正脊宝饰与垂脊鬼龙子亦皆铜制镀金，金光灿烂，辉映夕阳，其美无可比俦。《朝日新闻》报道，1933年芝加哥博览会展出此殿模型时邻近展位之日本馆因此无人光顾而落败。不仅如此，其西北最高处犹有六角二层楼阁，称慈航普渡阁。万法归一殿东面有洛伽胜境殿之一角。其东北隅高耸一座八角二层楼阁，称权衡三界阁。此两阁屋顶亦以镀金铜瓦铺茸。此外各处犹建有长方形白台与圆形白台，参差不齐，错落有致，景观极其雄伟壮丽。

须弥福寿庙位于向普陀宗乘庙东方突出之高地上，地势同样前低而后方逐渐升高，层层建有各种建筑。一如普陀宗乘庙，前面有五孔石桥，其后有石狮一对，再后有山门。山门左右石墙东西隅角建白台，向后折去围绕寺庙四周，东西各开一门。入前门过碑亭与琉璃牌坊，有一座三层大红台，劈面高耸站立，其东方连接一座二层红台。大红台外部涂朱漆，排列三层窗，外观恰似西洋建筑。其内部有三层群楼，围合成内庭。群楼上方为平屋顶，登楼梯可达屋顶。群楼内部设有许多大小屋室，其中或安置佛菩萨与舍利塔，或于壁面造无数小佛龛，然龛中小佛像悉为军阀掠取，一躯未存。内庭中央立有三层楼阁，称妙高庄严阁，内外皆有绚烂雕饰，重檐屋顶茸以镀金铜瓦，金铜宝顶与垂脊上下饰有金铜龙形。其奢华手法实可惊叹，而相较于普陀宗乘庙之万法归一殿则显过于奇巧，反带卑俗之气。

群楼屋顶四隅立有单层佛堂，内部安放金刚尊。群楼西北处有三层吉祥法喜殿，亦铺茸镀金铜瓦。群楼后面有万法松缘楼之一角，稍高，其背后最高处有八角琉璃宝塔凌空站立，睥睨四方。

如上述，普陀、须弥两庙与普通中国传统寺庙大为不同，充分发挥西藏建筑样式之特征。亦即中国传统伽蓝建筑配置端庄严谨，必左右对称，而此两庙配置极不规整，各处自由营造建筑。其次，世称大红台之大型建筑系伽蓝中心，而中国伽蓝无此建筑。再次，各处建有世称白台之西洋风格建筑，其屋顶往往建有一尊乃至五尊舍利塔。最后，有六角或八角亭，尤其屋顶往往铺茸镀金铜瓦，等等，其特色于中国其他寺观全然不可见到。（第一七七、一七八图）

如上述，承德喇嘛寺有西藏式寺庙，有伊犁式寺庙，有五台山式寺庙，亦有世界最大木雕刻与等身大五百罗汉，等等，令人津津乐道，兴味绵长。

然而余等于四处皆听闻寺僧泣诉，此类寺庙自清亡后失去皇室保护，成为军阀掠夺对象，四周丛生之几万株松树皆为汤玉麟所伐，佛殿内安放之众多佛像、几万小佛，乃至佛画、景泰蓝香炉、花瓶、烛台及其他佛具亦多为汤玉麟夺去。余于沈阳汤玉麟私邸见过许多被掠夺之佛像、佛画、佛具，可知寺僧所言不虚。

本篇曾刊载于《中央美术》第九号（1934 年 4 月）。此外有关热河行宫与喇嘛寺之文章还有国际文化振兴会出版之小册子 "Summer Palace and Lama Temples in Jehol" 与 "座右宝刊行会" 出版且由东方文化学院东京研究所收藏之大型画册《热河》四册。本文执笔期间博士逝世。为不致永不刊行，本编辑部承博士助手竹岛接手工作后终于 1937 年 6 月刊行。

第一七七图　须弥福寿庙全景

第一七八图　须弥福寿庙琉璃宝塔

第十七章　中国东北地区古建筑与古坟

一

中国人看东北地区时往往视其为所谓塞外民族居住之地。历史上有许多民族在此建立国家，或兴或亡，其间几无延续两三百年血脉之王朝，可谓兴勃亡忽。故谈及这些民族文化属于何种文化时，多半有人会认为这些塞外野蛮民族缺乏自身优秀文化，其文化皆为模仿中国或接受中国影响而产生之文化，其遗迹、遗物恐无特别之处。不过经由我们逐步调查，发现其国家虽存在时间较短，但其民族创造之文化比我们今日想象得更为优秀，更为发达。其间虽也运用、模仿中国文化，但也出现超出模仿的特殊性质。根据今日调查，其遗物不过略显端倪，将来若不继续调查则无法了解实际情况。但就所调查之遗迹、遗物来看，亦可发现有些文物数量虽少，但质量十分优异，保留其于文化发源地之中国，于邻国朝鲜，或于日本皆无法见到之极其珍贵、极其优秀之特质。

今日中国东北地区正在重新建设，历史已进入必须建设东北地区自身新文化之时代。故应首先明确东北地区过去有何种文化，其文化又有何种性质。首先是文献。然而根据文献进行考察非常困难。因为文献极为匮乏，有之亦多为中国方面编撰，且皆残缺不全。时至今日尚未出现一部完整之中国东北地区文化史。故仅从文献方面考虑，则无论如何皆无法充分了解过去之情况。因此必须通过反映不同时代之遗迹、遗物进行考虑。今日东北地区之遗迹、遗物数量最多且最重要者，当属古建筑与古坟。此外还有绘画、雕刻等与古建筑和古坟相伴之文物，工艺品等亦属由古坟出土或与古建筑共存之文物。然于东北地区，今日保存之遗物中最重要者仍只能说是古建筑与古坟。因此，今天我打算通过实物，即古建筑与古坟，就东北

地区过去之文化属于何种文化进行阐述。因时间关系不能充分说明，下面仅就主要遗物大体做些介绍。

二

开始调查中国东北地区之遗迹、遗物，是在 1904—1905 年 [1] 战争之后。从那时起日本学者轮流前往中国东北地区，开始在南满铁路沿线及其他地方展开调查。俄国学者与其他国家学者等也进行了调查。我数次前往中国东北地区，经过逐步调查最后得知，中国东北地区保存着数量虽少，但质量非常珍贵优异之文物。不过这些遗物之问世仅不过是初显端倪，随着将来调查之进展，还将陆续发现更重要且更有价值之文物。今天拟就迄今为止调查之遗迹中主要文物，即古建筑与古坟进行阐述。在此之前，应先涉及中国东北地区之大致沿革。

自周代起为中国人所知晓之民族，如挹娄、肃慎等民族即居住于此地。但距今二千二百年前左右，奠都于今日北京附近之燕昭王从热河向辽东进犯，到达鸭绿江，将此地划入燕国版图，并在此外围修建长城。秦始皇即位后对燕国版图照单全收，并在燕长城之基础上修建所谓之万里长城。此长城与今日山海关长城不同，走向稍偏北，经过朝阳北面向鸭绿江延伸。汉代之后这些土地继续属于汉领土。而其后随着后汉势力衰弱发生了各种事件。但总而言之，自后汉、三国之魏国直至其后之西晋时代，皆将中国东北地区南部划入其版图。但在西晋初期，鲜卑族慕容氏崛起于今热河地区，国号为燕，奠都朝阳，占领自热河到辽西之土地。恰

[1]　指日俄战争。——译注

好此时高句丽位于鸭绿江上游，因与高句丽接壤，故反复发生争斗。高句丽即日本所说之高丽，最早奠都于鸭绿江上游之"国内城"[1]，后迁都于"丸都城"。及至燕慕容皝攻占其国都后再次返回国内城，以此为都。其间势力逐渐转盛，及至广开土王时向四方大肆扩张领土，并得到新罗之帮助，与日本发生冲突。至此将朝鲜半岛北方之三分之二领土以及今天中国东北东部部分地区，即自辽东到吉林省全部纳入其版图。广开土王后长寿王时迁都平壤。另一方面，燕国于此后历经变革，最终进入南北朝时代。崛起于今日山西省北方之北魏取代燕国，领有自辽西至热河之领土。北魏系非常强大之国家，领土辽阔，以山西为中心，拥有蒙古以及河北、河南、山东直至西部之陕西、甘肃等省土地。其后隋朝兴起，统一南北中国，此热河至辽西土地一时又归于隋朝版图。隋文帝与隋炀帝屡次率大军进攻高句丽，但最终皆以失败告终。唐取代隋，统一天下，太宗遂乘势亲率百万大军进攻高句丽，亦以失败告终。之后高句丽屡次发生内乱，遂于高祖时被灭。一时间中国东北地区南半部归唐朝管辖。不久渤海国崛起于吉林省，建立相当强大之国家，领有东北地区东部，在其领有地上设上京、东京、中京、南京、西京，称"五京"。

唐末五代初契丹民族崛起于热河北方，国号称辽，灭渤海国，取东北地区与蒙古，又攻占河北与山西，建立非常强大之国家。辽存世二百年左右，故在此时代创造了非常优秀之文化。此后女真族又崛起于长白山北面，灭辽，国号金。金占整个东北地区后又向南进犯，攻

占许多中国领土，其国土面积比辽更为广阔。迁都今日北京后又攻占北宋首都汴京，以此为都，建立起一个广袤大帝国。继而蒙古族兴起，国号元，遂与宋朝联手灭金，东北全境归于元朝版图。元灭后明起，但明仅能控制东北南部地区，其他地区仍由女真族割据。女真族中清国出现，最终统一全中国。

中国东北地区经历上述变迁，即自汉代至三国之魏国、西晋时代，汉民族支配东北地区南部之部分地区，此后明代又一度支配上述南部地区，但在其他地方与其他时代，皆由塞外民族割据，其间几多民族或兴或亡，也建立过不少国家。其中如契丹族、女真族、蒙古族等，甚至建立起强势大帝国，支配中国全部或部分领土。

以下进入正题。调查中国东北地区文化遗迹时我们发现相当多汉代遗物，主要是古坟。其次是高句丽时代遗物。在"国内城"与"丸都城"中心地区及附近地区散落着大量城址与古坟。古坟中亦有许多重要文物。再次出现之渤海国亦有过去之都城遗址，近年来挖掘出各种遗迹、遗物等。特别是后起之契丹即辽代遗物较多，建筑物中既有木构建筑，也有砖构建筑。古坟中也有价值非凡之文物。金代在东北地区亦有相当多遗迹与遗物，但元代文物极少。因元代主要向中国本土及西方扩张势力，势必怠慢中国东北地区。明代遗物也有一些，但最多者乃清朝遗迹、遗物。今日无暇就其全部情况进行说明，仅涉及汉代至辽金时代之古建筑与古坟。

[1] 公元 3—5 世纪高句丽首都王城，位于当今中国吉林省集安（辑安）附近。多数日本学者认为"国内城"即"丸都城"。——译注

三

先谈汉代遗物。如前述，由燕而秦至汉，

汉人占领东北南部地区后该地区即成为汉人殖民地。而自汉武帝征服朝鲜，在那里设立四个郡后东北地区则成为联系中国与朝鲜之更重要之通道，长期处于汉人势力范围内。由此亦留下许多汉代古坟。朝鲜方面近来大肆宣传的以平壤为中心之乐浪郡时代古坟就属于此类古坟。而且朝鲜方面在此前做了大量调查研究。东北地区古坟主要集中于辽东半岛，最近有许多日本学者到旅顺附近老铁山、貔子窝、牧羊城等地进行调查研究，使我们得以了解这些古坟出土之遗物与朝鲜乐浪郡出土之遗物性质相同。现就这些古坟中最重要之遗物进行说明。此即营城子古坟。此古坟略在大连与旅顺之间，于1931年夏在修建连接大连与旅顺之非正式通道时被发现。在挖掘一个不显眼之小土包时发现一座砖筑墓葬。其内部有四个玄室，正中为大室，前面有前室，正对向右侧有侧室，后面有后室，总共四个房间。这些房间皆由砖筑，顶棚为穹隆状，极其漂亮。特别是正中房间为双重结构，大房间内又有一个内室。这个内室四壁同样也用砖构成，顶棚也是穹隆状。正中房间正面有入口，通前室，入口上方有拱。砖块浮现图纹，并施有色彩。进入侧室与进入后室之出入口亦同。正中内室外侧全部涂以白色粉垩，内部自地面起高三尺左右部分也同样涂刷白色粉垩，上面作画。（第一七九、一八〇、一八一、一八二图）

内室南面入口内面左右画有手持武器、守卫内部之人物画像。其上方有怪物像，似乎也是保卫内室之守护神。东面、北面墙壁亦画有许多画像。室内地面西处以砖筑，稍高，即载棺台。北面墙壁之一部分画该时代之人物或神仙。此画以下部分正好是西面置棺方向，故画有供奉各种祭品以祭祀之画面。这些画虽带有稚拙之气，但从时代考虑我认为是后汉初之作品。

第一七九图　营城子古坟前室通往中室入口

第一八〇图　营城子古坟内室南面壁画

第一八一图　营城子古坟内室北面壁画

第一八二图　营城子古坟内室天棚

这些遗物若采用公元纪年属距今约1900多年前之物品。在这些遗物中发现的1900年前之绘画虽显稚拙，但属于代表当时绘画之作品，亦表现出当时之思想，所以极为重要。此系迄今为止东亚发现之最古老墓葬绘画，即使在中原地区至今也未发现如此古老之绘画。应当说这在东亚与世界之文化史上皆为一处极其珍贵之遗迹。

再看顶棚。从四壁涂漆部分上方露出带图纹之砖面，皆施有彩色。在公元一世纪初即距今1900年前左右即使用带如此图纹之砖块，或作拱，或作穹隆顶棚，反映出当时中原文化之影响。这并非所谓之满人制作，而必为殖民者汉人制作。日本很晚才开始用砖作拱，或作穹隆顶棚。幕府末期江川太郎左卫门在伊豆韭山制造之反射炉是日本第一座砖构建筑。而在中国东北1900年前就建造了如此精美之砖构建筑。

该墓中还发现各种文物，有许多陶器、石制品、金属制品等，与朝鲜乐浪郡出土文物性质颇相似。[编者注一]

此外还调查了几处汉代古坟，因时间关系说明从略。

四

其次为高句丽时代古坟。高句丽时代遗迹有两处。有人在鸭绿江上游约四五百里处发现高句丽都城遗址，叫"国内城"。在其下游约一百八十里处发现据认为是"丸都城"之遗址。该"国内城"现置县，名辑安县。此城最初系高句丽人居所，之后高句丽人一度转移至"丸都城"，但自燕慕容皝攻陷"丸都城"后又返回"国内城"，在距今1900多年前迁都平壤之

前一直居住于此。因居住"国内城"时间很长，所以其周围有数万座古坟。其古坟有两种形式，一为石冢，一为土冢，即用土筑就之土馒头。石冢中最有代表性者，乃据认为系"国内城"王宫遗址、距今辑安县城东北约四百里之处名曰土口子山山腰之广开土王墓。该王刚才已有介绍，是距今1500多年前之君王，曾向四处大力开疆辟土。因广开土地故有此名。该王得到新罗帮助，曾与日本发生冲突。广开土王之墓就在这里。(第一八三、一八四图)

如图所示，广开土王陵以大石材建造，七层，平面四方形，最下方塔基边长约一百尺，高度四十尺。此墓非常坚固、漂亮。为防止崩塌，四边还放置高十五六尺之大石头以作稳定物。

此类古墓系高句丽特有，并非传自中国。其他地方还有许多这类坟墓，有的比此墓更大，底边长度约二百尺。其次是土冢，也很多，其中最著名的是有壁画的古坟。(第一八五图)

其中一例是"散莲花冢"。如平面图，上方为土馒头，下方有两个玄室，前面玄室为长方形，后面玄室是正方形。整体以石筑就，上方涂白灰，在白灰上描画图纹。墙壁下方画盛开莲花，上方画半开莲花。该莲花形式与南北朝时代莲花形式不同，我们由此得知南北朝时代前之莲花为何形式，可确证此为定都"国内城"时之作品，最晚不超过1500年前。(第一八六图)

第一八三图 广开土王陵

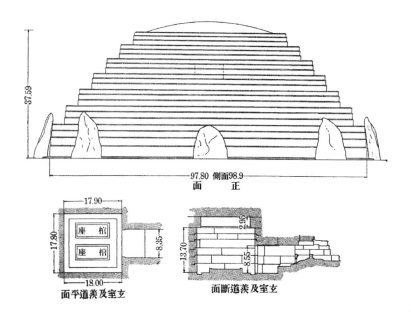

第一八四图　广开土王陵实测图

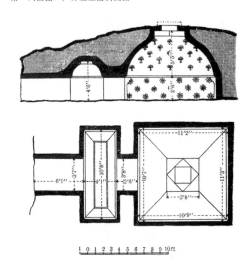

第一八五图　散莲花冢实测图

散莲花冢西侧有墓冢，称三室冢，亦为土馒头。其中有三个玄室。朝西有悠长入口。沿此前行可见一个四方形房间。此系第一个房间。其北面有第二个房间。其西面有第三个房间。三个房间皆以短通道相连。这些房间四壁皆由石块垒成。顶棚做法是用石头逐渐从四面作拱状，使之渐变狭小，其上方用三角石块安放在四角，再在其上方安放三角石块，使中心处变

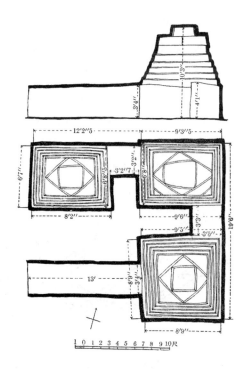

第一八六图　三室冢实测图

小，最后在中心处上方加载石头以遮蔽之。而且从墙壁到顶棚全部涂刷白灰。此类墓葬结构为高句丽所特有，其结构非常巧妙。

由四壁到顶棚画有各种图画。有门，有宫

殿，有穿着甲胄骑马之人物。还有一种蟠虫纹。该纹从汉代云纹发展而来。有来自佛教艺术之莲花纹，也有四神图，即南面画凤凰，谓朱雀，西面画白虎，东面画青龙，北面画蛇缠龟，即玄武。此青龙、白虎、朱雀、玄武四神来自中国思想，即以动物指代四个方位，在此系以各种动物指代四方星座。见此图可知此处残留汉代图纹形式。蟠虫纹、凤凰纹、龙纹也一样。还有佛教艺术中之莲花图纹。见此形式可知其最晚是1500年前之作品。亦即相当于中国两晋时代、朝鲜都城还在"国内城"时之作品。此外有壁画之古坟还有数个。这些壁画系时间仅次于营城子古坟之壁画，中国东北地区第二古老之壁画。与此时代相当之南北朝前之壁画，迄今在中国尚未发现一个实例。（第一八七图）

高句丽迁都平壤后在平壤附近留下许多陵墓，其中有几处古坟所画壁画比上述壁画意趣更为精美。而且东北地区的此类壁画比中原地区之壁画更为古老，在了解南北朝之前东亚文化方面具有极其珍贵之意义。

五

高句丽话题就此结束，下面谈北魏。北魏奠都山西省大同。之后孝文帝迁都洛阳。东晋灭亡后中国分裂为南北两朝，南朝分别是宋、齐、梁、陈，四代皆奠都南京。与南朝相对北朝之代表系北魏，曾在东北地区接收过燕国之领土，势力范围达至辽西。今位于大凌河上游之辽宁省朝阳县曾是燕国慕容氏之都城，北魏时称营州，成为该地之政治中心。营州刺史元景在大凌河下游、义县北部断崖上开凿大量石窟。据铭记可知系孝文帝太和二十三年建造。孝文帝迁都洛阳是太和十八年，所以石窟是迁都五年后建造。北魏建都大同时在大同以西约十一二里处名为云冈之地开凿石窟。时值文成帝兴光元年，恰好距今1489年。当时在断崖上凿大洞，在洞中雕大石佛。此后逐渐凿建石窟，称云冈石窟，非常有名。孝文帝迁都洛阳后在洛阳附近龙门又开凿许多石窟。时值孝文帝太和十九年，即迁都洛阳之第二年，称

第一八七图 三室冢壁画朱雀与白虎

龙门石窟，亦非常有名。之后云冈、龙门又不断凿建石窟，数目几达数千。而在此义县凿建石窟乃始于太和二十三年，比洛阳龙门仅晚四年。中国在云冈、龙门及其他地方开凿许多石窟，但义县石窟属于包括东北地区之中国第三批所建石窟，故为最古老石窟之一。[编者注二]

义县石窟称万佛洞，开凿于大凌河北岸峭壁上。其石窟分为两区，东区建于有塔之山岩四周，有七窟，西区由六个石窟组成，共十三个石窟。石窟内部雕有许多佛像，从壁面到窟顶雕满佛像，或雕有各种装饰与天人等。其中西区第一窟最大，保存最为完好。该石窟正中凿有四方形大柱状物，四方柱面雕有各种佛像。而且从佛像四周到上方浮雕有许多小佛像与装饰图纹等。第四窟以西石窟如今完全倒塌，仅存壁面与窟顶之一部分，但遗留大石佛、小佛像及装饰等。

如此大力建造的义县佛像与云冈、龙门北魏时代雕刻形制完全一致。上述太和二十三年建造之铭文在西区第五窟。铭文记述：为皇帝陛下建造。东区第四窟有景明三年之铭文，故可知是先建西区，再建东区。该年代恰好距今1440年，在此年此地建造石窟实属不易。以此分析，可知当时营州即如今朝阳一带文化非常发达，特别是佛教非常兴盛。

六

再次为渤海国遗迹。渤海国崛起于唐初，其首都位于今黑龙江省，称东京城。此为渤海国之上京。渤海国全盛于奈良时代，与日本有来往，并与日本保持密切关系。自去年至今年帝国大学文学系原田副教授开始发掘渤海国都城遗址。据发掘报告都城周围城壁遗址保存完

好，其正中建造一条笔直大路，以日本说法可称作朱雀大道 [1]。北面后方有宫城遗址，类似日本的奈良与京都都城。进入宫城可见往日宫殿遗址，保存完好，猜测是太极殿，其础石等原样如初。又有大型寺庙遗址，出土许多带图纹之瓦当与陶器之碎片、铜制小佛像、土烧佛像等，皆为唐代形制。渤海国建国于唐初，引进唐文化，方能建造如此壮观之都城。若继续调查势必有更惊人之发现。此外渤海国有几处京城，继续调查也会有更有趣之发现。

七

再次为契丹，即辽国。辽国于唐末五代时崛起于热河北方。先是占领热河附近地区，继而灭渤海国，最终侵入中国本土。辽国也建造五座京城，称上京、中京、东京、西京、南京。上京位于今辽宁省林东，中京位于河北省大名城，东京即今辽阳，西京位于山西省大同，南京即今北京。设置如此五京，引进宋代文化，由此得以极大发展。之后辽国开始欺压宋朝，而宋朝往往卑躬屈膝，每年赠予绢二十万匹、银子十万两作为贡品，缔结兄弟关系。之

[1] 日本古代都城平安京（今京都府）的一条南北向大道，路宽约84米（28丈），其北端中央是"大内里"，即皇城，自"大内里"开始是贯穿都城中央的朱雀大道，该大道将平安京分为左京和右京，其最南端建有一个象征性的"罗城门"即"罗生门"，乃平安京的正门。其实该朱雀大道乃仿修于中国旧长安城的朱雀大街，该街复原后路宽为155米，以此街为界也将长安城一分为二，由长安、万年二县分管，各领55坊。——译注

后增加贡品，每年赠绢三十万匹，银子二十万两，苟且偷安。因此辽国文化得以极大发展，佛教等也非常兴盛，四处建造宏大寺院，刻制印刷《大藏经》，世称《契丹藏经》，是藏经中错误最少、最正确之版本。

因此原由辽代建筑遗存较多。而在中国东北地区辽代建筑最多。首先是辽代木构建筑遗存。1931年我到北平时在其以东蓟县城内发现独乐寺观音阁。该阁系辽统和二年建造，在遗存至今之中国木构建筑中最为古老。而前年我去东北地区在义县城内又发现中国第二古老建筑，名奉国寺大雄宝殿，于辽开泰七年建造，乃庄严堂皇之大型建筑，建于917年前，也是中国第二古老建筑。该建筑规模实属宏大，面阔一百六十尺，进深八十三尺。在日本除奈良大佛殿与东本愿寺祖师堂外，尚无比之更大之建筑。而且是原样保存，其内部并列七尊大佛，其佛像皆趺坐，高二十尺，下面台座高七尺，故佛像高正好二十七尺。加上后部背光总高竟有三十四五尺。如此七尊佛像并列堂中，左右还各自立有肋侍菩萨像。可惜并非原本状态，被后人屡次涂刷，美感大为受损。此外藻井、斗拱施有彩色，绘以图纹，也绘有天人像等，与建成之初几乎一模一样，鲜明亮丽。中国在修缮古建筑时每每重刷油彩，而此殿装饰能保存原样实属罕见。该建筑从时间上说是中国第二古老之建筑，但在东北地区属最古老之建筑，而且是最大最优美之建筑。其内部绘画装饰在整个东北地区也最为古老，最为优美，于他处无法见到。

八

再次为砖塔，也遗留许多。日本塔皆木构，但今日中国已无木构塔，皆砖塔。中国东北各地皆遗留有众多辽代砖塔，四处可见，恰似欧洲有许多中世纪哥特式教堂。其属热衷于宗教，力争建造更精美寺庙以示不逊于他人之结果，因此辽代各都市四处皆有砖塔。例如朝阳等地街道旁建三座，后山建三座，总共建六座塔。上述各地亦四处建砖塔之事，因时间关系今天暂从略，只说明其中最重要之砖塔。（第一八八图）

首先是朝阳塔。朝阳城内现有两座塔，前面说过有三座，但其中一座损坏今不存。这两座塔分别叫南塔与北塔，立于南北二处。其中北塔最为珍稀，过去认为是辽金时代之产物。而前年我到那里发现是唐代建筑，辽代只是修缮其一层而已。因此该塔上部是唐代建筑，下部是辽代建筑。首先值得关注者乃中国东北地区有唐塔。唐塔即使在中国其他地方也存留不

第一八八图　朝阳北塔

多，唐代首都长安附近存有几座，河南省与山东省虽也有一些，但唐塔数量确实很少。而东北地区有唐塔实为可惊可叹之事。如何得知其系唐塔？唐塔乃平面四方形，其中有房间，通过楼梯可登上塔顶，此为唐塔之特征。起初我看照片觉得不可思议，何以上部为唐代形制，下部为辽代形制。到实地一看果然上部为唐代形制，下部系辽代从塔外部裹砖而成。首先是砖之砌法不同，唐代系用黏土砌砖，而辽代是用白灰。因此得以明确全塔（现可见塔之上部）为唐代遗存，一层外面部分应属辽代修补。此地在唐代名营州柳城县，置平庐节度使，使之固守东北，属重要地区。唐太祖进攻高句丽失败而归，归途在朝阳为牺牲将士举行慰灵仪式，亲自作祭文，并短暂停留于此。可以认为，因系唐代重要区域，故有此精美之塔。由于后世

修缮过该塔之一层，所以失去整体平衡感。而且塔上还用砖浮雕出佛像及其他物件，而无论是在唐朝还是在宋朝皆绝无此类制法，全然出自辽代之创意。故可谓该塔系唐塔与辽塔之统一体，此点尤为有趣。（第一八九图）

其次是南塔。该塔系北塔修建后仿照北塔而造，故亦为平面四方形。而辽塔之特征是八角形。辽塔遗存很多，沈阳也有，辽阳也有，而其中以辽阳白塔最为著名。铁岭也有三座，义县也有，析木城也有。而此处有三座塔，名金塔、银塔、铁塔。锦县也有。辽中京大名城也有。此外还有许多。东北地区许多砖塔大抵皆为辽代建造。其中虽也有金代建造，但因时间关系暂从略。现在简单说明辽塔特征。（第一九〇图）

总体来说辽塔为八角形是一个特征。诚然

第一八九图　朝阳南塔

第一九〇图　辽阳白塔

唐塔是四角形，到宋代即成八角形。而且从那时到现在塔基本上都是八角形。唐塔特征如上述，塔中有房间，通过楼梯可到达塔顶。宋塔也一样，但辽塔无入口，塔中无通道，全部用砖实心筑就。而且塔下筑有高大塔基，塔基上大量雕刻斗拱、佛像、栏杆、莲瓣，等等。如此精美雕刻为唐宋塔所无。另外辽塔之一层较高，各面皆建佛龛，其中安放佛像，左右有肋侍菩萨像。上方皆建有天盖形状，其左右有天人像，皆用砖浮雕而成，而且涂刷白灰。这在唐宋塔中绝对难以看到。此亦辽代独创之一大特征。此外用砖造斗拱，以支撑上方塔顶。二层以上各层高度剧减，几如塔顶与十三层塔身重叠在一起。顶上有相轮。唐宋塔各层高度较高，而独辽塔一层高，二层以上高度剧减。此亦辽塔另一特征。另一特征为各层间及其外部处处布满圆点，此为镜子。全部计算应装有几百个镜子。此亦辽塔之特征。唐宋塔中绝无镜子。如此说来辽塔特征鲜明，中国唐宋时代无一塔具有如此特征。此形制系辽国建立后才有，一直扩展到同属辽国版图之河北省与山西省。由此可知辽代文化非常发达。（第一九一、一九二图）

此外辽代西京山西省大同也遗存几处辽代建筑，皆巨大且惊艳之精美建筑。同为山西省之应县，其佛光寺有八角五层塔，纯然木构。此在中国可谓独一无二。该塔建于辽清宁年间，高二百四五十尺，实属大塔。

由此可见辽代建筑不论木构还是砖构皆颇具特色，其精美程度绝不逊色于当时中国本土建筑。可以说辽代文化绝非宋代文化翻版。

九

下面说陵墓。过去在辽阳附近曾发现过几处小型辽代墓葬。现不一一说明，仅谈其中最具代表性、最精美之墓葬。该墓葬位于辽上京[1] 所在地内蒙古林东县西面白塔子镇，过去

[1] 辽国五京为上京临潢府（今内蒙古巴林左旗林东县）、中京大定府（今内蒙古昭乌达盟宁城县）、东京辽阳府（今辽宁省辽阳市）、南京析津府（今北京市）、西京大同府（今山西省大同市）。五京中只有上京是首都，其他均是陪都。——译注

第一九一图　义县嘉福寺砖塔

第一九二图　北镇崇兴寺西塔

辽国称庆州。在白塔子西北方兴安岭山中曾发现辽皇帝陵墓群。因其中有墓志故可知为何代皇帝陵墓。现已知墓主有三位，一位是圣宗，一位是兴宗，一位是道宗。鸟居博士曾两次调查该陵墓群并撰写报告。我尚未去过，打算今年九月去查勘，现将鸟居博士之报告简单介绍如下。

据说陵园中兴宗陵［编者注三］保存最为完好，其余皆遭严重破坏。上方既无土馒头，亦无任何物件，但不知何原因仍被原住民发现。进入墓中观察有六间玄室。正中是一间既大又圆之房间，东西北各有一间稍小之房间，南面有一条长墓道，其左右又有小而圆之房间。全部用砖建造，其顶棚做成圆形穹隆状，且上方有画。墙面全部涂刷白灰，人口通道与左右房间墙面画有等身大之人物像。正中房间四壁画有四季山水，大小为宽十尺，高十二尺。画中山峦林木间有鹿、鸟等动物，是一幅非常精美之图画。正中房间顶棚上也画有各种图纹。此外，圣宗、道宗陵墓形制也与之相同。（第一九三、一九四图）

陵墓中出土大量墓志。我也阅读过墓志。汤玉麟曾将墓志带走，放在自家公馆内，今陈列于沈阳博物馆。据此可知墓主系圣宗、兴宗与道宗。其中仅有两组文字雕成契丹文字，并非汉字。因系契丹文文字较怪，故至今日未能解读。辽代后之女真文字可解读部分很多，但契丹文字系首次发现，尚不能解读其为何意。通过此次调查可知内部绘画与装饰等肯定受到宋朝影响，但其结构形制为辽独创。（第一九五图）

由此可见辽代建筑并不单纯模仿中原地区，而是创造出比中原地区更为先进、更具特色之自身文化。辽代是一个非常努力学习之时代，具有相当先进的文化。

第一九三图　辽圣宗陵内部壁画

第一九四图　辽圣宗陵内部

第一九五图　辽道宗哀册（墓志）盖石（契丹文字）

十

其次是金代。金即女真民族，崛起于中国东北地区北部，占领整个东北地区后进犯中原地区，并占领整个中国北方，建立起强大国家。但金代遗迹较少，我所见者有据认为建于金大定三年之开元地区十三层塔，形制与辽代完全一致，只是形状比例略有不同。因此金文化在东北地区只是辽文化之继续。而自金国将首都迁往远地河南省后，因全力对付南方地区故反而淡忘东北地区。但据调查或许还会出现许多金代遗物。现在哈尔滨附近有金上京遗址，该处有过去王城城墙，其中有王宫遗址。也发现瓦与陶器碎片及小佛像。另外其附近农安一带有砖塔，恐怕也是金代遗物。但我尚未见过照片，无法评论。[编者注四] 若调查渐有进展，除辽塔外恐将出现更多金塔。但无论如何金代遗物多遗存于中原地区。（第一九六图）

十一

综上所述，迄今为止调查之东北地区遗迹、遗物仅不过略显端倪，必须依靠将来继续研究，但根据今日已发现之文物，可谓其已具有相当重要之价值。首先是拥有东亚最古老壁画之汉墓和拥有第二古老壁画之高句丽墓，以及唐后辽代契丹墓。这些年代久远之壁画在中原地区完全未被发现。如此说来高句丽时代、辽代或上溯到汉代之壁画确为东亚最古老之壁画，非常珍贵，东亚其他壁画难以比传。如此文物竟然遗存在东北地区。其次是石窟，即北魏初才在中国出现之石窟中第三号窟之万佛洞。再次是唐塔，此塔在中原地区实属罕见，是东北地区最古老之塔。第四是最富特征之辽塔。此塔创新于东北地区，反过来却影响中原本土。最后是中国全境第二古老之木构建筑——规模宏大之奉国寺大雄宝殿。殿中遗留创建当初之装饰，无与伦比，等等，难以尽述。人们一般认为东北地区遗迹、遗物甚少，有之则不过模仿中原地区，实际情况并非如此。其并非模仿而是创造，有许多东西在中原地区至今尚未发现，具有原始而又重要之价值。

金代以后元代遗物极少，将来或被发现亦未可知，但现在情况无一可知。恐因元代集中精力对付中原地区，反而淡忘东北地区。明代也同样淡忘。清朝发祥于东北地区，所以用力甚专，遗留许多重要文物。

首先沈阳有清太祖、太宗精美陵墓。热河有康熙、乾隆皇帝营造之行宫。行宫庭园美丽，可称东亚第一。而中原地区却无如此美丽庭园。以行宫为中心周围还有雄伟寺庙，其中大部分系模仿西藏式样，规模极大，亦极美丽。我参观过世界许多精美古建筑，但无一处给我如此震撼。外务省柳泽书记官在我去承德时也来过行宫，之后写下行宫观感："无论是北平宫殿，还是罗马之梵帝冈，或是巴黎圣母院，抑或是塞维利亚 [1] 大清真寺，以及西西里岛之希腊神庙，与此热河喇嘛庙与自然风光相比，都将自惭形秽。如此精美艺术竟然存于亚细亚大陆之一角，且距日本仅有几日路程。每当念及于此皆有一种不胜惊讶之感。"这种感觉我也有过。

[1] Sevilla，位于西班牙西南部安达西亚地区的中心城市。有希拉尔达高塔、阿尔卡萨清真寺等阿拉伯萨拉丁文化遗迹。15—16 世纪成为西班牙殖民地贸易中心。——译注

第一九六图　开原石塔寺砖塔

这是中国东北地区之"日光"，世界首屈一指之旅游地，可今日却荒凉如此。要修缮并恢复如初需花费钱帑几许？对此问题这次我与伊东博士皆进行过调查，据预测约需五百万日元。

本篇属1934年6月于东亚民族文化协会主办之第一次《日"满"文化讲座》上之演讲稿，曾刊载于该协会发行之《东亚文化论集》中。本篇不足之处，另请参阅东方文化演讲会之笔记。

编者注一　博士尝就度量衡单位有过深入研究。于东方文化研究演讲会之际，论及此墓时亦涉及该问题。此为博士就中国度量衡单位之部分研究成果之首度公开，亦为最后之公开。今速记其材料如下：

关于此墓，想略为补充一些我注意到之事情。1932年我见到该墓时与同行之竹岛学士调查其尺寸，得知所有墓室都按汉代尺寸进行设计，颇为有趣。

关于中国度量衡单位，《隋唐律历志》举出十五种尺度，并以周尺为一，按比例换算出各

《隋唐律历志》十五种尺

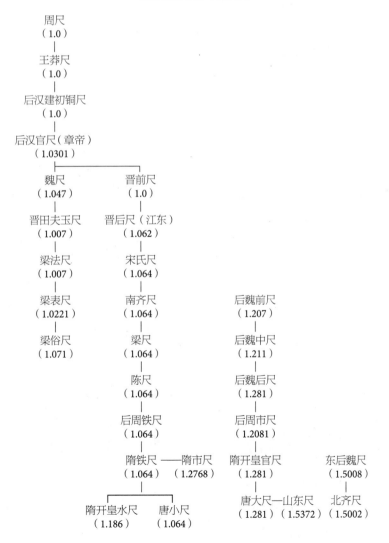

时代之尺度。因此若明白其中之一，即自然可知其余十四种长度。然后汉之初有建初六年（81）所作建初铜尺。该铜尺现仅存于山东省曲阜文庙。

我于1907年去曲阜希望见铜尺，故拜访孔子后裔家庭。不料孔子后裔去旅行，不得见，之后亦终无机会亲见，成为憾事。

北京大学有一尺，系采自该铜尺尺寸而做。我测其长度，相当于日本尺七寸八分二厘。北京历史博物馆还有一把国民政府度量衡制造局制作的尺子。该尺长七寸八分，与前尺相差二厘。又，波士顿美术馆也藏有一把建初六年制作的铅尺，长七寸七分三五八。由此可见同为建初尺，其长度亦各自不同。

近年来有北京大学教授、著名学者马衡推算出新的古尺量度。其过程是国民政府成立后调查清室宝物，发现其中有王莽尺，称嘉量。根据其尺寸可定出周尺，再换算成其他十五种尺子长度。据新算法恰好是七寸八分五厘七毫。

过去日本学者和中国学者都努力对其进行研究，但结果各自不同，何为正确不得而知。或皆不准确。其中最可依凭的似为曲阜铜尺。其余模仿制作者亦皆有误。

我从各方面对此进行研究，但今天因时间关系只说结果，即通过汉代遗物研究，其结果是七寸七分七厘一毫。（第一九七图）

就此古坟观察，中室为正方形，宽九尺二寸。其大室为十五尺四寸左右。换算为后汉时代尺小室为十二尺，大室为二十尺。与此相同，前室面阔十三尺五分，进深十尺。东室为十二尺和八尺，后室为十尺五寸和七尺，均为完尺。又测其高，换算成汉尺中室为十五尺，前室为十三尺。反过来考虑以上结果，可以认为该时代使用的尺子长度略去其计算方法，是七寸七分五厘四五三，与我过去研究所得的七寸七分

七厘有二厘之差。二者平均为七寸七分六厘二多。如此看来可以认为那时的尺子长度为七寸七分五厘左右。

进一步换算为周尺，据波士顿博物馆尺是七寸五分零八，据我调查是七寸五分三九，与其他各种结果平均是七寸五分三八。可以认为这就是周尺的正确长度。

编者注二　关于义县万佛洞另有文章收录于本书，故插图全部省略。

编者注三　据1934年9月现场调查结果，保存最完整之陵墓并非兴宗陵，而系圣宗陵。博士提出位于其西面之中陵为兴宗陵，而稍偏离西面者为道宗陵之观点，并于东方文化演讲会上发表。

编者注四　博士于1935年6月调查过金上京城址与农安塔，但其成果终未发表。

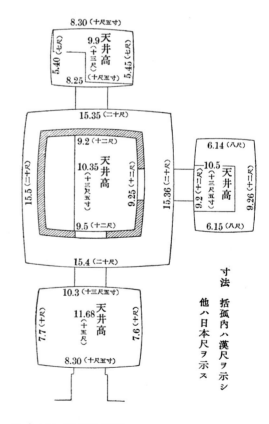

第一九七图　开原石塔寺砖塔

第十八章　中国窑洞[1]建筑

[1]　这里所说的窑洞包括挖入地下的窑洞，即我们

中国人所说的地窑或地坑建筑。——译注

前些日子"亚东摄影协会"希望我就中国窑洞建筑写些东西。我对窑洞建筑未有专门研究，只是在中国旅行时目睹过许多窑洞，且未收集有价值之资料，故打算回绝这一差事，但毕竟协会之希望如同命令，以下仅谈所见所闻，以此敷衍塞责。

余于1906年在河北、河南、陕西地区旅行及于1918年在山西省调查时，意外发现该地有众多窑洞建筑，颇感惊讶。《易·系辞》记载："上古穴居而野处"，故穴居当系蛮荒时代数千年前之事，而于今犹见众多窑洞，谓其不可思议当属正常。在余旅行范围内该窑洞建筑绵延河南、陕西、河北数省，窑洞居民至少不下百万人。

如此原始之窑洞建筑何以行之尚广？其原因全然关乎气候风土。

首先，该地区由所谓黄土层形成，窑洞建筑主要发育于此黄土高原地区。据地质学家研究，此黄土高原系地质年代第四纪初中亚飓风劲吹，由其携带之沙尘堆积而成。沙尘覆盖原野山谷，厚度达二十多米乃至数百米。此黄土高原于几万年间为雨水侵蚀，或成地隙，或成山谷，或成河床，或成道路，四处皆有悬崖峭壁[1]。尤其道路两旁之悬崖峭壁，如著名之函谷关、潼关等达数十丈乃至数百丈，可谓壁立千仞，难以崩塌。该黄土层系风沙运动造成，故其质地极其细腻，且黏着力强，纵令悬崖峭壁凌空劈立亦坚固无比，少有崩塌。故而黄土高原地区无论是山是谷皆为农人修作阶梯状，以此作为耕地，其阶梯侧面几近垂直。余旅途中曾见一农夫修补梯田崩塌处，只见他以锄取来带湿气之田土填入崩塌处，以锄扣击后该处

又成垂直状。此方法虽显随意，但一度修补后再无轻易崩塌之虞。因此黄土有如此优良坚固之性质，故中国人可大量取自田土，将其倒入木框内夯实，做成泥砖，建造房屋墙壁，而不致在短时间内倾覆。

此黄土高原四处皆为悬崖峭壁，且农夫为耕种作梯田，故很容易在此峭壁上打横洞，造土室。此即所谓之窑洞。此黄土虽较坚固，但开凿却不困难。既能易打横洞，又无窑壁、窑顶易崩塌之虞，故此地最适于居住窑洞。

其次与气候有关。此黄土高原地区位于黄河流域，仅在八九月雨季时降雨，其余时间几乎无雨，空气极为干燥，从而不为窑洞雨湿而苦。此地气候最适于居住窑洞之缘由即在于此。而且此地夏季阳光直射，温度颇高，达华氏一百三四十度，[2]但因空气干燥仅感觉热，在日荫处不太出汗，尤于窑洞中倍感清凉。冬季寒风凛冽，但洞中较温暖。窑洞冬暖夏凉，故最适合此地生活。

再次此地雨水少，空气干燥，不适于树木生长，杂草亦不繁茂。漫山遍野树林密布之景象绝不可见。北部中国可谓几乎无树。深山幽谷间有土壤处悉化作耕地，弃之不用之处仅为山脊露出部分。唯于平地民宅附近可见些许树木。树木如此匮乏，故建筑所需木材常感不足，以木材构筑屋舍极为困难，或根本为不可能。又，黄土层发达地区石材供应亦不足，以石材建造屋舍亦为难事。不得已烧砖[3]造屋为

[1] 原文如此。是否黄土高原四处皆为悬崖峭壁，于此存疑。——译注

[2] 按100华氏度为37.78摄氏度计算，该地最高温度约为41~42摄氏度。

[3] 原文为"烧砖"。恐为笔误。因为烧砖需要木材，而此地如上述又缺乏树木。又如后述，此地"尤以泥砖建筑为多"，故此砖似多为"泥砖"。——译注

唯一选择。实际上此地纯粹木构、石构建筑几近于无，多为木石砖混建筑，尤以泥砖建筑为多。而简便实用之窑洞此地更多。

以下根据余旅途中之所见所闻说明窑洞状况与窑洞部落之生活。

窑洞在峭壁处横打洞穴即可建成，故于黄土高原地区四处可见。有一家居住之窑洞，亦有整个家族悉数居于一连串窑洞群之窑洞。余于自河南郑州至洛阳途中在巩县附近调查，往返两次皆寄宿于窑洞旅馆。另一次系于陕西省乾州以北八里、人称梁山之地调查唐高宗乾陵时，工作未结束日已西斜，故欲投宿于附近村落，但该村民咸居于窑洞，故以无法接待洋人为由婉拒余等请求。不得已只得拖曳疲惫之双足返回乾州城内，于翌日回头再做调查。又一次于西安城内见有一深四五十尺许、广约数百上千平方米之大地坑，坑底有众多儿童嬉戏于内。因不解靠近仔细一看，坑内崖壁上亦多有窑洞，贫民如乞丐蠕动其中。他们乃一批为社会竞争所淘汰之可怜落伍者，无法于地面求得居所。由于除雨季外无降雨之虞，而即令降雨亦关碍无多，故他们于此可求得安全之栖所。

同为窑洞，因地方、阶级之不同而各自有异。最简单者乃于崖腹处打横洞，其入口设木门，入口旁筑灶。内部窑顶作穹隆状，于窑壁挖出一稍高凹进处作床。室内宽敞之人家会于窑洞上方设小窗或排气孔。此类横状窑洞有一室者，亦有二室、三室相通者。山崖上部为梯田等且较平整时，往往有人自上而下深挖洞穴，于洞底作庭院，之后从崖腹挖通道达此洞中庭院，再以此庭院为中心，于其四周挖窑洞作寝室与储藏室等。第一九八图1即其中一例。该建筑通道前设门（第一九八图）。

家境稍好者以砖或石材修筑窑洞洞门，门前设庭院，庭院四周绕有砖墙或土墙，设门，

外观堂皇。图2系伊东博士作图，为河南省巩县附近窑洞平面图与外观图，入口设木门，与此窑洞相连之第二室上方开有小窗。

图3亦为伊东博士作图，入口处以砖作大尖拱，入口上方开有小通风窗。

图4为河南省巩县附近之关店、余下榻之窑洞外部图。旅店炊爨处设于另一窑洞内，几处窑洞横排于崖壁上以作客房。该客房以石块包裹崖壁，入口上方作半圆拱，装木门，建简单小屋檐。内部窑顶以石材作筒形穹隆状，于两侧窑壁再挖几处洞穴，放置客床于其中。此类旅店属颇高级旅店。余寄宿之旅店规模很大，但极不卫生。

图5系巩县以西二十里堡某旅店之平面图。该窑洞旅店广约4.5米，深约22米，窑顶呈筒形穹隆状，入口设木门，内部两侧窑壁开凿若干大小不等之客房，其大者供家庭旅客之用，或设双人床；小者仅设单人床。入口附近筑灶，便于做饭。余于1906年12月24日——一个严寒冬日与冢本工学博士及已故平子铎岭先生投宿于此。同行者除余等3人外还有翻译与男仆。此外还有余等乘坐之四辆马车、八匹马、四名马夫一道寄宿与安顿于此窑洞。余就寝于入口右方第二室。室内煤油灯灯火摇曳，昏暗惨淡，充满着带硫黄味之恶劣煤烟，烧饭时散发之猪油香味与马粪马尿臭味混杂，呛鼻不已。因室内稍显温暖，人几乎窒息，感觉不快。

窑洞乃极为原始之建筑，故认为其仅为贫民住宅将大错特错。如上述，此地不论富者贫者皆住窑洞，旅店客房亦为窑洞。又，寺庙亦设于窑洞，其中安置佛像、神像。余于某地曾看见兵营亦为窑洞。总之，自古以来窑洞之出现系适应当地气候风土之结果，只要黄土高原与气候不变，则此地之窑洞生活与世事变迁无涉，恐将永远持续下去。

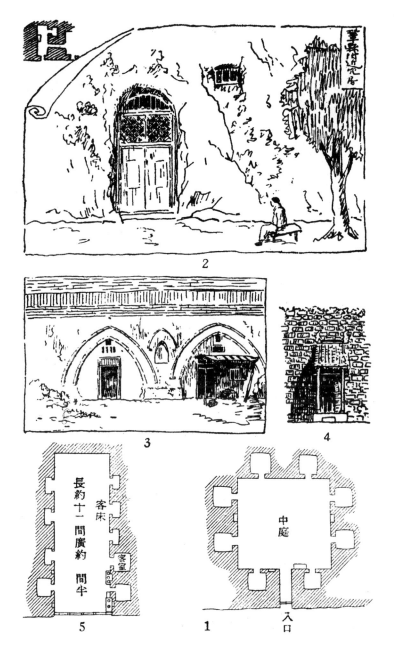

第一九八图　中国窑洞建筑

本篇曾刊载于《东亚》第五卷第二号（1928年

2月）。

第十九章　与建筑有关之虎

虎于产自中国之兽类中最为凶猛，往日称"山大王"，或称"百兽之长"，被视为灵兽，因而被运用于与建筑有关之装饰或建筑之一部分。但虎之相貌形态与想象中之狮比较略显单纯，故用于装饰多少有些困难。

究其原因是因为狮不产自中国，人们所见机会极少，为其造型时艺术家可自由发挥想象力。而与此相反，虎为中国人所熟知，无法任意添加不同意趣，故无论如何必须按自然写实方法进行创作。

因此以虎作为装饰较困难，产生之结果亦不及狮之意趣之自由变化。或出于此缘故将虎用于建筑之事例有则有之，但与狮相比数量极少，从而遗物亦较稀少。

今年系寅年，故我想在自己所知之范围内谈谈中国、朝鲜、日本与建筑有关之虎。

先谈中国。虎用于建筑装饰或建筑之一部分之最多者，乃四神之一之白虎与狩虎画，以及与其他石兽、石翁仲等一道置于墓前之石虎等。

其遗物年代最确切者乃山东省济南"金石保存所"所藏石虎。汉代墓前刻石虎事散见于《水经注》等著作，但实际上作为当时遗物保存至今者唯此石虎，且仅剩胸部以上部分，头部亦遭破坏，唯大体能辨识为虎，颇为可惜。但其头部雕刻"光和六年十二月云云"之铭文，故年代确切。光和六年即公元 183 年。

又，汉代墓前所立石阙、石祠壁面往往有白虎图、虎画、狩虎画等。其中以浮雕于武氏祠石阙之虎图最为精彩。

其次，汉代用砖建造屋壁与墓葬玄室四壁，其砖有空砖（圹砖）、方砖、长方砖三种。空砖广一尺三寸，长二尺五寸左右，厚七八寸，其面作为装饰有种种压塑图纹。其中往往运用虎图纹，有颇雅致者。方砖亦有或浮雕虎

豹，或呈现四神图者。长方砖砖面往往作狩虎图。汉代石碑有碑首刻朱雀，碑底刻玄武，两侧分刻青龙白虎之例。《隶释》所载《益州太守无名碑》即其一例。然此仅限于汉代，石碑刻虎后世全然不可见。此外有瓦当，其图纹各含有一个四神图。

六朝时代实例甚缺。唯有一石门（恐为墓玄室入口）上方楣形石阴刻青龙白虎图，其气势颇雄浑。前些年我从中国寄往朝鲜总督府之石门系此类石门中最优秀者。

据我所知唐代实例甚少，唯有部分墓志石于四面刻四神图与十二地支神像，其中有白虎图与寅神像。

五代后梁王彦章墓在山东省汶上县西门外，前面安放一对颇精致之石虎。北宋历代帝陵在河南省巩县，墓前皆安放石虎两对，与其他石兽并列。然其技巧劣于王彦章墓石虎。

宋代墓志往往阴刻四神图，其中当然包括白虎图。

及至明代帝陵前造石虎之风停息，少见与建筑有关之虎装饰。

朝鲜高句丽时代陵墓玄室仿中国制度，于四壁画青龙、白虎、朱雀、玄武四神图，有气象雄浑者。其最古老者可溯及约 1500 年前，最晚者亦不下于 1350 年，其虎画系东亚遗物中最古老者。其中平安南道江西郡遇贤里大墓、中墓之白虎壁画为杰作，充分显示六朝时代之雄浑气象。又，百济故都扶余有世称百济王陵之陵墓，前些年于其中一陵墓发现壁画。此壁画描于玄室四壁，亦为四神图，可惜已剥落，仅可辨识虎面。

新罗统一时代王陵坟墓四周护石（挡土石）按方位阴刻十二地支神像，其中位于挂陵（疑为文武王陵）与角干墓（疑为文武王弟金仁问墓）之寅神像继承唐代样式，其精神最为雄浑

壮丽。高句丽时代继续在王陵四周或阳刻或阴刻方位神像，然相较新罗时代石刻颇显粗陋。高句丽时代开始于坟墓四周交互罗列石虎、石羊，取面朝外保护陵墓之意。尤其置于高句丽末期恭愍王之玄陵及其妃正陵四周之石虎最为写实，技巧亦最为精湛。

此后之朝鲜时代继续在王陵四周交互摆放许多石羊、石虎，其中以该时代初期太祖、太宗陵墓石像生最为优秀。而随时代发展其石像生逐渐流于形式，拙劣有加。

朝鲜至今有虎栖于各山中，而朝鲜人虽多识虎，然于其墓外无用虎于建筑装饰或建筑之一部分之事例，但虎工艺品却相当不少。

日本初次以虎入画见于法隆寺金堂内安放之"玉虫橱子"绘画。"玉虫橱子"虽为一介工艺品，但亦可认为系带有许多建筑物细部之建筑模型。橱子全部涂漆，其表面以密陀绘[1]方法画有各种图案，施以花纹。其须弥座底板上绘有释迦牟尼善行话本中以己身饲虎之图像。此为日本最早之虎画，亦为日本最古老之绘画。奈良时代以虎为题用于建筑之画像于今无一残留，但药师寺金堂铜造药师如来台座西面半身雕之白虎图仿初唐手法，为杰作。其他工艺品亦多少可见虎图纹。

平安藤原时代至镰仓时代与虎有关之建筑遗物几不可见。至室町时代始于蟇股内部作竹虎图。其实例之一为永亨年间建筑——京都相乐郡白山神社本殿蟇股内雕刻，极古朴。桃山时代盛行建筑雕刻，最喜竹虎图并将其用于蟇股内部与门板雕刻等。其中最为出色者乃南禅

寺清凉殿杉木门雕刻部分之竹虎图透雕。该清凉殿乃天正年间为丰臣秀吉[2]而建，其后赐予南禅寺，故此雕刻为桃山时代初期代表作，尺寸虽较小但颇具图纹性，仍为杰作。桃山城遗物、西本愿寺唐门斗拱间亦有竹虎图透雕，亦可窥见桃山时代豪迈之气概。松岛五大堂四周斗拱蟇股中有与方位相对应之十二地支雕刻。江户时代继承此做法，上野宽永寺五重塔、浅草寺五重塔、日光五重塔等第一层塔四面同样分别刻有十二地支像，其中当然有虎之雕刻。

江户城内加藤清正[3]府邸"大台所"建筑之长端壁面雕有竹虎图。其虎长度从头至尾约 15 米，当时武士精神之奢华由此可见一斑。而且清正名字与虎有关，府邸亦作虎，令人更觉有趣。

江户时代继承桃山时代风气，建筑雕刻大为发展，自所谓"宫雕师"出现后越发喜欢将竹虎图透雕于蟇股内部、带雕刻门板及窄壁上等。当桃山时代雄浑豪迈之气势逐渐衰弱，技巧转为纤细之时其雕刻手法亦同时变为颇写实。其中日光阳明门之巧妙利用柱子木纹而制作之木纹虎最为有名。雕刻于京都妙心寺玄关走廊

[1] 系将颜料掺入密陀（氧化铅）油后画出的一种油画。7 世纪由中国传入日本。见于法隆寺"玉虫橱子"和"橘夫人橱子"等绘画中。——译注

[2] 丰臣秀吉（1536—1598，一说为 1537—1598），安土桃山时代武将，幼名日吉丸。1585 年任"关白"，翌年被赐姓丰臣，任"太政大臣"。1591 年将"关白"一职让于养子秀次，称太阁。1590 年统一日本，并于此后采取一系列措施，奠定幕府体制基础。为征服中国明朝，于文禄、庆长年间两次出兵朝鲜，战事未即病殁。——译注

[3] 加藤清正（1562—1611），安土桃山时代武将，丰臣秀吉部下，通称虎之助。文禄、庆长战役时因勇猛驰名朝鲜蔚山，在日本"关原战役"时倒向德川家康一边，领有肥后国。——译注

蜃股内部之透雕虎技术最为精湛。

毁于 1923 年 9 月 1 日关东大地震火灾之汤岛圣堂[1]大成殿，其屋顶垂脊下端原安置铜虎以取代"鬼板"。[2]因世上无与之相类之制法，故显极其珍贵。恐系当时全然不解中国建筑之日本建筑家为制出中国风格之瓦当而创作之物件。建筑物被焚毁，然此垂脊铜虎却幸存至今，为东京帝国大学收藏。

作为绘画艺术，龙虎图与竹虎图往往描绘于壁面与隔扇[3]上，其中以南禅寺"虎间"狩野探幽[4]所绘之虎画最为有名。

本篇曾刊载于《国民美术》第二卷第十三号（1926 年 1 月）。

[1] 位于东京都文京区汤岛孔子及其他圣贤的祀祠，1632 年建于江户上野忍冈林罗山家塾内，1690 年第五代将军德川纲吉将该祠移往汤岛。现存建筑系 1933 年重建。通称汤岛圣堂。——译注

[2] 代替鬼形瓦当使用的木制装饰，有的包裹铜板，后来即使无鬼面也称鬼板。——译注

[3] 在木框上粘贴日本纸或布而形成的起间隔作用的"壁障"。日本传统建筑房屋无墙，靠此隔扇作为房间区隔。天热时可将此隔扇撤除，以利通风。——译注

[4] 狩野探幽（1602—1674），江户初期画家，幕府御用画师。留有二条城、名古屋城的屏风画、隔扇画等许多作品。——译注

第二十章　东亚古代建筑所见之兔

与建筑有关之兔之实例似极罕见。西洋亦不多见，即令于常以十二地支观念考虑问题之东亚，与龙、虎相比其例亦甚乏。而此十二地支中之卯即兔，于建筑上有新奇之用法。中国自古称月为玉兔，有月中藏玉兔之传说等，故人们常常为显示月身而共画兔与蟾蜍。道教喜用仙兔捣药于臼为例说教，故有时兔亦成为建筑装饰等题材。此外，亦常见兔现身于狩猎壁画等。及至后世，兔虽用于建筑装饰，但总体说来其例甚少。

先举中国用于建筑之兔之实例。去年于朝鲜平壤附近发现汉乐浪郡时代砖，砖有兔舁药之图案。兔头小，胴体与后足极大，画风奇异。兔旁有异状物捧盘乞药。其构图之有趣，手法之古拙、大胆，即令于中国亦为极其珍贵之实例之一，现为东京帝国大学工学系收藏。同样可为东京帝国大学工学系所夸耀者系汉瓦，乃余于北京购买，属极其珍贵之瓦。瓦面有半浮雕图像：长有羽翼之兔与蟾蜍相对，周围云气缭绕，象征月象。图像四周有连珠纹，其边框又刻波形。该形制绝无仅有，从其样式推断属汉瓦无疑。无论是图纹之致密，还是手法之雄浑与勾摄人心，皆为后世瓦所不及，真乃古代艺术品中杰作之一。

一般说来，汉代有如下风气：墓前设石室，以置放供品，石室内壁雕刻有关历史、传说、风俗之图纹。留存今日之石室亦有壁画，其中最负盛名者乃山东省肥城县孝堂山石室。其石室梁石下雕有日月星辰图案。其月图中刻有大蟾蜍与小兔。此石室建造年代不明，但估计时间不晚于公元 1 世纪。

其次，原山东省济宁州晋阳山慈云寺汉画像石（汉代石室构件之一）（东京帝国大学工学系收藏）一隅亦有二兔捣仙药图，系薄意雕。其下方有狩猎图，刻一犬追二兔，亦薄意雕。

其手法皆单纯、古朴，共为风韵飘渺之作品。

此外还发现许多带仙兔捣药图与狩猎追逐兔之汉代画像石。

如上述，汉代于石室、砖瓦上作兔图案。而汉代后遗存至今之中国建筑甚少，甚至连文化绚烂多彩之六朝时代遗物亦踪影全无，故今日难以从这些时代寻找出该题材。

此后年代之建筑虽有遗存，但于余记忆中及调查范围内未发现有兔运用于建筑之实例。

另一方面，朝鲜情况又如何？新罗时代墓中即已发现带有兔雕之文物。年代最久远者乃新罗故都庆州东南约三十里处之挂陵。属何王陵不明，按余猜想系承嗣太宗武烈王，灭高句丽完成半岛统一大业之文武王陵。该陵为馒头形，略高，四周绕以裙石。其裙石之础石上按十二地支方位浮雕十二地支神像。其中东方即卯位，刻兔面着武将服装之神像。有雄浑壮丽之感，技巧亦颇秀逸。

庆州以西约一公里处有山，称西岳，其山顶有陵，称金角干墓。朝鲜方面风传系助太宗武烈王、文武王灭百济、高句丽之著名将军金庾信墓。但据余调查，其为误传，推定系文武王弟、长期滞留长安纵横捭阖发挥外交手腕之金仁问墓。该墓形制与挂陵相同，四周础石亦浮雕十二地支神像。其中卯神像与挂陵卯神像相仲伯，皆为杰作。

此后历代新罗王陵皆运用十二地支神像，其中圣德王陵有圆雕十二地支神像，立于陵墓四周。高句丽时代础石与础石之间之石板亦刻有十二地支神像。此做法一直持续至朝鲜时代。但难以否认其技巧有随年代而逐渐衰退之倾向。另外，高句丽时代收纳墓棺之玄室四壁涂白灰，亦按方位彩绘十二地支神像。过去神像为动物头像，全副武装。而高句丽时代壁画则成为文官头像，服装亦成文官服装，以头冠显示龙、兔等动物，象征十二地支。前些年开城以南约8里处水岩洞一古坟为土匪盗挖，几日后余赶赴调查该墓时发现，玄室内部十二地支神像壁画文官像依旧残留，尤其卯神像笔触鲜丽，极为精美。最初人们以十二地支神像之动物头像为满足，但此后逐渐人化，脱离奇异风貌，成为典雅文官，而原先表示十二地支之动物则纳于冠内。此间变化从各方面考虑皆为新奇之素材。

另外，高句丽时代亦有于墓外、石塔四周刻十二地支神像之习惯。庆北、醴泉郡郊外开心寺遗址上立有五级石塔，系公元1009年所建，为高句丽时代最精美石塔。其下方塔基四周按十二地支方位刻神像，表示东方之神像为卯神像，其他神像皆为立像，而独此卯神像为坐像。

上述为余所知范围内之中国、朝鲜之资料。最后就日本建筑采用之兔略作一瞥。日本古代建筑从未发现兔图案，仅于桃山时代[1]及之后年代兔开始出现在建筑雕刻、装饰绘画中。桃山、德川时代[2]均可见兔透雕于蟇股内部与带

雕刻门板等上方。此外，有家庭于隔扇等画中描兔像。京都大觉寺客殿拉门下方木板有尾形光琳[3]所画兔图，作为装饰颇有趣。近年来兔形用于建筑者少，无可特举之例。今后即令无视传统如十二地支等，但兔作为装饰材料仍新颖有趣，故余等亦希望于现代客厅一隅看见兔形雕刻与图案等。

本篇曾刊载于1927年1月17日《东京日日新闻》。

[1] 桃山时代，日本历史时代区分之一，指16世纪后半叶丰臣秀吉掌握政权的约20年时间。日本美术史上将安土时代［织田信长以近江安土城为基地（即他掌权）的时代］和此桃山时代视为中世向近世发展的重要过渡期。在此期间出现许多雄伟的城郭、殿邸和神社寺庙，以及装饰其内部的壁画和屏风画。反映民众生活的风俗画也大量出现，陶艺、漆工、染织等工艺技术亦大有进步。——译注

[2] 即江户时代，指德川家康在1600年（庆长五年）取得关原之战胜利，从1603年设幕府于江户开始直至1867年（庆应三年）德川庆喜"大政奉还"期间约260年的时间。——译注

[3] 尾形光琳（1658—1716），江户时代中期画家，对日本"莳绘"（金银粉漆画）和染织工艺的发展也有贡献。其画风继承于乾山和酒井抱一等人，但创造出属于自己的所谓光琳派画风。作《红白梅图屏风》等。——译注

第二十一章 "桴"字

前些年学者间纷纷议论"圹""椁"二字。余于 1926 年 7 月 5 日刊行之《考古学杂志》（第六卷第十一号）发表《关于六朝以前之墓砖》一文，其中谈及"盖圹即穴，不论其纵横广狭，亦不问其为土为石为砖，玄室亦不外乎为圹。""椁即此圹（玄室）之周郭，指以木石或砖筑造四壁、顶棚之部分"，明确区分"圹"与"椁"，并以汉人建造之朝鲜乐浪、带方时代古坟内有以砖筑造四壁、顶棚之玄室，于其前设羡道为证据，又引中国出土砖文往往有"椁""郭""郛"等字词，说明此类字词即指构成玄室之四壁与顶棚。当时引用之砖文有以下五类：[1]

一 椁　□太守淮南成［？］□府君夫人
　　　之椁（大仓集古馆藏砖）
　　　项伯无子七女造椁（《宛委余编》
　　　所载砖文）

二 冢椁　大康三年七月造作壁（甓之借字，
　　　与砖同义）
　　　吴兴乌程人菅晏冢椁（《千甓亭
　　　古砖图释》）

三 壁郭　义熙六年莫上计壁郭（壁郭即甓
　　　郭，即砖郭）（同上）

四 灵郭　孔余杭之灵郭（大仓集古馆藏砖）

五 壁郛　元康六年大岁丙辰扬州吴兴长城
　　　湖陵乡真定里施晞年世先君之
　　　冢八月十日制作壁郛（同甓郭）
　　　（同上）

乐浪、带方古坟为汉人所建，与中国汉、魏、西晋时代古坟形制完全相同。而据玄室四壁、顶棚用砖铭文，当时玄室周郭称"椁"或"郭"，故事实明确。唯余撰写文章时朝鲜尚未发现有"椁"或"郭"文字砖，而 1917 年谷

井文学学士一行调查据认为系带方郡治址之凤山郡唐土城时则获得有下列文字铭之砖。

韩氏　郭（砖端有"寿考"二字）

又，平壤山田钊次郎先生于乐浪郡治址土城附近得一砖，其中有下列铭文：

（上缺损）造寿郭

"寿郭"指生前建造之墓椁。于此可知建造乐浪、带方郡古坟用砖使用"郭"字，"椁"字意义可得到进一步证明。

某论者认为，玄室即圹，其内部置椁。但根据过去发掘调查可知乐浪、带方郡古坟玄室以砖筑四壁，或排列木材筑顶棚，或从壁上连续筑砖，使顶棚成穹隆状。而且玄室内常置木棺。砖文称"郭"，即指此玄室四壁、顶棚。如论者所认为之砖筑之椁根本不存于玄室内。余等于为朝鲜总督府编撰之《朝鲜古迹图谱》解说中称乐浪、带方郡时代古坟玄室周郭为"椁"，遭喜田、今西两博士痛批，但今日既已发现乐浪、带方两郡墓砖如此明确使用"郭"字，故"圹""椁"争论于此可告结束，亦可有力证明余等所说正确无误。文献另有其他证据，为避繁杂此从略。（1922 年 7 月 1 日稿）

本篇曾作为《辽东之冢》第七条刊载于《建筑杂志》第三十六辑第四三五号（1913 年 3 月）。

[编者注] 此文因故未收录于本书，另以刊载于《建筑杂志》之《中国六朝以前之墓砖》文章代替。

[1]　以下记述与前文记述略有差异。——译注

第二十二章　中国文化遗迹及其保护

一

　　余于 1906 年游历中国，主要探访河南、陕西两省遗迹。翌年自天津沿运河而下，入山东省，调查许多重要遗迹、遗物。前年三度旅行中国各地，先自朝鲜入沈阳，至北京，之后用约八个月时间探察河北、山西、河南、山东、江苏、浙江各省名胜古迹。虽距前两次调查仅十二三年时间，但惊诧于此间遗迹破坏、毁灭程度之大，认为其保护一日不可疏忽。

　　于今可与西洋文化相对峙且有特殊文化者，实乃日本。而日本文化自古所赖于中国之处甚多。故欲知日本文化之真相必先知晓中国文化。中国于周、汉时代早已达至文明之境，之后伴随佛教输入，引进印度、波斯思想与艺术，并使之中国化，于六朝、隋、唐时代创造出灿烂文化。宋、元、明、清时代亦各自发挥该时代思想与情趣。这些文化、思想、情趣等流播朝鲜、日本、越南、泰国、缅甸等国，大大促进了这些国家的文化发展。中国文化如今亟待振兴，但自古曾作为东亚文化之中心，将东亚置于自身势力范围之内，故研究中国不仅对东亚人来说有其必要，而且对欧美人来说亦极为重要。由文献虽亦可研究中国文化之变迁，而通过各时代遗存文物研究则可进一步具体明确中国文化之真相。

　　然而，若问作为某一时代文化证据是否尽如人意加以妥善保存，答案是绝非如此。其大部分证据遭受自然与人为破坏归于湮灭实为可惜，残留至今者仅多为石制或铜制物件。此石制或铜制物件具有抵抗自然破坏之能力，不加以特别保护弃置一旁亦可较好保存。中国并称金石者即指此类遗物。此外保留最多资料者乃陵墓。中国周汉以来厚葬之风盛行，有埋藏贵重物件于陵墓之风气，此类地下宝藏极为丰富。实际上，说中国文物地下多于地面似无大碍。

二

　　欲大致具体阐述中国古代文物首先应推举陵墓。古代中国文化中心在长安（今西安）、洛阳，此两都周边地区以及山西、河南、河北、山东四处皆有陵墓，而且埋葬着许多贵重文物。而自周汉时代起即盛行盗挖坟墓，著名帝王与贵族之墓几乎无一幸免，内部随葬品大部被盗出。今日坊间热议之周汉时代古铜器皆出自墓中。但即令如此仍有不少文物得以逃脱盗挖厄运，静卧于无数坟墓之中。自古至今官府虽严禁盗挖此类坟墓，规定犯禁者将处以极刑，但伴随纲纪废弛，盗挖坟墓之风即又盛行。前年余于北京时报纸报道河南地方土匪盗墓销赃。据说盗挖得当可得价值数万之文物。相较于以命相搏杀人越货，则既安全又有利润。近年来日本收藏家热衷之六朝、唐代陶俑，即十几年前铺设郑州铁路，即河南区间铁路(汴洛铁路)时发现之文物。由于欧美人争相购买，故当地人越发积极盗掘。除陶俑外还出土许多周汉时代之古铜器、武器、玉器、陶器等。余寻访北京主要古董商时发现陈列品之大部系此类盗挖文物，故可判断近年来坟墓之盗挖何等猖獗。

　　按理说陵墓结构及其内部随葬品皆系说明该时代文化性质之贵重遗物，故发掘调查之际有必要先测量其外部形状，精密测定其内部玄室结构、棺木位置、随葬品等，作出详细图，并于发掘前后仔细拍摄照片，最后向社会公众发布正确报告。由此方可知往昔墓制，明确当时文化之发达程度。而掩"官"耳目，秉烛夜盗，唯随葬品取之，断绝后人研究渠道，实为遗憾之至。毋庸置疑，此类随葬品本身亦可成为学术研究之资料，但只有与坟墓结构及物件配置状态相结合，其价值才能得到充分发挥。

三

其次是建筑物，大体可分为木构、石构和砖构三种。中国建筑自周汉以来有惊人发展，亦给予日本建筑界以极大影响，但自古以来因战乱频仍、革命不断、外敌侵掠、保护不力等原因，明代以前木构建筑几近湮灭，仅砖构建筑倾圮残留。日本千年以上木构建筑尚有三四十栋，五百年以上者有三四百栋，而如中国之大，据余调查千年以上建筑无一遗存，五百年以上者亦残留极少。余所见最古老之木构建筑系河南省登封少林寺初祖庵，为宋宣和七年（1125）重建。[编者注] 其次系该寺鼓楼，为元大德六年（1302）重建。少林寺为往日达摩面壁九年修行之著名寺刹，而如今败相累累，于文化史上属如此重要之建筑亦无力修缮，屋顶破碎，屋檐零落，几欲崩塌。又如河北省正定龙兴寺大殿，内部安置高三丈五尺许之铜造大观音立像，屋顶亦九分已失，成为露天大佛。其内殿左右壁前有宋代塑土浮雕之、为众小神[1]环绕前行之文殊、普贤菩萨像，其构图之宏大，手法之精美，实为空前绝后之杰作。而如此贵重之浮雕像因风吹日晒已走形褪色，不出数年将归于全毁。再如山西省大同府城楼为明洪武年间修建，若在日本当属国家特别保护建筑，而即令如此亦仅见柱梁斗拱等形如肋骨，一任风雨侵蚀；石构建筑中无大建筑物，而有最古老之遗物。河南省登封有三座汉代石阙。山东省嘉祥武氏祠石阙与石室最为著名。此外山东、四川等地亦有石阙、石室或其残片，皆一千八九百年前遗物，其表面刻有有关历史风俗之画像。据此可知当时风俗与艺术之发展情况。六朝、隋唐时代出现小型石塔，其中亦有四面雕刻、装饰华美之塔。此类石阙、

[1] 原文为"眷属"。——译注

石室、石塔因缺乏保护途径，不仅年年破损程度增加，而且经常被人破坏后售于洋人，今陈列于欧美博物馆者绝不在少数；砖构佛塔中有大型佛塔，较多保存能代表北魏、隋唐、宋元等各时代之特征。保护亦不得法，亦皆暴露于大自然破坏面前，实可叹惜。尤其中国以木构建筑遗存为少，故于研究各时代建筑样式方面此类砖塔尤为必要。对此应采取特别保护措施。

以上所举仅其中一至二例。总体说来，中国北方古坟及著名佛寺道观等数量众多，有价值之建筑亦不在少数，然皆无力修缮，而政府与国民亦不寻求保护之道，听之任之。作为文化史上贵重资料之建筑岂但日益荒废，而且其大多数将于不久之未来归于湮灭。实可哀惜！

四

再次，最为重要者乃石窟。甘肃敦煌千佛岩、山西云岗、河南龙门之石窟系其中最优秀者。此外，山西、河南、山东、河北有北魏至隋唐之石窟，南京摄山有南齐与梁之石窟，浙江杭州有五代、宋元石窟。通过镂刻于这些石窟之佛像与各种装饰，我们有幸得以充分研究中国佛教艺术。余未见敦煌千佛岩，但见过其他大部分石窟，特别是开凿断崖作窟数万之云岗、龙门石窟，其规模之大，雕刻之精美实令世界惊叹。而中国人不知保护，近年来还兴起恶劣之风，凿取石窟佛像，更有甚者将其头部凿去售于欧美人。如龙门石窟，最近有数千佛头被破坏。余于十四五年前参观时其精美佛头尚平安保存，而前年再游时头部皆被凿去。余见之情何以堪，遗憾不已！今潜溪寺寺内最精美之四大窟用作守备队兵营，士兵们或于佛像上黑压压涂写文字，或于窟内筑灶做饭，佛像、装饰皆漆黑一片，目不可视。余于柏林博物馆见此龙

门佛头二十余尊，于纽约博物馆又见此类佛头。云岗佛像今已悉数被人凿取，陈列于纽约博物馆。

五

此外，具有中国文化特征者还有石碑、石佛、石狮、铜佛、铜钟、陶器、玉器、绘画等，今无暇一一细说。但此类物件较之前述建筑、石窟等易于搬运，故携往欧美者极多。今英、法、德博物馆陈列最多者即此类物件。尤其是美国各城市博物馆收藏最多，且质量最精美。今已达至欲论中国文化则无法置欧美博物馆于度外之程度。珍藏于大英博物馆、世称顾恺之所画之《女史箴图》，据余之见其年代虽不至溯及顾恺之之时代，但亦为北魏时期神品，系中国存于地面最古老且最精美之绘画。该图有乾隆皇帝题笺序跋，为御府秘藏，似因某事件逸出中国。最近费城宾夕法尼亚大学博物馆购入两块唐太宗陵骏马石像。该像亦属稀世珍品，中国至宝，曾位于海拔五千余尺之九嵕山（陕西省醴泉县）顶端。能运出如此巨大石像而不加取缔，与其说是无法无天或暴举，也暴露出官宪之无知，甚至是腐败至极。十数年来英、法、德、俄探险家竞相进入中国、中亚地区，发掘无数汉魏、六朝、隋唐以及宋代之文书、雕刻、绘画、工艺品，以此装饰本国博物馆。其中德国勒柯克[1]带走之壁画尤为珍贵。我们佩服勒柯克带走文物之热情与勇气，但同时认为此类文物只有置于原地始能发挥其真正价值。如今中国，乃至中亚地区交通不便，然而一旦他日铺设铁路，形成横贯亚洲之大通道，则勒柯克之举将成为后人悔恨之记忆。十数年来欧美学者积极研究，各国竞相着力探察古迹，收集遗物，虽因世界大战爆发而一时终止，但伴随和平之恢复，中国研究必将再次兴起。西洋人之热心与中国人之无知产生之相乘效应，无法保证中国文化史上贵重遗物不再继续流失。前举事例不过其中之一二。余所知例证犹多，因时间关系此从略。

总之，长期作为东亚文明中心之中国，其文化遗迹保护荒废有年，无人顾惜，岂但怠于保护，听任自然破坏，而且中国人甚至为一时利欲驱使，不惜加以破坏，中饱私囊。若今日不采取适当之保护措施，则此类贵重遗迹、遗物将渐次衰亡，最终将无法寻找东亚文化之渊源。不过中国当局亦非完全对此置之不理，很早即探求文物保护方法。1917年秋政府公报连续刊出各府县应保护之文物名称，但这些名称仅系从金石书籍与府志、县志等摘出，并未进行过实地调查。

本篇曾刊载于《大观》1920年7月号。

[1] 阿尔伯特·冯·勒柯克（Albert von Le Coq，1860—1930），德国东方学家，曾调查、发掘吐鲁番、库车、哈密等地文物，发现摩尼教文献与绘画，并携带大量中国壁画返回德国。著有《高昌》《徒步摩尼教地区之旅行家》等著作（摩尼教于公元3世纪诞生于波斯，系基督教派之一个分支。流行于中国唐代）。——译注

[编者注] 有关中国最古老木构建筑，博士于 1931 年 5 月改定为河北省蓟县独乐寺山门与观音阁（辽统和二年，984 年）。

第二十三章　后汉石庙与画像石

目　录

序　言

一、总　说

二、孝堂山石室

三、孝堂山下石祠

四、武氏祠石室

　1. 石阙

　2. 石狮

　3. 祠堂内画像石

五、晋阳山慈云寺画像石

六、其余画像石

　1. 济宁州文庙明伦堂画像石

　2. 济宁州文庙戟门内郭泰碑阴画像

　3. 来历不明之画像石

结　论

序　言

中国自夏、商、周三代以降已达至高度文明境地，拥有颇为先进之技术。而汉代以前有实例可证之物仅属土中发掘之铜器、些许碑碣、一二石庙以及残缺画像石等。其中尤以施于石庙之画像雕刻可知当时文化发达程度，可证当时风俗习惯，可究当时技术样式、手法之真相，乃最为贵重之标本。余于前年9月赴中国，主要探察山东省遗迹，有幸得见残存石庙及些许画像石残片。以下记述其梗概，以向世人介绍汉代技术之一斑。

一、总说

各文献散见有关后汉时代墓前往往建有石庙，即石祠之记述。虽说前汉已有此习俗，但余寡学，至今未见足以证明此事之资料。《后汉书·礼仪志》"大丧条"引古今之注，于详述历代帝陵广阔殿门、园寺等时记载明帝显节陵、章帝敬陵、和帝慎陵、安帝恭陵、顺帝宪陵皆有石殿。《水经注》亦载河南、山东地区当时墓前往往建有石庙、石祠、石阙等。今举三四例：

水又东迳汉平狄将军扶沟侯淮阳朱鲔冢墓北有石庙卷八

黄水东南流水南有汉荆州刺史李刚墓刚字叔毅山阳高平人嘉平元年卒见其碑有石阙祠堂石室三间椽架高丈余镂石作椽瓦屋施平天造方井侧荷梁柱四壁隐起雕刻为君臣官属龟龙鳞凤之文飞禽鸟兽之像作制工丽不甚伤毁卷八

绥水东南流迳汉弘农太守张伯雅墓茔域四周垒石为垣隅阿相降列于绥水之阴庚门表二石阙夹对石兽于阙下冢前有石庙列植三碑碑云德字伯雅河南密人也碑侧树两石人有数石柱及诸石兽旧引绥水南入茔域而为池沼沼在丑地皆蟾蜍吐水石隍承溜池之南又建石楼、石庙前又翼列诸兽但物谢时沦凋毁殆尽卷二十二

虞县故城城东有汉司徒盛允墓碑盛允字伯世梁国虞人也延熹中立墓中有石庙庙宇倾颓基构可寻卷二十三

东隆山山之西侧有汉日南太守胡著碑〇子珍骑都尉尚湖阳长公主即光武之伯姊也庙堂皆以青石为阶陛庙北有石室珍之玄孙桂阳太守瑒以延熹四年遭母忧于墓次立石祠勒铭于梁石字倾颓而梁宇无毁卷二十九

彭水径其鲁阳县南彭山西北汉安邑长尹俭墓东冢西有石庙庙前有两石阙阙东有碑阙南有二狮子相对南有石碣二枚石柱西南有两石羊中平四年立卷三十一

此类石庙原样保存者仅山东省肥城县孝里铺孝堂山石室一处。该省嘉祥县武翟山武氏祠原有三室，可惜乾隆年间被毁，幸而建筑此石室之石材用作其他建筑，今存于其内部。其他汉代石庙或埋入土中，或为后人破坏，今悉归于乌有，然据认为系此类石庙之残石或嵌于寺庙墙壁，或为个人收藏，亦不在少数。《山左金石志》记载许多画像石犹存，但此后经百年有余，此类画像石多数渐趋湮灭。实地调查后即发现不少已灭失。举余亲见者，有

一　山东省济宁州晋阳山慈云寺天王殿画像石　一石　_{此石于今年四月到达日
本现收藏于工科大学}

二　同上　　佛殿画像石　五石

三　山东省济宁州文庙明伦堂壁间孔子见老子画像石　一石

四　大成门汉碑阴画像　一石等。

另，余为东京帝国大学文科大学收集者有嘉祥县一石、济南府一石。又，藏田信吉先生带回日本今收藏于工科大学者有孝堂山下小石祠三石、鱼台县所出二石。此外，余调查有疏漏然得其拓本者有济宁州两城山与沂州府右军祠画像石及出处不详者数种。《山左金石志》记载济宁州普照寺、嘉祥县汤阴山、汶上县西乡关帝庙四石等有画像石，但余亲往该处百般搜索终不得见。盖近年来好事者搬走无疑。所幸余从曲阜县某拓本商处获得一拓本，据称该拓本系数年前画像石犹存普照寺佛殿时所拓。

二、孝堂山石室（第一九九、二〇〇图）

孝堂山位于山东省肥城县西南约五百八十里处孝里铺，[1] 系小山丘，北可俯瞰长清县苍茫平原，南倚连绵起伏之山峦，高仅三十六米左右，全山悉由石灰石构成。山顶有庙，称郭巨祠，奉祀汉代孝子郭巨。庙内有石室，近世作砖筑套堂覆盖之。其后有小坟，坟径东西二十九步，南北二十六步，高十尺许。由其形状判断似乎往昔此小坟与石室后壁直接相连而建。盖此石室乃建于某贵人墓前之石庙。套堂前方有石垣，长七十尺八寸。其下有隧道盖石露出地面，长二十七尺。进入一看此隧道以石筑就，向南通过石室下方似可通墓中，然其前后以石扉闭塞，故难以详察。用力以靴顿之，

[1] 原文如此，不知为何作此表述。实际上孝堂山郭氏墓石祠位于山东省长清县城西南 22 公里孝里铺南的孝堂山上。——译注

第一九九图　孝堂山石室套堂

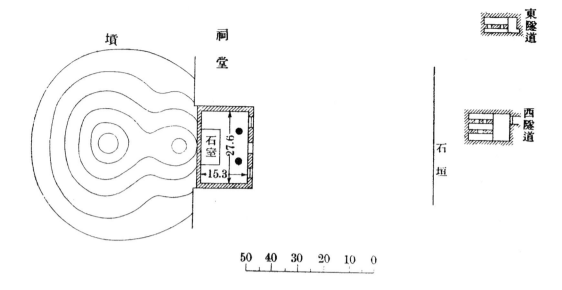

50 40 30 20 10 0

第二〇〇图　孝堂山石室附近略图

下方如有空洞砉然作响，故推知其下方有隧道。距此隧道以西三十八尺四寸又有一隧道，相较前者似稍小。此类隧道结构如另图详示，故不记述。（第二〇一、二〇二图）

此石室内部壁面刻有许多汉魏、六朝之后诸人题字，年代最久者有：

一　平原湿阴邵善君以永建四年四月二十日来过此堂叩头谢贤明

二　泰山高令明永康元年十月二十一日敬来亲记之

永建四年为后汉顺帝年号，相当于公元129年。永康元年为后汉桓帝年号，相当于公元167年。若此可明确此石室至晚建于永建四年之前，即不超过公元2世纪。《中国艺术》一书作者卜士礼在其著作中写道：根据铭文，此石室建于前汉末期，即公元前一世纪，然余未得见可资考证之证据，亦未听闻有学者做过考证。

自古以来，世称此墓系孝子郭巨为葬其母所建，或传亦为郭巨之墓，其侧面建有壮丽石

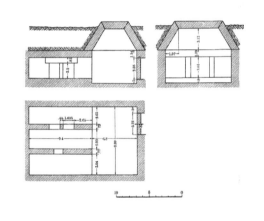

第二〇一图　孝堂山石室西隧道实测图

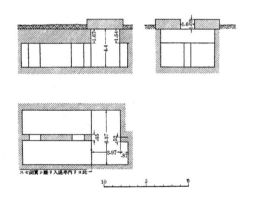

第二〇二图　孝堂山石室东隧道实测图

庙，奉祀郭巨，人曰郭公祠。乾隆二十二年所立"重修汉孝子郭公祠记"碑载，此山旧称龟山，因郭巨葬其母而改称孝堂山，里改孝里，乡改孝德。然此为后世附会之说，不足凭信。前述永建四年铭仅曰叩头谢贤明，丝毫未涉及郭巨孝养之事可为证据。而此传说早于北齐时即有，由武平元年石室东壁所刻北齐陇东王胡长仁"感孝颂"言及此事可知。今石室正面左右安置郭巨父母塑像，幼儿塑像于其中。室东西侧安置郭巨夫妻塑像。其前置石桌，刻精美图纹。盖与塑像一道明初所制乎？

石室坐北朝南，全部以灰黑色石灰石筑造，系长方形，面阔十三尺六寸三分，进深八尺二寸八分。前面居中有八角柱，带础石与大斗拱以承檩梁，檩梁两端由长方形石柱支撑。后世补加八角柱于两端，东柱刻"维大中五年八月十五日建"云云。西柱刻"大宋崇宁五年岁次丙戌七月庚寅初三日郭荦（？）自修重添此柱并屋外石墙"云云。东西侧壁皆由一石建成，后壁由两石连接而成，屋顶为单层歇山顶，模仿交互使用圆瓦、平瓦，石祠顶铺两面坡大型石板。今举此石室于建筑上值得注意之处：(第二〇三图)

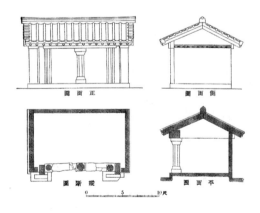

圆面正　　　　圆面侧

圆断梁　　　　圆面平

0　　5　　10尺

第二〇三图　孝堂山石室实测图

一　此石室盖模仿当时木构建筑，结构虽颇简单，但能反映当时木构建筑样式、手法之一端。

二　柱有础，尤有与后世相同之大斗，颇为珍贵。足知大斗早在后汉时即已流行。手法亦颇有趣。

三　屋檐为单层檐，椽子端面为圆形。足知传自南北朝与唐代样式之日本飞鸟时代玉虫橱子与宁乐时代药师寺、唐招提寺、当麻寺[1]等堂塔所用圆椽其由来久远。

四　屋顶为单层歇山顶，坡度稍缓，无翘角。模仿后世所谓圆瓦、平瓦交互使用方法，有梁瓦。

五　有巴瓦，但无唐草瓦。巴瓦图纹由简单涡纹构成，与秦汉时代流行图纹无大差别。唐草瓦起源于何时余未有研究，但通过此石室手法可知汉代无此瓦。

六　东西壁上方刻有后汉特有之垂饰图纹。

七　架于内部壁面与中央柱上方之石梁表面刻有人物、车马、龙鱼、鸟兽等图案。

余通过此石室可知《水经注》等所载后汉时代石室面貌之一斑。武氏祠石室规模尤大，然惜于后世破坏，于中国完整可见往昔石室者唯此孝堂山石室。通过内部所刻画像亦足可窥

[1] 位于奈良县北葛城郡当麻町，系真言、净土两宗共有寺庙，号禅林寺。白凤时代（日本美术史时代区分之一，位于飞鸟时代和天平时代之间，约自7世纪后半叶至8世纪初）由当麻氏创建，原为兴福寺附属之寺庙，藏有奈良时代建造的东塔、西塔以及当麻曼荼罗等众多日本国宝。——译注

见当时风俗习惯与考察当时此类建筑技术之发达状况。

雕刻方法系先以水磨石面，使之光滑如镜，之后于其面浅刀阴刻画像。余于山东各地见过许多后汉画像石，然无一画像石用此手法。故于余研究范围内此手法仅限于此石室，非常特殊，颇为珍贵。

石壁后方壁面图像分为上下两层，上狭下广。上层中央有马车，一人乘之，一人驭之，四马并拉，上刻"大王车"三字。其前方马车内下有四人，坐而吹笙。上方悬鼓，两人击之。后有两马车相随，各有两马。随行马车前后有三十位骑马人物，分两列前行。前头二人荷戈前导；下层有三座楼阁左右并列，其两端与中间各有一岑楼。屋顶皆四角攒尖式，上刻猿与凤凰、大雁等鸟类。楼阁下层各有贵人安坐，许多人物环侍左右，做叩礼状。上层亦刻有七至九个人物。（第二〇四图）

石室东侧壁面上方因屋顶限制呈圭头状，共刻六层画像。上方第一层中央刻蛇身人首、手执矩状物神像，四周云气摇曳，恐系伏羲。其下第二层刻屋宇，内坐一人。左面有鼓车，

一人乘车击鼓，四人曳之。左右有二人桎梏而立。上述两层左右皆配置许多人物。第三层中央骆驼与象并列而行，其前后有步骑人物与两马车随行。前方有十人做迎接状。第四层中央一人正坐，上刻"成王"二字。其左右十数人执简相侍。第五层左方描庖厨情状，有汲井者，有屠豕者，有击狗者，其旁配以鸡豕之属。中间刻画歌舞游戏状，有翻长袖飞舞者，有击鼓者，有吹笙者。又有弄丸者、数人倒立相重叠者。右方刻画数人相对谈话状。第六层刻画马车与步骑人物、鸟兽等。

石室西侧壁面与东面相同分为六层。上数第一层两人对坐，其左右刻人物、狗等。第二层刻两组以杖贯胸、两人舁之前行画面，盖显示《海外南经》[1]三苗国东贯匈国风俗。左右

[1] 《山海经》中第六篇。《山海经》是我国第一部描述山川、物产、风俗、民情的大型地理著作，又是我国古代第一部神话传说的大汇编。全书共十八篇，分为《山经》和《海经》两个部分。大约成书于春秋战国时代，因年代久远，其作者今已无法查实。——译注

第二〇四图　孝堂山石室画像

刻众多人物、狗、兔。第三层两马车并列，步骑人物追随右行。第四层刻二十九人，或面对或背向观者。第五层右方刻骑射战斗场面，中间刻三俘虏被反缚，二人被枭首。左方有楼，上层坐五人，下层坐一人，右向，二人跪，似在禀告。盖刻画献俘首级情状乎？第六层刻游猎场面。

石室中间之石梁东面中央刻河中上鼎图：鼎耳系绳，左右各四人引之，右耳缺损。河中有四小舟，各有二人乘之。又刻游鱼状以示水。此外左右刻连理木、比肩兽[1]、比翼鸟与众多步骑人物、马车等。

西面刻马车颠覆桥上，二人坠河中。河中有四小舟，舟中有人，作欲救落水者之情状。桥前后刻步骑人物，水里配游鱼，空中缀飞鸟。中央上方刻神人、云气、虹等。

下方刻日月星辰象。日圈内刻飞鸟，月圈内刻蟾蜍与兔，又有织布人物，盖织女星乎？

正面两端柱内侧刻大龙、猿、小人像、豕等。

总之，此石室图像手法颇稚拙，然摹写当时楼阁、风俗等，其历经两千年而往昔状态犹历历在目。鸟兽之属尤为马图精巧而栩栩如生。有关此画像值得关注者有

一　有双层楼阁。屋顶四角攒尖，似以茅铺葺。

二　柱上有斗拱。

三　上层绕有栏杆。

四　作为一种标识空中刻飞鸟，水里刻游鱼。

五　往往刻有伏羲、成王像与河中上鼎等历史人物事迹。

六　往往刻有献战争俘虏首级、车马颠覆

等与墓中人物有关事迹。

七　刻写贯匈国及其他外国风俗。

八　可证车马、服饰、器玩等制度。

九　作为一种装饰，边框喜刻钱纹，尤为菱纹。

若继续详细研究其风俗习惯，定会发现更为有趣之现象。

三、孝堂山下石祠

余考察孝堂山时于东麓发现，有阳刻鱼形与凤凰之汉画像石各一半埋没土中。而据当地人言前些年德国人曾来此处搬走画像石。余至济南府时对本国人谈及此事，之后藤田信吉先生抵达该地，获得知县许可后与地主谈妥试发掘之，有幸得一小石祠并带回日本，今归工科大学收藏。

如图示，此石祠后方石与左右侧石相立，形成凹字状。后石前面与左右侧石内面及正对人之侧面刻有图像，上有盖石。从结构与图像位置观察，当初其后方似以土覆盖。盖与坟前相连直接立此小石祠也。其前方又以石铺地，并于石阶上刻出图像。后世将此坟墓与石祠一道埋入土中，仅露出前面画像石。其一部分为德国人运走，一部分残存至今，为余所见。若此则石祠当数后汉时代建造之最小石祠，恐为置放祭品所用。(第二〇五图)

石祠后方石面广三尺八寸九分，高三尺八寸，左侧石内面广一尺九寸，正侧面广七寸，右侧石内面广一尺九寸八分，正侧面广一尺一寸，高共三尺八寸，皆由黑褐色石灰石构成。

后石前面上部与左右边框刻有奇特蟠虬图纹，内部分三层，中层与下层之间刻有与边框相同之图纹带。上层有两马车前后行进，一人

[1]　原文如此，不知何意。——译注

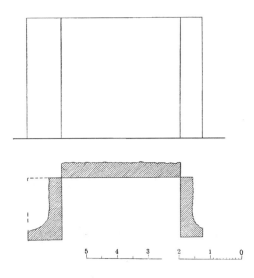

第二〇五图　孝堂山下出土石祠实测图

第二〇六图　孝堂山下出土石祠画像

扈从，空白处刻众鸟。中层又有两马车，空白处刻鸟犬、蟾蜍、蜻蜓等。下层左方刻单层房屋，方形，有庭院，屋顶似以瓦铺葺，顶上置一猴。屋前有一人下跪，盛食物于大盘，似在供养，旁有烛台。大树虬枝覆于上，下有马与马夫，似在等候主人。十数只鸟或飞翔或栖息于树上。

右侧石内面分三层，上层之上刻双龙，与以下三层之间刻蟠虺纹带。上层有七人物立像，中层有一人坐台板上，后有侍者，前有二人叩拜。另有二人站立似在交谈。下层亦有七人物站立，或饮或语。正侧面又分四层，上数第二层与第三层之间有蟠虺纹带。第一层四人相立。第二层有舆状物，四人在其周围。屋上有双鸟，下有动物似猫。第三层台板上有似土偶者，或属墓中人之塑像。其前面有一人下跪，似在奉上祭品。下层三人相立，做对谈状。（第二〇六图）

左侧石内面区划同右侧石，上层以上又刻二人杀虎图。上层刻六人立像。中层有一人倒立于似二鼓重叠之鼓面上，右方七人，左方四人，坐而观之，杯盘散落其间。盖宴饮游戏图乎？下层刻庖厨情状，有六人似在炊爨或调理食物。其上方悬挂鱼、鸟、兔等，器皿、大鹅等点缀其间。正侧面分层，亦如上述。上层以上刻蟾蜍，各层皆刻有二人物。

此类图像雕刻与山顶石室雕刻手法不同，先水磨石面，留出图像后浅雕其外侧，纵向作凿痕，再于图像轮廓内阴刻面相、衣纹等细部。山东各地发现之画像石用此手法者不少。武梁祠画像石乃其手法最显著者。图像颇古朴稚拙，恐与山顶石室图像年代相同。

此石祠与图像值得关注之处有

一　系后汉时代最小石祠之良好标本。

二　可考证当时屋室结构与瓦葺制度。

三　可考证当时各种车马制度与马具等设备。

四　可显示当时风俗习惯及衣饰、器皿等状况。

五　左右侧石内面上方分刻龙虎，盖以青龙、白虎标识东西方位。

六 蟠虺图纹及日月星辰、诸种动植物之
刻写手法。

四、武氏祠石室

武氏祠石室位于山东省嘉祥县东南约三十
里紫云山下一处名曰武翟山之小村落，当初与
三石室前后建造，后世因河水泛滥，泥土堆积，
半埋土中。乾隆五十一年黄易招募有志之士发
掘并解体之，另建砖构祠堂，于其内部壁间嵌
入原画像石。今所见所谓武氏祠堂者即此。事
详于黄易《修武氏祠堂记略》。曰：

乾隆丙午秋八月自豫还东经嘉祥县署
见志载县南三十里紫云山西汉太子墓石享
堂三座久没土中不尽者三尺石壁刻伏羲以
来祥瑞及古忠孝人物

极纤巧汉碑一通文字不可辨易访得拓
取堂乃武梁碑为武斑不禁狂喜

九月亲履其壤知山名武宅又曰武翟历
代河徙填淤石室零落次第剔出武梁祠堂画
像三石久碎而为五八分书四百余字孔子见
老子画像一石八分书八字双阙南北对峙出
土三尺掘深八九尺始见根脚各露八分书武
氏祠三大字三面俱人物画像上层刻鸟兽南
阙有建和元年武氏石阙铭八分书九十三字
武斑碑作圭形有穿横阙北道旁土人云数十
年前从坑中拽出此四种见赵洪二家著录武
梁石室后东北一石室计七石画像怪异

无题字唯边幅隐隐八分书中平等字旁
有断石柱正书曰武家林

其前又一石室画似十四石八分题字类
曹全碑共一百六十余字祥瑞图石一久卧地
上漫漶殊甚复于武梁石室北剔得祥瑞图残

石三共八分书一百三十余字此三种前人载
籍未有因名之武氏前石室画像武氏后石室
画像武氏祠祥瑞图又距此一二里画像二石
无题字

莫辨为何室者汉人碑刻世存无多一旦
收得如许且画像朴古八分精妙可谓生平奇
遘按武氏诸碑唯武荣碑植立济学武斑碑武
梁祠像武氏石阙铭今已出土余武梁碑武开
明碑二种未见安知不尽在其处嘉祥汉任城
地赵氏云任城有武氏数墓所指甚明何县志
讹为汉太子墓然土人见雕石工巧呼为皇陵
故历久得不毁失未始非讹传之益也今诸石
纵横原野

牧子樵夫岂知爱惜不急收护将不可闻
古物因易而出置之不顾实负古人是易之责
也武斑碑宜与武荣碑并立济学而石材厚大
远移非便易唯孔子见老子画像一石移至济
宁与刘刺史永诠敬置学官明伦堂其诸室
之石

大而且多无能为役州人李铁桥东琪家
风好古搨碑之功最著洪洞李梅村克正南明
高正炎善书嗜碑勇于成美与之计划宜就其
地并立祠堂

垒石为墙，第取坚固不求华饰分石刻
四处置诸壁间中立武斑碑外缭石垣围双阙
于内题门额曰武氏祠室隙地树以嘉木责土
人世守地有古碑官揭易扰宜定额资其利
而杜其累立石存记为久远之图是役也非数
百金不辨易与济宁数人量力先捐海内好事
者闻而乐从捐钱交铁桥梅村明高董其役易
与司土诸君成其功求当代钜公撰碑垂后仿
汉碑例曰某人钱万

某人钱千详书碑阴以纪盛事汉人造石
室石阙后地已淤高兴工时宜平治数尺俾碑
石尽出不留遗憾有堂蔽覆椎揭易施翠墨流

传益多从此人知爱护可以寿世无穷岂止
二三同志饱嗜于一世也乎乾隆丁未夏六月

据此可详悉乾隆年间发掘前之情景与黄氏
营建之实况。黄氏发掘与保存石室功不可没，
然并未原样保护石室及平整原埋没之土壤，徒
以"椎搨易施"为利，将此贵重遗物解体，以
致无法见到当时结构，岂不遗憾。当时祠堂四
周虽绕以石垣，围双阙于内，隙地树以嘉木，
然今皆不可见。唯祠堂入口前面有墙围绕，其
门上悬"武氏石室"匾额。其前方地面掘下一
丈许，今成一大坑。当初三石室所建之处今犹
处处散落台阶石等。其前方二石阙东西相对
（面北偏西北），石阙前方有二石狮。今其四周
散落石阙碎片四五。西阙前面有八分书铭，以
此可知建筑年代。

建和元年大岁丁亥三月庚戌朔四日癸丑
孝子武始公弟绥宗景兴开明使石工孟孚
李弟卯造此阙直钱十五万孙宗作师子直
四万开明子宣张仕济阴年廿五曹府君察
孝廉除敦煌长史被病芙没苗秀不遂呜呼
哀哉士女痛伤

据此可知武始公、绥宗、景兴、开明四兄
弟为其父于建和元年三月建北阙。绥宗名梁，
官至从事。昔日有碑，然今不知所在。开明之
子武斑、武荣共有碑存（武斑碑于祠堂内，武
荣碑今于济宁州孔庙大成门内）。武斑字宣张，
官至敦煌长史，永嘉元年卒。其碑建于建和元
年二月二十三日。而石阙晚建仅十日，即三月
四日建造，与铭文记事相符。

是以当初三石室之一悉由武始公兄弟为其
父所建，另一为武梁即绥宗所建。《隶释》曰：

予按任城有从事掾武梁碑以威宗元嘉元年
立其辞云孝子仲章季章季立孝孙子侨躬修
子道竭家所有选择名石南山之阳擢取妙好
色无斑黄前设坛墠后建祠堂良匠卫改雕
文刻画罗列成行拊骋技巧委蛇有章似是谓
此画也故予以武梁祠堂画像名之

武梁碑今已亡，其所在亦不明，然石阙铭
载系为绥宗即梁父而建此石阙。此处亦有武梁
之侄武斑之碑，似为武氏一族茔域，故武梁石
室与碑亦恐在此处，碑所云祠堂必为三石室之
一。自古以来称此类石室为武梁祠堂始于《隶
释》，然并非妥切之名称。称武氏祠更妥。

另一石室属武斑或属武荣等其他人不明。
总之，此三石室建造年代虽有所差异，然距石
阙建造时间即建和元年当相差不远。故以此足
以窥见后汉末期建筑技术之一斑。

1. 石阙（第二〇七图）

其左右相对，面朝北偏东北。过去称之为
东阙（右阙）与西阙（左阙）。今借便从此名称。
皆高约十三尺六寸，相距二十二尺三寸，柱广
三尺八寸八分，厚二尺三寸三分五厘，高六尺
七寸六分，立于础盘上，载大斗，以承刻有瓦
形之双层顶盖。两盖之间亦有稍高之大斗。柱
外侧又有副柱，二者相连。副柱广二尺二寸六
分，厚一尺三寸，高五尺一寸三分。下有础盘，
上有大斗，以载单盖（西阙亦同，然今大斗以
上坠落、散布于旁）。石阙四面绕有多重边框
线，边框线由杏核纹、波纹、绳纹、连弧纹等
组成，其内部阳刻屋宇、车马、人物、鸟兽等
图像。西阙前面如前述阴刻八分书铭文。盖汉
代于坟墓、宫殿、庙祀前建石阙已然彪炳史册，

第二〇七图　武氏祠西阙

然据余所闻，原样遗存者除此石阙外，仅有河
南省登封县嵩山太室、少室开母庙前与四川省
新都县汉衮州刺史王稚子墓前各一对。据去冬
冢本博士实地调查，云嵩山三石阙形状、手法
与此略为相似，唯副柱厚度与主柱相同，以及
主柱仅有单盖，其大小几乎相若。若此，则此
双阙于形制、手法上系汉代石阙中最为完备之
标本，通过其四面所刻画像可知当时风俗习惯
与雕刻艺术之一端，通过其铭文亦足以考证建
筑由来与年代，可谓吾等研究古代艺术之贵重
资料。

2. 石狮（第二〇八图）

石阙前面相距数步左右有石狮，相对而立。
此石狮今脚折断，跌离台座。各长四尺七寸
许，其形状如真狮，有鬃，今尾缺损。状貌奇
古，手法颇精，与刻于石阙与石室之画像相似
显稚拙。汉代之后陵墓前多列石兽，然大抵湮
灭，今仅存此二石狮。亦可考证当时遗制，属
珍奇资料。

3. 祠堂内画像石（第二〇九图）

如图示，祠堂为长方形，单层双檐建筑，
立于石阙以南数十步开外，朝向北偏东北，正
中设入口，其左右各开两窗，入口前有小门。
如前述，门上悬"武氏祠堂"匾额。四壁以砖
筑成，其内壁镶嵌原石室中画像石。北壁入口
以东有三石，以西三石，东壁六石，南壁十石，
西壁四石，共二十六石。堂内散落敦煌长史武
斑碑及大小画像石、屋顶构件十七件。此类散
落石制品盖此祠堂修建后渐次为人从别处掘出
者，或属当年认为无画像石材者。观察今祠堂
内石制品，或为往日石室后壁、侧壁、梁檩，
或为刻瓦形之屋顶石，高达六尺。综合以上现
象可知其大致结构与孝堂山石室相似，规模似
略大于后者。此类石制品表面刻有三皇五帝以
及忠臣、孝子、义士、节妇等事迹，有的一一
于旁附以简单说明，有的似与墓中人物实际生

第二〇八图　武氏祠石狮

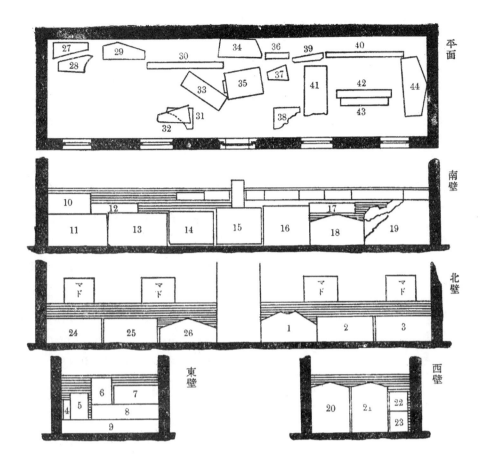

第二〇九图 武氏祠堂内部画像石配置图（参考 P264 图注）

活有关。或刻诸多楼阁、车马、鸟兽、龙鱼之属，或刻祥瑞图，或刻不可名状之奇珍异宝。《石索》[1]记载此石祠许多图像，然不过其中之一部分，且图像临摹颇粗拙，谬误亦不在少数，仅大体相仿而已。今择此类画像石中四五石介绍其图像：

第二十石 上方呈圭头状，广四尺六寸，高约六尺。圭头内中央刻戴宝冠、有羽翼之神人坐像，左右刻有羽翼之人物、龙及怪鸟像，下刻唐草纹、双菱纹、连弧纹等边框线。下方分四层，刻画像。最上层右起顺次刻伏羲、祝融、神农、黄帝、帝颛顼、帝喾、帝尧、帝舜、夏禹、

夏桀像。像旁各有八分书题字（夏桀处漏），日

伏羲仓精初造王业画卦结绳以理海内
祝融氏无所造为未有耆欲刑罚未施
神农氏因宜教田辟土种谷以振万民
黄帝多所改作造兵井田 垂 衣裳立宫宅
帝颛顼高阳者黄帝之孙而 昌意 二字缺，石索补出 由 之子
帝喾高辛者黄帝之曾孙也
帝尧放勋其仁如天其知如神就之如日望之如云
帝舜名重华耕于历山外养三年
夏禹长于地理脉泉知阴随时设防退为肉刑
夏桀

[1] 清代冯云鹏辑，共六卷。——译注

伏羲蛇身执矩，神农执耒耜，禹执锹，皆值得关注。

第二层刻孝子事迹。右起第一刻曾参之母投杼。下题曰

谗言三至慈母投杼

上题曰

曾子质孝以通神明贯感神祇著号来方后世凯式以正抚纲

其次刻闵子骞为父御马坠鞭图。题曰

子骞后母弟 子骞父

闵子骞与假母居爱有偏移子骞衣寒御车失棰

其次刻老莱子舞于父母前之图。题曰

老莱子楚人也事亲至孝衣服斑连婴儿之态令亲有欢君子嘉之孝莫大焉

其次刻丁兰跪拜父亲木像前之图。题曰

丁兰二亲终殁立木为父邻人假物报乃借与

第三层刻写刺客事迹。右起第一刻曹子劫桓公图。各人物上方题曰

管仲 齐桓公 曹子劫桓 鲁庄公

其次刻写专诸置匕首于鱼腹，刺杀吴王事迹。各人物上方题曰

二侍郎 专诸炙鱼刺杀吴王 吴王

其次刻荆轲刺秦王图。各人物上方题曰

荆轲 秦武阳 秦王

下方刻盛首级于盘之图，其旁刻写"樊於期头"。最下层刻马车、二骑者、六步者。

第二十五石 上下两层，上狭下广。上层广约下层之三分之一，刻车马与持武器人物。下层中央有桥，配以马车五、骑者五及许多人物。河中有数舟，载些许人物。盖刻写水陆交战情状。挥剑者、持盾者、持戟者、弯弓者纷然交错。各马车旁题曰"游徼车""贼曹车""功曹车""主簿车""主记车"。此或反映墓中人物事迹。（第二一〇图）

第七石 上下两层，上广下狭。上层广约下层之三倍，右面刻楼阁。楼实为亭，屋顶刻翼人与双鸟。楼上中央坐贵妇，左右六人侍奉。楼下中央一人安坐，左右五六人侍奉。楼上柱以人像柱代之，甚奇。楼左右有双盖顶柱，所谓罘罳乎？上层有双人形柱。柱盖顶上刻鸟、猿、人物等。左方有合欢树，枝条缠绕，颇具装饰性。有鸟或栖或飞。罘罳盖上有一人射鸟。树下有马车、御者、狗与离开车辆之马，似在等待主人出来。下层有三马车、二骑者、二步者。题曰"门下游徼""门下功曹"。此亦关乎墓中人物事迹乎？（第二一一图）

第十一石 分四层，广与第七石相若。刻有翼龙、翼马、带马首之异兽与人首蛇身有翼之人，以及翼人骑飞龙擎帜、某神牵翼龙车、人物禽兽腾云图案，怪异奇特，不可名状。

（第二一二图）

第十五石 分上下两层，上层狭，约有下层四分之一大小，于奇特云纹飞渡中刻神人、

第二一〇图　武氏祠画像石第廿五石

翼人、马车、翼龙等。下层刻人物、车马、屋宇等。（第二一三图）

第十六石　上下三层。上层颇广，其中刻海神、龙鱼出战图。有鱼拖车者、鱼龟持武器者、人首鱼身持剑、盾者，等等，极富变化与

第二一一图　武氏祠画像石第七石

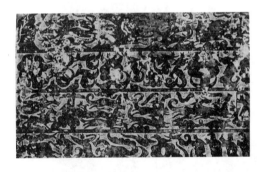

第二一二图　武氏祠画像石第十一石

怪诞情调。下两层皆狭且漫漶处多，刻有许多人物与翼人。[1]（第二一四图）

此外，多数石板皆刻诸种图像，然于此一一记述不胜其烦。总之，此类画像皆阳刻于灰黑色石灰石上，手法如孝堂山下小石祠刻像，先水磨石材表面，留出图像位后浅刻其他部位，

[1]　此处叙述与第十六石图恰好相反，是上两层皆狭，最下一层广。——译注

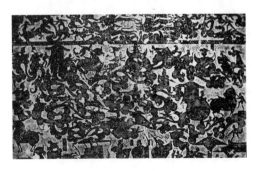

第二一三图　武氏祠画像石第十五石

第二一四图　武氏祠画像石第十六石

纵向作凿痕，再于图像轮廓内阴刻面相、衣纹等细部。然与后者比较，轮廓外部分刻画稍深，图像呈现进步迹象。

五、晋阳山慈云寺画像石

晋阳山系位于山东省济宁州西北三十里、嘉祥县东北二十五里平原上之孤立小丘，全山由石灰岩构成。山顶有寺，曰慈云。镶嵌于其佛殿内外壁上之汉画像石共有六片。（第二一五图）

一 **内部南壁户西** 长五尺五寸一分，广一尺七寸四分

上下有边框，上边框从外起由无纹、波纹、复菱纹、垂饰纹次第组成，下边框从内起由单菱纹、垂饰纹次第组成，互为边界，形成广五分许之阳线。内部双鸟相对，中间连缀五个圆形

二 **内部南壁户东** 长五尺四寸四分，广一尺八寸二分

上下边框与前者同。内部中央作虬形，刻两兔左右相对争抢鸡图

三 **内部西壁** 长八尺九寸，广一尺八寸。上下边框与前者同。内部中央作双鱼相向状

四 **内部东壁** 长八尺九寸五分，广一尺八寸五分。

四周有边框纹，同前者。中央双龙相对，右刻二兽相搏，左刻虎

五 **外部前面户西** 二石东西相立

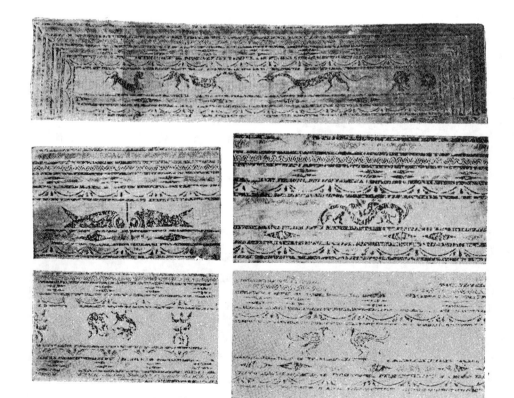

第二一五图 晋阳山慈云寺画像石

东石 长五尺二寸五分，广二尺五寸五分。**西石** 长四尺二寸七分，广二尺五寸

东石边框纹同前，内部刻双兽相搏图。西石边框纹同前，内部中央刻双兽相搏图。略偏离其左右刻兽头衔环、双鱼垂于环间图。

此外，外佛殿内外壁间镶嵌许多汉代石板，皆仅有系当时特色之边框纹，不刻画像。盖解体汉代石庙建筑佛殿时使用此类石板作为墙壁装饰而致。

今观察此类画像石，其与武氏祠、孝堂山画像石手法略有不同，先粗凿石面，留出画像后浅雕空白部分，颇有古拙简朴之风。其年代虽不明，然据观察其手法与余于孝堂山下所见刻有双鱼图之画像石相同，故与发掘于其旁、现收藏于上述工科大学之画像石应无大差别。

六、其余画像石

1. 济宁州文庙明伦堂画像石

孔子见老子画像石 如前述武氏祠石室条所载，黄易于《修武氏祠堂记略》曾记述："唯孔子见老子画像一石，移至济宁，与刘刺史永诠敬置学宫明伦堂"。此画像原在武氏祠石室，而于乾隆五十一年黄易以与孔子有特殊关系为由将其移至济宁州文庙明伦堂，镶嵌于其壁间。画像正中孔子与老子皆下车相对致礼。孔子右手执一鸟，盖问礼之赞。二者之间空中有飞鸟，其下有一小型人物，因损坏难以辨认。孔子与老子身后各有牌榜。曰"孔子也""老子也"。孔子身后有一人，盖竖子乎? 其次有马车，题曰"孔子车"。车上有一人御马，恐为南宫敬叔。老子身后亦有一马车，一御者，其后立三人物。

石长四尺九寸，广一尺一寸余，上有双菱纹与弧纹组成之边框线，雕刻手法与武氏祠条所说手法相同。

永建五年画像石 今在明伦堂壁间，其旁有以下铭刻：

- 一 道光十九年鱼台马铁桥星桓访得此石于两城王凤麟移至鲁桥藏于家廿一年四月徐树人刺史移至州学下略 商城杨铎记
- 二 道光廿一年四月扣济宁直隶州事南通州徐宗干移置明伦堂 [1]

据此可知此石出处与发现年代。

此为画像石残片，其旁有"永建五年大岁在庚午二月廿三日云云"八分书铭，可知其制作年代及作为判定其他画像石年代之资料。画像唯一人拱手端坐，手法颇粗糙。上方与右方边框稍广，刻斜线，又于上方阳刻仰弧纹。盖连弧纹之一部分残存于上。永建四年即孝堂山石室邵善均题名之翌年，故此画像年代恰位于孝堂山石室与武氏祠石室年代之间。(第二一六图)

2. 济宁州文庙戟门内郭泰碑阴画像

郭泰碑原在旧汾州介修县郭泰墓前，传唐代或宋代灭失，为金石家所痛心疾首，古

[1] 关于"永建五年画像石铭刻"，有人认为正确的文字应该是："一 道光十九年。鱼台马钱桥星垣。访得此石于两城王凤楼。移至鲁桥。藏于家。廿一年四月。徐树人刺史。移至州学。（下略）商城杨铎记。二 道光廿一年四月。知济宁直隶州事南通州徐宗干。移置明伦堂。——译注

第二一六图　济宁州文庙明伦堂画像石

第二一七图　来历不明之画像石

今相关金石著作无一言及原碑所在。而此原碑今在济宁州文庙戟门内。何时何人发现并移于此处不详。虽文字漫漶，仅存十之二三，然所幸全文早已复刻流传至今，故可知此碑建于建宁二年（169）。碑阴刻极简朴之画像，且此画像皆横刻，故最初并非用于碑之装饰。盖有人运来往日石庙残石用于建碑所致。

　　画像分左右两部分，边框绕有斜方纹。左部中央作树，上方左起有四鸟，右起有六鸟，相向飞翔。下有二人作射鸟状。右部有单顶二层楼，楼下一人起舞，一人弹琴，一人拍手。楼上三人似坐而观之。楼侧有树。画像轮廓刻凿稍深，略剔去画像内部石面，使显稍高，空白部分纵向作粗凿刻纹。手法颇简朴，画像甚稚拙。其年代虽不明，但似乎比上述所有画像更古老。

3. 来历不明之画像石（第二一七图）

长五尺二寸五分，广一尺八寸二分

　　此画像石出土于山东省，府县名不详。今为日本某人收藏。画像刻歌舞游戏与庖厨情状，似属常见，然雕刻手法略有异，且工艺稍优。即先水磨石面，留出画像后稍低平凿空白部分，相较于武氏祠画像留有凿痕，技术有显著进步。

结　　论

　　以上所述后汉画像石皆余亲自调查所见。此外尚有余所得拓本与山东省沂州府右军祠汉画像石数片、济宁州普照寺画像石一片、来历不明之画像石三片。又承见冢本博士调查带回之嵩山太室神道石阙画像石，与伊东博士带回之扬州府宝应县学射阳石门画像石等拓本，然非余亲见实物，故其说明从略。

如上述，后汉时代坟前建石庙、石祠，其内部刻有画像作为装饰。多存于山东、河南两地，似前者尤多。据余调查盖山东省各处皆富于最适合此类雕刻之石灰石，其制作自然亦多。话虽如此，然此类石庙完全保存者仅孝堂山石室，武氏祠已解体，为憾，而画像石犹保存完好可谓侥幸。至于其他则或埋没土中，或遭破坏，或归于好事者手中，以致无由复寻其遗制。今概括前述如下：

一　**石质**　画像石皆由石灰石刻出。石有两种，一带黄褐色，石质最坚，一为灰黑色，掺杂有些许化石，质稍松软。

二　**雕刻手法**　余所见者有五种：

（一）以孝堂山石室画像为代表，水磨石面，于石面阴刻画像。

（二）以武氏祠石室画像为代表，水磨石面，留出画像，于石面阴刻面相、衣纹等细部，于空白处纵向作凿痕。

（三）如前述三之画像石，浅平削去空白部分。

（四）于石面纵向作凿痕，稍深刻画像轮廓，内部削去，稍留圆形，进而于此阴刻细部。此种画像发现较多。亦偶有于轮廓内平削者。

（五）以慈云寺佛殿壁间画像为代表，粗凿平石面，留出画像，于空白部分作凿痕，亦即与（二）同，止于简朴。

三　**边框**　画像多存广边框。此边框一般由或狭或稍广之数条纹带组成，以幅宽四五分许之阳线相隔。此纹带或有无纹者，或有连弧纹、垂饰纹、单菱纹、双菱纹、系钱纹、波纹等。一般于空白处或平面左右交互斜刻凿痕。

四　**画像与内容**　不论雕刻手法如何，画像普遍皆古雅稚拙，仅止于写其形意。人物亦然。唯马车及其他动物较工巧。画像内容多关乎历史事迹与神异怪诞传说，亦似关乎墓中人物经历。尤喜刻画游猎、卤簿、宴饮、歌舞、庖厨情状，作日月、星辰、楼阁、车马、禽兽、虫鱼、龟龙之属。今不胜一一列举之烦。由此吾等可得知后汉时代文化性质与技术发达程度，以及当时风俗习惯为何。若进一步详细研究亦不难发现其他方面之珍贵资料。

本篇曾连载于《国花》第十九辑第二二五号、第二二七号与第二十辑第二三三号（1909年2月、4月及10月）。有关汉代石庙与画像石，前载"中国之陵墓"中亦有部分涉及。另有文章于东京帝国大学纪要工科第八册第一号以"中国山东省汉代坟墓表饰"为题，不仅就石庙与画像石，而且就石人、石碑等坟墓外部装饰进行全面详细阐述。后者系此方面最完备之文章，然因以玻璃版[1]制作一三〇页附图，故此不收录该图，唯表示出二者所用编号、名称等异同，[2]仅供参考。

[1]　collotype，也称珂罗版，即在玻璃板上形成胶质（gelatin）被膜以制版的传统印刷方法。——译注

[2]　原文后半部分序列号为假名序号。今按阿拉伯数字＋括号译出。——译注

1 —前石室第五石	（1）
2、3—左石室第三石	（2）
4—	（4）
5 —左石室第四石	（5）
6 —左石室第五石	（6）
7 —前石室第三石	（7）
8 —后石室第六石	（8）
9 —前石室第四石	（9）
10 —左石室第九石	（10）
11 —后石室第五石	（11）
12 —左石室第六石	（12）
13 —后石室第四石	（13）
14 —后石室第三石	（14）
15 —后石室第二石	（15）
16 —后石室第一石	（16）
17 —前石室第一石	（17）
18 —前石室第二石	（18）
19 —武氏石室第三石	（19）
20 —武氏石室第一石	（20）
21 —武氏石室第二石	（21）
22 —左石室第八石	（22）
23 —左石室第七石	（23）
24 —前石室第七石	（24）
25 —前石室第六石	（25）
26 —后石室第七石	（26）
27 —	（27）
28 —	（28）
29 —	（29）
30 —	（30）
31 —前石室第十一、十二石	（25）
32 —	（32）
33 —顶盖	（34）
34 —顶盖	（35）
35 —新碑	（35）
36 —武斑碑	（36）
37 —	（37）
38 —	（38）
39 —顶盖	（35）
40 —祥瑞图第一石	（40）
41 —顶盖	（41）
42 —石阶	（42）
43 —石阶	（43）
44 —左石室第二石	（44）

第二十四章　六朝时代画像石

友人柴田极人先生最近从中国带回画像石。此画像石似为更大画像石残片，上端有由两段怪云纹组成之边框，其下刻有一人负剑向右，一兽跃而向之图案。此兽后半身已失。人物右旁阳刻"祁弥明"三字，似为其人名。兽右方亦有题字，虽已漫漶不可读，然似为"獒"字。此图如此刻写意欲何为？余孤陋寡闻无法判断。

（第二一八图）

余见此画像石，既惊讶于该人物图案与大英博物馆收藏、世传系顾恺之所画《女史箴图》人物之服装画法完全一致，亦怪异于该边框怪云纹与余前些年调查之吉林省辑安县"三室冢"壁面所画图纹相符。

《女史箴图》原秘藏于清室内府，有乾隆皇帝题金序跋，自古流传为东晋顾恺之所作，现卷末有"顾恺之画"落款。关于此画作年代，于东方绘画造诣颇深之大英博物馆劳伦斯·比

奈恩[1]先生认为，虽无顾恺之作之确证，然亦难举出并非其作之反证，故信其所传似无大碍。而亦有一两位学者推定其乃唐宋时代临摹六朝时代之画作。余前些年承比奈恩先生好意，得以饱览与玩味该画作，在惊叹其为稀世名画之同时，从其书体、墨色一见即可明了其"顾恺之画"落款系后人改篡。该画至晚亦当属六朝时代作品，并非后人摹写。之后考察该画中人物服装，发现其与北魏时代画像石及铜像等所常见之佛供奉人物服装颇相异，带有比之更为古老之韵味，故认为此画作年代可溯及顾恺之之生活年代似无不当。据《晋书》，顾恺之生卒年不详，然义熙初年官至散骑常侍，六十二岁时逝去。义熙元年（405）相当于北魏天赐二年，距有北魏年号铭之遗物最早年号——太平真君（其元年为440年）约三十五年之前，与北魏艺术最具代表性之云岗、龙门石窟之开凿年代相隔约六七十年前。《女史箴图》人物样式相较盛行于北魏时代之绘画中人物样式有更古老之韵味，故认为此画可溯及顾恺之之时代绝无不当。

再说辑安县"三室冢"壁面图案。今辑安县治位于古代高句丽"国内城"址，附近至今犹散布数万古坟，皆高句丽时代坟墓。前些年余调查此地时发现四座玄室内有壁画之古坟。所谓"三室冢"即土坟内设三室，以天然石块构筑各室墙壁、顶棚，壁面厚涂白灰，于其上描画楼阁、人物与莲花、怪云等图纹。其附近之"散莲花冢"玄室描绘盛开与半开之莲

第二一八图　六朝时代画像石

[1]　劳伦斯·比奈恩（Laurence Binyon，1869—1943），英国诗人、东方美术研究家，40年间一直服务于大英博物馆版画、绘画部，后任东方美术部部长。著有《远东的绘画》（1908）等。——译注

花图案，样式与前者几乎系同一时代。推定此类壁画之年代，最值得关注者乃莲花与怪云图案。莲花之盛开与半开图案于北魏时代断不可见，系特殊手法，势必为北魏以前样式。又，此怪云纹系汉代怪云纹变化而来，于北魏画像中亦绝不可见。北魏时代喜用忍冬纹，而此类壁画全然不可辨其痕迹。又，北魏时代虽偶用怪云纹，然于形式上显示出比此墓图纹年代略晚。（第二一九、二二〇图）

无论莲花纹，抑或怪云纹，皆通常属于北魏以前样式，以此推定该壁画年代当不晚于东晋时代末期似无不妥。又，高句丽国佛教始于小兽林王[1]二年（东晋咸安二年，372年）。是年秦王苻坚送来僧人顺道与佛像经文，故此墓年代不可能早于此前。因为该壁画大量使用佛教标识莲花纹。又，高句丽于长寿王十五年（北魏始光四年，427年）从"国内城"迁都平壤，故可认为如此壮观之坟墓当为迁都以前所建。若此推论无误，则此墓建于公元372—

[1] 古代高句丽国王之一，生卒年不详，大约活动于中国五胡十六国时代。公元371年百济军队进攻平壤，原国王战死，小兽林王继任，引进新的文物典章制度，分别于372年和374年从前秦引入佛教，372年建"大学"，开始儒学教育。——译注

427年，即公元四五世纪左右。而且该壁画样式显然受到北魏之前苻秦、姚秦时代之影响。

以上就《女史箴图》与辑安县"三室冢"壁画年代进行论述，然将二者联系起来，使年代推定更为确切者，当属柴田先生收藏之画像石。如上述，其画像石人物着宽大衣袍，与《女史箴图》人物完全相同。不仅如此，其挥动两臂、向兽而立、翻转衣袂之态貌，亦似与《女史箴图》开卷第一之汉元帝按剑攘臂、翻转衣袂之态貌符节相合，令人想到是否出于同一人笔下。画像石人物所戴之冠亦与《女史箴图》中人物所戴之冠非常相似。加之衣服之描线精细灵动，甚至显示衣襟之线条二者互为一致。由衣装相同、描线性质相似来看，想象此二者几乎诞生于同一时代绝无不当。

又，刻于此画像石上边框之怪云纹，其构成手法乃至细部特征无一不与辑安县"三室冢"壁面之手法、特征相符。

《女史箴图》人物与此画像石人物形式相同，而辑安县"三室冢"怪云纹又与此画像石怪云纹手法相同，故通过此画像石有充分理由推定《女史箴图》与"三室冢"壁画几乎出现于同一时代。如上述，余以《女史箴图》推定其大约出现于顾恺之时代，即东晋末期，以"三室冢"壁画同样推定其为东晋末期，并以此画像石为证据链条之一，进一步增强其所属

第二一九图　辑安三室冢壁画图案

第二二〇图　辑安散莲花冢壁画图案

年代之准确性。于余所知范围内此画像石人物
与《女史箴图》所画人物相同系唯一实例，而
该怪云纹与"三室冢"怪云纹相同亦为中国现
存之唯一标本。而且，中国汉代画像石与北魏
之后佛像雕刻遗存较丰富，但作为其中间过渡
期之两晋时代遗物似为罕见，故从各方面观察，
此东晋时代画像石残片可谓极其珍贵之资料。

　　顺便一说，余断定《女史箴图》大致为顾
恺之时代作品，乃仅就其画作样式而言。究竟
其系原画作或系后世临摹？若系临摹何时临
摹？皆有必要进一步研究。不知为何，余从画
风与题字形式看，认为其恐系六朝末期作品或
唐初摹本。（1923 年 5 月 29 日稿）

　　本篇曾作为《辽东之冢》第十二项刊载于《建
筑杂志》第三十七辑第四四四号（1923 年 6 月）。

第二十五章　大仓集古馆收藏之石佛

据说此石佛原在中国河北省涿县永乐村东禅寺，该样式接近于北魏最古老佛像样式，然其背光表面与背面所刻纹饰性质特异，自然与北魏及其后纹饰完全不同，带有一番古韵。

该佛像面相与衣纹等特殊手法亦见于北魏其他佛像，然进一步深究则可发现其与西域地区亦有联系。即，亦与北魏文成帝时开凿之云岗五大石窟内佛像、法国伯希和报告之敦煌千佛岩中据推测为北凉时代建成之石窟佛像、德国勒柯克报告之高昌附近之佛像相似，故此石佛样式与北魏、西域地区样式有共通之处。然透过腰身以下衣裾能明显看出两股，尤其是膝盖之雕法，毋宁说受到印度笈多样式之影响。

尤为值得关注者乃背光样式。背光正中刻莲花形状，四周层轮中刻奏乐天人形状与四花形状，其意趣、手法等于北魏及其他时代全然不可见，极其珍贵。

更稀奇者乃背光背面之雕刻。此背面雕刻保存较为完好，然其中佛殿与塔图像有翘檐，塔顶有人物、凤凰像等全无北魏遗物之痕迹。佛殿上亦展现凤凰形状，此亦珍奇，令人有遥接汉代之余思。又，以裸体人物支撑佛堂佛塔，以同样人物手捧香炉或跪拜于佛殿前之姿态亦不可见于北魏及北魏之后佛像。供养人物及其下方并列一排武人之服装，亦与一般所见之北魏式服装大相径庭。武人左袵、身着革带之姿态根本不像汉人或着汉装之其他民族。而且样式、技巧俱古朴，略带稚气，相较于过去所知之北魏佛像势必年代更为久远。果若此则此石佛属何时代作品将成为颇为有趣之问题。

现存北魏最古老之佛像可溯及太武帝太平真君年代（440）。此石佛与此类佛像种类相异，更有古韵，故至晚当属太平真君年代之前。而从佛像形制看当在太平真君年代之前不久。此石佛发现地于两晋时代属前燕慕容氏管辖，而慕容氏为前秦苻坚所灭，苻坚没落后为后燕慕容垂所占（384）。之后二年北魏拓跋圭兴起，初居盛乐，后都大同，终于公元408年灭燕，至太武帝时国势日益强大。然余所知有明确纪年铭记之北魏佛像自太平真君年代始。前后燕慕容氏与北魏拓跋圭均属鲜卑族，或许此石佛之异样服饰反映出汉化以前鲜卑族之风俗。

从佛像样式与其所在地沿革考虑，此石佛或属慕容垂时代作品。若此推定正确，则此石佛在余所知范围内系中国现存最古老之佛像，属南北朝以前即东晋末期唯一重要标本。（第二二一、二二二图）

此石佛当初有莲座，恐刻有年号铭与供养者名以及建造来由等，可惜早已灭失。今佛像立于不完整之台座上，背光表面与背面勒有许多供养者姓名，然悉为恒氏。盖恒氏一族全员奉祀之物。据观察其中无一官名。若有官名，则或可供考定年代之用。因如今全然不可知其年代。又，恒氏为南方望族，著名人物有恒温、恒玄等人，拟今后就此继续研究。

第二二一图　大仓集古馆收藏石像前面

第二二二图　大仓集古馆收藏石像背面

北魏石窟、石佛有佛殿、佛塔图案与佛塔形状圆雕等，然其屋檐常为水平状，全无翘檐。而此石佛背光所刻佛堂、佛塔有明显上翘房檐，实为珍稀。此上翘房檐是否属南方文化系统？其背光雕饰样式与北魏性质完全相异是否出于相同原因？此石佛材料为砂岩，其原石由何处取出？是否雕于涿县附近？或由他处，特别是由南方雕后运来？疑问接连不断，今无法遽断，拟留待他日详细研究后再发表完整之意见。

总之，此石塔为现存中国最古老佛塔之一当不容疑问。然其创作于后燕抑或于北魏初期？其或属南方文化系统？其样式来由如何？勒恒姓氏如何解释？等等，疑问颇多。今将此诸多疑问提交学界，若能解决此类问题或将给雕刻史研究带来一大光明。如此贵重之雕刻作品未落入欧美人之手，而带至日本永归大仓集古馆收藏实为我学界之骄傲。就此日本国民应极大感谢集古馆。

本篇曾刊载于《国花》第四〇辑第四七一号（1930年2月）。

第二十六章　云冈石窟之年代及其样式之起源

今天有幸就云岗石窟的年代及其样式的起源发表我的意见。因时间关系无法充分阐述，以下仅做简单说明，详细情况请参阅今后有关杂志。过去世间全然不知有此云岗石窟。1902年伊东博士首次发现此石窟，并向社会报告，因此成为非常著名之学者。据称此云岗石窟是日本飞鸟时代即推古时代艺术的源头，所以渐渐在社会引发热潮。1908年冢本博士再访云岗进行详细研究。之后云冈益发为学界所知，其中包括法国著名汉学家沙畹[1]。他到访后拍摄了众多照片，并发表了高质量著作，为世界所瞩目。其后日本和西方学者不断赴访进行研究，故云冈石窟日益为世间所知。不过就其开凿年代而论，现在仅能说大致为北魏时代，而就每一个石窟的开凿年代几乎皆不甚明了。最近我略作研究，就其年代有几分思考，现在向诸位汇报，望批评。

在此之前先就云冈石窟的位置做些说明。从中国北京乘火车向西北方向约十小时到大同，即北魏都城所在地。从大同出发向西行

[1] 埃玛纽埃尔·爱德华·沙畹 (Emmanuel-èdouard Chavannes，1865—1918），法 国 东 方 学 家。1889 年留学北京，参与发掘云冈、龙门等地许多遗迹与文物，对中国古代史、佛教、金石文等研究做出贡献。主要著作有《史记译注》，还翻译过《大唐西域求法高僧传》《西游记》等。——译注

走约三十里即云冈，该地有许多石窟。当地有河叫武周河，两岸为高原，其中一处突然低矮成为山谷，河水流于其间。山谷两岸皆悬崖峭壁，特别是北岸高约百尺，垂直矗立。山崖由砂岩石构成，质较优，适于雕刻，故北魏时代在此首开石窟，之后数量不断增加，达数百上千。

第二二三图是石窟平面图，石窟位置大致可分为三个部分。从东起为第一区、第二区、第三区。人们在第一区东端开凿山体，作两个长方形石窟，其正中雕有四方塔形，其四方壁面刻有许多佛像和与释迦传记有关的图像。在此称第一窟、第二窟。其西面岩石质量似乎不好，仅有小石窟。一直向西有学者所称之第三窟。此区域非常宽阔，若全部完成当为全石窟中最为壮观的石窟群。其中刻有三尊大型佛，即本尊和两肋侍菩萨。本尊下部现在被埋，但从膝盖算起高约三十尺。最初打算再造一个与此相同的三尊佛，但因某种原因中止建造。之后似乎又打算在其周围修建回廊式道路，但又因某种原因停止建设。此第三窟西面有两个小石窟，称第四窟，其西面小的石窟为附属建设，并不特别重要。

接着是第二区，为今日保存最好的区域。该处是石佛寺寺院用地，因此免遭人为破坏，较好地按原样保存至今。在此石佛寺区域内从第五窟到十三窟共有九个石窟并排开凿于断崖上，其中第五、第六、第七窟前建四层大楼阁。

第二二三图　云冈石窟平面图

进入楼阁观察可以见到第五窟内有一巨大"房间"，面阔七十二尺四寸，进深五十八尺四寸。如此大的洞窟内还雕有大佛。大佛为坐像，高约五十尺，两膝直径五十一尺八寸，比奈良大佛还大。开凿岩体作大"房间"，于其中雕出如此大佛。不光是大，而且整体比例匀称，面相等也温柔可观。(第二二四、二二五图)

西邻的第六窟在残存至今的石窟中最为壮观。人们在该窟先凿开一间面阔四十六尺、进深四十六尺八寸的"房间"，之后又在后面凿开一间进深约二十尺左右的"房间"。再于其正中雕出一根方二十尺的大柱子，沿其四周刻出双层佛像。四周壁面分四层。最下一层刻与释迦传记有关的图像。上面三层刻有许多佛龛，

第二二六图　云冈石窟第六窟东壁部分

第二二四图　云冈石窟第二区全景

第二二五图　云冈石窟第五窟本尊

第二二七图　云冈石窟第十一窟西壁部分

第二二八图　云冈石窟第十二窟前室西壁

佛龛内雕刻本尊、肋侍菩萨等。周围雕有许多天人和唐草图纹等作为装饰，非常壮观美丽。（第二二六图）

第七、第八窟与第六窟大抵相同，只是比前者规模要小。第九窟内安置释迦，第十窟内于岩体雕出手持铁钵的释迦佛像，外部有长方形"房间"，亦称礼拜堂。此二窟内外都雕满佛像、天人及唐草纹等，壮观之极。第十一窟与第六窟相同规模，有大致呈四方形的"房间"，其正中也雕有类似四角形的柱子，其四周刻有佛像。相邻的第十二窟也与第九窟和第十窟等相同，后方有内殿，前方有礼拜堂，也密刻建筑物细部等，或雕有佛像、天人及各种唐草图纹和莲花图纹，装饰富丽堂皇，也非常壮观。第十三窟仅有一个"房间"，其中雕有高约五十尺的弥勒大佛，四周壁面也同样雕刻许多

佛像和唐草图纹，作为装饰。（第二二七、二二八图）

隔一个山谷是第三区。第三区包括第十四窟到第二十窟，有七个大石窟，其中第十四窟和第十五窟规模较小，不值一提。但第十六窟到第二十窟五个石窟非常之大，其中各雕有一座大佛像，其左右雕有肋侍菩萨等。第十九窟最大，面阔六十二尺四寸，进深三十六尺，内部雕有高四十五尺左右坐像。第十九窟左右又有两个小石窟，其中各刻三尊佛，为第十九窟附窟。

第二十窟也很大，与第十九窟大小相同，不幸的是前方岩体崩落，其中大佛成为露天佛，其膝部以下被岩石掩埋，即便如此高度也还有三十五尺，最初高度应该有四十五尺。其两侧刻有肋侍菩萨。从第二十窟一直向西还有许多石窟，也许有数百个，连绵不绝，但都不是重

要石窟。唯一的例外是其中有一个大石窟，雕有五层和七层佛塔形状。

情况大致如上述。补充几点：在断壁上开凿如此大规模石窟，其中还雕有高达五十五尺及五十尺、四十五尺、四十尺、三十五尺不等的高大佛像，其四周雕满许多佛像、天人、菩萨像以及各种唐草图纹和其他图纹，或雕有龙凤图案，并施以色彩。其色彩现已大抵剥落，仅石佛寺内佛像接受后世补彩。有人说这破坏了过去的样式，但因为是雕刻，与绘画不同，所以既可知道其样式，也可了解原态貌的性质。

那么这些雕刻是何时创作的？据《魏书》，北魏文成帝时僧人昙曜报告文帝在云岗断崖上刻了五尊大佛像。该佛像大者高七十尺，小者高六十尺，其大冠于天下。这属有关云岗石窟的最初记录，首创于北魏文成帝时代。那么这五尊大佛又在哪里？我认为应该在最西端的第十六窟到第二十窟五大石窟中。建造此佛像的动机又是什么？在此之前北魏有个皇帝叫太武帝，算是英雄豪杰，起初笃信佛教，后迷狂于道教，开始大肆打击佛教。他下诏毁掉天下佛寺，焚烧佛像，坑埋和尚。太武帝太子信佛，设法规劝太武帝，但太武帝至死都没有答应。太子比太武帝早死，但太武帝死后太子的儿子即太武帝的孙子文成帝即位，迅速恢复佛法。之后天下伽蓝恢复如初，佛像大肆被建，僧侣待遇从优，佛法再次兴隆。据《魏书》，那时五缓大寺立五座铜像，该像是为祈求太祖及之后四个皇帝的冥福而铸造的。换句话说，就是为文成帝之前五代皇帝而造五尊铜像的。如此看来在云冈建五尊大佛的动机，一是为太武帝灭佛减罪，一是为表明在祈求之前五代皇帝冥福方面具有非凡的热情，因此才建造如此大规模的石窟。（第二二九、二三〇、二三一图）

文成帝之后是献文帝，再后是孝文帝，皆

第二二九图　云冈石窟第三窟全景

奠都于云冈附近的大同，那时称大同为平城。而孝文帝于太和十八年迁都洛阳。洛阳附近有一个地方叫龙门，该处有断崖，产大理石。故又开始模仿云冈在龙门开凿石窟。孝文帝死后宣武帝即位，迅速为孝文帝与孝文帝后即自己的父母在龙门开凿了两个壮丽的石窟。此后下一个皇帝又继续在永平年间为宣武帝建石窟。该石窟有三个，为此花费八十万两黄金，所以肯定是相当气派的石窟。

云冈的五个石窟，乃为太祖到太武帝五位皇帝所建。而经文成帝、献文帝而孝文帝时迁都洛阳，在洛阳附近龙门又为孝文帝、宣武帝开凿石窟。如此看来，云冈石窟中必有为文成帝和献文帝开凿的石窟。那么，该石窟又是哪些石窟？因为已经为前面五位皇帝修建过皆为四五十尺的大佛像，所以为建造以上五个石窟、复兴佛法的文成帝，下任皇帝献文帝一定会建造同样大的佛像，想必它就是第二区最西端的第十三窟。如刚才所说，这个石窟中有高五十尺的弥勒坐像，从该石窟的形状和佛像的大小考虑，这一定是国家为皇帝所建之物。又从石窟排列顺序和雕刻形制判断，可以想见这个石窟的确是献文帝为其父文成帝所建。

那么，孝文帝为献文帝开凿的石窟又是哪一个石窟？献文帝在位仅四年即逝世，而孝文

第二三〇图　云冈石窟第二十窟大露天佛　　　　　　　第二三一图　云冈石窟第二十窟大露天佛

帝定都平城达十八年，之后才迁都洛阳。而且孝文帝时北魏达全盛时期，国势最强，国库最充盈，故孝文帝必定为自己的父亲开凿过石窟。经过各种考虑，可以确定刚才说的雕有最大佛像的第五窟是孝文帝为献文帝所建的石窟。此石窟在云冈所有石窟中规模最大，内部雕刻的大佛像在形式、技巧上都比其他佛像先进许多。观察内部壁面所雕佛像等比大佛像更为先进，可以判断其创作年代在大佛像之后。很难想象是孝文帝在太和十八年迁都洛阳后才在故都开凿如此大规模的石窟的。这种大佛像没有国家的支持根本无法雕凿。如此考虑，则可以认为第五窟的确是孝文帝为其父献文帝所凿。《魏书》记载，献文帝曾行幸云冈。太和六、七年孝文帝也数度行幸云冈。或许是为开凿此处石窟而行幸云冈的。如此看来，这些石窟的开凿年代大体上可有眉目。即十三窟开凿于献文帝时代初期，第五窟开凿于孝文帝时代初期。这些石窟年代大体可定。

另外，前些年在第十一窟穹顶下发现铭文，还有太和七年的年号。孝文帝的年号是太和，因此可以认为，第十一窟附近的石窟大体都是孝文帝时代初期所开凿。这样说是因为献文帝在位仅四年，没有时间开凿大量的石窟。开凿第十三窟时间还凑合，而是否在位期间同时开凿第五窟则颇有疑问。如此看来则可以认为其他石窟均为孝文帝定都平城十八年间所开凿。特别如刚才所说，第六窟是云冈所有石窟中最壮观的，也是能够说明孝文帝全盛时代的石窟。

接着是第三窟。这也是整个石窟中规模最大的一个。如刚才所说，此窟最终未完工。它由谁开凿？我在1918年第一次到这里调查后，以《西游杂信》为题就此在《建筑杂志》上写过一些东西。我认为其他石窟均开凿于北魏时期，而从佛像等形制判断仅此石窟为隋代开凿。因形制与其他的不同，故可认为是在隋末开凿的，还不是唐初的样式。而且我经进一步考虑后认为是隋炀帝为其父文帝和其母文帝后开凿的。隋炀帝为文帝所珍爱，虽是弟弟，却能废其兄而成为太子，并最终即位。因此对双亲一定抱有极度感激之情。并且隋炀帝是个妄想狂，追慕秦始皇和汉武帝的事迹，凡事均追求超大规模。中国两大工程之一的大运河也是隋炀帝首次挖掘的。如此极度超大妄想狂，心想北魏已开凿如此巨大的众多石窟，那么我也要开凿，而且一定要开一个比当时更大的石窟，并为自己的双亲修建三尊佛。然而天有不测之风云，隋炀帝最终被杀，其孙恭帝即位，在位仅两年就被唐高祖所灭。因此此窟开工削凿一部分山体后工程即不幸宣告终止。若不是这个缘故，是没有理由工程干到一半就终止的。如此巨大石窟若不是倾国家之力，倾皇帝之力，普通人根本无法开凿，所以我认为是隋炀帝所作。

因此，石窟整体时代可以就此划定。

本篇系博士于 1926 年 4 月 10 日在建筑学会创立十周年纪念特别大会上之演讲速记稿。当时因演讲时间缩短，只能略去详细论述，故约定在向杂志投稿时补全，但此约未践。本编辑部认为此文明显未尽博士之意，在寻找是否还有对此问题之有关论述未果后，只好按原速记稿收录。又，《中国佛教史迹》第二卷有云冈记述，接触到此问题。其发表时间为 1926 年 4 月 17 日。自不待言，该卷脱稿时间当在此演讲时间之前。

第二十七章　中国东北义县万佛洞

目　　录

总　　说

一、万佛洞所在地与现状　　二、万佛洞东区　　三、万佛洞西区　　结　　论

中国古代建筑与艺术

总　说

义县万佛洞最早载于明正统八年刊行之《辽东志》"寺观条"，曰

万佛堂 城西十五里有山俯瞰凌河魏景明
间好事者于南岳镌石佛像
大小无数故名

所谓城西，即指义县（义州）城之西方。据此可知魏景明年间雕刻大小无数佛像于石壁。又，《盛京通志》亦载

万佛堂 在城西十五里堂址三楹
前殿三楹大门三楹前有山
俯瞰大凌河南崖刻石佛像
大小无数

距今二十余年前，松井等、箭内亘、稻叶君山三位先生于调查中国东北之际探访万佛洞。1912 年前田侯爵家翻刻之《辽东志》解说部分有稻叶博士对万佛洞之评论：

本书云寺系拓拔魏景明年间建吾等据此指示曾一度访查发现不止于此史迹另于邻地探得太和二十三年 499 石窟寺一座

据此余夙知有万佛洞，打算有机会即探访。1932 年 10 月初旬余与工学学士竹岛卓一先生一道为调查东北古迹至沈阳，在访问沈阳铁路管理局局长阚铎先生时说，希望在结束长春以南地区调查后再向西往锦县调查砖塔，阚铎先生回答锦县以北义县附近有北魏石窟，并怂恿余等前往探访。余对此渴望多年，但两三天前

于大连购得"满铁"[1]发行之八木奘三郎所著《续满洲旧迹志》，一读方得知此万佛洞石窟毁损严重，几乎不知所踪，其石佛亦多为后世修补，且该地土匪出没无常，有生命危险，故又怀疑是否有探访之价值。阚铎先生胸怀良好意愿，特派遣督察员高德瑞先生前往义县调查实际情况。余等根据其报告得知石佛遗存犹多，始决定探访该洞。

10 月 18 日夜（高德瑞先生调查万佛洞当日）匪贼约两三千人袭击义县，被击退。余等预定 27 日自沈阳至锦县，得到其前一日又有两三千匪贼来袭锦县被击退之报告，故延期一日，于 28 日出发至锦县，29 日到义县，30 日到达目的地，开始调查万佛洞。

阚铎先生命高德瑞及数名警员自沈阳随行，又承驻屯锦县 ×× 师团长西中将之好意，着驻屯义县之田边少佐特地派兵保护，且给予余等往返乘坐火车之特殊便利。义县公署亦随派巡警各自加强保卫，由此得以在短时间内简单完成调查工作，实为有幸。秉承阚铎先生意旨，荒木清三先生代东道主特为余等担任石窟平面实测工作。第二三五图、西区石窟平面图即荒木清三先生所作。今于草此文章之际，特向以上诸君表示谢意。

[1]　"南满州铁路株式会社"的略称，建立于 1906 年，也指该公司经营的铁路。日俄战争后根据《朴次茅斯条约》，以"让渡"的"北满铁路"（甲午战争后俄罗斯在中国东北部铺设的铁路）支线为基础，建设了大连至长春间的铁路干线和几条支线。该公司是一个"半官半民"的"国家特别政策公司"，曾兼营煤矿、港湾等事业，也负责铁路附属地区的行政工作。1945 年被中国政府接收。——译注

一、万佛洞所在地与现状

万佛洞开凿于义县城西北二十里或锦承铁路义县站西北约十二三里大凌河对岸崖壁上。余等一行四十余人于当日上午七时分乘两辆军队调拨之卡车从义县出发，到达义县车站后换乘军用警备列车，在石窟对岸下车后向北走过大凌河河滩，再乘小舟渡过河流，后沿着河滩向东约走一千多米始达万佛洞。时间正好九时。之后余主要制作石窟草图并进行记录，竹岛学士拍摄石窟内外照片，荒木清三先生专门从事石窟平面实测工作。因约定午后二时军队列车到对岸迎接，故至迟午后一时必须离开此地。其间四小时不吃不喝努力工作，但因窟内遗物意外地多，故无法进行充分研究，为憾。

万佛洞位于大凌河左岸丘陵崖垅，坐北朝南，以中央蹬道为界，分为两区，东区断崖开有六窟，西区断崖亦开六窟。东区毁损明显，唯其第五窟内遗留一尊稍完整之坐佛。西区亦毁损严重，然犹有部分遗存，北魏时期佛菩萨像、天人像等原样遗存者不在少数，故可知当年样式之一斑。

东区山上耸立奇异佛塔，人称文峰塔。西区西北约一里有村落，人称万佛堂村，亦有关帝庙，然余等全无调查之时间余裕。(第二三二图)

第二三二图　义县万佛洞东区全景

二、万佛洞东区

东区在突出于河滩圆形断崖中部，开有六处石窟。进入东面新建砖拱门至第一窟，而后经第二、第三窟到达第四窟。此第四窟邻北向西有第五、第六窟，然内部无通道，今须从东西区中间蹬道攀缘险峻崖壁前行。

第一窟　方十尺许，四壁、穹顶已不复当年景观，毁损严重。后壁与西壁后半部今涂以白灰，前面开窗，西壁前半部有去往第二窟之通道。

第二窟　亦全毁损，仅存后壁与侧壁之一部。穹顶已失其大部。其下方架广四尺许之木桥，人称万缘桥，通第三窟。似乎当年石窟方约九尺。

第三窟　稍大，东西约十二三尺，南北约十尺，四壁、穹顶全部剥落，不留当年雕刻。今正面佛坛安置千手观音坐像与左右肋侍菩萨坐像，皆近世补作，其价值不足以观。

第四窟　方六尺五寸许之小窟，西面涂白灰，筑坛，其上安置道教两神像，亦为近世补作。顶棚略呈穹形，毁损颇严重，然当年中央莲花装饰犹存，为浮雕形式，其细部残缺不全。南壁上方有造像铭，其下方后世设窗，破坏此造像铭下部。铭文多残缺，难读之处不少。据铭文可知该石窟系员外散骑常侍昌黎韩贞与前建德郡承□连□军主吕安辰等于"大魏景明三年五月九日造"。

此第四窟外壁刻有仁王像，然多残缺，且失头部。

第五窟　开凿于向外突出之岩壁西面，无通道可到达，须从后方东西区中间攀缘危险岩石往返。窟小，方七八尺。幸而由后壁刻出之坐佛像保存稍完好，如同当年。其旁壁浮雕千体佛小像。

此佛像于万佛洞中属几乎未经后世改造之唯一实例，趺坐于简单手法刻出之莲座上，两腕、两手近世涂白灰，略有修缮，然其头部存留既往样式，脸稍细长，眼如杏仁，面带微笑，耳平板，最能体现北魏时代特征。其背面以白贝壳粉描出背光，乃后世补出。此石窟于悬崖上难以接近，故免遭后人毁损与无益修补，得以存留当年风貌，可谓侥幸。

第六窟 系小佛龛，与第五窟北面相邻，坐东朝西，毁损严重，当年雕刻悉数不存，今内悬铁钟。（第二三三图）

三、万佛洞西区 （第二三四、二三五图）

西区石窟群开凿于东区西面断崖之中部，以蹬道为界与东区相隔，共有六窟，然往日河水暴涨时此类石窟群前面除第一窟外，悉数被破坏，仅残留后半部，故如今往往于其前面筑砖墙，于相邻石窟间新开通道，各石窟皆有欠完整，只能从壁面与穹顶之一部窥见当年雕饰。唯第一窟有幸开凿于深处，得以平安存留至今。而内部佛像悉为近世改造，已不可见当年样式。又，第六窟前半部分已崩塌，刻于内部后壁之大佛像今外露。

第二三三图　义县万佛洞东区第五窟本尊

第二三四图　义县万佛洞西区全景

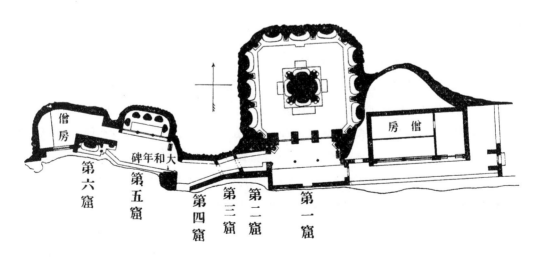

第二三五图　义县万佛洞西区平面图

先从东端砖壁中小门进入，可见一小僧房建于凿开之岩洞内，西邻留存稍完整之第一窟。由此向西通过第二、第三、第四窟可达第五窟。第六窟如前述，前面崩塌，大佛外露。后世于此大佛背后开通道，可达西面小僧房。

第一窟 石窟群中规模最大，且开凿最深，故有幸平安存留至今。其前面今筑砖墙。穿过小门可见其内部有一小庭院。

石窟前面作三处外廊，设三处入口，左右端刻仁王像，然此仁王像为近世修补，今显丑陋。窟内约三十尺见方，中央留十尺见方之壁体，四面各作佛龛，佛龛内安置坐佛像。此外，左右雕刻罗汉立像，可惜皆为近年修补，不复当年样式。佛龛上冠以列刻小佛之莲花拱，又于其上刻三层小佛龛与众多供养人物，其上方接穹顶，刻天盖图纹，中央壁体各隅角刻蟠龙支撑千叶莲花图纹，其上方刻小佛阁，屋檐四隅雕刻忍冬图纹。此类中央壁体上方雕饰有幸完好存留至今，颇为壮观，精确传递出北魏雕刻之精髓。

窟内四隅隅角刻四天王像。东西北三壁面各排列三个壁龛，龛内安置坐佛像。佛龛间分刻两罗汉立像，可惜悉为近世补作。佛龛上方壁面阳刻天盖、天人等，亦为后世改作。（第二三六、二三七图）

此石窟与山西云冈石窟及河南巩县石窟寺中北魏石窟之平面规模相当，当年曾颇为壮观，然石质较疏松佛像残缺严重，且经后世补作、改作，颇可惜。即令如此中央壁体之雕饰、穹顶天人之阳刻等多显示北魏样式之一端。

第二窟 通过第一窟外廊西端小门可达第二窟。今改作长方形，后壁平涂白灰，彩绘两菩萨坐像。前壁中央当年入口为后世堵塞，涂白灰，描画大佛、罗汉、小佛像等，然其他壁面原样存留，上方正中作坐佛龛，左右作四行

第二三六图　义县万佛洞西区第一窟内部中央壁体上部

第二三七图　义县万佛洞西区第一窟内部穹顶

小佛龛，东端下刻坐菩萨像。（第二三八图）

穹顶呈穹隆状，正中刻莲花形，四周与四隅浮雕飞天与立菩萨像，然今仅存三飞天、一菩萨，其他悉数残缺。穹顶下东壁面遗留当年佛龛上部。龛上冠以列刻小佛之莲花拱，龛内残留两背光之上部，故可知当年龛中安置二佛并坐像。

第三窟 通过第二窟西面遭破坏之小门，可达第三窟。第三窟前壁入口亦堵塞，涂白灰，

第二三八图　义县万佛洞西区第二窟内部

描画大佛与小佛像。当年左右壁有佛龛，然后世开通道时被破坏，东面仅留拱轮形迹。后壁佛龛亦全失，今壁面平涂白灰，描坐佛像与小飞天。顶棚正中留莲花痕迹，其余全部残缺。

第四窟　过第三窟西面小入口可达第四窟。

第四窟前壁下方长方形孔（入口？）被白灰堵塞，描以大佛与小佛像。其上方正中刻盘腿弥勒像，左右方浮雕弥勒与维摩诘像，中间与下方阳刻供养人物与千体佛，皆原样留存，清晰反映出北魏雕刻之特色。左右壁与后壁剥落，当年雕刻已不存，后世于后壁涂白灰，彩绘两菩萨、小飞天等像。

穹顶呈穹窿形，今前方仅存两飞天阳刻像之一部，其余悉遭破坏。（第二三九图）

第五窟　位于第四窟西北部，石窟稍大，前半部崩塌，今前面筑护墙，后方设三间小佛殿，内部安置三坐佛、二坐菩萨。皆后世补作。

前壁东面一部遗存，勒碑形，有"北魏太和廿三年"刻铭，有幸大部留存，以此可知石窟年代。碑上为柱形，上冠以带鸱尾屋盖，檐下刻斗拱与人字形蜀股，其上刻维摩诘与小佛。

西壁中当年佛龛遭破坏，仅存背光右半，拱轮边今存五坐佛龛与拱缘下端龙形。其下方与拱轮相接，刻小佛龛。进一步，小佛殿屋角雕刻蟠龙支撑、位于千叶莲花上方之佛殿图案，

第二三九图　义县万佛洞西区第四窟内部

颇精彩。蟠龙上方莲花前刻坐佛像，佛殿前刻小佛龛，其四角攒尖屋顶摹刻瓦形。

穹顶损坏严重，然有幸正中莲花图饰犹存，可见其四周阳刻飞天与小莲花。（第二四〇图）

碑形刻铭记述如下。其中记述北魏太和廿三年（499）四月八日营州刺史元景为孝文皇帝作石窟一区之事。其年代虽不及云冈，然仅次于龙门古阳洞之太和十九年，在中国各地开凿石窟之年代中名列第三位。人们不得不惊叹当年于此偏僻之地，营造如此石窟之北魏时代，其佛教是何等兴隆，其文化又是何等发达。

> 唯大魏太和廿三年岁次己卯四月丙午
> 朔八日癸丑诸军事平东将军营州刺史元景
> 为……皇帝陛下敬造石窟一区夫灵觉冲虚
> 非像无以答其形妙门潜寂非唱……生灭昧
> 识于慧旦将以轮回尘网缠服口弊……释迦
> 如来契慈心于因初达妙致于退劫……揖慧
> 舟以拯溺夷姐济艰人天仰德功兰……田我
> 皇代受命光口口口日新景福增崇圣……皇

> 帝陛下诞口口口口高振古游神虚宗……兴
> 援及州镇靡不口口况景藉荫洪基根……土
> 虽丽岂同岩石之固于州城东北一百……暨
> 浩沧右带龙川临清流以藻秒背修峦……明
> 可以轨瞩东民信之威训穆然存道久……皇
> 帝陛下资化无为一同率土享柞齐……明元
> 皇帝栖神常住降及一切普沾……是诣速证
> 大果又愿已身并诸眷属……文靡述国之侨
> 社捞矶昀雍坪家视淞醉玄觉体空真口口口
> 公谁究竟悟兹……空有同照无微口口调
> 风洒泽怀……详险太合想作口口雕岩镂
> 馆……建兹华窟投心请庆仰愿圣……上愿
> 明元神栖妙宫受道……[1] [口表示缺损或
> 难写汉字，……表示字为白灰覆盖][2]

第六窟 当年恐为大石窟，今仅存刻于后壁之大佛像，其前面悉崩塌，后世成露天佛。其背面被凿穿成通道，与西面小窟相通。小窟内西端设炕，供僧侣起居坐卧之用。

大佛像与台座后世以塑土全部覆盖，今无任何观看价值。背光亦同样。唯其左方（正对为右）立菩萨原样留存，残损虽多，然可知大体样式。又，大佛正对右上方刻一合掌菩萨，虽为后世补塑，然犹存北魏风貌。

穹顶后半残存，正中莲花雕刻亦半遗存。其旁有小莲花痕迹，然因剥蚀飞天皆不可见。

（第二四一图）

第二四〇图　义县万佛洞西区第五窟西壁

[1] 原文辨识或抄录多有舛误。现按新中国成立后我国学者辨认出的残碑文字改录如上。参见 http://tieba.baidu.com/p/1416991720。——译注

[2] 原注。

结　　语

如上述，万佛洞开凿于北魏太和景明年间，其年代晚于云冈、龙门，为中国东北现存最古老之雕刻遗迹。因其岩质疏松与大凌河泛滥，遭到严重破坏与剥蚀，然于部分洞穴石佛及其他雕饰犹原样遗存，其样式与云冈、龙门北窟造像性质完全相同，成为证明当年义县系辽西重镇及佛教交流与文化传播中心之有力证据。我日本学者前有松井、箭内、稻叶三位先生进行调查，后有八木奘三郎发表略详细之报告，然其艺术方面之真正价值尚未为世人所认识。余等于往访之际不抱太大期待，预定于当日上午结束调查，午后二时至大凌河对岸乘坐特派军用列车返回义县城内，观看城内砖塔与其他遗迹，然于实地观看后惊叹石窟、石像遗存甚多，出人意表。经全力调查仍不能充分进行研究，有所遗憾。不过今日通过荒木先生之实测图与竹岛先生之照片，得以初步较明确地向社会介绍其部分真相，窃深以为幸。

本篇曾刊载于《国花》第四十三辑第五〇一号（1933 年 5 月）。

第二四一图　义县万佛洞西区第六窟大佛像

第二十八章　天龙山石窟

中国石窟以敦煌千佛殿、大同云冈、洛阳龙门为最。在余其他调查范围内还有河南巩县石窟寺、山东历城神通寺、玉函山、佛峪、龙洞、千佛山、河清五峰山、青州云门山和驼山。此类石窟多建于北魏、隋唐年间，而上承北魏、下启隋唐之北齐年代石窟极少，仅有单独小型雕刻物件，然于1918年春夏之交余游览中国时，偶然得以在太原县天龙山发现北齐时代较大规模石窟，同时还发现隋唐时代众多优秀石佛，故一并加以调查。此天龙山石窟坐落于山间偏僻之地，过去知之者少，且仅有造像铭石窟一处，故未引起尤重金石文之中国学者注意。余于当时未曾预想有如此重要之石窟，其发现纯属偶然。

太原县位于今太原府以南约四十五里处，古称晋阳，东魏骁将高欢居于此，之后其子文宣帝建国称北齐，定都于邺后仍将此作为北齐陪都，占有政治、文化上之重要地位，以致在其附近可见许多石窟、石佛。《太原县志》"祀典"曰：

童子寺　在县西十里龙山上北齐天保七年宏礼禅师建时有二童子见于山
有大石似世尊遂镌佛像高一百七十尺因名童子寺前建燃灯石塔高一丈六尺后凿二石室以处众僧
县瓮寺　在县西南十里瓮山魏熙平初妙门灵辨造华岩论于此北齐天保三年僧离辨建缘山造石室
仙岩寺　有二一在县西南三十里苇谷山右洞内有铁佛三尊旁有石室北齐天保二年建为避暑宫后赐今额有齐王宫存址下略

《山西通志》曰：
大佛寺　在汾水西隋开皇中铸铁像高七十尺

法花寺　在县南十五里蒙山北齐天保二年略依山刻佛像高二百尺

《太原县志》曰：

圣寿寺　在县西南三十里天龙山麓北齐皇建元年建内有石室二十四龛石佛四尊隋开皇四年镌石室铭寺东一里凿壁为池有龙王庙内有千佛楼
北汉广运二年刘继元命嬖臣范超冶金为佛同平章事李恽撰碑金天会二年废元至正二年重建明正德初僧道永建高阁以庇石佛嘉靖二十五年西岩凿石洞三龛以避兵释洪连刺血书五大部经文于此

根据此类记录，可知太原县附近过去有众多石佛、石龛，多为北齐时代建造，亦有隋代大铁佛。想来系该县西部南北走向群山皆由砂岩生成，便于石窟开凿与石佛雕造，故仿效北魏云冈、龙门作此石窟、石佛。

余于1918年6月28日游太原县，停留三日，调查附近遗迹。其时就《府志》《县志》所载石窟、石佛问寻该县知县及众多乡民，但无一人知晓。翌日29日访晋祠、华塔寺、风洞寺、净明寺。当就童子寺问寻晋祠道士等时回答亦语焉不详，唯得悉天龙山所在之具体情况。而就石窟之有无他们皆无所知晓。想必童子寺、县瓮寺、仙岩寺、法华寺等荒废已久，石窟、石佛所刻之砂岩石壁疏松早已崩塌，故其形迹今不知所踪。

顺便一说，去冬文学博士常盘大定先生曾探访童子寺遗迹。据称大佛已遭破坏，当年形迹全然不可见，然灯石塔犹存。

余于晋祠听闻天龙山犹存圣寿寺，故决定不拘有无石窟，亦自太原县往返一日进行调查。

翌30日晨起顶风策马，过晋祠南行二十五里，再向西折沿溪谷行五里。之后路益险峻，乃弃马攀登五里山路，始达圣寿寺。《县志》载寺在西南三十里，而从余等花费四个半小时情况看，至少有三十五里至四十里。寺今颇倾圮，僧侣仅数人。有石山耸立于寺西，即天龙山。近于其绝顶处有石窟并列。山距寺约七八百米，高约三四百尺，分东西两峰，今其间路不可通。余先登东峰，峰顶有石窟所在，由砂岩构成，然其下方为疏松黏板岩，形成断崖处处，石片

如流沙，几不可驻足。千辛万苦始达石窟所在。讵料有许多北齐、初唐年间石窟，喜不自胜。又探访西峰石窟后，决定改变计划投宿寺内一宿，翌日继续粗略调查，于黄昏返回太原县。最为遗憾者乃胶卷准备不足，仅一打，无法充分拍摄所需拍摄之处。(第二四二、二四三、二四四图)

天龙山石窟最重要者凡十四窟。西峰七窟，东峰七窟。设若西峰西端石窟为第一窟，次第向东数，则终于东峰东端者为第十四窟。还有其他小石窟散布于上述重要石窟左右或其上方。

第二四二图　天龙山石窟全景

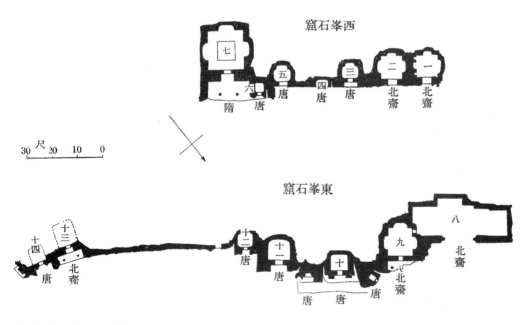

第二四三图　天龙山石窟配置图

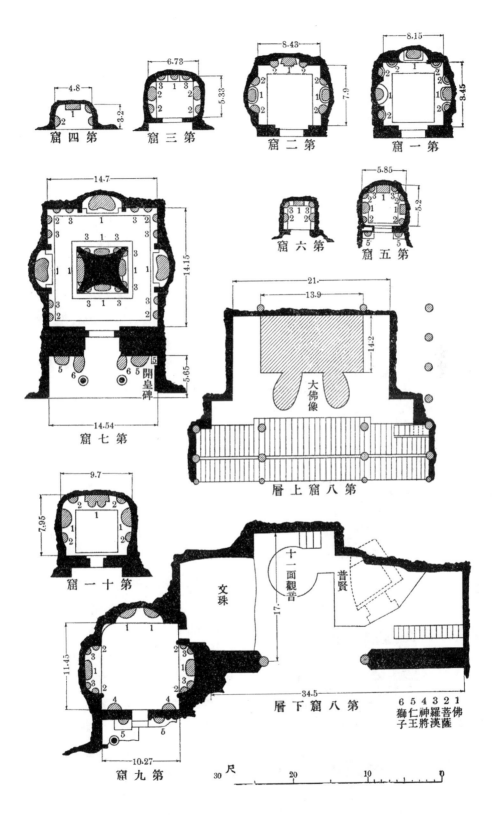

第四窟　第三窟　第二窟　第一窟

第六窟　第五窟

開皇碑

第七窟

大佛像

第八窟上層

第十一窟

文珠　十二面觀音　普賢

第八窟下層

佛菩薩漢將羅神仁獅
1 2 3 4 5 6

第九窟

尺 30　20　10　0

第二四四图　天龙山石窟平面图

稽考此类石窟开凿年代后可知西峰第一窟、第二窟属北齐年代，第三至第六窟属唐代，第七窟属隋代。又，东峰第八、第九窟属北齐年代，第十至第十二窟属唐代，第十三窟属北齐年代，第十四窟属唐代。（第二四五、二四六图）

第一窟　第一窟与第二窟之间岩壁当年似嵌入碑石，今存其形迹。其上方刻螭首，碑身已失，故不可知开凿年代，颇可惜。然据其内部雕刻式样推断，此二窟于北齐时代开凿无疑。第一窟面阔八尺一寸五分，进深八尺四寸五分，后壁正中有佛龛，安置本尊释迦坐像。佛龛左右刻肋侍菩萨立像。佛龛上部有天盖装饰，颇似日本法隆寺金堂天盖手法。其下方呈结扎垂

第二四五图　天龙山石窟第一窟后壁

第二四六图　天龙山石窟第一窟穹顶

帐状。本尊跌坐方座上，衣裾遮蔽座前。其面相、衣纹、姿态属所谓北魏样式系统，后负大型圭状背光。左右肋侍菩萨像惜头部已失，然其姿态、衣纹褶皱手法类我飞鸟时代样式，显示其为飞鸟时代雕刻之嚆矢。此两菩萨上方各横排列刻三尊小佛。西壁有一佛龛，内刻三尊佛。龛头尖拱状，下端刻龙。本尊跌坐方座上，两脚下垂。佛龛南面有一手持如意之人物在帐盖下，或为维摩诘。其上有二供养人物。再上有二列坐佛，各两尊。佛龛北或与此相似，然今悉数剥蚀，唯上方小佛形略为可见。

东壁正中尖拱佛龛内刻佛像，其姿态似东壁其他佛像。龛外左右刻两肋侍菩萨像。其上方刻一列小佛，左右各三尊。

入口左右壁薄雕两罗汉像，精美可观。其上刻两列小佛，各二尊。

四壁斜出向穹顶弯曲，合于中央方顶。其四面薄雕飞天像与两莲花，古朴可爱。方顶内刻莲花纹。四壁与穹顶间绕有带状物作为边界。四隅与正中描斗拱。虽为近世敷彩，然恐存留当年意趣。

第二窟　大小与第一窟几乎相同，面阔八尺四寸三分，进深七尺五寸。后壁有佛龛，刻释迦三尊。龛顶成尖拱状，其两端刻凤形，刻柱状以承莲花头。佛菩萨像姿势、样式与第一窟几乎相同。令人想到开凿年代相同。佛龛左右薄雕两罗汉供养状。东西壁面亦各有佛龛，内刻三尊佛。其南面薄雕各供养人物，气氛最为虔诚、典雅。北面东西分刻维摩诘与文殊以及一些人物。又，北面入口西刻两位、东刻三位供养人物像。穹顶如第一窟，意趣相同，浮雕天人与莲花。（第二四七图）

第一窟入口外面已遭破坏，然第二窟外面刻左右两柱，头部莲花状，其上刻凤形，以承尖拱两端，与内部后壁佛龛手法相似。

第二四七图　天龙山石窟第二窟东壁供养人物像　　第二四八图　天龙山石窟第七窟拜殿　　　　第二四九图　天龙山石窟第七窟东壁佛龛

　　第二窟与第三窟之间壁面正中排列三小佛龛，其上又有七小佛龛，各龛下刻妇人像。

　　第三窟　面阔六尺七寸三分，进深四尺五寸，穹顶高约六尺，恐为唐初开凿。后方佛龛本尊跌坐方座上，两罗汉侍立左右。左右壁龛两肋侍菩萨相对，各坐莲座上。其前方各有菩萨立像。此类佛菩萨像无论是姿势还是手法，皆臻于圆熟之妙，衣纹线条流畅。可惜佛菩萨或头部坠落，或鼻尖消失，然犹丰满富丽，足以想象当年盛景。

　　第四窟　亦成于唐代，窟小，面阔四尺八寸，进深仅三尺二寸。后壁本尊留存稍完整，然西壁两菩萨（？）几乎完全遭破坏。东壁菩萨坐像亦大部损坏。

　　第五窟　面阔五尺八寸五分，进深五尺二寸，高约五尺五寸，穹顶呈浅穹窿形。后方壁龛内刻本尊佛与左右两罗汉。本尊跌坐方座上，衣裾前垂。今两罗汉皆严重损坏。西方壁龛刻佛坐像，几近留存完好，气势颇优雅。其左右有菩萨像。东方壁龛正中有佛像，跌坐圆座上，胸部以上缺损。其左右刻两菩萨，面对西壁。此类佛菩萨像亦初唐所刻，姿态严谨，手法精湛。此石窟入口外面左右刻仁王像，留存较完好，气势最为雄健，可谓杰作。

　　第六窟　为小石窟，面阔约四尺，进深约三尺五寸，穹顶高不过四尺。后壁正中有本尊，跌坐方座上。东西两壁有两肋侍菩萨，各坐莲花座上。本尊左右刻罗汉立像。此石窟亦初唐所建，本尊与右肋侍菩萨留存稍完好，优雅气度横溢。（第二四八、二四九、二五○图）

　　第七窟　系天龙山石窟中最重要石窟之一，面阔十四尺七寸，进深十四尺一寸五分，前面有拜殿。拜殿有双圆柱，上支三斗，斗拱间有某种蜀股。柱下刻础石，然今受破坏，不知当年形制。拜殿西壁碑形上刻螭首，文字十之七八不可读，最终有"岁次甲辰奉"字。"甲辰"恐相当隋开皇四年甲辰。《山西通志》载"隋开皇四年镌石室铭"，盖似指此事。

　　入口左右刻柱形，柱肩呈棕状，有金襕卷。

第二五○图　天龙山石窟第七窟西壁龛左肋侍菩萨

其上有柱头,尖拱下端垂达柱头,于此处刻凤凰。入口左右有仁王像,高七尺五寸许,手法简朴,有豪迈之风。东壁碑形旁亦有小仁王像。东壁仅有一小佛龛,内刻三尊佛。其上方有长方形凹洼处,盖当年嵌入小龛所在。入口两柱下当年各刻有一石狮,今颇毁损。

石窟内部正中留有一个六尺四寸三分见方之柱形,其四面作佛龛,内部各刻趺坐莲座之佛像及左右两罗汉,龛之上方及左右作结扎垂帐状。窟之左右壁及后壁各有佛龛,上方皆有尖拱。其两端刻凤形,以金襕卷装饰之柱头承之。本尊坐于龛内方座上,后负圭形背光。龛两侧左右各作两罗汉、两菩萨。今视此类佛菩萨及罗汉姿势、样式,可知其属纯粹北魏、北齐之系统,未见有任何新意,亦未能别开生面,唯手法颇浑朴,姿势稍严整而已。吾等通过此可知隋初艺术仅止于蹈袭南北朝样式,尤于此地未见有人在面对新样式之开拓时感到烦闷,并为此做出努力。

第八窟 位于东峰西端,为全石窟之中心。北齐时曾有人在此凿开断崖,造大石佛,并于其前造三层楼。此即《县志》所谓正德初年僧人道永建高阁以庇石佛者。然恐属仿旧制重建之物。

大佛像趺坐方座上,自大楼第二层地板穿过第三层,垂双脚,出右手至胸高,开掌,稍屈中指,左手置膝上。像高约二十四尺,两足下莲座高约各一尺,姿态端庄匀称,甚精美,大体留存当年形态,然其面相为后世修补,略有变形。肩与胸腹衣纹亦然。而腹部以下至双脚与台座留存北齐制作手法,颇有简练之趣。方座由上下二层组成,上高下低。上层刻天人歌舞状,下层纤巧层间内圈中刻兽面。

大楼一层位于大佛下方,正中有十一面观音立像。全高约十六尺,趺坐莲座上。其左右

有文殊、普贤像,稍高,位于狮像背后。本尊、菩萨后壁刻无数化佛。化佛所坐莲座,其枝干相互缠绕。此类三尊佛多为后世修补,然见其形制似属隋代作品,其像颇得写实之妙。普贤像下有空洞,当年其中似有泉水。入口侧壁上刻"天龙洞",入口左右所立柱上作三斗,斗拱间刻带奇妙忍冬图案之蜑股。

第九窟 开凿于第八窟之东北方向,面阔十尺二寸七分,进深十一尺四寸五分,高约七尺,其前有拜殿,然大半已毁。当年如第七窟拜殿,以两柱支撑屋檐。今西面柱已失,东面柱呈八角形,础盘刻莲花,柱头亦有某种装饰。作于其上之大斗与肘木今严重毁损。入口两旁有仁王像,东面像保存最为完好。面貌雄伟,衣纹硬朗,体现北齐时代特色。

石窟内后壁有一佛龛,刻左右两佛。东西壁亦各有一佛龛。西面龛内佛垂双足,交叉。东面龛内佛趺坐。左右皆有两罗汉、两菩萨侍立。三龛上方皆呈尖拱形,其两端刻凤凰。又,入口左右有二天像。[1] 穹顶正中刻莲花。

此石窟整体多剥蚀,后方壁龛皆为近世修补。东面壁龛南侧当年似乎亦刻佛像,然于今形迹全无。留存较为完好者乃彼二天像与东西壁龛北侧之罗汉像及菩萨像,皆由最简朴雄劲之手法刻成。盖此石窟与第八窟相同,于北齐时代开凿。

第九窟西面有小龛,难以接近。窥其内部,

---

[1] 此"二天像"原文未做解释,似为"十二天像"中的两"天像"。"十二天像"具体是:帝释天(东)、火天(东南)、焰魔天(南)、罗刹天(西南)、水天(西)、风天(西北)、毗沙门天(北)、伊舍那天(东北)加上梵天(天)、地天(地)、日天(日)、月天(月)。——译注

可见刻有三尊佛。手法最为精练，恐为唐初所作。

第十窟 位于断崖上，难以接近。内部唯有一躯佛像，似缺乏研究价值，故未调查。亦唐代开凿，其前面、左右各有一舍利塔，前刻一佛龛，置三尊佛。

第十窟 东方有小龛，又刻三尊佛。其西面上方又有小佛龛六座，亦唐代所建。

第十一窟 面阔九尺七寸，进深七尺九寸五分，穹顶高约九尺。后壁本尊坐方座上，垂双脚，左右有肋侍菩萨立像。西壁佛半跏坐于莲座上，其左方有肋侍菩萨立像，东壁亦有佛菩萨像，由相同手法刻成。穹顶呈浅穹窿形，正中刻莲花，手法甚简洁。西壁、穹顶今涂白

贝壳灰，描画拙劣的幔幕、云纹等。盖当年饰物剥蚀，为后世修补。（第二五一图）

此石窟内佛菩萨像盖唐初杰作，姿态端庄，精美匀称，其衣纹优雅而雄健。透过薄衣似可见躯体四肢，制作精巧，无其他石刻可比俦。与北齐、隋代诸佛像比较，后者简朴，前者精纯，可想见唐初技巧之发达。尤其东壁本尊留存最为完好。

其面相丰满富丽，躯体衣纹颇得写实之妙。相较龙门数千唐代佛像，能与之比肩者甚少。其肋侍菩萨除面部略有损伤外亦留存最为完好，有雄壮富丽气象。

第十二窟 面阔八尺，进深七尺，系小窟。当年三面壁各作一佛龛，内刻三尊佛，然于今

第二五一图　天龙山石窟第十一窟东壁本尊

唯左肋侍菩萨头部以下存在，其余全然不见。窟入口左右有仁王像，亦遭严重破坏。其西面有嵌入碑文之凹处，其上作圆首，于小圭额龛内刻一佛。从手法看此石窟盖与第十一窟建于相同时代。（第二五二图）

第十三窟 位于高约二十尺之断崖上，无由攀登。窟前有拜殿与两根八角柱，其顶有大斗以承梁。其上又各有三斗。又，梁正中亦载三斗，如我法隆寺金堂栏杆所见，三斗间容某种蚕股，以支撑添檩与圆檩及承载突出于前方之屋檐。若吾等见此斗、肘木与蚕股之手法，则立即可知我飞鸟时代样式与之颇相似，亦可推及我飞鸟时代样式之渊源。

窟入口冠以尖拱，以柱头上凤凰承载其两端，与第一、第二窟佛龛手法相似。其左右有仁王像，工艺简朴。拜殿东面侧壁作碑形。若能接近读之，则可知石窟开凿年代。而从其样式判断，应属北齐时代作品。石窟内似有佛龛、菩萨像等可观之物，然无进入途径，深以为憾。

第十四窟 与第十三窟东面相邻，亦无法攀登进入。从其入口左右仁王像手法判断恐为唐代所建。

以上为天龙山石窟介绍之梗概。其重要者凡十四窟，其中属北齐者五，属隋者一，属唐者大小有八。因岩质疏松多毁损，而因位于山间偏僻处，来访者少，人为破坏亦少，故较能以当年原貌留存至今。此石窟尤为可取之处首先当数有五处北齐重要石窟，且较完整留存。此类情形在其他地方几不可见，吾等据此得以在某种程度上研究北齐时代艺术样式。以此类石窟所采用手法为例，北齐艺术大致为北魏艺术之延续，几乎未有任何创新。相较于云冈、龙门石窟艺术，不仅规模小，而且工艺过于简朴。北魏时代极尽繁荣之两帝都与国力衰弱之北齐陪都之间，其艺术与技术方面显示如此差

第二五二图　天龙山石窟第十三窟前面

距绝非偶然。吾等为在此得以发现他处所不能见之北齐石窟感到满足。

天龙山有一处有明确纪年之隋初石窟。此亦为其他地方难得见到之所在。观察其样式可知距北齐时代不远，大致为北齐时代艺术忠实之延续。以此可以看出北魏、北齐、隋初艺术变化之概貌。

进一步值得吾等关注者乃北齐与隋初石窟前有拜殿。其中使用模仿木构建筑细部之柱、斗拱、蚕股、屋檐。此亦为云冈、龙门所未见。吾等据此得以了解当年木构建筑样式之一斑。

天龙山唐代石窟规模虽小，然手法精练，凌驾于龙门唐代石窟之上。相较北齐、隋初石窟，一见即可知北魏系统之艺术入唐后发生一大变化。余尤喜天龙山除留存北齐、隋初石窟外，还留存初唐之优秀雕刻。调查时因胶片不足，故除菩萨像外只能割爱此类优秀雕刻，深以为憾。

要而言之，天龙山石窟之特色在于留存他处罕见之北齐、隋初石窟与拜殿雕有的建筑物细部，以及留存唐初雕刻之杰作。吾等因此得以在此向众人介绍以上情况，深以为喜。

本篇曾刊载于《国花》第三二辑第三七五号（1921 年 8 月）。天龙山石窟系博士于 1918 年首次发现，并承博士向学界做过介绍。其最初报告收录于此著作后半部之《西行杂信》。《佛教学杂志》第三卷第四号（1922 年 5 月）亦有介绍。《中国佛教史迹》第三卷中亦有详细记述。供一并参考。

又，《中国佛教史迹》中增加 1922 年田中俊逸等人之发现：西峰第一窟外又有一窟，以及东峰第十四窟外另有四窟，故石窟编号有所差异，其他方面亦略有异同。今标列如下，以明确二者之不同。

本篇　　　　　　　　　《中国佛教史迹》

西峰石窟		左峰石窟	
		第一窟	（北齐）
第一窟	（北齐）	第二窟	（北齐）
第二窟	（北齐）	第三窟	（北齐）
第三窟	（唐）	第四窟	（唐）
第四窟	（唐）	第五窟	（唐）
第五窟	（唐）	第六窟	（唐）
第六窟	（唐）	第七窟	（唐）
第七窟	（隋）	第八窟	（隋）

东峰石窟		右峰石窟	
第八窟	（北齐）	第九窟	（北齐? 隋?）
第九窟	（北齐）	第十窟	（隋）
	（唐）	第十一窟	（唐）
第十窟	（唐）	第十二窟	（唐）
	（唐）	第十三窟	（唐）
第十一窟	（唐）	第十四窟	（唐）
第十二窟	（唐）	第十五窟	（唐）
第十三窟	（北齐）	第十六窟	（隋）
第十四窟	（唐）	第十七窟	（唐）
		第十八窟	（唐）
		第十九窟	（唐）
		第二十窟	（唐）
		第二十一窟	（唐）

第二十九章　北齐魏蛮造菩萨立像

此石造菩萨立像与带到日本之中国石像中今为大仓集古馆收藏之释迦立像一道，同为最大实物之一，亦为最精美石像之一。其出处不明，据说由山西省南部运出。造像者如下述为山西省长子县县令魏蛮，故恐原存于长子县附近古刹。

此石像台座幸有刻铭，故其造像年代与造像者名皆可确知。台座正面刻造像由来、供养者及其一族姓名，其他三面刻捐款僧俗数百人姓名。正面刻铭如下：

□至道虚凝玄宗秘旷循迹可语就体难名自影显北天
□交东汉真仪冑于镌刻奥说彰于乘品报应这途遂广
□梁三寄（疑为"宝"）更宽扰扰四生因兹以登正觉攸攸六道藉此□去尘罗至于神化圆通圣教潜被非称谓之可陈岂言□所能述讨寇将军长子县令魏蛮钜鹿下曲阳人也其基构权奥之绪世载衣冠之业故已垂之篆篆布在□哩
曾祖章□西将军给事黄门侍郎祖嵩冠军将军陇西上
□正平□郡太守赠并州刺史父秀明威将军给事中北□□□□传□昌厥后君器局沉雅识心髑正行发闺间
□闻邦国献武　皇帝龙潜初九道迈彰韦天网所□华苹萃召君为渤海王国大夫后以百里之任兼□□制锦治□唯贤是属转为长子县令君导德齐礼□□□中惠政布于下车有成著于期月百姓□之言□容□□复妙识苦空洞解生灭乃以弦歌之暇结念道场□□□之易消知刘石之难久遵累宝而发诚踵

布金以兴□粤大齐天保三年岁次壬申七月丁卯朔十五月日辛巳
□造石像一躯并千像仰愿　皇帝陛下太皇太后
□道兴日月齐明圣躬共天地等固殊方屈膝荒裳来庭
□马休午销金龙罢刃唅灵抱识咸沃斯善县功曹王洪□谓发念归依聚沙足以成业率心回向涂八扫自可为□
况复妙极雕磨巧穷严丽精诚感至若斯之盛者□而过隙难留逝川无舍时人故老方随运沦落岂使嘉猷茂□闻而不纪乃相与勒石裁铭永贻长世其词曰
□修法堺浩浩群生共□殊同铲异行去来不息□□□停辔兹野马如彼轧城慈悲出世应物开诱惠日既□
□音复吼化周动植续被空有一念在心皆随业受于唯□德独悟丢门思游净土愿出尘昏莹玉图彩贻之后民

□容无昧灵相长存	亡妻尹侍佛
亡妻张侍佛	
讨寇将军员外殿中将	息及祖侍佛
军长子县令魏蛮供养	息伏奴侍佛
□□侍佛	息小祖侍佛
□母王侍佛	息贵祖侍佛
□曹侍佛	亡息贵洛侍佛
弟神龟张□□下中兵	外甥武元嵩
参军侍佛□庐侍佛时	息敬欢侍佛
弟子□高军王张流参	妻韩侍佛时
军侍佛□侯侍佛	郭洛兴侍佛
亡弟阿□侍佛	妻钊侍佛时
亡弟小□侍佛	息妻李侍佛
亡妹阿容侍佛	息长祖侍佛

妻张世姬侍佛　　　　息万祖侍佛

妹阿桂侍佛　　　　　息女男妃侍佛

口妹阿妃侍佛

口妹阿录侍佛 [1]

据此刻铭，可知讨寇将军长子县县令魏蛮曾率其妻、弟妹、子女等一族（又为祈其冥福，联亡妻、亡弟妹名）于北齐天保三年（552）七月十五日为祈求皇帝（文宣帝）与太皇太后圣寿万岁、国泰民安而造此石像一躯及千佛像。

菩萨像从莲瓣状大背光处雕出，高突，立于方形台座上方低矮莲座上。戴宝冠，举右手至胸，掌向外，左手弯曲，至腰边掌外翻，然拇指与食指、中指皆整体毁损。

该造像姿势直立，相貌端正温柔，但带不可侵犯之崇高威严。眉美如弯月，眼细长，上睑刻线，鼻梁高，与额相连，然鼻翼较小而匀称，人中稍深成沟，口唇紧闭，两嘴角深沉，颇有写实风，两耳大，然聊无穿孔。面部丰满圆润，重颐。此面相与一般北魏佛像所见细长脸、杏仁眼、上翘唇以及单颐之性质颇异，但是与唐代佛像接近。盖此相貌多见于中部印度笈多式佛像，令人猜测其来自笈多文化影响。普通所见北魏佛像系于两晋时代引进犍陀罗佛像之中国化产物，恐其大成于南朝。北魏样式

一面带有中国化基础，一面又接受由敦煌传入之西域样式与当时盛行于中部印度之笈多式佛像之影响。北齐继承北魏文化，其雕刻亦同样有中国化行为。著名天龙山石窟北齐雕刻皆运用此样式。日本飞鸟时代"鸟佛师 [2] 派"雕刻亦属此样式。而于北齐自前代接受之笈多佛像制作方法渐次发达，遂成此菩萨面相。余于北魏以来菩萨像中未曾见过相貌如此美丽者。（第二五三图）

此菩萨面相虽有笈多佛像之影响，然其宝冠与衣纹等样式却完全类同于过去北魏普通佛像，手法洗练。宝冠上部有美丽花纹装饰，然其四周失于呆板，当年是否安装透雕金铜装饰或描以彩色图纹不得而知。宝冠两旁忍冬纹装饰尤为精湛，有布片由此宝冠下精细折叠下垂，其下端刻以雄健衣襞曲线，系北魏典型样式。

其胸饰亦显示出北魏制作手法。而最能表现出北魏特征者乃薄长袍与腰裙之样式。佛教发源地印度酷热，故如佛菩萨等亦多被刻成着薄衣与透过薄衣显露身体之形象。不独中部印度，受到犍陀罗文化影响之西域地区亦行此法。而中国南北朝时代普遍所见之雕像此特点已失，衣服笔直下垂，包裹身体四周，丝毫不考虑透过衣裙显露躯体之刻法。此即前述与面相一道失去原有特色之中国化现象。日本鸟佛师派雕刻亦同。此像之腰裙亦全失表征薄衣之意味，显示其纯属北魏样式。（第二五四图）

[1] 原文抄录可能有误。译者因故（该造像现藏于东京国立博物馆 TC-375）无法全部核对该造像铭，仅通过某网络文章（http://www.foyuan.net/article-304603-6.html）即发现原文第二行至第三行有许多笔误。现在的该两行似乎是正确的，即读者所见的"口交东汉。真仪昺于镌刻。奥说彰于乘品。报应这途遂广。口梁三寄（宝？）更宽。扰扰四生。因兹以登正觉。攸攸六道。藉此……"。请读者留意。——译注

[2] 亦称"止利佛师"，生卒年不详。日本飞鸟时代佛教工艺大师，被称为日本佛教工艺之父，系中国古代"渡日集团"人物司马达等之孙，工于雕刻、金工制作。通过现存的飞鸟寺释迦像（飞鸟大佛）与建于 623 年的法隆寺金堂释迦三尊像可窥见其严谨、端正的工作作风。——译注

第二五三图　北齐魏蛮造菩萨立像正面

第二五四图　北齐魏蛮造菩萨立像背面

薄长袍由两肩垂下，于腹部打结后其袍端继续下垂，之后上翻，悬于两腕处，之后又下垂于身体两侧。其端部成细襞状。此亦北魏样式之特征。又，腰裙褶皱线笔直，刻画浅，其下端重合，形成多道襞皱。此襞皱由尖锐雄健之曲线组成，亦可谓北魏样式之特征。

要而言之，此像衣纹性质完全蹈袭北魏样式，但比之更添洗练之美，益增工艺之精。

其所立莲座之花瓣刻法亦为北魏样式，酷似龙门宾阳洞佛像等莲座。又见其背光，其头光内刻莲花，四周做忍冬纹，其身光内带亦有同样装饰。

此外，背光整体薄雕带某种有特色之火焰状，极为壮丽。此亦出自北魏通行样式。忍冬纹与火焰之手法皆颇精美。特别是忍冬纹与龙门宾阳洞佛菩萨像背光之图纹几乎相同，亦与日本法隆寺梦殿[1]之本尊图纹相似。

背光背面与两侧面刻所谓千佛像。背面分三十五层，层层列刻小佛像，总计达七百二十八躯。侧面左方又分三十七层，刻一百六十躯；右方分三十层，刻一百四十三躯，总共一千三百十二躯。在此无可比俦之大背光上密集雕刻如此众多小佛像，颇为壮观。

作者一面在此菩萨躯体、衣纹、莲座、背光上根据纯正北魏样式发挥更精练之工艺，一面又在菩萨面孔上使用当时略为人知之笈多式佛像制法，成功刻出超越唐代之秀丽端庄面相。此完全归功于作者真挚之探求精神与非凡技艺。

[1] 法隆寺东院正殿，为八角圆堂。据传系行信（平安末期铁匠、千手院刀工）于739年在圣德太子斑鸠宫遗迹上所建。根据太子梦中出现金人赐教之传说，又被称作梦殿。作为该殿本尊的救世观音像系飞鸟时代彫刻的代表作。——译注

（佛像尺寸）

像高六尺二分

背光高八尺四寸二分，广四尺二寸二分，厚底边八寸、正中六寸七分

上座高七寸六分，广三尺一寸二分、二尺四寸一分

下座高一尺七寸三分，广三尺六寸五分、二尺九寸五分

自底座至背光顶全高十尺九寸一分

本篇曾刊载于《国花》第四四辑第五二五号（1934年8月）。

第三十章　山东省南北朝与隋唐时代雕刻

目　录

总　说

一、肥城五峰山莲花洞　　三、龙洞佛像　　　　　六、黄石崖佛像　　　　九、青州驼山佛像

二、历城神通寺佛像　　　四、玉函山佛峪寺佛像　七、九塔寺千佛崖　　　结　论

　　1.四门塔佛像　　　　五、千佛山佛像　　　　八、青州云门山佛像

　　2.千佛崖佛像

总　　说

　　中国南北朝与隋唐时代雕刻现存最多者当数云冈石佛寺与洛阳龙门。巩县石窟寺亦已为世人所知。山东地区亦富有佛龛、佛像。就藏有众多雕像作品于一地而言，山东虽不及于云冈、龙门之盛，然因广泛分布各地，其数量亦不可小觑，而且山东多留存前者少有之隋代雕刻，故于艺术史研究方面可凭依之处颇多。盖南北朝文化发展至隋代，一面臻于完善，一面别开生面，新风气蔚然兴起，及至唐初，雄浑壮丽、丰润精美之艺术终告大成。亦即隋承南北朝而传至唐，为其间艺术划出分水岭，属研究当时艺术之最重要时期。云冈龙门佛像盛则盛矣，北朝唐代遗物亦显丰富，然属此重要过渡期之隋代雕刻则寥若晨星。所幸山东地区多留存隋代雕刻，得以弥补艺术史料之缺漏，吾等深以为喜。

　　山东此类雕像作品所在地于济南附近有千佛山、神通寺、玉函山、龙洞、九塔寺等，于肥城有五峰山莲花洞，于青州有云门山、驼山等，亦为余于 1907 年秋冬之交亲自调查之地。此外，尚有宁阳石门山房、长清灵岩寺、东平州罗汉洞。其数量虽少，然因时间关系余无法往观。今仅就余调查所见，不拘时代先后，而根据所存地点一并试做说明。

一、肥城五峰山莲花洞

　　肥城以北七十里五峰山顶悬崖上有一佛龛，称莲花洞。其入口朝西，左方岩壁上有雕为长方形、深一寸许之凹处，内有刻字。文字可辨，曰："大周口清元年口口修造"。

　　此文字过去著录无记述。余调查时大费周章始得以辨读。后周势力延伸此地乃武帝建德六年，距灭后齐、国祚迁隋仅四年，其间有宣政、大象、大定三个年号，然年号中无"清"字。又，年月如此短暂，故山东地区有后周年号铭之雕刻仅限于邹县小铁山与葛山之二三物件。想来大周之"周"字因笔画剥蚀严重，余有误读，恐为"齐"之误。南北朝时代山东地区长期属于后齐版图，有其年号之造像铭刻颇多。若此，则此"口清"恐为"河清"，此佛龛恐于其元年（日本钦明天皇二三年，即公元 562 年）建造。佛像样式与制法皆与此年代相符。龛室广南北十一尺五寸四分，东西九尺一寸，穹顶高九尺六寸五分。又，入口上方呈半圆拱形，广七尺九寸三分，深四尺六寸。入口左右两侧壁上部做六行六段三十六个小佛龛，下部刻手法简朴之仁王像。（第二五五、二五六图）

　　佛龛左壁刻七十三个小佛龛，右壁刻八十一个小佛龛，佛龛内各安放一尊跌坐台座上之小佛像。佛像侧面或刻有造像者姓名，或未刻。前壁即入口北面作十四龛，南面作十七龛，手法与前者相同。后壁呈折线状，正中须弥座上安置本尊释迦坐像，其左右浮雕两罗汉、两肋侍菩萨立像。又，右罗汉上方有两小龛，左肋侍菩萨右肩上方亦有一小龛。穹顶稍

第二五五图　五峰山莲花洞侧壁

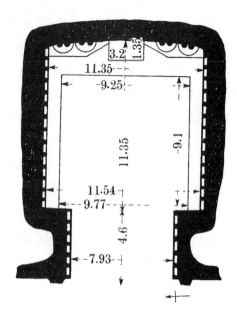

第二五六图　五峰山莲花洞平面图

第二五七图　五峰山莲花洞本尊

第二五八图　五峰山莲花洞左肋侍菩萨

呈穹窿状，仿格状藻井，正中作宽广方形，内刻大型八叶莲花，其四周四十四区小格间刻六叶小莲花。中房皆大，瓣面平润，手法颇雄健。（第二五七、二五八图）

本尊释迦如来坐像面部稍大，面轮略长，眼细，长有睑线，眉上扬，鼻缺损，难以描述。人中稍广，口唇上翘，下唇下方凹注。重颐长颈，有两条褶线。耳大，刻法简单生硬，无环孔，乌瑟腻[1]高，有螺发。两手大，重叠置于膝上。手指稍长。衣被覆两肩，尤袈裟悬垂。衣纹雕刻浅，简洁有力。

背光呈大圭形，于佛头处刻简洁古朴莲瓣。其边框配以圆形与菱形花纹。莲花之外刻火焰状。手法亦简洁古朴。

须弥座腰部狭小，上下皆广，呈二层梯状，上刻稍纤巧之莲瓣，腰部正中刻较大圆形人面，颇奇特。两旁刻柱状。

两罗汉稍匀称，右罗汉头部大半缺损，左手举至胸前，持佛珠，垂右手执衣。左罗汉合掌。皆立莲座上。面相、衣纹手法朴素简洁。两肋侍菩萨头部亦稍大，然躯体匀称可观。皆举单手持壶，垂单手执薄长袍。面相与制法与本尊相似，但工艺上毋宁超过本尊。背光为宝珠形，正中亦刻莲花。四周刻火点。

二、历城神通寺佛像

神通寺位于济南东南八十五里处，为古刹，系南燕王慕容德为天竺僧朗禅师所建。小溪以

[1] 三十二种佛相中第三十二种。《正法眼藏·楞严经》说：顶成肉髻相，梵名乌瑟腻，译作肉髻，顶上有肉，隆起为髻形者。亦名无见顶相。以一切有情皆不能见故也。——译注

北有四门塔。南有千佛崖。四门塔系北朝建筑，其内部安置当年佛像。千佛崖有初唐雕像大小数十躯。（第二五九图）

1. 四门塔佛像

四门塔建造年代不明，从其形制与内部安放之佛像判断当建于南北朝时代。《山左金石志》有"武定二年神通寺杨显叔造像记"记述，或为该年代建造亦未可知。塔为石筑单层方塔，顶部安置石相轮。四面开口以通行，故名四门塔。入口上方呈拱形，屋檐由五层石头递次向前成雀替[1]状构成。石材制法颇有古韵，发散出汉代余晖，他处几不可见。大小为二十四尺三寸见方，内部中央有五尺八寸见方之大柱。其四周绕以广三尺之佛坛，坛上安置诸佛像及左右肋侍菩萨等像。诸佛像皆经后世塑土修缮，然往往有佛面部、衣裾塑土剥落，故可见当年形制。北面佛头、两手、衣裾可见，西面佛头与手，东面佛头、手与膝部露出，而南面佛犹全部为塑土遮蔽。此类佛像形式皆同，面相丰满，眼细小呈纤月状，上有睑线，扬眉，高鼻，形态严整。口部形状亦接近写生，重颐，耳有环孔，发为螺发。衣纹曲线自由流畅。肋侍菩萨大抵后世修造，不足观。又，该寺佛殿内有一躯失去头部之罗汉立像，或为当年塔内之物亦未可知。躯体匀称美观，衣纹线条简洁雄劲。

2. 千佛崖佛像

寺西南面悬崖上刻有许多佛像，故称千佛

[1] 雀替又叫"角替"，置于梁坊下与柱交接处，可加固梁坊与柱的连接，缩短梁坊的净跨距离。——译注

第二五九图　神通寺四门塔

崖，皆初唐所刻。《历城县志》曰：

> 按神通寺千佛崖造像记凡二十疑皆唐时刻
> 口其有年号者武德一贞观一
> 显庆三文明一其仅存永字者盖永徽也余无
> 年号而悬崖最高处题名
> 尚多惜未尽摩拓

自其东南端至西北端之雕像大致可分为五区。余悉数拍摄其中重要者，然当时有一巡警因护卫任务从济南随行而来，出于好奇心偷偷打开相机暗盒察看。余不知，待到青岛洗相时始发现此事。因此丧失武德年间佛像及其他部分照片，于兹无法揭示，为憾。

第一区　位于西南端，为大龛，内部正中有坐佛一躯，高七尺许，有铭记：

> 大唐显庆三年僧朗德敬造

龛内部左刻坐佛六，右刻坐佛一。前面右

刻坐佛二（其中之一等身大），左刻塔形。又于其左刻小佛一，上刻大小佛像九躯。

第二区　与第一区左面相接，有甲乙二大龛。甲龛内列刻坐佛二。一高约六尺，一高为五尺，两佛间上下各有一小佛。龛左右侧有以下铭记，颇毁损。

> 大唐贞观十八年僧口
> 德知风烛薙口识苦口口
> 迫越竭衣钵争……造
> 石像两躯上报……
> 口识瞻颜礼……
> 罪名至新叹……
> 切业报恐山……
> ……记
> 铭

乙龛位于甲龛左面，稍低，内部安置坐佛一躯，高五尺七寸二分，其制作年代由下列铭记可知（仅此铭记据《历城县志》）。

> 口虞供口有邻禅桑门僧沙栋口响莫异口在
> 口国书口口口大唐武德口厥年七十口哉陟
> 之口恩

即制作于唐高祖武德年间，属千佛崖中最初建成者。因系重要雕刻，足以考察唐初形制，故说明其制法如下：

此像匀称颇美，面轮近乎圆形然颊不丰，眼细长，眉长而不扬，鼻梁高，作孔。口小然形态严整。耳大无环孔。重颐，颈无褶线。手指过长然指端圆而优美。衣纹线条流畅，然刻画浅而呆板。莲座上莲花全然北魏样式，花瓣较小。总之，此像面相、衣纹与传统佛像样式有异，已然具备纯粹唐代性质。

此像左面有小像六躯。其侧面上方有三尊佛，下方有二小佛。其左面朝西上有二佛，下有三尊佛与小佛，皆损毁严重。又，甲乙两龛上方崖壁上刻大小六十五躯佛菩萨像。（第二六〇图）

第三区　与第二区左面相接，有等身大坐佛像二躯，其他大小佛像三躯。其中位于第三区正中下方方龛内之佛像最值得关注。龛广一尺六寸，高二尺五寸八分，左右有奇特柱子，以承上部拱形。龛内有释迦倚坐像。龛外左刻仁王像，右刻小狮。此类石像保存较好。本尊右面有铭文：

> 大唐显庆二年九月十五日齐
> 州刺史上柱国驸马都尉渝国
> 公刘玄意敬造口像供养

第四区　位于第三区左面七八米处，其右方有一群小佛。小龛内分上下四层，刻大小总计三十四躯佛像，皆初唐杰作，面相、姿态皆美。其左方有磨损佛龛三。第一龛有佛一躯，第二龛有本尊与胁侍菩萨，第三龛有佛五尊。距其左方三四米处有地藏像，损坏亦严重。（第二六一、二六二图）

第二六〇图　神通寺千佛崖第三区佛龛

第二六一图　神通寺千佛崖第四区小佛龛

第二六二图　神通寺千佛崖二大龛右方佛

刺史清信佛弟子赵王
福孝口太宗文皇帝藏
艁弥陀像一躯愿四夷
顺命家国安宁法界业
生普登佛道

　　两本尊形制相同，从两龛相通判断，系同时制作，皆匀称美观，面相极雄伟富丽，盖初唐杰作，与第二区武德佛相比显示有更大进步。面轮丰圆，眉目鼻口刻法精致而藏有雄劲气势。但耳较简约，无环孔。指甚纤长，衣纹线条优美，然用刀稍浅。膝稍低，褶襞曲线差强人意。

　　龛内后壁右方有二躯佛，两本尊中间有大小五躯佛，左方有一躯佛，右侧壁有大小六躯佛像，左侧壁有小三尊佛。此类小佛像皆与本尊形制相同，几乎于同时代作成。两本尊中间佛像上有铭文，曰：

像主前旅帅上骑都尉
刘君操供养

其下铭文曰：

像主刘操亡妹顺记
供养

　　此外，二大龛外面右方有大小四躯佛像，相距八尺许处左方复有一大龛。龛内安置一丈六尺坐像，形制、手法与前者几乎相同。龛后壁本尊右肩上刻小佛一躯，左壁刻小佛三躯。

三、龙洞佛像

　　龙洞位于济南府东南三十六里处，断崖高，

　　第五区　即千佛崖最北端，其右有一龛，正中圆雕等身大释迦坐佛，左右圆雕两菩萨、两罗汉。龛右有小佛一躯。左方一二米处有小佛并列。左面稍上有一龛，内部安置高三尺许坐像。从此往左约五米处有二大龛。

　　此二大龛内部相通，由前面中央柱隔开，内部安置各高约八尺之弥陀坐像。右尊铭曰：

大唐显庆三年行青州

如屏风围抱，崖壁中部有三洞穴。其内壁与外岩壁刻北朝与隋代佛像。亦即断崖矩折处朝东有一洞开，今姑称之为第一洞。朝北洞开处有二，名之为第二洞、第三洞。此两洞口异而内合为一。第一洞广五尺五寸乃至八尺，深约二十四尺。第二洞广六尺乃至十尺，第三洞广十尺乃至三十尺，皆深约三十六尺，于此合一。再向前其深不可测。今土石崩落几不可进。

第一洞入口朝北作一佛龛，内刻一立像，盖东魏天平四年建造，系龙洞最古老佛像。（第二六三图）

《历城县志》曰：

龙洞造像记

大魏天平四年岁次缺

朔廿口日庚申使持节

缺侍骠骑大将军关缺

尚书缺泾凉华口南缺

九州刺史汝口王口叔

口敬造弥勒像一躯缺

七厝皇祚永隆四口口

生之类普登正觉口车

骑将军左光禄大夫缺

州长史乞伏锐 征北将军金紫光禄大夫缺

上述造像石刻高八寸，宽一尺四寸五分，文字十一行，每行十字，径五分，正书。

余当时不知有此铭，而《县志》曰造像在龙洞后门口朝北，故除此造像外未有他者，且其样式最能反映北朝特点，因而此造像记所说恐当指此佛像。此像面部、两手缺损，然从其姿态、衣纹可辨之。其衣纹简约，两袖于身体左右展开，躯干、四肢不透衣外露，显示其仅为二流北魏佛像。足下有宽广盛开莲花之莲座。

（第二六四图）

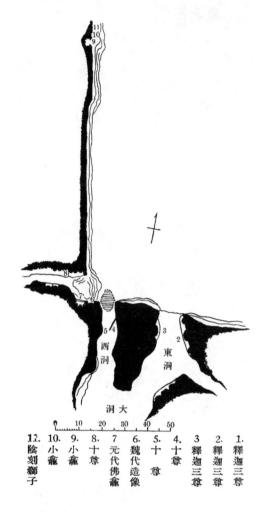

第二六三图　龙洞石窟平面图

第二六四图　龙洞石窟第一洞外壁造像

第一洞内部左（北）壁有十躯、右（南）壁有两躯佛菩萨坐像，皆高约二尺五寸，面相丰满圆润，眼细长鼻高，口角深沉，或单颐或重颐，颈部无褶线。衣纹简约强劲，尚存北朝遗风，然躯体匀称，透衣外露。盖为北朝与唐代之间之佛像，恐成于隋。

第二洞左（西）壁刻十一躯、右（东）壁刻十二躯小佛像，高一尺乃至二尺左右，面相、衣纹皆剥蚀难辨。

第三洞左（西）壁有释迦立像一躯，右（东）壁有释迦三尊像三组。左壁佛像高约十六尺，右壁本尊皆高约十五尺，肋侍菩萨高约六尺五寸，皆略有剥蚀，然姿态严整美丽，衣纹手法最为流畅，系大作。由其样式判断恐为隋代制作。（第二六五图）

往第一洞北面行走三十八步，可见一佛龛，朝东。龛广三尺一寸，高四尺三寸五分，深三尺二寸五分，内刻本尊释迦坐像与左右两罗汉、两菩萨像。龛外左右有奇特柱子，呈连珠状，以承北魏样式拱顶，然今缺损大半。本尊、肋侍菩萨姿态皆颇美，面相丰满，衣纹遒劲，几成唐代佛像先驱，然犹略可见北朝痕迹，亦为隋代作品。

与此佛龛北面相邻又有一小佛龛，内部安置释迦立像。与前者年代几乎相同，然北朝痕迹略多。其北面岩石阴刻狮像，最富雄浑之气，恐亦为隋作。

上述佛像以样式而言似皆为北朝与唐代之间过渡期产物。余未曾亲见，然诸城尹彭寿撰《山左北朝石存目》记载：

隋比丘尼僧智照造像记 正书 大业三年十月十八日
龙洞后门石崖

恐此当指此类佛像之一。待今后进一步研究。

第一洞入口北向东魏弥勒像之西面有元延佑五年所作佛龛，内置释迦、两菩萨、两罗汉与文殊普贤两菩萨，然与本书主题无关，从略。（第二六六、二六七图）

第二六五图　龙洞石窟第三洞东壁

第二六六图　龙洞石窟北龛造像

第二六七图　龙洞石窟北龛外壁狮子图像

四、玉函山佛峪寺佛像

玉函山佛峪寺位于济南府东南约三十余里处。古人于山腹悬崖上建佛殿僧房，于崖腹雕刻许多佛像。皆开皇年间所作。唯西北悬崖乾元二年之阿弥陀佛、开成二年之弥勒像为唐作。

佛殿后方悬崖刻有佛像，分五层，最底第一层最大，有五佛龛，皆容三尊佛。右起第一龛（正对人时为左方）为弥陀三尊，注"大隋开皇十三年"作，手法最为单纯。第二龛为弥勒三尊，开皇五年作，形制与前者几乎相同。第三龛亦为弥勒三尊，系开皇四年所刻，形制亦同，唯衣纹线条略多。第四龛本尊面相丰满美丽，几乎具有唐代特色。衣纹亦流畅，躯体匀称，颇美观。尤为胁侍菩萨姿态极其优美，几近唐作。唯薄长袍褶襞带有北魏特有曲线。盖于此类佛像中最迟制作，刻于开皇二十年。第五龛无铭记，本尊、胁侍菩萨皆颇简约古朴奇异，与唐作相距甚远，多存北朝遗风。盖于此类佛像中最早建成。第三、第四佛龛上方皆有奇异帐饰。（第二六八图）

第二层刻三十二躯小佛，各高约一尺，其中有佛刻"开皇四年"铭记。

第三层右端刻三尊佛，本尊高二尺五寸许，以及五躯小佛，各高约一尺，其中有佛刻"开皇八年"铭记。左端又刻佛菩萨像八躯。

第四层刻大小十八躯佛像，大者高二尺许，小者高一尺许，其中开皇八年所作最优。（第二六九图）

第五层右端刻三尊佛（本尊高约四尺，开皇七年作），次刻两菩萨（各高约四尺，开皇八年作），次刻三尊佛（本尊高约三尺，开皇八年作），次刻本尊与左胁侍菩萨（本尊高约二尺五寸），次刻坐佛一躯。

要而言之，此悬崖共刻佛菩萨大小九十二

第二六八图　佛峪寺石窟第一层第四龛

第二六九图　佛峪寺石窟第四层造像

躯，铭文自开皇四年始，至二十年终。其中第一层第一龛多保留北朝样式，第四龛几乎与唐作接近，面相、衣纹皆明显反映其位于自北朝样式向唐代样式转变之过渡期。

佛峪悬崖西北高出地面二丈许处上方有佛龛，刻两佛像。面相于丰满圆润中略带生硬感觉。衣纹线条亦欠流畅，颇有北朝遗风。其下方左端又有三龛佛像，一龛大，位于上方，佛高三尺五寸许，左右有两小肋侍菩萨像。其下方左右端两龛佛像皆破损严重，难辨其形制、手法。大龛右端刻"开成二年四月金刚会碑"。

又，佛殿上方断崖东南面亦有横向长条形佛龛，其右端刻坐佛四躯，左端刻稍高倚坐佛像，正中佛像左右有两罗汉像，皆为"大隋开皇七年岁次丁未"所建。此类佛像在断崖上今难以接近。其样式与上述佛像无大差异，多混杂北朝因素。

此佛峪寺佛像数十躯几乎皆为开皇年间所建，一方面带有北朝遗风，一方面已然成为唐佛先驱，最具研究价值。（第二七〇图）

第二七〇图　佛峪寺石窟西北佛龛

五、千佛山佛像

千佛山位于济南府以南五里处。山上有伽蓝，称兴国寺。寺域内断崖刻众多佛像，多为开皇年间所作。《济南府志》曰：

> 兴国寺　在府城南五里历山上唐贞观中建石崖皆镌佛像故一名千佛山

《府志》记述该寺创建于唐贞观年间，然其佛像多属开皇年间所刻。《山左北朝金石存目》中列举隋造像铭九种，年代自开皇七年至二十年。今不一一复录。余亲访时此类佛像悉新施彩绘，俗不可观。唯整体轮廓仿佛可见，此外其样式、手法全不可考，令人慨叹良久。

六、黄石崖佛像

据《山左北朝金石存目》，黄石崖造像铭有以下九种：

后魏法义兄弟姊妹等造像二十四躯（疑为"人"）题名正书正光四年七月廿九日

同　帝王元氏法义卅五人造像正书孝昌二年九月八日甲辰

同　法义兄弟百余人造像正书孝昌三年七月十日

同　雍州五僧欢造像记正书建义元年五月四日

同　大般涅槃经偈正书

东魏假伏将军姚敬遵造像记正书元象二年三月廿三日

同　齐州长史镇城大都督挺县开国男乞伏说造像记正书元象二年三月廿三日

同　清信女赵胜习忏二人造像记正书兴和二年九月十七日

北齐邑义主一百人造像记（今归汉军许氏）正书武平三年三月十六日

余在济南从拓字人处得到此类拓本，之后承拓字人引路，攀登千佛山东面险峻山崖，至其顶即所谓黄石崖，然佛像或造像铭一无所见。拓字人亦惊曰：听闻近年某大官将此物运往他处，果不其然。余不知此处果为真黄石崖否，空归济南。

七、九塔寺千佛崖

济南府东南九十五里处有九塔寺，寺有一茎九顶砖塔，平面八角形，屋顶正中立十三层塔，各隅角立小三层塔，形态奇异，据传为唐代尉迟敬德所建。寺旁断崖上刻众多小佛像，故又称千佛崖。崖分上下二层，上层长方形，内有圭头龛（右）、半圆头龛（左），皆容佛像。左龛上有七佛像。下层有四佛龛，各安置三尊佛。由其形制判断皆属唐初作品，恐与塔同时代建造。唯体量不大，手法亦不优秀。

八、青州云门山佛像

云门山位于青州府城以南十里处，山峦巉岩兀峙，其上有祠庙，极奇绝。断崖南面洞门（崖中央有洞门，云门山所以得名）以西有两佛龛，今姑名之为第一龛、第二龛。（第二七一图）

第一龛广约十尺，高约九尺，正中有本尊释迦如来坐像，左右有肋侍菩萨像，前面仁王像相对而立，龛内另有三十躯小佛。此类佛像皆隋代所作，小佛一侧有隋开皇十六乃至十九年造像铭。

本尊与肋侍菩萨皆开皇年间作品，颇有简朴之风。本尊面轮稍长，额窄，眉眼与口之制法与日本法隆寺金堂药师与释迦有相似之处，然重颐，有两条颈线，与后者相异。耳简而形美，带环孔痕迹。本尊背后有宝珠形背光。

左肋侍菩萨颜面受损，右肋侍菩萨面相完好，几与本尊同。本尊、肋侍衣纹皆简约，然肋侍衣裾比例大，薄长袍伸展于身体两侧，令人想起日本法隆寺梦殿本尊。衣纹褶线稳健亦同。小佛多为坐像，唯有一尊为倚坐像，手法皆简约。（第二七二图）

第二龛广约十二尺，高约十五尺，今无本尊，仅存左右肋侍菩萨浮雕立像与小佛二十四躯。想来本尊原有雕刻但为后世破坏。由左右肋侍菩萨样式判断属隋代作品，技巧颇优。右菩萨颜面缺损，左菩萨面相与神通寺四门塔内菩萨相似。宝冠甚美，已然为唐代先驱，而其直立姿势与稳健衣纹犹现北魏遗风。佩剑与腰带制法有温文尔雅、雄健壮丽之感。菩萨台座之莲瓣亦颇有雄劲气象。（第二七三图）

龛内小佛像手法简约，然比例最为恰当。龛外右方有十七躯、左方有十躯小佛，多为唐

第二七一图　云门山石窟第一龛本尊

第二七二图　云门山石窟第二龛

代作品。左方三尊佛有"天宝十二载"铭文，右方佛像亦有"天宝十二载造像"铭。

洞门上方亦有数十个小龛，然今存佛像者仅三龛。

九、青州驼山佛像

驼山位于青州府城东南约六公里处，隔溪与云门山相对。山峦崖壁今有大小佛龛六处，为隋唐时代开凿，其中尤以隋龛最为精美，值得关注。

第一龛 在最右端（正对在左），约五尺见方，正中后壁刻本尊释迦如来坐像，其左右壁刻胁侍菩萨立像。后壁本尊左右小龛内刻四佛像，右壁刻立像一躯与三尊佛一龛，左壁刻大小五龛凡十二躯佛菩萨像。

无造像铭，故年代不明，然从手法判断其当属隋代佛像无疑。本尊颇接近唐佛，然两胁侍菩萨犹多存北魏遗风。本尊颜面多磨损，两菩萨头部亦缺损，其他小佛亦面相不清，为憾。当年龛前曾架屋檐，今岩壁上留有痕迹。（第二七四、二七五图）

第二龛 不在洞窟，而直接在岩壁上刻出十数躯佛像，正中有本尊释迦如来倚坐像，头部与两手缺损。其左右有两菩萨、两罗汉。右罗汉上有小佛，其右方又有大立佛像。再上方刻四小佛龛。右起第一小龛容坐佛像，第二小龛容三尊佛，第三小龛容坐佛像，第四小龛容三尊佛。此第四小龛本尊为倚坐像，两胁侍菩

第二七三图　云门山石窟第二龛胁侍菩萨像

第二七四图　驼山石窟第一龛

第二七五图　驼山石窟平面图

萨为半跌坐像，其例极罕。（第二七六图）

盖此一组佛像亦为隋代作品，然手法古朴稚拙，加上千年风雨侵蚀，磨损破坏多，缺乏艺术价值。

第三龛 系小佛龛，广六尺六寸三分（入口处），深约六尺五寸，高六尺。后壁正中刻本尊释迦倚坐像，左右侧壁作两菩萨、两力士。后壁本尊右上方与左下方有稍大佛龛，各容三尊立佛。右龛下又有二小龛，各安置一佛。左龛上又有一小龛，刻一佛一菩萨。其左方，刻一像，仿佛女神像。

左右侧壁刻众多小佛。右壁有六十一躯，左壁有三十三躯。

穹顶以绿青色描绘忍冬图纹，颇雄健珍异，然大半剥落，难以辨识，颇可惜。

此佛龛内本尊及其他佛像颜面皆残毁，破损严重。从其样式判断明显属于隋代作品。

第四龛 系驼山佛龛中最大且最重要之佛龛，龛入口广十尺七寸，向后稍宽广。后壁正中刻大本尊释迦坐像，其左右各作小龛，内容肋侍菩萨立像。此处于龛内最宽广，广十七尺九寸七分，龛口至后壁长约二十三尺。今龛上部破损坠落。（第二七七图）

本尊释迦大像跌坐坛上，衣裾覆盖坛上部。坛高今有三尺七寸，恐当年至少高三尺。[1] 前面叠刻一列坐像，一列小佛龛。今数有十七躯。下方今已埋没，有何物不详。坛正中二行分刻"大像主青州总管柱国平桑公"。无年号铭，但从形制判断恐隋开皇年间制作。

本尊面相丰满圆润，乌瑟腻低，额窄，眼梢呈杏仁状。眉高，鼻梁亦高，然鼻翼小，口亦小，重颐。颈部大，无襞线。相貌美丽，温文尔雅盖北魏式佛像中最为完美者。头大肩宽，突胸低膝。衣纹颇简约，不作褶襞，唯覆盖坛上部衣裾刻优美褶线。

肋侍菩萨面相与本尊相似，稍优美，戴宝冠，带玉佩。衣纹简约稳健，整体比例过于失衡。（第二七八图）

[1] 原文如此。此处数字或有误。——译注

第二七六图　驼山石窟第二龛

第二七七图　驼山石窟第四龛本尊

第二七八图　驼山石窟第四龛胁侍菩萨立像

佛龛内外刻众多小佛，内部右端有七十七躯，左端有九十七躯；外部右端今存七十八躯，左端七十六躯。外部小佛悉刻像主名，然无年号铭。此类小佛手法简约，然比例甚美。多为坐像，然亦偶有倚坐像与三尊佛。

第五龛　有驼山佛龛中最优美雕刻。龛广九尺五寸，深九尺七寸，穹顶高约十三尺，后壁正中坛上刻本尊释迦趺坐像，左右壁刻胁侍菩萨立像，四面壁刻众多大小佛菩萨像。即后壁本尊右端有三十一躯，左端二十七躯。右壁四十七躯，左壁四十二躯，前壁入口右端十七躯，左端十六躯。其中多为小坐像，亦有三尊佛，还有二三尺至四尺左右极为优美之立佛像

或菩萨像。入口左右端薄雕仁王像，其左侧又刻三尊佛龛与小佛七躯。

本尊头部稍大，手小，膝部过薄，然面轮丰满圆润，姿丰像丽，温和可亲，亦为隋代杰作。衣纹较简约。台座为圆形，前面作三龛。正中刻三尊佛，左右各刻一佛，衣裾覆盖台座上。（第二七九图）

第二七九图　驼山石窟第五龛本尊

左右胁侍菩萨盖北魏式佛像之发展，已臻于完美之境，之前所见隋代佛像无一可与比肩，而且号称雕刻黄金时代之唐代作品亦难出其右。其姿势优美，比例匀称，面相秀丽，表情丰富，衣纹直挺而带优雅之风，令人叹为观止。盖盛唐佛像或无以比巧，其品位高洁终不可及。吾等据此可知北朝样式入隋后已至圆熟之境，异常发达。两菩萨面相、宝冠、佩剑、衣纹皆存北魏遗风，以此显示其属向唐代式样过渡之产物。（第二八〇图）

第六龛　驼山佛龛中仅此龛为唐作。想来系第一龛先作，次第开凿至第四、第五龛时隋代技术日益发达，入唐后始作此龛。龛内有铭记，由此可知系长安二年开凿。龛为长方形，广七尺二寸三分，长十二尺六寸二分，接正中后壁，台座上安置本尊释迦如来坐像，其左右有两罗汉。左右壁除胁侍菩萨外，还刻有两菩

第二八〇图　驼山石窟第五龛胁侍菩萨

第二八一图　驼山石窟第六龛

萨、仁王及其他小佛龛与佛菩萨等像。右壁者有"长安三年十月十九日"铭，左壁者有"长安二季三匦◎造像"铭，可知此佛龛大体开凿年代。

本尊比例匀称，面相丰满圆润，属纯唐样式。衣纹曲线遒劲，身躯透衣显露，又着奇异胸饰。总之姿势颇可观，然面相尚欠完整。本尊座下有两狮，两狮中间似有某物（或为香炉）。因受损，不详。（第二八一图）

两罗汉头过大，衣纹与日本宁乐时代初期罗汉相似。胁侍菩萨姿势优美，面相丰满富丽，优于本尊。衣纹线条优雅秀丽，尤其胸饰用宝相花，手法最为精美。其与本尊一道皆为唐代样式，而与隋作大相径庭。其他佛菩萨、仁王等像皆显示初唐特色，然残毁者亦不在少数。

结　　论

以上就山东省余实际调查之佛像雕刻进行概述。即山东省雕刻最有特色者多为隋代作品。具体表现为，属南北朝者遗存于五峰山莲花洞、神通寺四门塔、龙洞等；属唐者遗存于神通寺千佛崖、驼山等；而其最值得关注者，乃较多且最重要之隋代代表作品存于玉函山、龙洞、历城千佛山及云门山、驼山等，由此可研究他处不可多见之隋代雕刻样式。吾等综观洛阳龙门、大同云冈与山东省此类南北朝、隋唐时代作品，得知南北朝时代已然存在系统各异之二流派。其一为所谓北魏之中坚流派，经朝鲜流入日本，形成鸟佛师派飞鸟时代样式；其二于当时仅初露头角，然至隋日益发展，入唐后臻于圆熟，传至日本后成为奈良时代之佛教艺术根本。吾等观察山东隋代雕刻，得知第一派由南北朝入隋后臻于完美，化为驼山第四、第五龛内佛菩萨像，风格高尚，技巧洗练，有初唐盛期佛像所不及之意趣。第二派亦在入隋后日益发挥其特色，渐入圆熟之境，而犹不能完全避免第一派之影响，且与唐作相比有生硬倾向。云门山第二龛两肋侍像、玉函山佛殿后方悬崖第五龛三尊佛与龙洞第一洞佛菩萨像等皆传递出以上信息。而第一派于隋虽达圆熟之境，然于兹告终。第二派则日益发展，入唐后大成于完美佛像。神通寺千佛崖武德、显庆年间佛像几乎不带南北朝式样痕迹，全部由所谓唐代样式组成，足以证之。关于南北朝至隋唐时代两派消长之起源与来由等，余亦略有可说明之处，然犹属研究过程之中，故今从略，以待他日。

本篇曾分四次连载于《国花》第二十六辑第三〇八号、第三一〇号与第三一三号（1916年1月、3月、6月）。[1] 关于五峰山、神通寺、龙洞、玉函山、千佛山、黄石崖、九塔寺等佛像雕刻在《中国佛教史迹》第一卷、关于云门山、驼山佛像雕刻在同书第四卷有详细论述。供一并参考。

[1] 原文如此，似缺 1 期。——译注

第三十一章　辽代铜钟

1933 年 10 月，余有机会在沈阳汤玉麟旧居观看一铜钟。此铜钟有"大清乾隆年造"汉字阴刻铭文，然其形制、手法颇奇特，尤与近旁有相同"大清乾隆年造"刻铭之清钟相比，无论于样式，抑或于技巧皆有极大差异，而且与余所见数百清钟全然不同，故不能以有乾隆刻铭为据，速断为系乾隆年间铸造。从形制上看余宁可信其为辽代铸造。（第二八二图）

此钟下径二尺七寸八分五厘，于地面全高五尺七寸，因埋入地下，其下端估计约有二寸。其形状较细长，下大，向上逐渐缩小，头部呈圆馒头状，其上作所谓龙头。普遍所见龙头皆两龙相背，头部下俯，背部相连。而此龙头不同，两龙相对，以后肢立，以前肢举宝珠。意趣也好，技巧也罢，皆精彩无比，气象最为雄浑壮丽。如此姿势龙头余平生未见。明清以降之龙头普遍技术拙劣，无法与之相提并论。

钟身以纽带分为五层，钟口绕有波形广边框，上三层如浮雕铸出卤簿图案。众多人物分二列，或骑马，或荷矛斧，或举旗，或持伞盖，或奏乐前行，其间作马车、象、宫阙、午门等。其风俗颇奇异，绝无乾隆年间景况之联想。午门后方阴刻风起云涌状。其手法与汤玉麟旧居所在刻于辽墓志石之云纹性质几乎相同。

第四层浮雕山峦重叠起伏状，点缀树木房舍等，气象颇高雅。

第五层沿钟口刻波涛汹涌状，波浪间刻神将、怪兽等，又往往作宝珠图纹，显示优秀之意趣与技巧。

此钟作于何年代？余等不才，就唐宋辽金时代钟之实例所知不多。其实，古钟于后世或罹火灾，或融毁铸币，存于今日者极为罕见。余所知者仅唐钟二口，金钟二口。宋钟、辽钟于今未见一口。故此钟果为余想象之辽钟与否难以判断。因可与之比较之宋辽钟今已不存，

第二八二图　辽代铜钟

第二八三图　唐中和三年铜

为憾。现在虽说证据并不充分，但只好将此钟与唐钟、金钟比较，以决定其历史地位。

余所见之唐钟一为今存山东省青州玄帝观、天宝初年所铸龙兴寺铜钟，一为今存江苏省丹阳公园内、中和三年所铸朝阳寺铜钟。前者有所谓袈裟纹 [1]，有莲花图纹钟座，两龙相背连接，与日本宁乐时代钟样式完全相同。唯龙头处龙有前脚之点相异；后者亦有袈裟纹与龙头，然钟口与彼有异，呈波状。（第二八三图）

金钟余仅见二口，一为今存山东省肥城关

[1]　位于梵钟外面的纵横带线。——译注

第二八四图 金大定二十四年铁钟

第二八五图 金泰和二年铁钟

帝庙、金大定二十四年（1184）所铸铁钟。形状稍细长，以两龙相背攫钟头为龙头，钟头刻莲花，钟身以珠纹带分为三层，上下层绕以带有袈裟纹余韵之直线纹，钟口呈波状，作宽广口缘，与其上方珠纹带之间空白处刻八卦纹。此钟样式与唐钟颇相异，变化多端，令人惊异；另一为今悬挂陕西省乾州钟阁、金泰和二年（1201）所铸铁钟。其形颇肥厚，肩带与口缘上刻唐草纹、雷纹，头部、身部以阳线区隔为接板形，令人想起唐袈裟纹。与前者相同钟口呈波状，且绕有宽圈带，各圈内配八卦符号。龙头技巧与前者相比稍劣。（第二八四、二八五图）

今讨论之铜钟与此类唐钟、金钟相比，其形制与唐钟有异，而无袈裟纹，钟身分为数层，与肥城关帝庙金大定钟相近。其口边作波状，与丹阳唐中和钟与金二铁钟皆相同。然全无袈裟纹，而以纽带将钟身分为数层。浮雕卤簿图案与山峦波涛图纹之手法崭新，为前者所不可比俦，而且龙头两龙相对之手法亦颇奇特。

想来此铜钟全然出自工匠个人创意，不拘传统，自由发挥。恐此偏离传统之自由精神导致其后与唐钟面目有异之金钟出现。尤其雄浑之龙头形制与今存沈阳故宫博物馆、有辽开泰七年刻铭之石棺侧面阳刻之青龙颇相似。将此钟年代推至金代应属不当之举。从波涛纹、山峦纹之构图亦可推定为辽代作品似乎更为稳妥。尤其卤簿人物与奇特风俗之浑朴状态，与鞍山近年出土之坟墓玄室中画像石亦一脉相承。（第二八六、二八七图）

根据以上论述，余暂将此钟年代定为辽代。"大清乾隆年造"铭文并非如其他图纹一样为阳刻，而为阴刻，故亦可推定为后世补刻。盖乾隆年间再建或新建钟楼，将此钟由他处运来悬挂时才雕刻此乾隆年号铭也。

本篇曾刊载于《美术研究》第三辑第二十六号（1934年2月）。

第二八六图　辽开泰七年石棺

第二八七图　鞍山出土画像石

第三十二章　封泥

中国汉代"诏""策""书""疏"皆以墨写于木板即"木简"上。信件往来等亦同。此木简又称"札""板""版""牍"，今谓书信为书简、书札、书牍等即源于此。当时为防止秘密泄露，则采用在大木板上穿洞，将内面书写文字之木简嵌入其中，再以苎绳紧紧捆扎，于苎绳上附着黏土，于黏土上盖印章作为缄封之方法。此黏土、印章即所谓封泥，与西方民族于封蜡上盖印章意义相同。故读木简文字时须破除封泥、剪绳，文书秘密由此得以保守。

汉代铜印、玉印、石印已为世人所知，而近来在朝鲜乐浪郡故址又发现木印和陶印。此类印并非如后世以朱印泥或黑印泥按捺于纸或绢帛，而皆为按捺封泥所用。按捺朱印泥或黑印泥似始于六朝时代，而汉印几乎全为白字，盖按压黏土呈阳字之故。

中国金石研究发达既早，而此封泥之发现则属近代之事。道光初年即距今约百年之前封泥始出土于四川省，其后在山东省临淄亦有发现。光绪三十年（1904）刘铁云出版《铁云藏陶》四册，其中一册专门载录封泥，此为中国有关封泥书籍之嚆矢。同年秋吴子苾、陈寿卿印行《封泥考略》十册，登载封泥数百种，考证亦广博，实为优秀著录。宣统元年（1909）山东省滕县纪王城又出土官私封泥三百余种，全部落入罗振玉先生之手。中华民国二年（1913）罗振玉编《齐鲁封泥集存》，登载四百余种封泥。同年4月吴幼潜先生编撰《封泥汇编》，登载封泥五百五十七种，系最新最详细之著录。（第二八八图）

1920年前后朝鲜平壤乐浪郡故址始发现"乐浪太守章"、"誗邯长印"封泥。1921年"朝鲜右尉"、1926年"秥蝉长印"、1927年"长岑长印"、1928年"浑弥长印"与"增地长印"、1930年"朝鲜令印"等封泥次第出土。今年"邪头味印崿"封泥归朝鲜总督府博物馆收藏。

第二八八图　封泥

数年前"天帝黄神"封泥又被发现。属乐浪郡及其治下各县官印如此频频出土，则恐其他县治亦将陆续发现此类封泥。

封泥形态原本既小且薄，易破损，两千年沉睡地下，免于农夫锄犁平安保存至今可谓奇迹。想来封泥不止于供一时之用，如个人书信，而多用于储存官私贵重图书或秘密文书于府库内。府库遭火灾木简烧毁，而封泥则变硬如瓦，因此得以长久埋藏地下而不变质，于后世之偶然机会重见天日。现乐浪郡故址封泥被发现之地点存有火烧土与火烧壁，封泥已然硬化。

如上述，封泥多发现于山东、四川地区与朝鲜乐浪郡遗址，然此封泥究竟如何缄封木简之方法却长期为人淡忘，于今不明。近年来因研究中亚问题而闻名于世之马克·奥莱尔·斯坦因[1]博士在中国新疆古于阗地区发掘因砂埋没之废墟时获得许多木简，而此木简中恰好亦有以苎绳捆扎、附着黏土后加盖印章之木简，故封泥之使用方法始得以大白天下。此木简形制各异，今举最简单之一例说明。（第二八九图）

先留出长方形木版甲之上下两端，凿凹正中部分，于其内面墨书所需文字，再将此凿凹处嵌入木版乙，以苎绳紧紧捆扎。其方法为先于木版乙上部正中穿一印章大小方孔，于此孔两侧作三条沟槽，以便苎绳通过。甲之两侧亦相应刻三条沟槽，使苎绳通过此三条沟槽捆扎

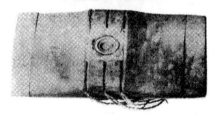

第二八九图　斯坦因博士发现之木简

上下版，并在乙正中方孔处交叉绳索，打结于背面。继而将黏土放入其方孔内，从上面盖印章，削去方孔外溢出之黏土。文字一般书写于甲版内面，但根据情况有时亦续写于乙版下面。检阅一般书信、文书时须剪断绳索，敲碎封泥，故封泥无遗存后世之可能。而如前述当时重要文书、秘密图书、契约文件等似乎未经拆封而原样保存，由此斯坦因博士方得以在于阗地区发现众多未拆封之木简，以及中国、朝鲜得以出土许多经火烧硬化、平安保留至今之封泥。

迄今发现之封泥系由汉代皇帝玉玺及丞相、御史、大夫及以下朝官、诸侯王与州郡县邑乡亭诸官属之官印作成，其文字悉为篆体。

本篇曾刊载于《书道全集》第三卷。

[1] 马克·奥莱尔·斯坦因（Mark Aurel Stein，1862—1943），英国探险家、考古学家。曾探察发掘印度，伊朗，阿富汗，中国新疆塔里木盆地（和田）、甘萧（敦煌）、蒙古西部、帕米尔等地众多遗迹，特别是在敦煌千佛洞发现了数量惊人的古代经文和佛画，对了解印度河文明和佛教文化东渐以及古代东西方文化交流做出重要贡献。——译注

第三十三章　中国玉石工艺品及其他工艺品

目　录

序　言

第一　玉石工艺品

　一、总　说

　二、玉

　三、石

　　　1. 砚石

　　　2. 杂石

　四、周汉时代之玉器、石器

　五、六朝时代之后至近代之玉器、石器

第二　其他工艺品

　一、总　说

　二、骨角工艺品与牙工艺品

　三、贝壳工艺品

　四、墨工艺品

　五、木工艺品

　六、竹工艺品

　七、葫芦工艺品

序　言

　　此篇收录玉石工艺品及其他工艺品。中国周汉时代玉器、石器制作技术高度发达，其影响波及近代，并在世界上焕发异彩。周汉时代古墓中出土之文物并成为可供研究之资料颇多，近代王公贵族配饰、赏玩之器物亦存世颇丰，然位于其中间时代之玉器、石器却意外缺乏。又，本篇其他工艺品条中收录有与骨角、牙、贝壳、墨、竹、葫芦等有关工艺品，然此类工艺品材质易腐朽，其遗物自然上古匮乏而近代丰富，故此篇收录之工艺品因时代各异而略有不同，留有遗憾。

　　余负责编撰此篇，但因缺乏专门知识，故承东京帝室博物馆以及各收藏家大力协助。尽管如此，于选择、编撰之际仍有不少失当之处。而且，各种工艺品资料丰富，而书籍篇幅有限，无法尽兴全部收录。例如，仅古玉或仅砚台即有单独成篇之字数，故不得已仅选择其中较优秀者，而割爱其余重要文物，且数量甚多，为憾。

第一　玉石工艺品

一、总说

　　中国自古即为东亚文化中心，其疆域辽阔，很早即收集产于其疆域内外之玉石，并对此进行加工雕琢，制成世界无以得见之美丽器物。世界各地无一民族像汉民族那样对玉石拥有如此深厚之兴趣，亦无一民族达至汉民族之玉石加工雕琢技巧之高度。盖玉器、石器制作乃汉民族拥有之一大特技，其发展路径源远流长，起源可溯及石器时代。

二、玉

　　玉指矿物学方面之软玉（Nephrite）与硬玉（Jadeite），其色泽温润晶莹，自古即受到中国人喜爱。

　　中国人今称汉代之前玉器为古玉，之后玉器为新玉，又俗称墓中所出玉为琀玉，然此为误称。

　　古玉自古最受青睐，收藏者亦不鲜见，与之有关之国内外文献亦数量不少。世称南宋龙大渊著《古玉图谱》所载资料极为丰富，然不足凭信。经元代朱泽民《古玉图》而至清代吴大澂《古玉图考》四卷，资料记述始稍详尽。日本学者编著之《史学杂志》（第三十辑第七、第八号）曾刊载林泰辅博士《从中国上古时代石器、玉器看汉民族》一篇论文，颇为精彩。而纂录上野理一先生所藏玉器之《有竹斋古玉图谱》资料最为丰富，其中滨田青陵博士之解说尤为详尽精当。此外，滨田博士之《戚璧考附璿玑》（小川博士花甲年纪念文册《史学、地理学论丛》）与水野清一先生之《玉璧考》（《东京学报·京都》第二册）论文皆值得关注。欧美学者著作有希伯·雷金纳德·毕晓普（Heber Reginald Bishop，1840—1902）之《玉石之调查与研究》（*The Bishop Collection: Investigations and Studies in Jade*，New York，1906）与斯蒂芬·伍顿·卜士礼（Stephen Wootton Bushell，1844—1908）之《中国艺术》（*Chinese Art*，London，1904），颇为详尽地论述玉之质地、产地及制作方法。此外，伯特霍尔德·劳费尔（Berthold Laufer，1874—1934）之《翡翠》（*Jade*，Chigago，1912）与龙娜·坡着·轩尼诗（Una Pope-hennessy，1876—1949）编著之《中国早期玉器》（*Early Chinese Jades*，London,1923）及保罗·伯希和（Paul Pelliot，1878—1945）纂录芦氏收藏玉器之《中国上古玉器》（*Jades Archaïques de la Chine*，Paris ot Bruxelles，1925）等陆续发表，显示近年来欧美爱好者之收藏热与考古学家之研究热正日益高涨。

产地 关于玉之产地《山海经》说有二百数十处，而如滨田博士在《有竹斋古玉图谱》概说中所指出，不仅玉之意义宽泛难解，而且其记述亦不可凭信。自古最著名的产地有陕西省蓝田与新疆省和阗地区即所谓昆仑。前者位于蓝田县以东骊山南麓，自古即以出美玉而闻

名遐迩，故又称玉山。而据确切文献记载似乎最晚于宋代之后已全部停止产出。明代宋应星在《天工开物》中有曰，自古中国玉皆由于阗、葱岭输入，或云由陕西蓝田产出，系将葱岭中产玉地之蓝田之名混同于陕西蓝田之故。而陕西蓝田自古尤以产玉闻名，故无法遽然否定之，尚须继续研究。

新疆省和阗地区自古即为玉产地乃不争之事实。《前汉书·西域传》于阗国条记载："多玉石"。《唐书·西域传》亦载："于阗国有玉河。国人夜视月光盛处。必得美玉。"而《唐书·西域传》"鄯善国"条又记述："国出玉"。"西夜国"条亦曰："出玉石"，[1] 故玉之产地似不独于阗一地。关于于阗之玉晋代高居诲《使于阗记》与张匡邺《西域行程记》及前述《天工开物》、清代徐松《西域水道记》、椿园《西域闻见录》等皆有记载，而滨田博士于其《中国古玉概说》中记述尤为详尽，故无须赘言。今仅抄录《西域行程记》中一节：

玉河在于阗城外其源出昆仑山西流一千三百里至于阗界牛头山乃疏为三河一曰白玉河在城东三十里二曰绿玉河在城西二十里三曰乌玉河绿玉河西七里其源虽一而其玉随地而变故其色不同每岁五六月大水暴涨则玉随波而至玉之多寡由水之大小七八月水退乃可取彼人谓之捞玉

[1] 原文将《汉书·西域传》误写为《唐书·西域传》。《汉书·西域传》"鄯善国"条曰："鄯善国，……地沙卤，少田，寄田仰谷旁国。国出玉"；"西夜国"条曰："西夜国，……其种类羌氐行国，随畜逐水草往来。而子合土地出玉石。"——译注

又据椿园《西域闻见录》记载，西面叶尔羌河亦出玉，其西南米尔台达班高峰亦可掘玉，故中国自古工匠所用之玉恐略由蓝田等地产出，而主要产地乃以于阗为中心之西域地区。此类璞玉由骆驼、骡子运至甘肃省甘州、肃州，转入内地贩玉者之手，再由北平、苏州之玉工加以雕琢，始显现玉之固有美质。

玉之种类　玉色有白、青、碧、绿、黄、红、紫等，其色彩有高下之分，且命名各异。《夷门广牍》[1]曰：

玉出西域于阗国有五色利刀刮不动温润而泽摸之灵泉应而生者尤佳

白玉其色如酥者最贵但冷色即饭汤色油色及有雪花者皆次之黄玉如栗者为贵

谓之甘黄玉焦黄色者次之碧玉其色青如蓝靛者为贵或有细墨者色淡者皆次之盖碧今深青色黑玉其色黑如漆又谓之墨玉价低西蜀亦有之

赤玉其色红如鸡冠者好人间少见绿玉深绿色者为佳色淡者次之其中有饭糁者最佳甘青玉其色淡青而带黄菜玉非青非绿如菜叶此玉色之最低者

又，《杨慎外集》载：

琼赤玉也瓃碧玉也瑎墨玉也璧玄玉也玳紫玉也璆玉半白半赤也璊玉赪色也瑾青白玉瑄也

此外，论玉之种类与色泽高下之文献颇多，由此可知中华民族对玉抱有何等非同寻常之兴趣。

[1] 明周履靖编，一百二十六卷（通行本）。——译注

据北平玉工曰，现在白玉主要从和阗、翡翠主要从缅甸输入。

三、石

1. 砚石

石工艺品所用最重要之材料乃砚材。中国自古重视书法，学者、文人、墨客尤为属意砚材之选择。因而各地不同砚材层出不穷，其中最著名者乃端溪石与歙州石。有关砚材著述较多，其中著名者有宋代米芾撰《砚史》。而宋代高似孙撰《砚笺》（嘉定十六年）与乾隆辑撰《西清砚谱》[2]二十四卷为其最完备者。此外，还有清代唐秉钧《文房肆考》中之《古砚考》（乾隆四十年）与谢慎修《谢氏砚考》四卷（乾隆五十七年）等。关于端溪砚，有清代吴淞岩之《端溪砚志》三卷（乾隆十八年）、陈龄之《端石拟》（乾隆十八年）、计楠之《端溪砚坑考》与《石隐砚谈》（皆嘉庆十九年）、吴兰修之《端溪砚史》三卷（道光三十九年）一系列著述。关于歙州砚，有宋代唐积之《歙州砚谱》与作者不详之《歙砚说》《辨歙石说》（皆刊载于《美术丛书》后集［亦称三集］）等著述。

[2] 作者不详。《西清砚谱》是清乾隆年间记载皇家收藏的砚史著录，所录各类砚计二百四十枚，来源据乾隆自序："内府砚颇夥，或传自胜朝，或弃自国初"。大致可以分两个部分：第一部分是作为文物珍藏的自汉唐至宋元的砚，第二部分是明或清初的镌品。编著形式图文对照，所有砚的图形用工笔手绘，从各个方位来展示说明。《西清砚谱》存世有三种，文渊阁本、藏书阁本、文华堂本。——译注

砚于汉代用石板石，六朝时代多用瓦砚。唐初武德年间发现端溪石。歙州石亦于唐代次第加以使用，并出现澄泥砚之制作技巧。自五代至宋之后，砚材搜集范围益广，且其质地、色泽、发墨如何之研究愈加精细，于砚材发展史上具有划时代之意义。

产地 自唐宋时代始，端溪、歙州石砚称雄恣肆，使人有此二处专美天下名砚之感。其实自此时起还有青州之红丝石、蕴玉石、紫金石，洮河之绿石，琼州之金星石，湖南洞庭西部出产之瀶溪石，满州松花江之绿石等，不胜枚举。又另有虢州烧成之澄泥砚，亦有以白玉、碧玉、苍玉、水晶制成之砚。

端溪石产于广东省高要县（肇庆府）以东三十三里处大江南岸之斧柯山，凿取砚材之坑有上岩、中岩、下岩之分，唐宋之后次第开凿半边山、蚌坑、后历山、茶园、将军坑、水岩（今日老坑）等，其中有坑或已成为废坑，有坑系明清时代新凿之坑。新、旧坑因所处不同而于质地、色泽方面亦各有异同高下。据曰其中下岩最优，上、中岩次之，蚌坑最劣。近代从老坑内水中凿取者质地极为良好，尤为珍贵。其石色深紫，纹理密致，坚固耐用，有碧色小圆点，世称鸜鹆眼者最为珍贵。此外亦有灰青色与青紫色砚材。"眼"亦种类繁多，石面斑纹亦微妙，有蕉黄白、青花纹、鱼脑冻、火捺纹、马尾纹、绿豆纹等。中国人附以各种名称，且描述精细入微，今无暇一一列举。

歙州石产于安徽省歙州（今歙县），坑有新旧之别，如龙尾山、罗纹山、眉子坑、金星坑等众多石坑。石有龙尾石、罗纹石、刷丝石、眉子石等种类。龙尾石质地温润致密，色分苍黑或青碧，于歙州石中最为珍贵。罗纹石有如罗纹般图纹。刷丝石细密，有如毛发般纹理。

眉子石有图纹，或如爪痕，或如卧蚕，皆青黑色。又有石世称银星龙尾石，石质间有小星点等。一如端石，文人墨客亦根据此类石材之图纹与斑点取各种名称，欣赏把玩。

红丝石产于山东青州，石质呈赤黄色，有红丝纹如木纹。苏易简《砚谱》记载："天下之砚四十余品。青州红丝石为第一。端州斧柯山石第二。歙州龙尾第三"，将此石置于端、歙两石之上。

洮河绿石产于甘肃省临洮大河深水底，带青灰色。《洞天清录》称："除端歙二石。唯洮河绿石。北方最贵重。"松花江绿石产于东北松花江江底，清时尤著名。

此外，瀶溪石产于湖南省洞庭湖以西辰州常德地区，蒲江石产于四川省峨眉山以北，今不一一介绍。

2. 杂石

中国各地还产多种良石，其质坚硬致密，其色温润晶莹，几欲不让玉石。中国人亘古至今亦爱之，以此制作各种工艺品。如水晶、玛瑙、琥珀、大理石、孔雀石、青金石、鹅黄石、珠砂石等。作为印材除玉石外，寿山石、田黄石、[1] 鸡血石最为珍贵。北平玉工曰，现今玛

[1] "田黄石"即"寿山石"之一种，田黄石（Field-yellow stone）简称"田黄"，产于福州市寿山乡寿山溪两旁之水稻田底下，因呈黄色而得名，属寿山石优良品种。广义的田黄石指"田坑石"，狭义的田黄石指田坑石中发黄色者。田黄石之所以珍稀是因为在地球上只有福建省福州市寿山村一条小溪两旁数里狭长的水田底下砂层才有。——译注

瑙俗称锦州石，产于辽宁省锦县；孔雀石、青金石产于云南；水井石与淡红色芙蓉石进口自南美巴西。

四、周汉时代之玉器、石器

中国玉石工艺发端于石器时代，经殷商至周代获得惊人之发展，文献颇丰，遗物亦多少可证。夏殷时代玉石工艺载籍不明，遗物亦几不可见，故从略。以下自周代开始叙述。

周代崇玉，祭祀礼仪必用之，士人以佩玉仿其德为理想。《礼记·聘义》举玉之"十一德"为：

孔子曰发我昔者君子比德于玉焉温润而泽仁也缜密以栗知也廉而不刿义也垂之如队礼也叩之其声清越以长其终诎然乐也瑕不掩瑜掩瑜不掩瑕忠也孚尹旁达信也气如白虹天也精神见于山川地也圭璋特达德也天下莫不贵者道也诗云言念君子温其如玉君子贵之也

《管子》亦举玉之"九德"，曰：

夫玉之所为贵者九德出焉夫玉温润以泽仁也邻以理者智也坚而不蹙义也廉而不刿行也鲜而不垢洁也折而不挠勇也瑕适皆见情也茂华光泽并通而不相陵容也叩之其音清专彻远纯而不淆辞也是以人主贵之藏以为宝剖以为符瑞九德出焉

《礼·玉藻》亦载："古之君子必佩玉，右征角，左宫羽。"以佩玉为行止之节，并制定自天子至士大夫之玉色与组绶颜色。

天子佩白玉而玄组绶。公侯佩山玄玉而朱组绶。大夫佩水苍玉而缁组绶。世子佩瑜玉而綦组绶。士佩瓀玟而缊组绶。

当时又以玉作"六瑞"以等邦国，作"六器"礼天地四方。《周礼》曰：

以玉作六瑞以等邦国；王执镇圭公执恒圭侯执信圭伯执躬圭子执谷璧男执蒲璧以玉作六器以礼天地四方以苍璧礼天以黄琮礼地以青圭礼东方赤璋礼南方以白琥礼西方以玄璜礼北方

敛尸时加六玉。《古今图书集成·礼仪典·丧葬部汇考》曰：

以组穿联六玉沟瑑之中以敛尸圭在左璋在首琥在右璜在足璧在背琮在腹盖取象方明神也疏璧琮者通于天地云疏璧琮者通于天地者置璧于背以其尸仰璧存下也置琮于腹是琮在上也而不类者以背为阳以腹为阴故岁尸腹背而置之故疏璧琮以通天地也

据《周礼》，王宫有玉府，掌王之金玉、珍宝、兵器等。王之服玉、佩玉、珠玉与大丧之含玉、会盟之玉敦皆其所掌。又有玉人从事玉器雕治。另，宗伯之下有天府、典瑞之职。天府藏国之玉镇大宝器物，典瑞掌玉瑞、玉器之藏。据此可知当年何等着力于玉器之制作与用途。玉工之发展兴盛绝非偶然。如秦始皇以十五城易赵和氏璧，而蔺相如弃身以全之，其事迹过于著名。此外其他传说不少，当年对玉之尊贵情感已不复为后人窥知。

入秦汉，玉器次第由礼仪目的转为印玺佩饰与刀剑装饰等实用目的。而璧与含玉等犹置于墓中，表明传统习惯后世仍略有因袭。

玉器之种类 周汉时代玉器主要有礼仪所用之圭、璋、璧、珑、玦、琮等。

圭起源于石器时代之石斧，有镇圭、琬圭、琰圭、瑁圭、桓圭、瓛圭等种类之别。璋为圭之半身。璧由环状石斧变迁而来，因其表里制作方法不同，而有素璧、谷璧、蒲璧种类之分。又有薄意雕蟠螭纹与凸雕螭龙纹之璧。其玉面之广倍于正中孔径者称璧，孔径与玉面等距者称环，孔径倍于玉面者称瑗，部分切除璧圈不连续者称玦，表面阳刻龙形者称珑，其轮廓有机牙者称璿玑。（第二九○、二九一、二九二、二九三图）

琮系方柱形，纵穿圆孔，呈车轮状。璧圆

譬天圆，琮方象地方。故《周礼·春官》载"以苍璧礼天。以黄琮礼地。"又如前述璧属阳，琮属阴，故敛尸时璧置背，琮置腹。

属服饰者有玉石制之珰、簪、胜（首饰）、带钩及各种佩饰。佩饰有龙佩、鱼佩、羊佩、翁仲、狗儿、枣玉、切子玉与雕有瑞鸟、瑞兽、螭龙、鹿、兔、蝉、蚕等杂佩。

周汉时代以玉石塞尸体孔窍，缘于玉可防腐之信仰。《西京杂记·广川王去疾》载，掘晋灵公冢时"尸犹不坏。孔窍中皆有金玉。"1916年余等发掘朝鲜平壤大同江附近乐浪郡时代一古坟（9号墓）时发现死者颜面处有眼玉（蔽眼物）一对、鼻塞（塞鼻孔之小玉杆）一对、瑱（塞耳孔小杆）一对、琀（塞口物）一个，腰部附近有塞杆（恐为塞肛门物）

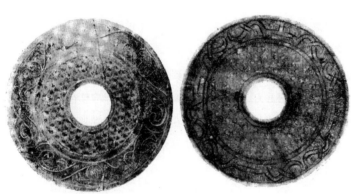

第二九○图　汉蟠虺纹璧

第二九一图　古玉琮

第二九二图　汉玉佩

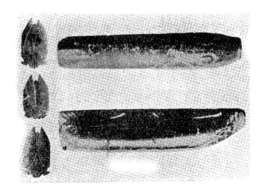

第二九三图　汉玉含及玉豚

一个。又在尸体左侧获得玉豚一个。此玉豚一般自古坟中成对出土，称"握"，与刘熙在《释名》中解释丧制时所说"握，以物著尸手中，使握之也"之"握"意义相当。

除上述物件外，还有各种玉器石器，如杯、匜、镇、尊、鸠首杖头、印玺、砚等。另有刀剑装饰物，如璏、瑒、珌、璏等。

五、六朝时代之后至近代之玉器、石器

六朝时代晋武帝时，石崇、王恺、羊琇等奢靡竞富，世称石崇后院数百美女皆佩美玉凤鸾。由此可见当时玉器工艺进步显著。然而，此后文献与遗物皆无可特别关注之处。唯北魏至隋唐石佛、石狮雕刻异常繁盛，而此类物件属雕刻品，不可视为工艺品。工艺品中余仅知有北魏墓志石与雕石枕等。其雕饰之瑰丽，气象之雄伟，显示出当时此类石雕工艺品之发达。

唐代版图辽阔，西越葱岭接波斯，南以西藏为附庸通印度，北收满蒙、朝鲜于自身势力范围内，建立起空前强大之帝国，而且还输入波斯萨珊与印度中部之文化，将此与固有传统文化共铸一炉，创造出光辉夺目之新文化样式。当时随着与四周各国交通之频繁，玉石资源之输入、采掘日益繁盛，不独玉玺、玉佩、玉玩等，其他各种器玩、装饰品制作亦日益丰富。据传说玄宗尝幸郦山华清宫，扩建汤池时安禄山于范阳以白玉作鱼龙凫雁与石梁、石莲花献皇帝。帝大悦，命陈设汤中，架石梁于池上。帝解衣入池时鱼龙凫雁皆奋鳞举翅欲飞动。帝恐，留莲花，其他撤去。此说虽不足凭信，然开元、天宝乃盛唐文化之烂熟期，故有此精妙绝技亦未可知。初唐承继南北朝，石佛、石狮制作极为繁盛，其遗物留存颇丰，然工艺品之

可观者于地面几乎绝迹。所幸携至日本、现保存于正仓院之遗物并不鲜见，据此可具体研究当时此类器物技巧之发达状况。（第二九四、二九五、二九六图）

此类器物中有在白石上浮雕四神、十二地支图案，极尽雄浑瑰丽之妙之物件，有阳刻尺八、横笛与花草蝶鸟等图案，气象优雅之石雕，亦有白石之火舍，青斑石之鳖合子，玛瑙、水晶、琥珀之念珠等。青斑石之陶砚亦有保存。

第二九四图　北魏元氏墓志石

第二九五图　六朝石枕

第二九六图　唐雕刻石版

宋元时代玉器、石器依旧受青睐，然于今收藏颇乏，余见其实例亦少。唯值得大书特书者乃文人学士最爱之石砚于宋代大行其道。砚于汉代以乐浪古坟出土砚台为例，多用长方形石板石，偶尔可见带龙纽、狮纽之三脚石砚，然自六朝至唐时则主要使用瓦砚、陶砚。韩退之《毛颖传》称砚为"陶泓"，即因砚多为陶制之故。而中唐以后歙州石、端溪石及其他砚材次第问世，烧制之澄泥砚亦广为人知。入宋后学者间就各种砚材之石质、色彩，尤其发墨性能进行绵密研究，对其品质之等级作广泛讨论，在形制、装饰方面付出巨大努力。米芾尝著《砚史》，论及晋砚、唐砚、宋砚凡二十六种，尤置重点于端、歙二石，认为石理、发墨为上，色彩次之，形制、工拙又在其次。米芾以书法为例，曰古今著名人物皆以实用为主，此乃天经地义之事。而以艺术史角度观之，则不能忽视形制、工拙问题。

砚原以发墨佳为上乘，然自宋元至明清，文人雅士因常置于座右把玩，故不独欣赏其色泽、斑纹之美，而对其形制、意趣亦醉心不已，且施以各种雕饰。《格致镜原》[1] 所载"砚形条"有下列名称：

| 平底风字 | 有脚风字 | 垂裙风字 |
| 古样风字 | 琴足风字 | 方日样 |

[1] 《格致镜原》，类书，广记一般博物之属，清康熙间陈元龙编，共一百卷，分乾象、坤舆等三十类，类下分目，共八百八十六目，汇辑古籍中有关博物和工艺的记载，包括天文、地理、建筑、器用、动植物等。"采撷极博"，体例井然，为研究我国古代科学技术和文化史的重要参考书。有光绪二十二年（1896）上海积山书局石印本。——译注

月样	圭样	璧样
斧样	笏样	砖样
鼎样	鏊样	宝瓶样
古钱样	琴样	琵琶样
腰鼓样	宣和御样	房相样
舍人样	郎官样	尹氏样
阮样	吕样	玉堂样
玉台样	凤池样	曲水样
天池样	辟雍样	莲莱样
鹦鹉样	马蹄样	犀牛样
蟾样	水龟样	蝉样
蝌蚪样	双鱼样	瓜样
莲花样	方葫芦样	荷叶样
仙桃样	瓢样	灵芝样
箕样	筒样	方相样
人面样	眉心样	四直样
双锦	合欢	外方内圆
上圆下方	上锐下阔	圆头瘦身
阔下柱足	八棱	竹节

不独其形制相异，而且其意趣亦网罗天象、人物、动植物及各种器物，显示中国人对此类工艺品存有何等大兴趣。苏东坡尝得石，不加斧凿而唯穿孔为砚。后人仿之往往以天然石造砚，谓之"天砚"。而宋宣和初御府降图案命作各种砚。献品中亦有四方刻海水、龙鱼、三神山，水池作昆仑状，左刻日象、右刻月象，呈星斗罗列态貌等意趣颇丰之砚。恐此出自徽宗之意。宋代煞费苦心于样式雕刻由此可见一斑。如今砚台收藏家藏品中不乏可观优秀艺术品。

近代尤其清代，随着版图扩大与交通便利，玉石材料日益丰富，技巧亦异常发达。今北平故宫武英殿与故宫博物院陈列原收藏于沈阳故宫、热河行宫之玉器、石器，其量之大，其工

之巧，实令人叹为观止。此外，中国玉器、石器运往国外极多，民间秘藏之数量亦绝不在少数。由此可想见中国此类工艺品之繁盛。（第二九七、二九八图）

近代所作玉器种类极多，无遑一一列举，然记其概要，属所谓装饰物者，除有模仿古彝器之鼎、卣、洗、觯、觚、璧外，还有香炉、花瓶、烛台；属服饰品者，有帽顶、玉带、佩玉、簪笄、扇坠；属文房四宝者，有砚、砚屏、笔架、笔筒、印玺、书镇、界尺、如意；属乐器者，有磬、笛、尺八；属容器者，有碗、缸、盘、杯；又另有模仿人物、仙人、佛像、禽兽之形装饰品。水晶、玛瑙及其他杂石亦可制作此类物件。更有利用紫色大理石黑色部分与斑纹，或镶嵌各色玉石与琉璃等珠宝，制作盆栽模样花卉，于屏风、插屏刻画山水、人物、楼阁、花草等，涉及方向全面，应用范围极广，可谓中国人之特技。

观察此类器物技巧可以发现，无论形制单纯，抑或复杂，皆或于其表面施以浮雕，体现各种图案，或运用透雕、毛雕方法，镌刻坚固玉石，宛如刻木，手法极为自由。

第二九七图　石砚

第二九八图　新玉器

第二　其他工艺品

一、总　　说

于兹所谓之其他工艺品盖以骨角、牙、贝壳、墨、木、竹、瓠等材料制作之工艺品之总括。今试就此类工艺品作一记述。此类工艺品遗物有多有少，有古丰今稀者，亦有反之者，故以下记述缺乏统一，难免有不完整之讥。加之余过去对此研究不足，恐其记述亦有许多不当之处。

二、骨角工艺品与牙工艺品

河南彰德府安阳县殷墟某地近年出土一批刻有卜辞之龟甲、兽骨与骨角器、牙器、陶器断片。学者间有人主张此殷墟显然属于殷代，然余自忖其真伪尚有研究之余地，或为周代初期之后产物。

此殷墟出土之器物有以兽骨制作，其表面刻有饕餮纹图饰，有于单股簪上端刻饕餮、鸟形者，等等。亦有于象牙或犀角制作之柄状器物上阳刻相同饕餮纹，空白处刻雷纹者，雕琢极巧。周代"太宰九职"中第五系"百工"，《周礼》《尔雅》载："作象牙、犀角器物"。故可想见当年此类牙角工艺品已然受到重视，其发达程度亦显著。

汉及六朝时代文献往往散见牙角器记述，而余几未见其实物。所幸唐代者多保存于我国正仓院，可知当时手法之一斑。

属牙制工艺品者有牙尺、牙栉、牙如意柄、牙刀鞘、琵琶拨等。此类牙器喜用"拨镂"技巧。所谓拨镂，即先浸象牙于红、绀、绿等各色液体中，后于其表面刻宝华、禽兽、楼阁、山水等图案，再于其上点缀黄、绿色，使之呈现华丽图纹。（第二九九、三〇〇图）

当时亦以象牙制作各种乐器与箱盒、棋盘等边框与界线，或施以辘轳工艺，运用于笔管、杖头，或点缀于木画作为装饰。

用于犀角工艺品之犀角因色不同有斑犀、白犀、乌犀、通天犀之别，其制作之器物有杯、小尺、鱼佩、带胯、刀把等。

元代禾郡西塘有人称杨汇，以善治犀器而名躁一时，世称绝技。明代鲍天成出，亦以造犀器而著名。

近代牙、角运用范围俱广，于各种腕镇、笔筒、杯盘、盒子、印章等雕刻神仙、人物、

第二九九图　象牙器　　　　　　　　第三〇〇图　犀角器

禽兽、楼阁、山水等图案，或以圆雕，或以浮雕，或以透雕，技巧细致缜密，又往往以各色颜料点染其面，尽显富丽之态。

犀角自古多用于制杯，盖缘于犀角能辨毒物且善解毒之信仰。《抱朴子》载：

犀角遇毒药搅之则生白沫无毒物则无沫起也

又，《格致镜原》所引《段公路北户录》载：

通犀又堪辨毒药酒药酒生沫或中毒箭刺于创中立愈盖犀食百毒棘刺故也

此类杯之表面或刻彝器纹、螭龙纹，或浮雕透雕山水、人物、树木等，其色泽半透明、半黝黑，相得益彰，最为精巧，情趣盎然。

壳，利用光线反射出其彩虹般美丽色彩，或于其表面作精巧浮雕图纹，或截之成小片，镶嵌于各种器物表面，使呈现富丽图纹以作装饰。后者一般称作螺钿。螺钿已于汉代用于铜制带钩等。正仓院藏有唐代镶嵌宝相花纹螺钿于镜背者。此类物件当属金工类。又尤喜用于漆器。正仓院皇家物品中多见其例。明清时代青贝工艺品大行其道。而此类物件亦宜于漆器章节论述。正仓院藏品中有将螺钿图纹镶嵌于紫檀阮咸[1]与紫檀琵琶等作为装饰者，以其精妙技巧闻名于世。此类物件当属木工艺品为宜。

由此可见，中国贝壳工艺品自古即有直接于贝壳表面施雕饰者，而更多者为于铜器、漆器、木器表面施以所谓螺钿装饰，以其贝壳特有奇异美丽光彩，使之发挥富丽精美之特色。

三、贝壳工艺品（第三○一图）

贝壳工艺品使用青螺、石决明、蝶贝等贝

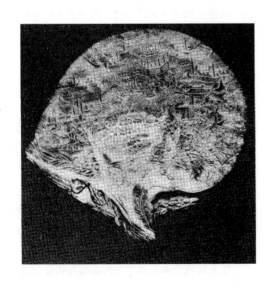

第三○一图　蝶贝工艺品

四、墨工艺品

《汉书》载："尚书令仆丞郎月赐隃糜大墨一枚。小墨一枚。"后汉刘熙《释名》载："墨痗也。似物痗墨也。"故汉代已有墨确定无疑。然其形状如何尚不明。《格致镜原》中《洞天清录》载：

上古以竹挺点漆而书中古有墨石可磨汁以书至魏晋间始有墨丸
以漆烟和松煤为之所以晋人多用凹心砚正以磨墨丸贮其潘也

[1] 弦乐器名。形似琵琶。相传为晋文人阮咸所制，故名。——译注

《晁氏墨经》[1] 载:

> 古用松烟石墨二种石墨自晋魏以后无闻松烟之制尚矣卫夫人曰墨取庐山松烟

似乎汉代普遍使用石墨，魏晋以后使用松烟。而墨之形制犹不明。至唐代，因日本正仓院藏有唐墨四十挺，故其形制始大白于天下。其中一挺表面阳刻"华烟飞龙凤皇樇贞家墨"，背面朱书"开元四年丙辰秋作贞□□□□"，恐为唐代输入之墨。其中二挺分别铭记"新罗武家上墨""新罗杨家上墨"。因与前者形制相同，故恐仿唐制所作。又，前者是否新罗墨亦非毫无疑问，然其系唐代样式恐为不争之事实。

上述诸墨皆细长如船，上下稍狭，表面凹陷，于凹陷处作阳刻铭。其他九挺亦皆此形制，然另二挺为筒形。据传南唐李廷珪用歙州松造墨，其坚如玉，其纹如犀，其面多作龙纹。南宋熙宁、元丰年间张遇用油烟制御用墨，入脑麝金箔，称之龙香剂。《后山谈丛》[2] 载："有张遇墨一团，面为盘龙，鳞鬣悉具，其妙如画。其背有张遇麝香墨字"，故可明了张遇墨为圆形，和入麝香，面浮雕精致盘龙。此李廷珪、张遇二人作为古代墨工最有名。《绀珠》[3]

[1] 一说为（宋）晁说之撰，一说为旧载毛晋《津逮秘书》中原本题曰晁氏撰，不著时代名字。诸书引之，但曰《晁氏墨经》。一卷。——译注

[2] （宋）陈师道撰，系宋代重要史料笔记。对北宋重要史实人物关注尤多，间或涉及书法绘画、农事水利、佛徒道流以及奇闻异物等。——译注

[3] 带"绀珠"字样的古代类书很多。此书全名似为明代黄一正撰《事物绀珠》（北京大学图书馆藏明万历吴勉学刻本，《四库全书存目丛书·子部二〇一》）。——译注

曰："唐末以李廷珪墨为第一，易水张遇第二。"同书又曰："宋有常和、陈赡、王迪。潘谷亦为妙品。元朱万初又谷流亚。若国朝休邑之墨骎骎乎李张之境矣。"故可知宋常和、陈赡、王迪、潘谷，元朱万初，明休邑等皆为当时得名。由此可见当年名工辈出，墨质墨形皆有显著进步。至清康熙、乾隆年间，伴随文运昌盛，其发展亦颇可观。安徽省歙县（旧徽州府）自古为名墨产地，以徽墨扬名海内外。

形制 如前述，唐代有船形、筒形墨，然应后世文人雅士之趣味其形制发生变化，加入各种意趣。有柱形、圆形、长方形、扇形等，于此无法一一名状。其表面或阳刻山水、楼阁、人物、禽兽、花草等图案，或于头部刻狮等，技巧精美细腻，令人惊叹。亦往往题刻诗句。亦有墨于此类图案与文字上或施以黑漆，或点上金泥，或以铜蓝、绿青、朱黄等色彩作为装饰。

五、木工艺品

中国南方广东、云南、海南地区与缅甸、泰国及东南亚各国出产铁力、紫檀、白檀、红木、花梨、槟榔等优质木材。其色之美，其质之坚，最适于雕刻，故早于上古人们即用此类木材制作各种家具、器玩，或浮雕，或透雕，或圆雕，或刻山水、人物、禽兽、花树等，或镶嵌木画，或镶嵌螺钿，或镶嵌金银珠玉，构成富丽图案，作为装饰。

文献记载，木工艺品在周汉、六朝时代已然异常发达，然其材质易腐朽，故作为工艺品值得关注者于今几无保存。至于唐代木工艺品所幸于日本正仓院多有保存，故可窥见当时此类技艺之一斑。

正仓院收藏木制器物多为乐器与箱盒之类，以紫檀、黑柿、槟榔等制作。其表面以木画、

螺钿、金银绘、粉底彩色绘等装饰，极其绚烂奢华。今举其中重要器物有：

木画紫檀围棋盘

木画紫檀骰子棋盘

螺钿紫檀琵琶

紫檀木画盒

黑柿苏芳红[1]色小柜

黑柿苏芳红六角台

苏芳底金银绘盒

黑柿苏芳红金银山水绘盒

粉底彩绘盒

朽木菱形木画盒

朽木金泥绘盒

所谓木画，即在以紫檀或桑木等制作之器物表面点染各种色彩，并嵌有牙、角、紫檀、黄杨、竹等薄片，使之呈现各种图纹之工艺品，即所谓"木镶嵌"。所谓螺钿，即在紫檀器物表面镶嵌青螺薄片，并于贝面施以雕刻，点缀

[1] 染色名。用苏芳叶煎汁获得的带黑的红颜色。——译注

玳瑁、珠玉，做出各种纹饰、图案之工艺品。此工艺品以贝壳美丽光影与精巧花纹交相辉映，极尽华丽情趣，即所谓"木底镶嵌"。所谓苏芳底金银绘，即将黑柿、桑等木材染成苏芳红，以金银粉或金箔于其上做出图案之工艺品。所谓粉底彩绘，即以白土或白贝壳粉涂于器物表面，于其上彩绘各色纹饰之工艺品。更为奇特者乃将朽木组合成菱形或斜格状，于其四周施以木画。另有一种乃以金粉描于朽木之木纹上，等等。凡此种种，皆表现出当时使用各种方法装饰木制器物之盛况。（第三〇二图）

宋元时代器物极少。及至明清时代木工艺品范畴日益扩大，技巧亦渐次发展。木工艺品最重要者乃家具类。此类家具有围屏、挂屏、插屏、宝座、床、椅、桌、几、案、柜、箱、匣、龛类，选纹理优美之材质，加以精雕细刻，于其表面或透雕或浮雕有山水、人物、楼阁、草树、禽兽及其他图案，或镶嵌宝玉、琉璃等作为装饰。又，乐器、文房四宝及其他器具、各种装饰器物等亦颇有可观之物。

第三〇二图　紫檀细刻画柜

六、竹工艺品

竹主要产于中国南部，自上古起即用于各种工艺品，但六朝以前遗物几不可见。近年来于朝鲜乐浪古坟内发现汉代竹制矛戟柄残片与饰以漆绘之竹制筐残部。唐代竹工艺品于日本正仓院略有保存。据此可知当时工艺品尤喜用斑竹。斑竹多产于湖南、广西各地，然工艺品中亦使用以药物描于普通斑竹表面，称假斑竹者。今正仓院藏有吴竹制作之笙、竽，斑竹制作之笔，假斑竹制作之笙、盒等。尤为值得激赏者乃雕饰尺八，其四周浮雕人物、花草、飞禽图案，颇为优雅。又另有"篡篠奁"，即以细竹编制之骰子容器。

宋元时代遗物亦少，然至明清时代以竹作笔筒，或作装饰物及各种小件器玩，于其表面浮雕、透雕或阴刻细密精巧之山水、人物、花草、禽兽等图案。（第三〇三图）

七、葫芦工艺品

葫芦又称"壶庐""瓠"。剖瓠，可挹水、盛酒浆之器曰"瓢"。瓢之运用既早，颜回有一瓢饮之说可证。瓠犹在蔓时即以阴刻图案之凹型模具包裹之，待其成熟时脱去模具，瓠之表面即出现浮雕式图案。以此类方法制作壶及其他器物始于唐代，见法隆寺所藏皇室物品"八臣瓢"亦可知。明谢肇淛《五杂俎》载："市场中见葫芦多有方者。又有突起成字为一首诗者。盖生时。板夹使然。不足异也。"据此可知，此方法由唐传至明，更于清代大行其道。今北京故宫武英殿陈列之前清皇室物品中有阳刻诸多图案之葫芦。又，中国北方地区文人雅士喜蓄养蟋蟀、铃虫等。蓄养物亦使用此方法，称蝈蝈葫芦或蝈蝈儿。其制法为先以紫檀木制模具，于其表面薄雕山水、人物、花鸟及其他图案，于其上贴多层纸，再以毛刷扣击之，制成纸质凹型模具，之后将此模具包裹嫩瓠，紧缚之，待成熟时脱去模具，葫芦表面即自然出现浮雕图案。而清代技艺远不及日本法隆寺所藏唐"八臣瓢"，故可想象唐代此类方法已然高度发达。（第三〇四图）

本篇曾作为《中国工艺品图鉴》四：玉石工艺品及其他工艺品篇之解说刊载于该书内，并插入部分画面作为参考，与前述《中国之瓦与砖》系姐妹篇。

第三〇三图　竹工艺品

第三〇四图　蝈蝈葫芦

第三十四章　中国河南、陕西旅行记

我于去年9月10日从东京出发，到达中国后主要到河南、陕西地区旅行，前后共花费5个月时间，于今年2月10日返日。现在叙述在此期间所见所闻的大致情况。这次旅行的目的与建筑学专业有关，主要是探访中国古代建筑遗迹，顺便调查中国古代文化遗迹。因此话题自然会偏向历史学科，请诸位事先有个思想准备，并请见谅。

首先到达北京，沿京汉铁路南下，渡黄河至郑州，从此下火车沿黄河流域向西前行。黄河由此东流，至开封府后向东北方向改道注入大海。此地属高原地带，道路远离河川故无法见到黄河。我们始终在丘陵起伏的山间不断向西前行。

从郑州出发约需一天行程，有个地方叫荥阳，就是汉高祖被项羽包围，身处险境，因纪信乔装打扮成自己，好容易得以逃生的地方。由此向前越过一个山口来到一个地方。这个地方是兵家必争之地，即有名的虎牢关。过此关后就是巩县。洛河从该县西面流过注入黄河。渡洛河，有寺庙叫石窟寺。如寺名所示有几处石窟。这一带土质为黏土，岩石极少，但洛河沿岸却有地方露出砂岩。古人在该处山崖

中部凿了五个洞，在洞中雕刻了许多佛像。凿岩雕像始于中国南北朝北魏景明年间。东魏、北齐至唐初继续雕刻许多佛像。据此可以了解中国南北朝时代的雕刻样式和施于雕刻的装饰方法，同时在技术上可以很好地与空前绝后的唐初雕像样式与装饰进行对比。详细调查之可以发现北魏佛像的样式与施于佛像的装饰手法，与置于日本国法隆寺等内部的佛像、即属于美术史上推古式或飞鸟式流派佛像几乎一致。再观察唐初雕刻，又与日本宁乐式或天平式即以圣武天皇时代为中心的佛像非常相似。岂但如此，几乎完全一致。而比较北魏与唐初的样式则有非常大的差异。即北魏技术无论何等发达，到底与唐代样式无法相提并论。似乎在此间受到某民族优秀艺术的影响才有唐代精美的雕刻，北魏与唐之间的雕刻性质存在显著差异。这里所说的某民族优秀技艺具体为何是艺术史上的一大问题，尚未得到充分解决。日本也一样，推古式佛像无论何等发达也与天平式佛像无法比传。毕竟日本推古式北魏样式是通过朝鲜传入日本的，而天平样式是直接从唐代输入的。从美术史角度进行研究，这是一个令人兴趣盎然的课题。（第三〇五图）

第三〇五图 巩县石窟寺石窟

从巩县向西前行可达河南府，即古洛阳。众所周知，洛阳即周成王时周公所建的都城，那时称东都。现西安府为西都。过去各代君王都在西都，但周幽王被犬戎杀于郦山脚下后蛮族乘机入侵，所以在平王时迁都洛阳，以此为东周的都城，之后成为北魏、东魏的都城。隋炀帝时建成大都城，至唐后称东都。因此这一带有许多周代、北魏、东魏、隋唐时代的遗迹。我与工科大学教授冢本靖、帝室博物馆特别顾问平子尚两先生一行三人到此处后，两先生希望以洛阳为中心调查这一带情况，而我决定继续向西，研究西安府问题。（第三〇六图）

河南府即过去的洛阳都城，至今已残破不堪。虽称府但人口不过二三万。可是其内外部名胜古迹却非常之多。巩县与河南府之间北面全为高地，低矮平缓的山包连绵不绝，此即有名的邙山，遗存许多周汉以后的坟墓。巩县南面嵩山耸立，这是中国五岳中最高的山[1]，海拔1491.7米。从河南府往东走二十五里有白马寺，即后汉明帝朝佛教开始传入中国时创建的著名寺院，今已残破不堪，仅存十三级佛塔和数栋佛殿、僧房，而这还是后世重建的。总之因为是古寺，所以内部多少会存有北魏至唐代的佛像。另外河南府城内有阁，叫存古阁，系为保存当年遗物而建造的阁楼，内部主要陈列北魏至唐代的遗物，其中重要的建筑是八角石幢，其四周雕满尊胜陀罗尼、佛菩萨、天人、仁王等像，还有墓前所立的石塔等。此外，城内文庙、关帝庙等亦非不足观看。相较于此河南府附近还有一些东西颇有价值，值得进一步研究。亦即从河南府渡洛河，向南行走约二十五里，可达伊水边，该处称龙门，又称伊

阙。这一带山脉因河中断，两岸山骨嶙峋，成数十百丈断崖绝壁，风光明媚。河川宽度比隅田川[2]稍窄，但水流清澈，碧绿如染。黄河流域山脉全无一树，河川呈酱汤色。在此大煞风景的环境中每日沐砂栉尘，艰苦旅行，而来到此处始接触如此秀丽风光，大有赏心悦目之感。脱离尘境或如入仙境等词汇到此处后始觉格外妥切。此山由黑色石灰岩构成，其石材极为适宜雕刻。两岸山崖延续一公里左右，故有人在此开凿无数洞穴，在洞中雕刻佛像。（第三〇七图）

左岸洞穴数量多，质量也高。大洞穴有三四十个，小洞穴以万计。冢本、平子两先生在此停留四十天左右进行研究。据称这些佛像等是从北魏文帝太和年间开始到西魏、北齐、后周、隋、唐代逐渐雕成的。唐代，主要是在太宗、高宗、则天武后、玄宗时大肆雕造佛像的。从巩县石窟寺一地看其规模也非常壮观，但到底与此处石窟无法比较。而从美术形式观察，石窟寺佛像也属于此龙门佛像流派。详细说明在此省略，唯一希望介绍的是唐高宗时所建著名的卢舍那大佛像。我想圣武天皇[3]时在东大寺造的大佛，似乎就是模仿此大佛像。此龙门大佛号称高八十五尺，但从佛像台座下到背光顶部实际测量一下，佛像本身仅约三十五尺，与镰仓大佛相差无几。奈良大佛佛身本身高五十三尺，从台座下到背光顶部有一百二十

---

[1] 此处史实有误。中国五岳中最高的山并非嵩山，而是西岳华山，海拔2154.9米。

[2] 流经日本东京都东部，注入东京湾的河流。——译注

[3] 圣武天皇（在位724—749），奈良时代中期的天皇，文武天皇第一皇子，名首。与光明皇后一样信仰佛教，在全国建"国分寺""国分尼寺"，在奈良建东大寺，安置大佛。——译注

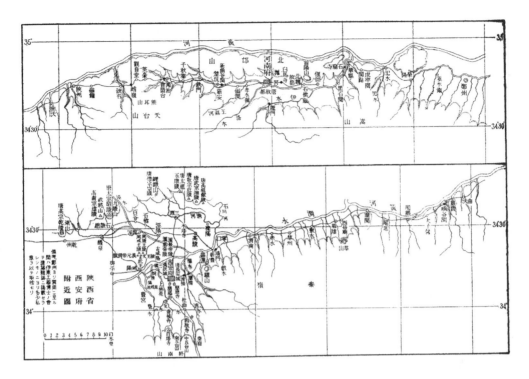

第三〇六图　河南及西安附近地图

第三〇七图　河南府存古阁

多尺，故虽说是模仿，但高度高出许多，而且佛像制作技艺绝不遑多让。不，应该说更胜一筹。因此可以明了，奈良时代技术源自唐代，但绝不模仿唐代，而是发挥日本的特点，建造更大的佛像。我在中国见过许多唐代佛像，但将这些佛像与今天日本保存的宁乐时代佛像比较，日本宁乐时代的佛像则优秀得多。或许中国过去还有更精美的佛像，但相较现存的佛像，还是日本宁乐时代的佛像遥遥领先。此龙门左岸有潜溪寺，右岸有香山寺。原先龙门有八个寺庙，如今只剩下两个。此香山寺就是白居易隐居的那个著名寺庙。河南府附近的情况说明暂时就此结束。

从河南府向西前行七十里左右有个地方叫新安。这里在汉武帝时设关，称新函谷关，楚项羽坑杀三十万秦降卒之楚坑就在这里。再前行有个地方叫渑池。蔺相如在秦赵会盟时强迫秦王击缶的遗迹即在此，称会盟台。继续西行，翻越险峻崤山，有著名的函谷关，即孟尝君靠鸡鸣狗盗的门客帮助好容易得以全身而退的地方。老子乘青牛进入的也是此关。过去以此关为界，西面称关中。渡弘农[1]溪涧急流入关门后可见左右山崖峭壁高达数十丈，下面有一线小道可供通行。此道上下十六里左右范围内坡道陡峭狭窄，车辆几乎不可交会通过。因道路险峻，大军通过极为困难，即所谓一夫当关，万夫莫开之地。过函谷关继续前行到潼关，即关中第二要塞。潼关左控惊险黄河，右负嵯峨

峻岭。郑州以西至潼关一带属高原地区，丘陵起伏，视野狭窄，兀山浊水，黄尘万丈，令人不快。而一旦跨越潼关地形则为之一变，眼前是一马平川的大平原，即所谓沃野千里，天府之国，心情和观感为之一变，清朗快活。从潼关继续向西前行，黄河立即消失，代之出现的是蜀地流出的渭水。沿渭水右岸前行，可见五岳之一的华山。华山相当秀美，山势奇峭雄伟。从形状上说日本除富士山外，没有一座山可以与华山相比。此山全部由花岗石构成，山下有寺庙，称西岳庙，供奉华山神祇。该庙有汉代石碑残片，还有后周、唐代石碑。宋至明清时代石碑也极多。

再向西行有河名戏水。渡戏水后达新丰县，即历史著名的鸿门宴事件发生之地。其西是临潼，其南是骊山，其绝顶有烽火台遗迹，相传周幽王曾在此升起狼烟。周幽王在山麓被犬戎所杀后周朝即迁都洛阳。至秦始皇集中天下七十万民众，在修建阿房宫的同时在此骊山山麓建造雄伟壮阔的自身坟墓。今天临潼以东八里左右处有始皇帝陵，整体为方形，由外城、内城两郭组成，但今天仅存内城。其基座四百米左右见方，远望去如同小山，规模雄伟壮阔。骊山下有著名温泉，秦汉各代皇帝屡次行幸。唐代建温泉宫，玄宗皇帝时改称华清宫，每年冬季皇帝均行幸于此，文武百官皆随从。亦即长安为夏宫，华清宫为冬宫。今天某处温泉相传就是白乐天在《长恨歌》中所说的、著名的杨贵妃洗凝脂的华清池。池边与池底皆大理石构筑，上面用砖筑成穹隆状，再在上面建造楼房。此温泉普通中国人不能进入，只有官吏或有身份的人才能进去，日本人要去可以特别允许。从此处再向西是灞水，架于灞水的桥梁是灞桥。过去长安人出京到东方旅行时亲戚、朋友相送至灞桥，在此处折柳话别。今天

[1]　古地名。此地古代曾设郡，称弘农郡，是中国汉朝至唐朝的一个郡置，其范围历代有一定变化，以西汉为最大，包括今天河南省西部的三门峡市和南阳市西部，以及陕西省东南部的商洛市。该地位于西安、洛阳之间的黄河南岸，一直都是历代军事政治要地。——译注

仍有许多古柳。过灞桥始达西安府，即过去的长安都城。（第三〇八图）

西安府即唐代长安都城。长安位于关中大平原中心，自古起即十分开放。西安府西面有丰水，于其北方注入渭水。此河西面有个地方叫丰，即文王的丰宫所在之处。其东面是武王时建的镐宫，成为之后的周代都城。另外秦始皇的咸阳宫在今天的咸阳县东面，渭水北岸。隔河有阿房宫。之后汉高祖时才将都城建在长安。在今天西安府城西北还建有汉代的未央宫和长乐宫等。隋文帝时在距离此汉代古城稍偏东南方向的地方建造大型都城，称大兴城，继而成为唐代的长安城。此都城规模宏大，东西约二十里，南北约十六里，面积约为 20.7 平

方公里。而日本东京市面积约为 18.5 平方公里，故长安城面积更大。都城正中北部是皇城和宫城。皇城即设置宗庙、社稷、诸官衙之所在，宫城即皇宫。唐高宗时在都城东北方向建大明宫，之后成为皇宫。玄宗时又在都城东面建兴庆宫，宫内有著名的龙池、沉香亭等。都城内部东西南北方向皆通道路，区划井然。以大路形成的区划称坊，各有名称。与日本宁乐、京都城市制度相比，宁乐都城面积刚好是长安城的四分之一，京都比是四分之一多些。从规模上说日本毕竟无法相提并论。但从大路小路的安排、街道区划的方法与宫阙制度来看，宁乐、京都进步得多，也完备得多。换句话说，日本当年多少参考了一些长安城市制度，但绝不模仿，反倒建成了比长安城更为发达、更为精美的都城。（第三〇九图）

今天的西安城面积仅不过当年的六分之一，但仍然是拥有东西长约八里、南北长四五里、人口十五万左右的大都市。唐代人口估计约有百万以上。

隋唐时代都城内建有许多大伽蓝，但今天大抵毁圮，残存的有荐福寺与唐初建造的十三级砖塔，即小雁塔。慈恩寺中还存有唐高宗永徽三年所建的七级砖塔大雁塔。该塔第一层墙壁嵌有唐太宗亲撰的"大唐三藏圣殿亭"碑和高宗亲撰的"圣教序记"碑，皆为褚遂良书丹，颇精美。又有兴善寺，曾为不空三藏居所。又有石佛寺，即唐代青龙寺，日本弘法大师入唐后在此跟从惠果阿阇梨学习密教。另外，今天的西安府城内有规模宏大的文庙，其中有碑林，保存唐宋以后石碑数百种，其中以欧阳询、虞世南、颜真卿、欧阳通、徐浩等唐代名臣书写的碑刻最为精彩。此外还有张旭、怀素、苏东坡、赵子昂、董其昌等著名书法家书写的碑刻。唐开成年间所刻《十三经》碑尤令人惊异。此

第三〇八图　华清池

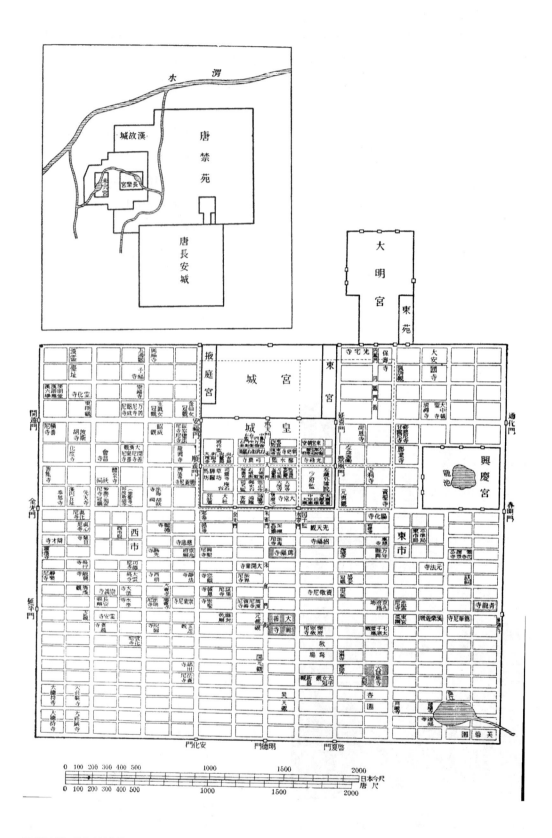

第三〇九图　唐长安城地图

类碑刻大抵由大理石雕成，螭首侧纹等可观之处不少。文庙附近有宝庆寺，又名花塔寺。佛殿内墙壁上嵌有许多唐代石佛。城西门外有元代所建的崇圣寺，著名的"大秦景教流行中国碑"孤独地矗立在荒郊野外。西安府以南六十里左右处终南山凌空突兀而立。从西安府到此山之间多少还残存一些唐代伽蓝，其中西教寺（西安府以南六十里）内玄奘三藏塔、慈恩大师塔、圆明法师塔三塔并立，皆为开成年间建造的砖塔。香积寺（府南二十五里）也有唐代砖塔。府东南二十里有汉宣帝的杜陵，系方坟，基座边长五百五十尺左右见方。附近散落许多陪冢。（第三一〇图）

　　我以西安府为中心对其附近遗迹进行调查，又花两周左右时间到其北部旅行，其间探访一些主要遗迹。先是从西安府出发向北走三十里左右到达渭水，乘渡船过河。为等待船只在暴风雪中站立约三十分钟，乘船后到对岸共花费三小时。因此知道河面有多宽和船夫的乐天精神。渭水北岸称毕原，存留许多周汉时代的陵墓。我探访了惠帝的安陵和景帝的阳陵，但汉高祖的长陵未能见到。安陵和景陵皆方坟，四面残留阙门的遗址。渡泾水再向北走到达三原县（距西安府九十里）。其附近有寺，称木塔寺，有三级木塔站立。这一带缺乏树木，塔类建筑多由砖筑，故木塔极其珍贵。三原县西北五十里处有嵯峨山，山上有唐德宗的崇陵，陵前左右方一对石华表站立。系八角柱，高三十尺左右，各面雕有美丽的唐草纹饰。接着按龙马一对、石凤一对、石马五对、石人十对的顺序，依次左右排开。再接着有高四米左右的大石狮一对。接下去按陵墓制度应该还有一些东西，但未发现，或遭后世破坏。从阙门到此石狮凡一千七百尺，即六百米左右，道宽约八十米，规模相当宏大。接着我从此崇陵向泾阳县

第三一〇图　大秦景教流行中国碑

进发，再取道西北调查唐太宗昭陵。

　　昭陵建于高五千尺左右的九嵕山山顶。在此之前中国的陵墓均建于平地，其中最大的是秦始皇陵，高五十丈。第二大的是汉武帝陵，高十四丈。其他的不过十二丈以下，有的是五六丈。唐太宗时才开始在山上筑陵，优点是消耗民力少，规模却很宏大。九嵕山和富士山外形一样，但坡度更陡。人们在山的南面数百尺绝壁上凿出七十五尺深的横穴，藏入棺木，在北面坡度稍缓处立玄武门。此外还安放许多石人石马之属，但如今无一存留。仅玄武门内按太宗所爱之马雕成的六骏石像如原样站立。皆半浮雕，极尽生动形象写实之妙。其中以按太宗亲自拔除马胸所中之箭传说雕刻的骏

马图最为精彩，是研究唐代服装、马具等绝好资料。山上山下有公主、嫔妃、文武功臣陪冢一白七十余座，累累然散落在三十里范围之内。其规模之大令人不胜感叹，确为一代英豪陵墓。此类陪冢当年皆有碑石，但如今大抵丧失，仅残留三十座左右，其中有房玄龄、温彦博、李勣、李靖、尉迟敬德、褚亮、孔颖达等碑。我去时刚好大谷光瑞法师在山下搭起帐篷，据说其滞留两周时间热心研究，发现三四座过去不为人知的石碑。有关昭陵的详细报告到此结束。

昭陵以西武将山上，有唐肃宗的建陵。再向西北前行，可见乾州城以北十里处有唐高宗与则天武后合葬的陵寝——乾陵。此陵在唐陵中保存最为完整，设施均按原样留存。此陵建于梁山山顶，远远望去两丘并列，在其上方有砖筑阙门相互对立。登顶可见两丘间有一处平地，宽约一千五六百米，正面耸立着陵寝。入口处有石华表、石龙马各一对，但今天仆倒于草丛之中。前行一百米左右有石鸵鸟一对、石马五对、石人十对夹道等间距并列，行仪如礼。继而有砖筑阙门、述圣碑、无字碑、石番酋、石狮子等次第排列。此石番酋是则天武后为向后世夸耀当年唐代国力，特按来华的诸番酋形象制作的二十来个石像，分为左右站立在陵前。过去石像背后各自雕有名字，但如今无一可辨读。另外番酋头部悉数被破坏，已不存。总之，乾陵是唐初规模宏大、保存完整的唯一陵墓，其研究令人兴趣盎然。

我调查此陵后去东南方的礼泉县，然后返回咸阳县。咸阳县北方即毕县，周汉时代陵墓如累石般星罗棋布，数量可达数千之多。其中最能引发历史沧桑感的是周文王、周武王等陵墓。文王陵东西约三百七十五尺，南北约三百二十尺，方坟，顶较宽。其后方是武王陵，圆锥状，直径约为二百二十尺。中国古坟大体皆方形，圆形墓几乎未见，而后世圆坟反倒常见，是否文王陵难以确证，而武王陵更有疑问。另外文王陵前方左右有成王、康王陵，左方有周公、太公、鲁公等墓，皆方形。附近还有许多汉代陵墓，如汉元帝的渭陵。相较周陵规模皆大，且为方坟，但呈数层梯状，一见即可与周陵区别开，颇有趣。我调查这些陵墓后渡渭水、丰水，返回西安府。

当初预定从西安府出发，越秦岭，出襄阳，下汉水，到汉口，但听说冬季枯水，行舟极为困难，故改变计划，顺着前来的道路返回郑州，坐火车至汉口，再乘坐汽船沿长江到上海，之后返回日本。

河南、陕西地区旅行中的所见所闻大体报告如上。还有许多事情想一并说明，但害怕会耽误诸位更多时间，所以就此打住。

本篇系 1907 年 2 月 20 日博士在东京地学协会例会上的演讲稿，曾分两次刊载于该协会发行之《地学杂志》第九辑第二二二号与第二二四号（1907 年 6 月与 8 月）。与此内容相似者有《日本学术》第九八号（1907 年 4 月）发表之《古洛阳》与第九九号（1907 年 8 月）之《古长安》二篇。后者虽为博士亲自执笔，然范围略广，内容丰富，故采用本篇。

第三十五章　北部中国古代文化遗迹

中国古代建筑与艺术

我离开北京，先从京绥线终点丰镇行走约三十里到达云冈。此地全是砂石岩，开凿于北魏时代的石窟有数百个，其中具有代表性的有二十四五个，隋代石窟仅有一个。这些石窟中规模最大的当数石佛寺后面的石窟，广七十尺，深六十尺，窟内凿有大佛，其高五十五尺。世上有许多四十尺、五十尺的佛像，但五十五尺的佛像舍此无他。该像中指长八尺，足底十六尺，膝与膝的间距有五十一尺。此外洞窟壁面和穹顶还有无数佛像雕刻。

接着我一度返回北京，乘京汉铁路火车到琉璃河，改乘房山铁路火车，在周口店车站下车约行走五十六里到达房山。这里有著名的临济宗寺庙云居寺。该寺香火鼎盛，无与伦比，僧人有百人之多，建筑鳞次栉比，寺院菜肴等也相当可口。寺内有南塔（辽塔）和北塔（宋塔），四周的七级塔佛像以及其他雕刻等有许多属于精品。寺院东面有险峻的岩石山体，称东峰（小西天）。山体中上部有隋代的石经洞和唐代的两座大碑，还有许多辽金时代的石经，但现在都被封存于洞内，无法见到。尽管如此此处景色仍甚美。

继而去龙门。龙门位于河南省洛阳南郊伊河两岸的龙门山与香山上，嵩山支脉在此中断，溪水在山谷间穿行，两岸山壁直立。此山岩体为黑色大理石。七八百米间水流清澈，景色宜人。隔溪有两寺，东为香山寺，西为潜溪寺，相互对立。溪水两岸山壁多石窟，重要的石窟均在西面，其中自北数起第三个石窟最为壮观，称宾阳洞，北魏时期开凿。其他有代表性的北魏石窟是第十三窟（莲花洞）、第十七窟（魏宇洞）、第廿一窟（老君洞）等。隋代代表性石窟是第七窟、第四窟等。此外还有无数唐代石窟，其中第十九窟唐高宗时代所建卢舍那佛大石像最为有名。此大佛高约三十五尺，跌坐

于十尺左右的台座上，在龙门，此佛高大无比，但与云冈几个大佛相比则较小，技术也精湛，蕴集唐代技艺精华，不过我更喜爱云冈大佛。另外此大佛两侧，两罗汉、两菩萨、两天神和仁王大像侍立，其规模之大实可惊叹。相较云冈、龙门北魏时代和唐代佛像技术，自然唐代较北魏更为先进，但北魏佛像简约雄劲、风格高尚、意趣丰富，饱含虔诚的宗教热情。故可以说技巧以唐代为胜，而精神以北魏为优。于艺术遗产说中国的云冈、龙门是两大丰碑，也是世界一大奇迹。

如前述，云冈石窟凿于砂岩上，自然破坏多，真正完整保留下来的只是其中的一部分。而龙门石窟大凡凿于大理石岩体上，石质比较坚硬，故破坏较小。但中国人无心保存这一世界遗产，自民国三年起将洞窟中雕刻的许多佛头等能凿取的则凿取卖与外国人，如今完整佛像几近于无。寺院和尚和当地人说佛像无头，缺乏体面，故叫泥水匠作头安置，其拙劣程度令人不堪入目，因为有此丑恶的佛头反而破坏了佛像和其他雕刻物的精美部分。最难以让人接受的事情发生在潜溪寺。第一窟到第四窟也就是北魏时代最为重要的四个洞窟现在全部用作兵营，特别是第四窟等成为伙房，有人在窟内筑灶焚煮，佛像和四壁、穹顶漆黑一片，肮脏不堪，根本无法看清。另一个与龙门不同的是，云冈佛像没有记载建造时间和作者等名字，而龙门佛像则一一记载建造的目的、年代和供养人的姓名，其造像铭总计有一千以上。其年代涉及北魏、东魏、北齐、隋、唐，在研究雕刻形式发展方面属正确而珍贵的资料。

接着离开此处去登封县嵩山，在偃师车站下车向南行走四十里左右到升仙观，观内有升仙太子碑。此碑是则天武后亲选御书碑，技艺精湛，其大无比，是中国屈指可数的大碑。碑

前有唐孝恭皇帝陵，即被毒杀的高宗太子陵墓。高宗按天子之礼葬之，陵寝也仿照天子制度建造，其华表、石马、石人、石狮等制度系唐代陵墓代表性制度，规模也大，成为后代宋陵的典范。从升仙观越过分水岭行走五十里到达登封县城，县城位于嵩山南麓，盘踞在稍辽阔的平原中央。

中国有五座著名的大山称"五岳"，即东岳泰山、西岳华山、南岳衡山、北岳恒山、中岳即此嵩山。其中嵩山最高，[1] 且位居中国版图中央，故特别受到尊崇，过去汉武帝及其他行登封之礼的皇帝不在少数。嵩山主峰为太室山，一般认为海拔有八千尺，崛起于县城北方，与太室山相连的山是少室山。两山皆由花岗石构成，太室山如卧，少室山五峰耸立，皆英姿挺拔峻峭，浮现于云间。

嵩山南麓有中岳庙，供奉嵩山神，规模宏大，但如今废圮。庙内有北魏中岳庙碑和宋元以后的许多石碑。中岳庙前有石人一对，汉代雕造，是中国保存至今最为古老的雕刻物。其前方不远处有石阙，后汉初公元2世纪初叶建造。其表面雕刻有人物、龙虎及其他禽兽等，和石人一样是研究汉代艺术的珍贵资料。

从中岳庙向西前行，可见汉代启母庙的石阙。高约四丈，系一整块大石头，其一面石体脱落。传说大禹的后妃化为石头，其子启从石块脱落处生出。接着有崇福宫觚亭遗址。再向西是嵩阳观，观内有汉柏，相传是汉武帝授予它大将军名号的老柏，周长有四十尺五寸，如此巨大无可比俦。嵩阳观前有唐代嵩阳观碑。再向前有嵩阳寺、会善寺两寺。转向南有汉代

建造的少室石阙。过石阙到少林寺。

少林寺是相传达摩大师在此面壁九年的著名寺院。此大型伽蓝属临济宗教派，但今天看来已极度荒废，建筑物也颓圮不堪。其中鼓楼系元大德年间所建，距离寺院一公里左右，相传达摩大师居住过的初祖庵本殿系宋宣和年间所建，石柱有铭文，特别是内部的石柱浮雕仁王像和龙凤等极为精彩。日本有许多年代在一千年以上的木构建筑，但中国年代久远的木构建筑全部消亡，在我调查范围内有明确纪年的，这是最古老的建筑物。寺内有许多唐宋及之后的石碑，其中唐太宗教书碑最为优秀。唐太宗御笔的"教书"是玄宗时立碑刻上的，所以李世民此二字草书尤为引人注目。碑头有龙形雕刻，侧面有精美宝相花纹饰，台石四周刻有动物和唐草等图案，极为珍稀精美。此外还有东魏时代的三尊佛和北齐时代的佛像等，皆制作精美，保存完整，毫无破损，无可比俦。

此后乘京汉铁路火车返回石家庄，再转乘正太铁路火车，在终点太原府下车向南行走三十五里到太原县。该县城即过去所谓的晋阳城，距太原县城南面一里处有名胜古迹，世称"晋祠"。周成王曾封他弟弟叔虞于晋阳，后人为纪念叔虞修建此晋祠。祠内有著名清泉涌出，泉水透明清澈，水量丰富，流出后成为晋水，灌溉方圆四十里的农田。挟此清流祠内有千年古柏，郁郁葱葱，人立树下夏季犹寒。春秋战国时代智伯水攻晋阳城时利用此晋水。宋太祖灭五代北汉时也采用相同的方法。唐太宗起兵时在此晋祠内祈祷旗开得胜，统一天下后唐太宗撰书立碑。碑刻犹存。（第三一一图）

从晋祠向南二十五里有天龙山，山上有寺，称"圣寿寺"。从寺院攀上三四百尺的险峻岩石山峦可见北齐和唐代的石窟。此石窟过去不为学界所知，可谓珍奇之发现。山分为东西两

---

[1]　此处作者行文有误，"五岳"中最高的是西岳华山，海拔2154.9米，而嵩山以海拔1491.71米，列"五岳"第四位。

第三一一图　晋祠

峰，砂岩构成的断崖上凿有许多石窟。其中重要的石窟东西各有七处。北齐石窟清晰反映出当年的制作方法，唐代石窟毋宁显示初唐的制法。总之规模不如云冈、龙门大，但北齐石窟保存完好，无可比俦。晋阳是北齐时代别都，所以当时建造如此大规模的石窟。听说石窟以上山顶有那时建造的避暑宫殿的遗址。

中国自三代、秦汉时代起即拥有高度的文明，至六朝时代从印度、西域引进佛教艺术后而显示出日益复杂的态貌。之后向朝鲜和日本等输出其发达的文化，成为这些国家的文化渊源。所以，若想研究东亚文化发育变迁的历史必须从研究中国开始。即使研究日本和朝鲜的事物，仍然是不研究中国就不能充分地研究日本和朝鲜。研究时一方面要调查文献，另一方面要调查古代文化的遗迹。然而中国由于过去革命、战乱频仍，外国侵略、掠夺猖獗及其他各种原因，加之中国人不注意对文物深加保护，所以至今易损坏的文物大凡已损坏，仅残留不易损坏的石筑或砖筑建筑。这仅仅是地面上的现象，地底下埋藏着何等贵重的遗物不得而知。而为正确了解现代中国人的思想和社会状况，必须知晓中国过去的思想变迁和社会状况的推移。这是在研究文献之外不可忽视遗物研究的一个理由。

本篇曾刊载于《禅宗》第二五卷第二八一号（1918 年 8 月）。

第三十六章　苏浙旅行记

目　录

一、南　京　　　　　二、镇　江　　　　　六、余　杭

　1.梁墓　　　　　　三、苏　州　　　　　七、宁　波

　2.摄山栖霞寺　　　四、杭　州　　　　　八、天台山

　3.明故宫　　　　　五、绍　兴　　　　　结　语

　4.明太祖孝陵

中国古代建筑与艺术

我于去年 2 月从日本出发，经朝鲜从中国东北进入中国。向北以北京为中心，游历河南、山西、河北、山东各地。8 月中旬向南到达上海，遍访南京、镇江、苏州、杭州、绍兴、宁波等地，接着上天台山后再访上海。今晚承诸位郑重邀请，得以聆听高论，光荣之至。下个月 13 日我打算访问印度，现正在等待便船。今晚诸位希望我以中国为题，作一个旅行中国最终纪念的发言。这对我而言是一个终生难忘的事件，并不特别有趣，但干事一定让我说上几句，所以下面打算从专业的角度谈一下以上海为中心的旅行见闻。

一、南京

我先到南京。普通游客参观南京一般是到明故宫、明孝陵、城内贡院、鸡鸣寺、清凉山、朝天宫、北极阁、莫愁湖、雨花台等景点。这些地方历史氛围浓厚，景色也极佳。众所周知，三国时代吴国孙权奠都南京。六朝时代东晋与南朝的宋、齐、梁、陈也建都于此。因有此历史背景，所以与周、汉、三国时代不同，南京至少会有南朝遗物，但令人意外的是南京几乎不存在任何南朝遗物。之后明太祖定都南京，永乐帝时迁都北京，将该地称作南京。此后这里成为南方文化中心，高度发达。太平军发动太平天国革命时南京被焚，过去的遗物几乎化为乌有，唯有明故宫遗址和太祖孝陵留存下来。有一处古老的建筑栖霞寺值得一提。从南京乘火车向东行进至第三个车站是孤树村站。下车向正南方向走可见一座山，人称摄山或栖霞山。顺其山麓左侧前行约 1.5 公里处就是栖霞寺。此寺有南朝的石窟和据认为是唐初的舍利塔及唐代的明征君碑。乘火车返回西面时还能见到梁代陵墓。最初一座是张家库的梁墓，第二座是梁安成康王墓。再向南京方向前行有梁始兴忠武王墓，接着有梁萧侍中墓。看完这些陵墓到下一个车站尧化门站。

1. 梁墓

南北朝艺术经中国传入朝鲜，再经朝鲜输入日本，成为日本飞鸟时代即推古天皇时代艺术。中国当时遗物多遗留于北方，洛阳附近有个地方叫龙门，大理石山上开凿许多石窟，其内外雕刻众多佛像。这些都是从北魏时代到隋唐年间建成的。另外，从山西省大同向西行走三十里，有个地方叫云冈。此处凿有许多北魏时代石窟，雕刻大小佛像数千。此外山西省太原县天龙山、河南省巩县石窟寺也刻有许多佛像。山东省各地也遗留许多佛像。通过这些遗物，今天可以明确了解北朝时代艺术形式。北朝遗物如此丰富，但南朝艺术值得关注的资料甚少，好在今天南京多少可见一些南朝遗物，可谓是一种幸运。（第三—二、三—三图）

安成康王墓 安成康王是梁武帝第七子，薨于天监十七年（518），即距今一千四百年

第三—二图 梁安成康王墓石狮

前，也就是日本继体天皇[1]年代。该墓在甘家巷，如今石碑一对、石阙、石狮各一对，孤独地竖立在民房一侧污秽之地。

始兴忠武王墓 始兴忠武王是梁武帝第十一子，薨于普通三年（522），亦即继体天皇年代。该墓在前墓西面约八百米处，地点叫黄城村，如今仅有石碑和石狮站立水田中。距此碑东面不到一百米田地中还有一对石狮，但推想应该属于其他陵墓。

张家库梁墓 为何人之墓不得而知。此处除石狮一对外还有碑趺一座埋没于土中，略微可见。

萧侍中墓 萧景卒于普通四年（523）。此墓有石阙、石狮，但因为要赶火车未及见到。

这些梁墓中最有代表性的是安成康王墓。陵墓先有石狮一对，其次有石碑，再次有石阙、石碑各一对，次第排列。该石碑下有石龟为台座，上面竖立碑身。碑头圆，四周雕龙，碑面开有孔，系汉代遗制。篆额四周雕有龙和

第三一三图　梁安成康王墓石碑

唐草图纹，碑侧雕有奇异纹饰。该石阙为长形柱状，有竖沟，竖立在刻有某种动物的台座上，上部作长方形碑额，雕刻一些文字，大意是某王神道即墓道……，其余今已磨灭不可读。石狮长约十二尺，高九尺五寸，姿态极为雄健奇异。始兴忠武王碑保存稍完整，与前者形式相同，下有龟趺，但今已埋没土中，不可见。此处石狮与张家库石狮形制相同。碑身雕刻的唐草纹与日本推古式纹饰相似。

2. 摄山栖霞寺

栖霞寺在摄山山谷间。该山系石灰石构成，南齐时代开始在此开凿石窟，之后的梁代继续开凿。其中最高大的石窟中有高三十尺的大佛，左右有菩萨、仁王像。该山岩体松软，易磨

[1] 继体天皇（？—531），《古事记》《日本书纪》所传第26代"天皇"。是否真为天皇不得而知。据传是"应神天皇"（是否真实亦不可知）的第五代孙，名男大迹，等等，6世纪初从越前（今福井县）或近江（今滋贺县）进入大和（今奈良县）磐余宫，建立起一个新的王朝。这个传说暗示着日本古代"天皇"并非"万世一系"。因该"天皇"乃远从越前进入大和，出自何处有问题，而到大和又花了长达20年的时间，且说是"应神天皇"第五代孙，但其间谱系未有人明确说明，所以日本学界有一种占上风的观点，认为所谓的"继体天皇"仅不过是地方的一个豪族，乘武烈王死后大和王权出现混乱篡夺了"皇位"，属于一个新王朝的始祖。——译注

损，所以后世在雕刻物上涂白灰，又画蛇添足施彩色，甚至在乾隆时代还加以涂抹施彩，因此原有形制已不可辨。但于今大佛像白灰处处剥落，原覆盖住的形象暴露出来。从其衣纹襞皱看其作法与日本奈良法隆寺佛像衣纹非常相似。日本飞鸟时代艺术属于中国南北朝系统一事于此有清晰的结论。该寺有五级石塔，非常精巧，满是雕刻。据说是隋代作品，但我认为应该是唐初作品，即大抵为高宗至玄宗时代所作。高约三十尺，下有台座，上立五级塔。台座四周呈八角形，每面都刻有释迦事迹，亦即呈现释迦八相。第一面是"托胎"，即摩耶夫人梦见菩萨骑白象入胎中而惊醒的瞬间场面。第二面是"诞生"，即释迦从摩耶夫人右肋生出的场景。第三面是"出游"，即释迦骑马出城门，看见道旁有许多老人、病人、死人、乞丐等，感到现世无常的场景。第四面是"逾城"，即释迦骑马逾城，一夜出逃数百里出家的场景。第五面是"降魔"图，即恶魔妨碍释迦行进图。图中雷神脚踏大轮，敲击大鼓；风神打开口袋，释放大风；某神降霰，某神掷岩石，其他魔神挥舞剑、青龙刀、铁锤。接着还有"成道""说法""入灭"图。画面刻写印度事迹，但其人物服装、宫殿及其他背景没有任何印度文化因素。这一点非常有趣。看到这些画面可以了解唐代社会情况。塔整体形态良好，令人兴味盎然，惊叹无可比俦，可谓南部中国的骄傲。唐"明征君碑"中的明征君是开辟摄山之人，碑中刻唐高宗御制碑文。碑立于距今一千二百四十二年前，是唐代的代表性石碑，极为精巧，上面刻青龙，侧面刻唐草纹饰。栖霞寺不大为人所知，即使有人去南京也不大有可能去那里，但我认为有务必一去观看的价值。

3. 明故宫

南京城向东面突出有一处盆地，其中心又环绕方形城壁，正面开午门，东面开东安门，西面开西安门，北面开北宁门，名曰明故宫，但如今已荒废，仅残留遗址。午门最大，现仍有壮阔的砖筑塔基，开五个门，原先上面有楼阁。门内有五座石桥并立河沟上，曰五龙桥。桥头方向深处原有宫殿，但如今已付阙如。现在建有一座简陋的西洋建筑，称"古物保存所"，陈列南京以及附近发现的遗物，但规模不大。我看见仅陈列汉代至六朝时代的砖三四十块。

4. 明太祖孝陵（第三一四图）

原有门和大石碑，过该处有狮、骆驼、象、马等石像生并列。石像几乎与实物等大，由一块石料刻出。过此类石像生有石柱，接着是武官、文官石翁仲像，最后是坟墓。中国自汉代起即为建坟大费周章，于墓前立石人，排列石狮、石虎、石马、石羊等。此风气一时间有所衰退，但至唐代此风又起。例如西安府乾州唐高宗陵设备最为完备。及至清代仍蹈袭此风气。

二、镇江

镇江无古物。在此处虽可见金山寺、甘露寺，但金山寺七级塔为最近所建。甘露寺八角塔较古老，原有十三级，但如今上部已崩塌，仅剩下部两级。从其形制分析为宋初即距今约九百年前所建。听说焦山有著名的"瘗鹤铭"残碑以及许多有趣的宝物，但我未去。

（第三一五图）

第三一四图　明太祖孝陵石像生

第三一五图　甘露寺铁塔

第三一六图　杭州西湖

三、苏州

苏州有许多有趣的场所，城内有瑞光寺、双塔寺、报恩寺、开元寺、玄妙观、沧浪亭等。开元寺有不用木材全以砖筑的殿堂，称"无梁殿"（藏经阁）。沧浪亭庭院为中国式庭院，令人兴味盎然。城外有寒山寺、枫桥、虎丘等名胜古迹，但重要的仅为前举的三个例子。

四、杭州

我在中国旅途中认为杭州是最为有趣的游览地。城市西面有西湖，其直径约有 1.6 公里，系大型湖泊。环绕西湖四周散布许多名胜古迹，可以泛舟与乘轿观赏，但花一周和十天时间也看不完。我待在杭州四天还有许多地方未能参观。杭州值得一去的地方有孤山、三潭印月、保俶塔、大佛寺、岳飞庙与墓、灵隐寺、三天竺、中天竺、上天竺、净慈寺、雷峰塔等。（第三一六图）

西湖 中国山岳、平原、江河、湖泊皆面积巨大，唯西湖拥有小巧紧凑优美的景致。湖中有小山丘形成的岛屿，称"孤山"，还有三潭印月等闻名于世的胜景，更添一番风韵。此去孤山有白公堤，相传为白居易所修；还有苏堤，据说是苏东坡所筑。此外还有两三座堤坝将湖面分割成几处。湖水三面环山，一面开放，开放处即市区。过去西湖东岸有城墙，别有一番韵致，但如今被拆毁，市区直接延伸到湖岸，故从前的景致荡然无存。加之医院和洋人住宅、西式旅馆等如雨后春笋出现在湖边，损害了自然景观。但从西湖南面到西面往昔景色依旧，显示出日本式风情的意趣。总之西湖沿岸名胜古迹繁多。

第三一七图 保俶塔

保俶塔 登临耸立于西湖东北面的宝石山，西湖美景一览无余。屹立于山顶的保俶塔建于吴越王时期，距今约有一千多年。旧砖之上至元代又垒葺新砖，但新砖底边损坏，被覆盖的旧砖暴露出来，古砖构件等四处可见。保俶塔附近有巨石，称落星岩，据传自天而降。如今在其外侧建有西洋人经营的肺病疗养所等，不通过该庭院则无法看清西湖，真是大煞风景。（第三一七图）

大佛寺 大佛寺位于宝石山山麓，有宋代制作高约三四米的石佛，头部虽毁，但胸部以上存留。从大佛寺向右走可到岳飞庙与墓。

孤山、三潭印月 我行舟去孤山。孤山系宋代林和靖隐居之地，如今仍有梅林。还有林处士放鹤所在的放鹤亭，亭后面有林和靖墓。清代康熙、乾隆二帝行宫遗址如今成为公园。

孤山南面庙宇、陵墓、祠堂等古迹繁多。三潭印月委实有趣，岛中有大池塘，即在西湖这个大"池塘"中又有许多小"池塘"。池中有祠堂，称"乡贤祠"，奉祀当地贤明人物。池面架石桥，弯弯曲曲，称"九曲桥"。令人联想到安艺国[1]宫岛[2]的回廊。桥中段有亭子，再往前还有亭子，后者亭子形状独特，平面呈"卍"字形。过此亭又有曲折桥梁，可达三潭印月。此处有三座石塔浮泛于湖面波浪之中，对面可见雷峰塔。

净慈寺 我乘舟去雷峰塔，塔附近有净慈寺。该寺过去香火极旺，系宋代五山之一，但旧寺焚毁于太平天国军队的战火，今天所见的是新建的净慈寺，不足观看。该寺有道元禅师的师父如净禅师的坟墓。顺便介绍宋代的五山。所谓五山即在此净慈寺后加上灵隐寺、径山万寿寺、育王寺、天童寺，称五山。此做法源于印度，日本也有京都五山[3]、镰仓五山[4]等。

[1] 日本旧属国国名，在今天广岛县西部，也称"艺州"。——译注

[2] 广岛湾西南部的岛屿，号称日本三景之一，面积约三十平方公里，其最高处系标高530米的弥山。岛屿全境为原始森林覆盖，北岸有严岛神社和门前町、宫岛町。这里的回廊指严岛神社的回廊。——译注

[3] 京都五山，位于京都的临济宗五大寺。经数次寺刹选定和寺格变更，1386年（至德三）足利义满决定将位次定为天龙寺、相国寺、建仁寺、东福寺、万寿寺，将南禅寺定为五山之上。——译注

[4] 镰仓五山，足利义满时所定的镰仓临济宗五大寺建长寺、圆觉寺、寿福寺、净智寺、净妙寺的总称。也叫"关东五山"。——译注

雷峰塔 雷峰塔为吴越王妃所建，四周木构部分已消失，唯残存中心砖构部分，极为颓圮，但从四周崩落的砖石间长出的各种杂草和树木，倒也与周围景致极为协调，可入画。（第三一八图）

灵隐寺 该寺为宋代五山之一，是杭州最有意思的寺庙。大雄宝殿被太平天国军队烧毁后最近虽已大部分复建完工，但技术十分拙劣。寺内有较多遗物。大雄宝殿前有大理石塔两座，八角九级，四周施以雕刻，系一千年前吴越王时代所建。寺庙门前有八角石柱经幢，雕刻经文，系九百九十年前吴越王所建。门外有溪流，对岸一座岩石山高高耸立。曰飞来峰。

（第三一九图）

第三一八图　雷峰塔

第三一九图　灵隐寺石塔

飞来峰　相传此峰从天竺灵鹫山飞来，全由石灰岩构成，四处布满洞穴。从最南端石洞进入后，右面有一条小道可通往其他地方。入口右侧崖壁上雕有卢舍那佛及其他十六尊佛像，系宋乾兴年间所刻。入口左上方有元至元二十九年所刻卢舍那佛像及胁侍菩萨像。在此洞中前行左手方也有洞穴，该处雕有许多小罗汉像，大抵为宋咸平年间所刻。出此洞穴又可进入另一洞穴，其内部复杂，可通往五个地方，其中有许多等身大罗汉像。出此洞穴北端又有一新洞穴，入口上方刻有许多元代雕像，右手下方雕有玄奘三藏使马背驮经文从天竺归来的图像。马的骨骼雕刻相当精美。进入洞口正面

有观音像，似乎是唐代雕刻，但也有可能为宋初所刻。折向右是"一线天"。仰头望去可见一细长缝隙，天空清晰明亮。穿过一线天来到一亭桥上，下面是溪流。从此处沿溪流行走可见从寺院门前到岩石山壁布满数百个雕刻，皆元代所刻。总之飞来峰石窟，从五代开始到宋代开凿不断，元灭南宋后在至元年间又大肆凿刻。元代雕刻形式与唐宋雕刻性质差异很大。元世祖是一个虔诚的喇嘛教徒，所以当时西藏的喇嘛教进入中国其他地区，致使这一类雕刻带有许多喇嘛教痕迹。雕刻皆有铭刻，有的能解读，但多数因磨损已不可辨读。飞来峰石窟在中国雕刻史上占有重要地位。因为北方洛阳龙门、大同云冈等石窟多数是北魏、隋唐时代所建，而五代、宋元时代雕刻几不可见。而此处则集中了许多五代至宋元时代的雕刻，能弥补北方之缺，可谓极其珍贵的历史遗产。另外，灵隐寺附近有烟霞洞、石屋洞，文献上记载有许多五代、宋元时代的雕刻，因缺乏时间未及调查，实为遗憾。

三天竺　灵隐寺后面有三天竺、中天竺、上天竺，其中上天竺最为壮观。三天竺门前有经幢一对，与灵隐寺经幢相似，仍为吴越王所建。

六和塔及其他　从杭州坐火车到闸口停车场可见到六和塔。途中有白塔。大理石建造，四周有精巧雕刻，与灵隐寺塔性质相似。六和塔位于小山丘上，平面八角，中间砖构部分九级，外部木构部分十三级。宋代创建，清代改变外形，加建外部四周。规模颇大，可能是南部中国规模最大的塔。白塔和六和塔之间有吴越王墓，立石碑，石碑上部有龙形雕刻。铭文大部毁损，不可辨读。（第三二〇图）

第三二〇图　吴越文穆王神道碑

五、绍兴

绍兴古称会稽，为越王勾践都城，也是南宋首都。南宋曾一度奠都杭州，后迁至绍兴。绍兴值得关注的地方有会稽山、禹庙与禹陵墓、南镇庙、塔山塔、大善寺塔、越王台、宋六陵、东湖、兰亭等。

会稽山　越王勾践蛰居之处，闻名于史，是自古以来中国"五镇山[1]"之一，其山麓有南镇庙，奉祀山神。山麓还有大禹庙和大禹陵墓。庙宇规模宏大，其东面有禹陵，亭内立有窆石。世称此窆石是覆盖大禹陵寝上的石头，但碍难凭信。另外城内有越王台，还有塔山塔、大善寺塔等。（第三二一图）

宋六陵　位于城东南四十里处，系南宋六代皇帝陵寝，分为两部分，南陵三处，北陵三处，各皇后陵寝散布其间。陵寝处松林繁茂，有约八十平方米见方的照壁，正面有门。门内有享殿，后面有土馒头，高仅八尺许，令人惊叹其规模之小。宋朝原奠都河南开封（汴京），各代都在巩县修筑豪华陵寝，共有八个陵墓。宋南迁后这些陵墓悉数被金人挖掘，皇帝遗骸抛撒地面，宝物皆被抢夺。南宋曾一度

[1]　中国历史上的"五镇山"是和"五岳"齐名的名山，分别为西镇吴山、东镇沂山、北镇医巫闾山、南镇会稽山和中镇霍山。——译注

第三二一图　南镇庙正殿

打算返回汴京，故每代皇帝都只筑假陵，称之为"攒宫"，也不像过去在北方那样摆放石人、石兽、石华表等。宋亡后元朝派遣蒙古僧人杨琏真伽[1]（杭州飞来峰有此蒙古僧雕刻并记有铭文的佛像）到浙江省担任"总统"，即僧人的监察官。杨琏真伽挖掘六陵及其他百余座陵墓，盗出宝物，并将皇帝、皇后的遗骸与牛马骨头一道埋葬后修塔，称镇南塔。人民听说后非常悲痛，岂料在此之前有一位叫唐珏的贫穷儒者典尽书籍家财，换得百金，又向某地有钱人借得百金，共准备两百金后将村中年轻劳力集合起来，饮酒后到夜里一道将抛散四处的皇帝、皇后遗骸集中起来，分别装入盒中，悄悄葬于会稽山后，并将野地荒冢中的遗骨拾回，放到原来皇帝等遗骸抛撒之处。杨琏真伽不明就里，将这些遗骨收集后立塔镇之。唐珏作为义士如今仍奉祀在六陵附近。总之，宋代南北皇帝都很可怜。

东湖 位于绍兴和六陵之间，原先是采石场，自从在该处一侧建起长堤后雨水不断滞留，终成湖。景色美丽。

兰亭 兰亭因王羲之曲水宴觞而名闻天下，位于绍兴西南二十五里处，但过去的影像如今荡然无存。现在的兰亭系乾隆时期重建。因雨我未能得见。

六、余杭

余杭位于杭州西面四十五里处，从此处向

西北行走约五十里路可见宋代五山之一的径山万寿寺。该寺今已荒废，仅留存一部分建筑。这里有永乐年间铸造的钓钟，口径为六尺五分，系中国最大的古钟之一。径山早为日本所知，平家时代[2]荣西禅师到此寺时有一位工匠跟从，摹写万寿寺图返日。其子孙、加州藩[3]有名工匠山上善右卫门根据此图修建越中[4]高冈瑞龙寺。在建筑配置等方面瑞龙寺与万寿寺有几分相似。

七、宁波

宁波最有名的地方是天封寺七重塔、延庆寺、城隍庙、天童寺、育王寺等。天童寺和育王寺均为宋代五山之一，如今依然香火鼎盛。天童寺是大伽蓝，有僧人二百五十人，三面为松林环抱，形胜绝佳。平安时代末期日本荣西禅师[5]到此寺，向虚庵禅师学习禅宗。道元禅

[1] 杨琏真伽（生卒年不详），西夏人，藏传佛教僧人，元"世祖用为江南诸路释教总统所"（管理中国江南地区佛教事务的专门机构）总统。——译注

[2] 平安时代以平为姓的豪族，系日本第一个掌握政权的武士集团。——译注

[3] 日本古国名加贺国的别称，也叫贺州，在今石川县南部。——译注

[4] 日本古国名，今富山县。——译注

[5] 荣西（1141—1215），日本临济宗开山鼻祖，号明庵，曾在日本比叡山学法，擅长台密教，因感叹于禅学的衰微，于1168年和1187年两次入宋，向虚庵怀敞学习临济禅，回国后在博多建立圣福寺和在京都建立建仁寺，为禅宗在日本的扎根和发展做出贡献。著有《兴禅护国论》。另外还从中国带回茶种栽培，著有《吃茶养生记》一书。——译注

师也曾由育王寺到此，属于与日本禅宗关系最为密切的寺院。虚庵禅师曾为修建千佛阁缺乏木料发愁，听说此事后荣西禅师则从日本将大木料绑在船边运到中国，建起高十二丈的宏大三层阁楼，故至今寺僧仍尊崇荣西。天童寺曾焚毁于太平天国战火，此寺为重建，建筑物新则新矣，但仍属于中国禅宗的规范大伽蓝。育王寺有著名的阿育王塔，据称此塔是印度阿育王造八万四千座塔分送世界各地中的一座，但按我看来该塔并未那么古老。不过或许是印度建造，时代仍不明。天童寺有镇蟒塔，育王寺有上塔、下塔。前者建于唐代，后者为元至正四年重建。看天童寺可知今日中国临济宗伽蓝制度，但天童寺与日本临济宗制度稍异其趣，反倒与宇治黄檗山制度相仿。（第三二二、三二三图）

八、天台山

天台山闻名日本。千百年前日本传教大师

第三二二图　天童寺正面

第三二三图　育王寺正面

都曾来此地学习天台宗。七百多年前荣西禅师也来此地，建立万年寺的山门。从平安时代到镰仓时代日本许多僧人访问中国时都参拜过此山。到四五年之前此处因强盗出没无常，所以日本学者没有人到过天台山，但据说近年来途中设立两处警察派出所，旅行安全了许多。去年8月京都佛教大学一名画家结伴四人上山。从奉化和宁波市区都能到达天台山，但我是从宁波乘船到海门，从海门再乘坐小蒸汽船回溯到台州，从台州乘轿上山。天台山是浙江省第一高山[1]，海拔七千尺，整体上看是土山，但处处裸露花岗岩。山下松、杉、柏、竹等葱郁繁茂，但山顶却无树木。

天台山胜景值得一去的有国清寺、真觉寺、高明寺、华顶善兴寺、拜经台、石梁、万年寺等。此外还有赤城、桐柏宫、琼台、双阙、桃源、寒岩等名胜古迹，但我未去。我从台州经天台县先到山麓的国清寺，然后徒步登陡坡，经真觉寺到华顶善兴寺，再去绝顶处的拜经台。从国清寺到拜经台大约有五十里路，合日本的六七里路。从拜经台向下往西走约一千五百尺可到达著名的石梁，这里有上、中、下方广寺。再向西有万年寺。归途从万年寺拐到高明寺，再回国清寺。（第三二四图）

第三二四图　高明寺侧面

[1] 此处疑史实有误，浙江第一高峰为黄茅尖，海拔 1929 米，位于今浙江省南部龙泉市境内。

国清寺　该寺属大型伽蓝，有僧人百余名，建筑皆新建。门前有据认为是宋代所建的八角九级塔，高约二十三丈，其前方并列七塔。

真觉寺　寺内有天台山开山始祖天台智者大师所建的石塔，还有唐代石碑，字迹清秀无任何装饰。

华顶善兴寺　该寺处于天台山顶杉树环抱中，从那里向东攀爬五里路可达绝顶处拜经台。智者大师在此修行，每日眺望西方天竺方向天空，祭拜楞器。附近有塔称降魔塔，宋开宝四年所建，上雕智者大师像。又有井称龙井，据说一整年水不枯竭。山顶风大，为防风建筑一处三四十米见方的照壁，其中有许多小寺庙。

石梁　系非常著名的胜景，由天然石块构成的"桥梁"横跨在五丈多长的瀑布上。桥面幅宽一尺许，长三十尺许，架设于距瀑布落口一丈多的地方，确为奇观。我穿鞋过此桥，但多数人会因头晕目眩无法过桥。以桥为中心这一带建有上方广寺、中方广寺、下方广寺。落口处最近刚建成中方广寺，自然景观为此大损。

万年寺　从石梁行走十五里，西面山上有大伽蓝，即万年寺，但无特殊之处。从该寺下来可达高明寺。我在此看见智者大师的袈裟和铜钵，据说是隋代皇帝所赐，成为天台山第一宝物，但看上去年代并不古老。

结　语

继续介绍下去还有许多内容，但今晚暂此告一段落。结束前就中国文物和南北状况作一说明。中国文化先发源于黄河流域，后流播长江流域。南方文化成为中国文化的重要因子，主要是在三国之吴国以后的事情。之后就是南朝、南宋等文化。因此古代重要遗物多存在北方，汉、魏、六朝、隋、唐之遗物尤以北方为多。之后宋代遗物虽也存于南方，但较稀少，以北方为多。然时至今日观察中国寺庙等，北方已荒废衰微，而南方则稍有活力，保持一定的社会势力。南方寺庙建筑宏大、保存完好、僧侣众多，但为何遗物向来不多？这并不是因为开初即无，而是年深月久自然毁灭。其原因之一是南方空气湿润，木头易朽，石头容易长苔，不适宜长期保存。日本文物保存较多的地方是山城、大和、河内、播磨、近江、甲斐、会津等地，这些地方空气皆干燥。另一个原因是焚毁于太平天国的战火。南方虽有保存的能力，但应该保存的文物少，而北方遗物多，因缺乏保存的能力，从而导致中国文物日趋减少。中国文物是研究东亚文化的基础性资料，故其保护不单是中国一国的事情，而是文明各国都

要详加注意的大事。因此作为当前的急务，是尽量加速调查正走向毁灭的文物。原先以为南方文物少，但我有幸通过这次调查，得以明确这些文物有的是南朝时代即南齐、梁代的制品，有的是唐代的石塔、石碑，特别是吴越王时代的文物较多。除宋元时代的塔外还有杭州飞来峰及其他地方的佛像雕刻。而这些都是北方无法见到的文物。明朝有孝陵，至清朝更是不胜枚举。此外遗漏之处大概更多。因此必须尽量加快调查速度，讲求保护的措施，是眼前最为急迫的大事。

本篇是 1918 年 10 月 8 日在上海"学士"会上的发言稿。

西 游 杂 记 上

中国部分

目 录

一、云冈与龙门

    1. 地势

    2. 石窟状况

    3. 开凿年代

    4. 石窟之规模与佛像及其装饰样式

    5. 北魏与唐代艺术之比较

二、天龙山石窟

三、房山云居寺

四、中国最古老之瓦当

五、登封之遗迹

六、少林寺初祖庵

七、崇福宫泛觞亭

八、摄山栖霞寺南朝石窟

九、摄山栖霞寺舍利塔

十、杭州之遗迹

十一、杭州灵隐寺飞来峰

十二、杭州浙江先贤祠九曲桥

十三、径山万寿寺

十四、天台山

十五、天台山国清寺

十六、天台山万年寺

十七、宋以降之诸陵

    1. 北宋八陵

    2. 南宋六陵

    3. 金陵

余于去年 2 月 21 日踏上研究韩国、中国 [1] 之征途后经朝鲜、中国东北至北京，继而探访张家口、大同、云冈、房山、西陵、正定、彰德、开封、巩县、偃师、登封、洛阳等地遗迹，之后转由天津至济南，过青州潍县，再由青岛经海路至上海，在苏州、镇江、南京调查汉魏六朝以降建筑遗迹，略有斩获。后天即 6 日欲赴杭州、绍兴、宁波，历访宋代禅刹五山后游天台山。自出发以来已阅半年风雨星霜，加之托运行李等杂事羁绊，其间竟未去一信，深以为憾。上述巡游之地已多承先学伊东博士详加调查，其不少报告或刊载于《建筑杂志》，或公诸其他杂志，故余当避免详细记述，仅就所见所闻按感触与回想形式，不问时代与地点如何略作叙述，以充游记。事后当每得闲暇即继续撰稿，以博诸位一粲。若多少能成为学界参考则属望外之喜。1918 年 8 月 4 日记。

一、云冈与龙门

云冈与龙门实可谓不独于中国，甚或系世界之两大奇迹。关于此两大奇迹，伊东博士已有专题报告，冢本博士亦复有详细缜密之研究，故余无必要画蛇添足。以下略去详细说明，仅尝试对二者进行比较研究。

1. 地势

云冈位于当时北魏都城大同（古称"平城"）

[1] 原文为"留学"。查关野贞生平，其素未进入日本国以外的任何一所大学学习，不知为何出此语。"留学"在日语中与现代汉语同意。——译注

以西约三十里处。广袤高原地区于此地如带状般沉陷，形成武周川溪谷，其北岸有高约百尺之断崖。此断崖由平面层状砂岩构成，适于雕刻，故自北魏起凿出众多石窟。溪谷两崖相距七八百米，其间或成耕地，细小河川流过其中央。云冈堡村落半已荒废，横卧于断崖石窟之下，残垣断壁，景象颇寂寞荒凉。

之后北魏迁都洛阳。龙门距洛阳城南约四十里，嵩山山脉纵向丘陵于此地出现罅隙，伊水流经其间，龙门正当彼处。河川两岸成峭壁，相距一二百米许，呈一大石门状，故名龙门，又称"伊阙"。此断崖由黑色大理石构成，亦适于雕凿，故自北魏至隋唐年间频繁开凿石窟。两崖皆露出山岩，左有潜溪寺，右有香山寺。古柏老树中楼阁殿宇参差隐约可见，伊水清流直流其下，风光明媚，不复云冈之荒凉可比拟。说来云冈距平城三十里，龙门亦相去洛阳四十里，皆在都城附近，共有适于雕凿之断崖，皆动员当时名工巧匠，充分发挥其技艺，建成世界级之伟大工程并遗留后世，可谓奇迹。我国奈良、京都附近与之相反，缺乏适当之岩石山崖，故石雕技艺未见发达，实为可惜。（第三二五、三二六图）

2. 石窟状况

云冈因岩壁状况大体可分为三区。每区各以小山谷为界，第一区位于东面，其东端有二石窟，姑名之第一窟、第二窟。其西端有重要之二窟，名之为第三窟、第四窟。第三窟内刻有大型三尊佛，据认为系隋代作品。

第二区位于中央石佛寺境内，有九处重要石窟，即自第五窟至第十三窟。第五、第六窟前有大型四层建筑，第七窟前有三层楼阁。

第三区位于西面，其重要者有七，即第

第三二五图　龙门石窟西岸远眺

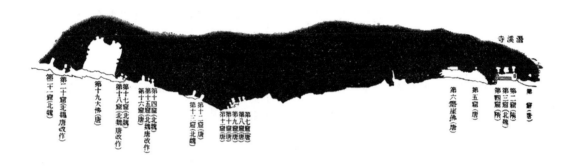

第三二六图　龙门石窟西岸平面图

十四窟至第二十窟。第二十窟前面早已崩塌，露出巨大之三尊佛。此大佛以西不知有数百大小佛龛，大部破损，无可观者。唯近西端有一洞，内部刻塔形，颇引人注目。

龙门挟伊水，两岸崖壁凿有数万石窟，重要者悉在左（西）岸。此左岸大体可分为两区。北面自潜溪寺所在之处至摩崖石刻三尊佛附近为一区，其重要者有该寺境内之四窟，即第一窟至第四窟（姑且名之，下同）。其第三窟即所谓宾阳洞。寺以南有大小数百个佛龛，然值得关注者不过为第五窟（敬善寺洞）与第七窟（并非窟，而是摩崖石刻三尊佛）。此处以南约一百米岩质不好，故不存在可观洞窟。渡口附

近以南地区属南区，其重要者为第七窟至第二十二窟。第十九窟为唐代大佛洞，第二十一窟为所谓北魏老君洞。由此向南有众多佛龛，然多被破坏，完整者稀。

3. 开凿年代

因缺乏有关云冈石窟开凿年代之参考书籍，故无法正确回答此问题，然据《山西通志》：

灵岩寺在城西武州塞后魏高宗时僧昙曜白帝凿石壁开窟五所镌佛像各一高者七十尺次六十尺雕饰奇伟冠绝一世

可知云冈始刻石佛系北魏高宗文成皇帝（452—465）时，距今约一千四百六十年前。余悉数调查云冈石窟，从其形制、手法判断，认为其年代最久者乃自第十六窟至第二十窟之五处大石窟。第十六窟有高约四十尺之立佛像；第十七窟有高约四十五尺之弥勒佛像；第十八窟有高约四十五尺之立像；第十九窟有高约四十五尺之坐佛像；第二十窟前面遭破坏，大坐像露出，膝部以下埋没土中。自膝上至头顶高度约有三十三尺。因此当年至少有四十五尺左右。高宗时昙曜所凿五处石窟恐指上述石窟。其高者七十尺，次者六十尺，恐以北魏尺度量，与余目测之尺寸亦恐相同。

而石佛寺境内石窟佛像装饰手法较之前者，年代似略居后，故第三区石窟恐先建成，第二区石窟继而渐次开凿。其他成千上百个大小佛龛皆于北魏时代所建，唯第三窟之巨大三尊佛，其面相、衣纹样式与其他北魏时代佛像颇不同，显示出略有进步之迹象，然尚未达至唐代水平，盖属隋代作品。

云冈石窟无一刻铭可确证其建造年代，而龙门石窟大抵刻有年代、作者及造像来由，故可证其年代。年代刻铭最为古老者系第廿一石窟（老君洞）之"北魏孝文帝太和七年"（478），距今约一千四百四十年前，晚于云冈五大石窟约二十年。老君洞为孝文帝所建，其开凿时间应比该刻铭时间早数年。其他石窟于北魏、东魏、北齐、隋唐时代次第建成，即属北魏时代者为第三窟（宾阳洞）、第十三窟（俗称莲花洞）、第十四窟、第十五窟（北魏开凿唐改刻）、第十七窟（俗称魏宇洞）、第十八窟（北魏开凿唐改刻）、第二十窟（俗称药方洞）、第二十一窟（老君洞）；属东魏时代者为第二窟、第四窟（皆为余假定）；属唐代者为第一窟、第五窟（敬善寺洞）、第六窟（摩崖洞）、第七窟、第八窟（渡口附近）、第九窟（俗称万佛洞）、第十窟（俗称跪狮窟）、第十一窟、第十二窟（俗称大洞）、第十六窟（俗称破洞）、第十九窟（大佛洞）等。此外，其他唐代石窟在河川两崖壁上亦极多。

盖云冈石窟除第三窟外悉属北魏时代所建，而龙门石窟则网罗北魏、东魏、北齐、隋唐时代所建石窟，且年代可确证，故作为研究对象最有价值。（第三二七、三二八图）

第三二七图　龙门石窟第三窟（宾阳洞）本尊

第三二八图　龙门石窟第三窟右壁三尊佛

4. 石窟之规模与佛像及其装饰样式

云冈石窟较之龙门规模大者为多。如前述，云冈最早建成之五大窟佛像皆高四十尺至四十五尺，故可想见容纳佛像之石窟之宏大。尤以石佛寺境内第五窟石佛坐像最为雄伟，盖属中国现存最大雕像，与我东大寺大佛位于仲伯之间，或比我大佛略大亦未可知。其高约五十五尺，两膝直径五十一尺八寸，足长十五尺三寸，手中指长七尺九寸五分。以其之大，故容此大佛之石窟高七十二尺，进深五十八尺四寸。又，该境内第十三窟之本尊弥勒交叉两足倚坐像高约五十尺。此类大石窟四壁、穹顶雕满众多佛龛、千体佛、飞天、花草图纹作为装饰。云冈佛龛中最为精美可称典范者系石佛寺境内第六窟，面阔四十六尺一寸，进深四十六尺八寸，佛龛更于背面挖进十三尺二寸，正中分两层，刻四面佛，四壁大体排刻三层佛龛，以精美飞天、忍冬、唐草、人物等雕刻图纹作为装饰，其手法之精巧，意趣之丰富，实可惊叹。第七至第十三窟各窟则或刻奇异柱楹、斗拱、蜀股、屋顶，或雕富于变化之各种纵横纹饰，充分发挥北魏艺术家变化无穷之技巧。

规模更大者乃第三窟，据推想为隋代所作，惜工程半途而废。今内殿广约一百三十尺，进深含凿进后壁深度为四十余尺，内部雕刻巨大的三尊佛。本尊为倚坐像，高约三十尺（自足背起）。据闻当年曾打算在东面雕凿一尊至少与三尊佛同样大小之佛像，然未着手即停工。内殿前面系外殿，且曾一度在此外殿开掘通道，如同回廊围绕内殿四周，然亦运气不佳，遭停工。此通道前面长共约一百七十尺，其规模之宏大实可惊叹。若此石窟全面完工，其壮观场面由想可知。

论规模龙门显然逊色许多。唐高宗时所建大佛洞开凿于崖腹上，面阔一百十八尺七寸，进深约九十尺，正中刻卢舍那大像。其高约三十五尺，跌坐于十尺台座上，肩负巨大背光。左右两罗汉、两菩萨、二天王及仁王像相对站立，各高三十尺至三十五尺。宏伟壮阔，有傲视龙门舍我其谁之态，然到底无法与云冈诸佛像相提并论。此外，各龛佛像不问北魏、隋唐规模皆小。尤为值得关注者乃龙门第三窟（宾阳洞）。该窟按当年计划完成四壁与穹顶之装饰，然除此之外与本尊同时或稍后一些时间又有众人为其君亲妻小，在壁面次第雕上大小佛龛，故石窟整体缺乏统一意趣，有失杂乱。总之，云冈石窟皆为堂堂大作，而龙门石窟则多为零碎小品。于彼可见雄伟气象，于此能窥各代意趣变化。（第三二九、三三〇图）

盖云冈断崖由水平层状砂岩构成，便于开凿，且容易保存石窟宽广之平穹顶，此为云冈石窟规模宏大之原因之一。而龙门由大理石岩层构成，岩石坚硬，且有约三十度之倾斜，故开凿不仅困难，而且易受风雨侵蚀，故云冈佛像、装饰因自然破坏力多有毁损，而龙门则不同，佛像、装饰等刻画鲜明，犹可见当年雕刻技巧。而自民国二年左右始乡民恶习萌生，争相敲下大小佛像头部售于洋人。此次余亲往时几千佛头已归于乌有，除潜溪寺境内之佛头外完整佛像一无所存，实乃痛惜而不可措。云冈佛像亦被盗取十之二三，而因此地偏远，故遭人为破坏较小，可谓侥幸。

5. 北魏与唐代艺术之比较

大体说来，北魏与唐代艺术源流各异。其源流为何学界至今未决，犹有疑问。过去有学者就此略作解释，然似未得正鹄。余并非未就此略作思考，然属研究之中，故拟待其他机会说明，今日唯以云冈、龙门为对象概论北魏与

第三二九图　龙门石窟卢舍那佛大像

第三三〇图　龙门石窟大佛像右罗汉

唐代艺术之异同。

　　先就石窟规模观察。如前述，北魏规模比唐代规模宏大。龙门大佛固然空前绝后，可谓大作，然于云冈，与彼相仲伯或远大于彼者有七尊。尤其龙门大佛系凿山而建，而云冈诸大佛皆刻于大石窟内，其工程难易不可同日而语。再观察石窟内外雕刻方法。北魏石窟刻大小佛龛、千体佛、飞天、忍冬唐草等至四壁、穹顶，意趣丰富，构思奇妙，令人目不暇接。此类雕刻乃勇敢、热诚之虔诚信仰之结果。而唐代石窟内唯刻本尊、罗汉、肋侍菩萨、二天王、仁王等，背光由壁面作至穹顶，而穹顶不过或彩绘或阳刻飞天、莲花，四壁则刻众多小佛龛，然与本尊无关涉，佛龛意趣相较北魏颇显贫弱。唯于雕刻样式颇臻于完美之境，佛像神态风貌丰满婉约优雅，然不易断言北魏佛像必在唐代佛像之下。相较云冈与龙门大佛，就匀称之美而言，北魏佛像优于唐代佛像；论面相，甲以森严，乙以雄浑见长，各自发挥特色；论衣纹，甲之简洁雄劲，不及乙之周匝致密；然从整体观察，甲优于精神，乙胜于技艺。此二者差异恰如北魏书法与唐代书法之不同。唐有正书，因欧、虞、褚、颜等人而臻于完美境界，然今人却多喜六朝书风之险劲挚实。尤其甲于壁面、穹顶细部或刻奇异柱形、斗拱、葱花拱，或显上翘鸱尾之屋顶，或作如日本法隆寺金堂所见之天盖[1]，或密集雕刻忍冬纹饰，等等，最受吾等建筑家之关注。而乙着力于如此建筑细部者少，唯见背光处刻以宝相花纹。何以北魏如此喜爱富丽华美之装饰，而入唐后则趋于简约？是两时代信仰程度之差异使然？还是趣味之异同使然？抑或是艺术样式之性质使然？有必要加以研究。

吾等目击云冈遗迹，不得不惊叹于北魏艺术之伟大。为开凿如此大规模之石窟，刻出如此巨大之佛像，需动员多少有经验之艺术家？在产出如此众多艺术家之前，需经历何等漫长之岁月？在其附近拥有如此巨大石窟之平城都城，又是何等繁华富裕？而其宫阙又是何等美轮美奂？由此可以想见北魏文化是何等发达。日本飞鸟文化属北魏文化之末流，当时之建筑、雕刻能平安保留至今确可尊崇，而与云冈之巨大文化相比仅不过属其残波余澜。

二、天龙山石窟

南北朝、隋唐年间于云冈、龙门两地固不

必说，各地亦开凿石窟，雕刻佛像。仅余所见者除云冈、龙门之外，就有巩县（河南）之石窟寺、历城（山东）之神通寺、玉函山、龙洞、肥城（山东）五峰山、青州云门山、驰山等众多石窟，皆足证当时艺术之样式与手法。余此次游太原，不料在天龙山发现石窟并展开调查，得以向学界介绍情况，深以为喜。冢本博士曾游太原，是否一见此石窟不得而知。而以余孤陋寡闻，在踏访此地前并不知晓有此遗迹存在。天龙山始于北齐年间开凿，隋唐承继雕建，其规模固然与云冈、龙门不可相比，然胜于前述巩县等地。

太原县位于今太原府以南约三十五里处，古称"晋阳"，系北齐别都。据《山西通志》与《太原县志》记载，县西十里天龙山有童子寺，北齐天保七年刻石佛，高百七十尺。县西十五里蒙山上有法花寺，天保二年依山刻佛像，高二百尺。县东汾水以西有大佛寺，隋开皇年间铸铁佛像，高七十尺。而余询问当地知县与乡民等皆曰不知。此地山脉多由砂岩构成，故当年虽在此刻凿大石佛，然经多年风雨侵蚀，恐终至崩塌而今不可见。《太原县志》有以下记述：

> 圣寿寺在县西南三十里天龙山麓北齐皇建元年建内有石室二十四龛石佛四尊隋开皇四年镌石室铭明正德初僧道永建高阁以庇石佛

《山西通志》记述几乎相同，寺名天龙寺。余于太原县附近探访遗迹，发现文献记载之遗迹今多湮灭无闻，非常失望，故尝试探访天龙山。该寺位于县西南约四十里、一座标高约一千尺之险峻山崖中部。石窟开凿于该寺西面约高八百米、距离约四百尺、殆近于山顶之断

---

[1] 遮盖于佛像等上方之笠状装饰，有方形、八角形、圆形等，雕以璎珞、幡、天人、宝华等图纹，以增庄严。又称悬盖、佛盖。——译注

崖上。该断崖由砂岩构成，然其下方为疏松黏板岩层，且陡峭，故崩塌之岩片如流沙，不可驻足，至石窟极为困难。山分南北两峰，重要石窟在北峰有七处，在南峰有七处，合计十四窟。此外有小佛龛数十座。余始预定由太原县出发，一日往返，然意外发现如此众多石窟，喜不能措，故延宕一日，继续调查，岂料胶片准备不足，无法充分拍摄，甚为遗憾。详细情况容后报告，兹概述其大要。

由北峰北端洞窟数起第一、第二窟似属北齐年代所建，皆八九尺见方，正面与左右壁刻佛龛，穹顶阳刻天人，手法、装饰均属上乘。第三至第六窟四窟系初唐所建，规模小，然而佛菩萨面相姿态最为精巧秀丽。第七窟系最重要石窟之一，隋开皇四年所建，十五尺许见方，前有拜殿，以中鼓[1]柱与三斗支撑屋檐，斗拱间有蜀股，内部正中刻四方佛于龛内。三面壁亦各刻一佛龛。样式系北齐之继续，有雄健简朴之风。

南峰北端有第八窟（非窟，然用此名），恐北齐皇建元年所凿。开凿于断崖上之大石佛高约二十四尺，脸、面、手等皆为后世修补，然较好保存当年风貌。姿势严整，体态匀称，坐于做工纤巧之方座上，两足下垂。其正面下方刻十一面观音与文殊、普贤像。或为唐代雕刻。普贤下有小井，现成空洞，称天龙洞。其前面斗拱间刻有奇异蜀股，可视为日本宁乐时代板蜀股之嚆矢。大佛洞前面依崖壁起四层楼阁，如云冈石佛寺。恐明正德年间重建。

第九窟为北齐时代所建，系重要石窟，面阔十尺，进深十二尺，三面刻佛龛，前面作拜

[1] 为增加视觉的稳定感，在上方逐渐变细的圆柱中段特地增添微凸的鼓状物。大量使用于希腊、罗马、文艺复兴时的建筑物。——译注

殿。第十至第十二窟三窟为唐作。尤其第十一窟，面阔九尺七寸，进深八尺，三面雕佛菩萨像，手法最为健朗优雅。

第十三窟位于高二十尺许之断崖上，无法接近。前面有拜殿，以两根八角柱支撑屋檐。柱上有三斗，斗拱间有蜀股，手法甚精美。左右有仁王像，其浑朴样式可征为北齐所作。原想内部有令人刮目相看之遗物，可惜无法调查。第十四窟右邻第十三窟亦无法接近，恐为唐初所建。

此类石窟凿于砂岩，因风雨侵蚀磨损不少，然位于偏远之地，且攀登困难，故访客少，无人为破坏佛像之现象，保存较为完好，为之欣喜。且洞窟前面作拜殿，有可让人想象之柱、斗拱、蜀股等当时木构建筑形式之细部，为他处所不可见。唯惜规模不大，手法较简朴，缺乏云冈、龙门富丽之装饰。

三、房山云居寺

云居寺位于京兆房山县西南六十里。京汉铁路支线终点张家店西南五十里处有一座石灰石秀丽山峦，山峦东麓有一大伽蓝，即"云居寺"，又称"西域寺"。属临济宗，规模宏大，然僧房无一可观，唯南北有砖筑佛塔挟寺，北塔最为可观。世称为唐代所建，然后世修补部分多。八角两级，立方坛上，冠以庞大相轮，他处不可多见。而值得吾等特别关注者乃塔坛四隅所立多层小石塔：

东北角小塔 六级 唐开元十年四月八日建
东南角小塔 七级 唐大极元年四月八日建
西南角小塔 七级 唐开元十五年仲春八日建
西北角小塔 七级 唐景云二年四月八日建
皆以汉白玉建造，逐级向上渐小，中间有

膨鼓，如笋状，与西安荐福寺小雁塔相似。各塔一级前面入口皆有葱花拱，左右刻仁王像，内部后壁薄雕纤巧秀丽优雅之三尊佛。南塔系八角十一级砖塔，恐为辽代所建，形式与北京天宁寺相似。其正面中央有八角三级佛龛幢，恐为辽代所建。左面有七级小石塔，第一级刻"大辽涿州涿鹿山云居寺续秘藏石经塔记"，形制颇可观。右面有唐代石幢一座。伽蓝北面有开山祖琬公塔，其附近有大理石小方塔。与前述北塔下小塔形制相同，为层塔，然于今仅保存第一级塔檐以下部分。入口之形制与内部之雕刻亦与彼几乎相同。（第三三一、三三二、三三三图）

屹立于云居寺东面之山峰曰东峰。沿石灰石险峻磴道可上山。磴道在山顶下方不远断崖处转狭小，有石栏杆保护。此断崖即著名之石经洞。隋大业年间静琬法师凿洞穴，刻《观无量寿经》《妙法莲华经》《大方广法华经》及其他共十三种经于石，嵌于四壁，至唐而成。如图所示，洞为不规则四角形，内部立四柱以撑穹顶。各柱皆八角形，各面皆列刻小佛。又另凿三洞，内藏唐辽金元各代所刻石经。闭以石扉，以石灰塞缝隙。故虽金石书籍记载东峰藏有众多石经，然于今无一可见。唯唐则天武后年代所刻二碑立于洞外，可见。（第三三四、三三五、三三六图）

东峰山顶自成五峰，每峰各立一石塔。余仅见其二，皆由汉白玉建造，一为九级，一为单级。

九级 小塔 南峰 唐开元廿八年四月八日建

单级 小塔 中峰 年号漫漶不清

皆与云居寺北塔下小塔相同，小巧精致，尤其前者内部安置非常精美之佛像。

总之，云居寺与东峰不仅因藏有隋唐辽金元各代石经而闻名于世，而且还有唐代小塔十数座，皆为当年小品中上乘之作，尤其

塔内外佛菩萨、天部等雕刻为此类雕刻精品。除余尝在西安宝庆寺得见者外，未曾接触如此完美唐代雕刻杰作。而据此间传闻中国政府商议收容德国、奥地利战俘于云居寺。余恐有千年历史平安留存至今之此类遗物或终将毁于无知战俘之手。

第三三一图　云居寺北塔

第三三二图　云居寺南塔　　第三三三图　云居寺北塔东南隅小塔

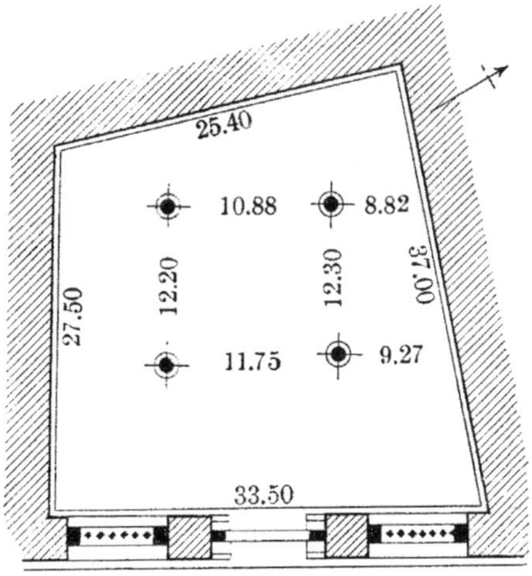

第三三四图　云居寺东峰石经洞平面图

第三三五图　云居寺东峰石经洞内部

第三三六图　云居寺东峰石经洞前面

四、中国最古老之瓦当

去年7月余于北京琉璃厂一古玩铺购得瓦当二十许，分送工科大学与朝鲜总督府博物馆。据称此类瓦当系最近于易州出土，同时还出土许多瓦器。瓦器往往有文字铭，可确证为周代制作。此类瓦当皆用于遮蔽圆瓦之一端，呈半圆状，恐属圆形瓦当以前之瓦当。余前些年曾在秦始皇陵与汉惠帝陵、景帝陵获得巴瓦碎片，皆圆形，如普通汉瓦，有蕨形纹饰。众所周知，汉宫遗址发现之瓦当多有文字铭，据此可确知属汉代制作。而此次获得之瓦当制法颇粗疏，其半圆状于样式上显示其性质应早于其他瓦当，而且其纹饰亦不同于秦汉时代，反倒酷似周代铜器纹饰。且与之同时发现之瓦器亦有文字，可确证系周代制品。以此推论，视其为周代制品并无不当。不过，余已屡次见过此类瓦当，然并未深想为何系半圆形之理由，对其历史年代亦未深加留意。而此次获得较多瓦当，始知其系周代制品，并发现其系至今不为中国人所知之最古老之标本。兹记述如上，盼识者赐教。

五、登封之遗迹

河南省登封县城位于中国五岳中最著名之嵩山（因位于五岳中央，故又名中岳）山麓。嵩山由太室、少室二山构成。太室如卧，少室如五峰相倚，皆俊俏雄伟，其英姿半冲天际。汉武帝登封以降历代崇敬有加，其四周留存许多古迹。如太室山南麓有中岳庙，庙规模宏大，然于今颓废不堪。即令如此著名遗物仍不在少数。举其主要者有庙前汉太室石阙，后汉元初五年所建，系此类石阙最古老之标本。刻于石

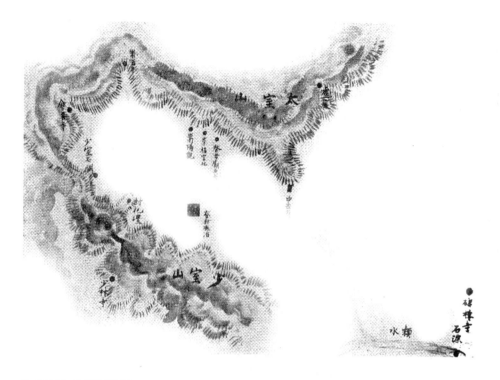

第三三七图　登封县遗迹略图

第三三八图　嵩山太室石阙

阙之人物、禽兽画像亦显示中国雕刻手法中最古老之手法。又有石人一对，亦汉代所作，古朴可掬。庙内有北魏"中岳嵩高灵庙碑"，太安二年所立，螭首简朴，犹有汉碑遗制之穿。又有宋开宝六年所立"大宋新修嵩岳中天王庙碑"，系宋碑翘楚，雕刻雍容秀丽，与西安碑林中唐大智禅师碑不相上下。此外犹有宋碑大者二三。另在古神库四隅有宋治平元年所铸铁人四。高约五尺，虽不能称杰作，然可见当年形制。

县城西北太室山麓有汉启母庙石阙，系后汉延元二年所建，与太室石阙规模、手法相仲伯。其西面有崇福宫址，还有宋泛觞亭遗址。再向西有嵩阳观，内有号称大将军之汉柏，相传为汉武帝所封。胸径四十尺五寸，高约六十尺，系中国罕见之大树。观前有"大唐嵩阳观纪圣德感应之颂碑"，系天宝三年所建，显示初唐烂熟之制作手法，可与西安碑林中唐玄宗御注"孝经碑"共称唐碑东西两大丰碑。进入西北山谷间可见嵩岳寺，其十二角十五级砖塔系北魏时代所建，制作手法颇珍奇，他处不可见。寺后有唐"嵩岳寺大证禅师碑"，今仆于地，半入土中。而其螭首，尤为龟趺形制值得关注，系大历四年所立。又，县城西面有会善寺，其唐"净藏禅师身塔"系天宝五年所建，为八角二级砖塔，形态甚美，尤其斗拱、窗牖形制可征唐代手法。东魏嵩阳寺"伦统碑"（天平二年）原在嵩阳寺（后改嵩阳观），螭首最为美丽，佛龛雕刻亦美，侧面刻雄劲云龙图纹。

(第三三八图)

与太室石阙与启母庙石阙齐名之少室石阙，与少室山相对而立，年代形制三者大抵相同。此三阙系中国最古老之石阙，早于山东嘉祥武氏祠石阙约三十年，一地平安保存三处遗物堪称稀罕。

县城以东四十里处有碑楼寺，寺内有北齐天保八年所立造像碑，俗称刘碑。螭首、佛像与侧面之图纹雄劲可观。又有开元十年所建五级石塔，大体系朝鲜新罗时代石塔形制，外观颇轻快。

以达摩面壁而知名之少林寺位于少室山北麓，规模宏大，然今颇荒圮。于建筑上特别值得关注者乃其鼓楼与初祖庵本殿。鼓楼系元代、初祖庵本殿系宋代木构建筑，年代可确证，于他处罕见。其次可观者乃东魏天平二年释迦三尊造像、北齐武平二年释迦造像、天保八年释迦三尊造像，皆在紧那罗殿内，保存完好，手法雄伟壮丽。寺内唐宋以后碑碣颇多，其中少林寺"皇唐嵩岳少林寺碑"（开元十六年）最为杰出。螭首、方趺、碑身或刻神王异兽，或刻宝相花纹，手法精炼，系唐碑中最精美石碑之一。

除此之外遗漏犹多。而且，汉后六朝唐宋时代遗物如此众多平安保存于一处，为其他府县所未见。嵩山历代受到朝廷崇敬，故以此山为中心，附近遗迹良多，恐与地处深山，受战乱影响较小亦有关系。此类遗物皆系各时代之代表杰作，然因前些年冢本博士曾作调查，故无必要一一详细说明，以下仅介绍引余关注之少林寺初祖庵与崇福宫泛觞亭遗址。

六、少林寺初祖庵

初祖庵位于少林寺西北约一公里处，据称系初祖达摩结草为庵所在，据今大殿内部石柱铭可知为宋宣和七年重建。铭曰：

广南东路韶州仁化县潼阳乡乌珠经塘村居奉 佛南弟子刘善恭谨施此柱一条

回向真如实际无上佛果菩提四恩物报三有
齐资愿善恭同一切友情早圆佛果大
宋宣和七年佛成道日焚香书

稽考该建筑样式与手法，与文献时代似
吻合。即该建筑系余于中国所见建筑中有明
确纪年之最古老之木构建筑。（第三三九、三四〇、
三四一图）

殿面阔三间，进深三间，侧柱悉石制，隔
面取方形断面，向上略缩减。外部除前面中间、
左右外皆以砖包壁。如平面图所示，石柱内外
可视之处皆薄雕宝相花、牡丹唐草、菩萨、天
人、唐儿、伽陵频伽鸟、凤凰、孔雀等。内殿
面阔一间，四柱石制，有八角断面，分刻四天
王、龙、凤等，颇有豪迈之风。前述铭记刻于
东南角柱上。

外墙裙壁系石制，于波浪中薄雕龙、龙
鱼、鲤、山羊、蛇、蠡、小童、仙人。内墙
裙壁亦于波浪中刻僧侣、龙、麒麟、犀等，
手法甚精美。从形制判断雕刻与柱系同时代
完成为不争之事实。内殿有佛坛，腰细，上
下有圆曲形，腰处刻狮、宝相花。前部东角
刻神将坐像。全部石制，大致有日本"唐式
须弥坛"意味。斗拱为二跳斗，中间容二
斗，端间各容一斗，形制与日本"唐斗"相近，
令人想起日本圆觉寺舍利殿。而肘木属日本
大和样式，头贯端与拳端甚简约古朴。屋檐
为二重椽，隔间中央处起为扇椽。地面、佛
坛上方以瓦按棋盘状铺葺，内部按正方形铺
葺。单檐歇山顶，圆瓦平瓦交替铺葺。（第三四二、
三四三图）

观察该斗拱、屋檐、须弥坛形制，可知镰
仓时代进入日本之所谓"唐样"形制于宋代已
然踏上发展路径。

少林寺境内鼓楼面阔三间，进深三间，三

第三三九图　少林寺初祖庵大殿

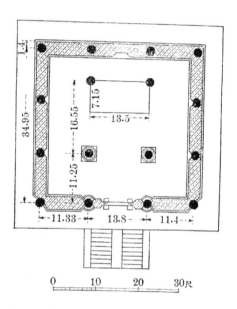

第三四〇图·少林寺初祖庵大殿平面图

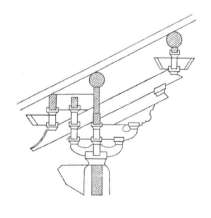

第三四一图　少林寺初祖庵大殿斗拱示意图

第三四二图　少林寺初祖庵大殿内部石柱

第三四三图　少林寺鼓楼

层，一层有裙檐[1]。柱为石制，正面中间右柱有"元大德四年"，左柱有"元大德六年"刻铭。以此可知建造年代。斗拱样式接近日本"唐样"，裙檐为二跳斗，第一层为三跳斗，第二层为二跳斗，第三层（最高层）为四跳斗。

　　初祖庵与鼓楼皆为宋元时代遗构，该建筑不仅为日本"唐样"建筑之滥觞，而且系中国最古老木构建筑之罕例。而如今屋破檐落，渐趋毁灭，危在旦夕。此时寺僧仍不管不顾，官民亦无保护之意，岂不可惜？！

七、崇福宫泛觞亭

　　登封县城以北五里嵩山南麓荒圃中有所谓宋崇福宫遗址，今仅存泛觞亭址，即存有往昔

曲水流觞之遗址。塔基十五尺五寸见方，高二尺五寸许，以砖构筑，用大理石作裙石。余亲往时见杂草荆棘覆盖塔基，故雇佣乡民，悉数铲除杂草等，过去曲水流觞之遗迹暴露无遗，令人惊叹。如平面图所示，水渠穿石成沟，自北面中央部右端起迂回旋转流经亭中心，似画出某种图案，再返回北面中央部入口左侧，流出亭外。出入口之沟宽皆五寸二分，入口深四寸，出口四寸三分，其差仅三分，而沟全长约三十五尺，故水流速度似颇缓。中央处沟宽比出入口稍狭，大抵为四寸五分前后。

　　塔基上四隅有柱础，其两旁有束穴，恐当年隅柱侧有控柱。由此平面图可想象，亭立砖筑塔基上，面阔一间，进深一间，四面开放，四角攒尖顶，曲水沟穿过大理石地面。令人意外者乃规模小，仅可容七位诗人。（第三四四、三四五、三四六图）

　　亭东北约五十米处有小庙，内有泉井，水

[1]　建于佛堂、寺塔等檐下壁面的遮蔽屋檐。——译注

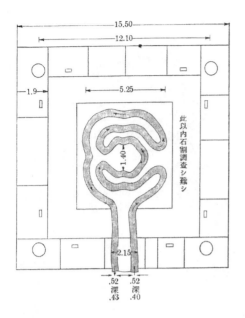

第三四四图　崇福宫泛觞亭平面图

第三四五图　崇福宫址

第三四六图　崇福宫泛觞亭

清冽，盛夏不涸。据传为泛觞亭水源，恐有误。

余尝于朝鲜庆州见鲍石亭，对新罗时代曲水流觞遗址规模之小抱有疑问，然今见此泛觞亭，始知唐宋时代此类游宴属小规模聚会。日俄战争时伊东博士从沈阳带回之宋《营造法式》中有"流杯渠"图数种。规模亦小，可相互印证。

八、摄山栖霞寺南朝石窟

南京尝为东晋都城，继而又成宋齐梁陈四朝首都，故须以此地为中心，于其附近寻求南朝时代遗迹。北朝遗物大量保存于龙门、云冈以及山西、河南、山东各地一事已如天龙山石窟一章所述，而南朝遗物则寥落晨星，无所听闻。唯前些年伊东博士在南京附近调查后就梁安成康王、始兴忠武王、萧侍中等墓前所立石阙、石碑、石狮之属发表论文，指出部分人收藏之佛像中仅有数件南朝佛像，吾等对此深以为憾。所幸此次调查除探访上述遗迹之外，还于摄山栖霞寺发现存有许多南齐与梁代石窟。此类遗迹虽经后世修补，资料价值大减，然足以由片鳞想象全龙。今报告概况如下。须插入几句说明，因日程关系无法充分研究，有所遗憾。据闻南京附近尚存梁昭明太子安宁陵（上元县东北五十里）、梁南康简王绩墓（句容县西北二十五里）、陈武帝万安陵（上元县以东三十八里方山西北）、文帝永宁陵（蒋山东北）、宣帝显宁陵（牛头山西北）等，石像生亦存，故若调查则有望发现更多南朝遗物。

摄山栖霞寺位于南京东北四十里处。在沪宁铁路孤树口车站下车，沿山麓右转进入左方山谷行进一公里多可达该寺。寺后有砂岩质险峻山峦，称千佛岭，石窟开凿于其崖壁上。其由来详记于今寺中保存之唐高宗御制"明征君碑"上。据此可知南齐名臣明僧绍（明征君）隐居此山，法师僧辩来此，建寺于其旁。此为栖霞寺之始。僧绍以僧辩为友，善待之。僧辩羽化后六年僧绍于某夜梦中有感，欲作大佛龛于崖壁，然未果亦卒（永明二年）。其弟子仲璋继承遗志，凿石窟，刻佛像，立堂宇。南齐文惠太子与竞陵王舍净财助之。沙门法度在寺旧基重建伽蓝，又作佛像十余龛。至梁天监十五年，临川王作大无量寿佛像一躯，世称地面至背光高五丈。据云又造虎殿。《江宁府志》略载各异说，然上述正确无误。

千佛岭中央南面有大佛龛，内有大石佛，龛前有石筑双层阁楼。此双层阁楼据铭文记载系明万历年间所建，而此大石佛恐梁天监十五年临川王所造。《江宁府志》记载系明仲璋度法师建造，似有误。此大佛龛广约二十七尺，深约十二尺，入口广约十尺。本尊跌坐于高约六尺之台座上，总高约二十四尺，其前面左右有两胁侍菩萨立像。此佛龛在较松散砂岩上刻出，难免年深日久磨损残坏。近世（恐为万历年间或清初）悉以塑土涂抹修缮，故美感大失。而此塑土亦剥离严重，今仅留面部左半、两肩及胸部以上塑土，故于脱落部分可窥当年样式。大佛面相不清，然接近北魏样式，尤其垂于座前之衣裾褶襞明显与北魏样式相同。左右胁侍姿势衣纹，尤为莲座前莲瓣刻法宛如北魏样式。
（第三四七、三四八、三四九图）

以此大佛龛为中心，其东面四龛并列，其上亦有三四座大小佛龛。大佛龛西面亦凿有许多高低参差不齐之石窟。此类石窟大小不一，大者四米左右见方，小者不足三四尺，内部皆刻有佛像。小者仅刻一佛，大者或作三尊佛，或又刻两罗汉、仁王、天部等，或刻数躯佛菩萨外又于外龛壁刻许多小佛龛，或以释迦立像为中心，刻

十六罗汉、仁王。穹顶皆成穹窿状，佛菩萨背光浅刻。当年背光内彩绘莲花火焰，穹顶描飞天之属，然今皆剥落，形迹全无。

第三四七图　栖霞寺千佛岭

第三四八图　栖霞寺千佛岭大佛龛前面

第三四九图　栖霞寺千佛岭大石佛衣裾

石窟内佛菩萨皆坐台座上。此台座向窟内三方向延升者多,本尊前面往往作香炉狮子。唯惜石质疏松,毁损严重,后世庸匠因此悉以塑土修补佛像,故当年手法为之遮蔽,往往只能从其剥落处确证当年样式。观此佛像姿势及面相衣纹,可知其与北魏佛像形制相同。而相较规模大且雕镂富丽之云冈、龙门北魏石窟则大为逊色。今日中国艺术固然南北形式划一,然于细部犹有几多差异。当年南北对峙数百年,文化性质自然彼此相隔,佛龛规模与手法有异固不可免。梁墓石碑与石狮之形制相较北魏,亦略带有不同韵味。

九、摄山栖霞寺舍利塔

栖霞寺境内又有石造舍利塔,系余于中国先后所见各塔中最为精美秀丽之塔。关于该塔建造年代,《江宁府志》《金陵金石录》皆载"隋仁寿元年所建",而从形制上判断余认为系初唐,尤于开元年间所建。该塔由坚固灰黑色大理石建造,八角五级,立塔基上。塔基腰部各面长五尺二分,塔全高约五十尺。

塔基腰部各隅石短柱刻四天王与龙,各板状石面薄雕释迦事迹,覆地石与葛石刻精美宝相花、瑞兽、凤凰,第一级塔身坐落于各瓣皆施以精巧雕刻之莲座上,正面与背面作户形,东面被破坏,图案不明(或为文殊),西面有普贤骑象图。东南、西南两面浮雕二天部,东北、西北两面浮雕仁王像。塔檐蛇形管状装饰突出部分浮雕飞天。第二级及以上部分各面作二圆龛,内部安置坐佛。下有莲花座,上以蛇形管状装饰突起,以承各檐。(第三五〇、三五一、三五二图)

该塔不独整体姿势优美,而且自塔基至塔

身悉以雕刻装饰,精致美丽,堪称古今绝技。尤其塔基面板所刻释迦事迹最引人入胜。西北面刻佛骑白象入母胎场景;北面刻摩耶夫人攀缘无忧树,右胁生子及其左方(正向)八龙王吐水浴佛身图;东北面刻释迦出城门,见老、病、死、僧图;东南面刻牧女奉乳糜图;西南面刻释迦修行时魔王胁迫图。再于南面刻成道之后佛祖像,四天王侍立、天人供奉图;西南面右刻涅槃、左刻荼毗图;东面刻文殊降临场景。此类雕刻皆薄雕,手法甚精美。图中尤为

第三五〇图　栖霞寺舍利塔

第三五一图　栖霞寺舍利塔下部

第三五二图　栖霞寺舍利塔雕刻降魔图

值得关注者，乃

一　宫殿、楼阁、人物、服饰皆显示出唐代制度。

二　宫殿有垂帘或卷帘场景。其制度恰与日本古代"寝殿造"[1]制度相同。余至此始知日本帘子制度乃出自唐制。

三　栏杆斗束成拨状。平橑与地表贯木之间有雷纹竖棍子，与日本东大寺法华堂佛坛棍子相同。横棍子与日本海龙王寺西金堂内五级小塔与凤凰堂中殿所用棍子相同。

四　魔王胁迫图旨在反映《大唐西域记》所载："集诸神众，齐整魔军，治兵振旅，将胁菩萨。于是风雨漂注，雷电晦冥，纵火飞烟，扬沙激石。备矛盾之具，极弦矢之用"之意义，刻画纯中国特色之雷神风伯以及魔神、兵仗、龙、异兽等，颇有趣。

[1]　日本平安时代贵族住宅建造方式。——译注

十、杭州之遗迹

余旅行中国时最感兴趣者北有登封，南有杭州。登封位于高耸雄伟之嵩山山麓，拥有丰富之汉、唐、宋优秀古迹；杭州位于风光明媚、幽静雅致之西湖湖畔，藏有五代、宋、元意趣盎然之遗物。登封已如上述，杭州史迹亦早承伊东博士在《建筑杂志》作过介绍，不复余赘言。而其富藏吴越时代遗迹与多存宋元时代雕刻为南北中国无以得见一事尚不为人知，故叙述之。

为风光明媚之西湖更添一番情趣者有保俶塔与雷峰塔。二塔皆系吴越王及其王妃所建。灵隐寺与三天竺经幢亦为吴越王所建。该地文穆王墓前犹可见带螭首之丰碑屹立。宋六和塔虽经后世修补，然英姿勃发，雄踞钱塘江边。灵隐寺东西两塔、闸口白塔年代不下宋初，亦可称小品中之上乘之作。崛起于灵隐寺前之飞来峰存有五代至宋元时代镌刻之数百佛龛。石洞造像留有五代、晋汉周

与吴越宋之题名。烟霞洞石塔有吴越时代题刻与众多人物刻像。佛寺有灵隐、净慈、昭庆、三天竺、中大竺、上天竺名刹，庙堂有岳飞庙以及众多祠堂，然皆近世重建，不足观。林和靖、岳飞及其他著名人士墓于杭州各地星罗棋布，然多经后人改建，难以证考古刹制度。而西湖孤岛内先贤祠与三潭印月庭院设施颇催吾等感怀。余滞留杭州不过四日，须见名胜古迹与调查遗漏场所犹多矣！详细记述可参见伊东博士论文，以下仅介绍引余特别关注之灵隐寺飞来峰与先贤祠九曲桥。

十一、杭州灵隐寺飞来峰

宋代禅刹五山之一之杭州灵隐寺门前，隔小溪有石灰石山峦，虽不高，然岩巉壁峭，处处空洞，呼之飞来峰。相传由西天灵鹫山飞来，有大空洞三。其最南者称青林洞，今暂名南洞。次北者称中洞，最北者架于溪流之亭桥（春淙亭）附近，称北洞。此三洞内外与飞来峰沿溪崖壁上雕有许多佛像与众多佛龛，系五代至宋元时期所作。佛像旁多有旁刻，然如今大半磨损难以辩读。盖中国石窟起源于北魏，盛行于隋唐，其遗物多保存于云冈、龙门以及各地，而五代及之后石窟寥若晨星，几不可闻，故此飞来峰保有如此众多五代及宋元时期佛龛，在中国艺术史上可谓位居最重要地位者。

南洞南端入口上方南面壁崖上有卢舍那佛会浮雕，据铭记系宋乾兴年间胡承心所作。面对入口左方高处刻毗卢舍那、文殊菩萨、三尊佛，系至元二十九年所作。此两区佛像周边多刻小佛龛。进入洞口可见左方刻十八罗汉小佛，其前方有宋皇佑二年题名，故可知乃宋代所作。另有刻崇宁铭记之小佛像。向右折行可达北方洞口。其中间又有道洞，开口向东方。其南壁刻有小罗汉五十余躯及三尊佛等。此罗汉大抵为宋咸平年间所刻。三尊佛龛下有宋淳佑戊申题名。总之，此南洞造像以宋代雕刻为主。

南洞以北六十米左右亦有一大洞。此即中洞，洞内复杂，开有六个口。内部刻数十躯四尺高罗汉坐像，手法简朴，恐为元代所作。

北洞在春淙亭旁，开口于北方。入口上下左右刻众多大小佛龛，多为至元年间所刻。入口右崖壁下刻玄奘三藏使马负经文归图像，亦似为元代所刻，马骨骼颇写实。进入洞口左壁有咸淳丁卯宋宰相贾似道题名，尽头处有半伽菩萨像坐于龛中，乃杰作。其姿势、面相、衣纹宛如唐作，飞来峰其他佛像无一可与之比肩。从其样式判断或为唐作。从此向右折行可至一线天。洞壁顶部宽度极为狭窄，可见光线泄漏。再向前可达其他入口。此洞入口四周亦刻有众多佛像，多为元代所刻，又另有五代广顺元年造像与吴越建隆元年造像。（第三五三、三五四图）

自亭桥至寺门，溪流右岸巉岩如屏风列峙。断崖上刻数百佛龛、佛像。有释迦、弥陀、布袋、骑狮多闻天、观音、天部，悉为至元年间尤多为其二十四年至二十九年所作。至元二十四年距宋灭亡仅八年，蒙古挟胜利威势，凿无数石龛于宋故都（绍兴），一为庆贺皇国万寿无疆，一为弄咒压制故国遗民。此类佛像

第三五三图　灵隐寺飞来峰宋佛龛

第三五四图　灵隐寺飞来峰元佛龛

中既有元帅伯颜[1]所造者，亦有滥施淫威、悉掘帝陵、恣意凌辱故国皇帝之"江南释教总统"、蒙古僧杨琏真伽所刻者。

吾等见此类宋元时代雕刻，为其样式之变化大感惊讶。宋代样式不过系唐式之继续，而元雕刻则带有大量喇嘛教因素，其性质、手法

[1] 伯颜（Bayan，1236—1295），蒙古八邻部人，元朝大将而非元帅。曾祖述律哥图、祖阿剌从成吉思汗征战有功，被封为八邻部左千户及断事官。长于伊利汗国。元世祖至元初年奉使入朝，受忽必烈赏识，拜中书左丞相，后升任同知枢密院事。于至元十一年（1274）统兵伐宋。宋亡曾出镇和林，数平诸王叛乱。元成宗朝加太傅录军国重事，卒赠太师开府仪同三司，追封淮安王，谥忠武，后加赠淮王。《元史》有传。伯颜是有元一代著名的政治家、军事家。统二十万大军伐宋如统一人。成功还朝口不言功，行囊仅随身衣被。有文才，能诗能曲。——译注

与前者差异极大。杨琏真伽之徒盖崇奉喇嘛教之蒙古僧，由其主导雕刻之佛像自然是喇嘛式佛像。吾等于中国北方亲见不少当时佛像，而于南方宋代故地接触如此众多喇嘛式佛像，可称意外。

唯惜飞来峰可观之物以雕刻为主，而建筑装饰成分甚少。余仅发现施于佛龛与莲座、宝冠等极少数纹饰。飞来峰雕刻样式之变化，显示中国艺术于元代因喇嘛教入侵曾经历一大变迁。

十二、杭州浙江先贤祠九曲桥

中国庭园叠石垒岩，或仿太湖石造假山十分盛行。洞道迂回，前后相通，长廊曲折，隐约其间，有千篇一律之嫌，而独有位于西湖内浙江先贤祠与三潭印月间之九曲桥，别具一番风情。先贤祠处于西湖中小岛上，岛中有大放生池。吾等横渡西湖之微澜，至其岸，舍小船，

过架设于莲花怒放之池上蜿蜒曲折的石桥，或休憩于三角形小亭，或参拜先贤祠，或穿越奇特之亭桥，或眺望露出湖面之奇岩怪石，一路前行，达至右侧突出于池塘之潇洒亭子。其平面呈卍字形，尤为奇特。再过围以太湖石之方形石桥，经关裔[1]前再过折线状之桥梁，离开六角亭，吾等始横穿此孤岛。于其端有所谓三潭印月之胜景。该景即浮动于岸边湖面之三座奇异石塔，与对岸雷峰塔遥相呼应，使西湖明媚风光更添一种情趣。

此孤岛中设施虽过于玩弄技巧，然石桥纵横曲折，自成生趣。一亭一榭，参差不齐。池面开阔，莲花弄影。此情此景实有奇趣横生、不知端倪之妙。余见此九曲桥联想起日本严岛神社之回廊，彼此意趣异曲同工，不禁发出感叹之声。唯彼规模巨大，与自然山水保持和谐，与此屏蔽外在风光，故弄小巧自有差异。（第三五五、三五六图）

[1] 原文如此。经多方查找不知何意。——译注

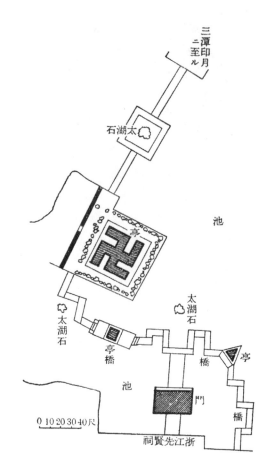

第三五五图　杭州西湖九曲桥平面图

第三五六图　杭州西湖九曲桥

十三、径山万寿寺

中国宋代禅刹五山者乃杭州灵隐寺、净慈寺，宁波天童寺、育王寺，余杭径山万寿寺。伊东博士前些年调查前四寺，因日程关系漏访径山寺，并于此间来信劝余务必探访。余固有此盼，故于滞留杭州期间抽出三四日登山踏访。径山寺乃宋代大刹，当年入宋之日本禅僧大抵游于此寺。相传荣西[1]禅师尝至此寺，工匠坂上是则[2]随访，画伽蓝制度图归返。其子孙山上善右卫门出仕加贺侯前田利长，为木匠领袖，曾奉利长之命按图建造越中高冈瑞龙寺（该寺佛殿系日本国特别保护建筑物）。

余于杭州雇小舟向西溯河四十里至余杭，又改乘轿向西北行走五十里，上径山，至万寿寺。寺位于山麓以上约两千尺高地，三面环山，仅南面开口，如囊口状。苍松茂竹森然荫郁，颇有灵气。而经太平天国之乱被焚毁后虽有重建，然未建成，今不过为荒废寒寺之一。据云十几年前除一日本僧到访外无日本人来访。如寺院平面图所示，南面有天王殿，此即山门其内安置四天王像。面阔五间，进深五间，歇山顶，悬天启四年"天下禅刹敕赐径山香云禅

寺"匾额。盖此伽蓝原称径山寺，宋孝宗兴圣年间赐"万寿寺"匾额，明天启年间又赐此匾额，寺名改回径山寺。其次有韦驮天堂，安置韦驮天像，面阔五间，进深六间，歇山顶，前面一间开放通行。大雄宝殿在其后，亦面阔五间，进深六间，歇山顶，前有拜殿，屋顶内侧无藻井，显示檩椽。

大雄宝殿前面东侧有厨房、客堂等。西侧今缺与之相对之庑廊。韦驮天堂前面东侧有招待所。天王殿东侧稍高处有钟楼，内悬永乐元年所铸大钟，口径六尺三分。大雄宝殿后方稍高石垣上有妙喜庵，外观富于变化，颇引人注目。

吾等观看此伽蓝平面布局，发现其大抵与宇治黄檗山万福寺相似。盖日本寺院与宋代寺院在制度上略有差异，唯于大体配置上与日本瑞龙寺并非无相类之处。余首先对平面布局后世有所变化感到失望，其次对建筑物之粗陋，于建筑方面无任何可观之处再度表示失望。独永乐大钟多少引起余之关注。（第三五七、三五八、三五九图）

十四、天台山

天台山系浙江第一高山，且系第一名山。陈、隋年间智者大师入此山开创伽蓝，从而使天台宗发扬光大。平安年代初期日本传教大师游学此山，尔后渡唐高僧大抵皆一度到此学习。荣西禅师、重源[3]大师亦尝诣此。故天台山名声早为日本人熟知。近年来日本多有学者访问

[1] 荣西（1141—1215），日本临济宗鼻祖，号明庵，因哀叹禅学衰微于1168年和1187年两度入宋，向虚庵怀敞学习临济禅，回国后在博多和京都分别建立圣福寺和建仁寺，著有《兴禅护国论》。还从宋带回茶种，著有《吃茶养生记》。

[2] 遍查日本所有辞典和网站资料不见有工匠坂上是则此人。与此完全同姓同名的则另有一人。姑介绍如下：彼坂上是则（生年？—930）先祖乃中国人，活跃于平安时代前期至中期，官阶从五位下，三十六歌仙之一，《古今和歌集》收录其7首。著有家集《是则集》。

[3] 重源（1121—1206），镰仓时代初期净土僧。法号俊乘，又号南无阿弥陀佛。曾在日本醍醐寺学习密教，1167年入宋。——译注

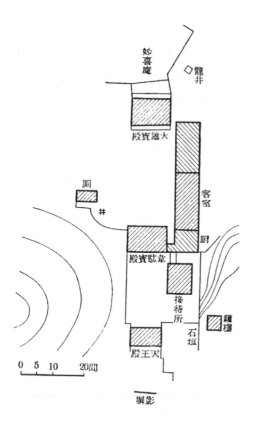

第三五七图 径山万寿寺平面图

第三五八图 径山万寿寺大雄宝殿

第三五九图 径山万寿寺妙喜庵

苏浙，听闻赴天台山途中土匪出没无常，有危险之虞，故登山者稀。然近两三年来台州与天台县之间设立两处警察派出所，往来稍见安全。据云去年8月京都佛教大学教师三人与一画师曾踏访该山。

通过陆路可从绍兴或宁波到天台山，然最为便利者乃通过海路从宁波至海门，溯椒江往台州，雇轿经天台县（自台州约百里）到达位于山麓之国清寺（县城以北十里）。余取此道，台州知县为余特配备数名保镖。

国清寺乃天台山下大型伽蓝，四周为老柏怪樟丛林环抱，其详情拟另章说明。从此国清寺沿陡坡行走十五里达真觉寺。寺系隋开皇十七年所建，为埋葬智者大师之处，今系一小型伽蓝。其祖殿安置号称大师真身之宝塔，六角石坛上立六角两级石宝塔，顶上冠相轮。第一级刻大师像及其事迹，第二级刻释迦传奇事迹，皆雕有柱楣、斗拱、屋顶形状。然系近世所作，徒费技巧，不足观。寺东面深谷中有高明寺，唐天佑七年所建，系智者大师净居遗迹，古柏老树掩隐山门、钟楼、大雄宝殿、方丈、廊庑等，规模不大。寺藏智者大师所持袈裟、铜钵（世称为隋帝所赐）及贝叶。然据观察为后世所作，恐不超过明代。

从真觉寺上山行走十五里，越分水岭至龙王堂。路分为三，东路可达天台山绝顶，即华顶。中路可至著名之石梁。西路可至万年寺。余取东路，朝东北方向行走十里路始得见华顶。无一树一木，唯近于山顶处有一簇墨黑树林，即华顶伽蓝所建之处。从此寺沿盛开荻花、女郎花、兰草、抚子、乌头等不知名花朵之山路向上行走五里达华顶。善兴寺以及诸小庵皆散落在杉树丛中。善兴寺有山门、罗汉楼（中门）、大雄宝殿、方丈、客堂等。大雄宝殿前有月台，其前方有方池，池上架石桥，为他处不可多见。

建筑物不足观。(第三六〇、三六一、三六二图)

唯见大雄宝殿外廊、梁撑、系虹梁频施雕饰。山门前有石宝塔。附近老杉径围皆两三人合抱，比之日本杉树其叶片稍柔软，恰似雌松

第三六〇图　天台山华顶远眺

之与雄松有别。

从寺向东北行进五里路达拜经台，即天台山绝顶，相传系智者大师面向西方天竺拜读《楞严经》之处。盖此山为浙江省最高山峰，四周群山如波涛翻滚于脚下。据《天台山志》称天台山高一万八千丈，然枯为海拔六七千尺。山顶有拜经石如石碑趺座。其旁有茅屋，围以高石壁，此即峰顶小刹。其北面有智者大师降魔塔，正面花头龛内刻智者大师像，有宋开宝四年刻铭。其下有龙井，水极清冽，四季不涸。

第三六一图　华顶善兴寺大雄宝殿及泰安桥

第三六二图　华顶拜经台降魔塔

如此高山绝顶有如此泉水，可称奇妙。此外华顶有太白堂，世称李白曾居住过。有墨池，据云王羲之曾在此洗砚。又有茶圃，人称葛玄曾在此种茶。今山顶可见茶园处处。传教大师带回日本之茶种是否出自此处？念及此事略有感触。

从华顶向西面下山行走十五里，海拔下降约一千尺，至所谓石梁。大瀑布从高五丈许之悬崖流下，其上方有一大石桥，如虹霓般架设

于左右两崖绿树间。桥由天然岩石构成，长约三十尺，厚约三四米，宽度不盈尺，距瀑布落口二十余尺。渡桥时人目眩足颤，实可称鬼斧神工。此瀑布上游有上方广寺，瀑布旁有中方广寺，下游有下方广寺。其中以上方广寺为最大，寺有七塔、山门、大雄宝殿、方丈、东西庑廊等。中方广寺为近年来所建，因于瀑侧高筑石垣，建客房，严重破坏自然景致。下方广寺为小刹，仅有大雄宝殿、东西庑廊、山门。从该寺再向西行走十五里路至万年寺，该寺系仅次于国清寺之山中大型伽蓝，而如今无昔日之辉煌，容后细说。从万年寺下山行走，经龙王堂至国清寺约四十五里路。天台山范围颇广，由数十座山峰、数百个山谷组成，山上密林处处，山谷或为水田，或为菜园，往往有村落。全山虽有土壤，然或有山石暴露，或有断崖、悬瀑、深潭、石门、石峰。山上山下大小伽蓝罗列，然其庙宇皆近世重建，佛像碑碣宝物可观物少。今日天台山相较其艺术情趣，其历史宗教趣味更丰，亦不乏天然景观。余不及观看之名胜有桐柏宫（往昔道观香火不绝）、琼台、赤城、双阙、桃源瀑布、寒岩、明岩等。

十五、天台山国清寺

陈大建七年智者大师初入天台山，于后山下建此寺，是以成天台宗中心，后屡有兴废。宋建炎四年下诏，改为禅宗伽蓝。寺后有兜率台，左右五峰环拥，双溪挟寺，合于前流。老柏古松怪樟苍翠荫郁，昼犹晦暗，幽邃如灵境。寺前有九级砖塔，高约二十三丈，据云系隋炀帝命司马王弘为智者大师所建，今失木构部件与相轮。溪侧有石造七宝塔，据云系供奉往日七佛而建。过石桥，入总门，经韦驮天堂、天

王殿至大雄宝殿。天王殿前左右钟楼、鼓楼相对，大雄宝殿前面东侧有药师楼，西侧有客堂。此外东面有大锅楼（因有大铁锅得名）、客堂、斋堂、方丈、借竹轩、伽蓝殿、戒堂、修竹轩、厨房等，西面有三圣殿（安置弥陀三尊）、艺经阁、影堂、三贤殿（供奉丰于、寒山、拾得），依次相连，规模不可谓不大，然几经重建改造多失古制，且早已改易禅宗，伽蓝形制已不复天台遗观，带有近世禅宗伽蓝性质。唯大雄宝殿面阔九间，进深五间，无近世佛殿常有之外廊，似略传宋代遗制。殿为重檐歇山顶，属雍正年间重建，斗拱、屋檐、窗、户、藻井形制皆为北方清初手法。内部须弥坛上安置释迦、药师、弥陀三尊佛与两罗汉像，沿三面壁环绕之坛上排列罗汉八部及其他神像。

天王殿面阔五间，进深三间，单檐歇山顶，亦雍正年间重建。韦驮天堂与天王殿相同，亦单檐歇山顶，外侧壁以砖包裹，正面中央开拱门，左右作圆窗，属雍正年间重建。此外还有大小僧房，于此无遑一一记述。读者凭平面图可知其大要。

寺无足以特别记述之什宝佛像等，唯存唐元和年间所立"台州隋故智者大师修禅道场碑"。字迹颇遒劲，碑首圆形，技术工艺不足观。（第三六三、三六四、三六五、三六六图）

十六、天台山万年寺

万年寺乃唐太和七年僧人普岸创立，宋代成禅宗大型伽蓝。日本荣西禅师当年曾跟随虚庵禅师修禅，后随虚庵移至天童寺。《天童山志》详细记述荣西从日本运来木材，于天童建千佛阁一事，然事实上亦于万年寺营造山门及其他建筑。如《天台山志》记述"淳熙十四

第三六三图　国清寺九层塔及七塔

第三六四图　国清寺大雄宝殿

第三六五图　国清寺鼓楼

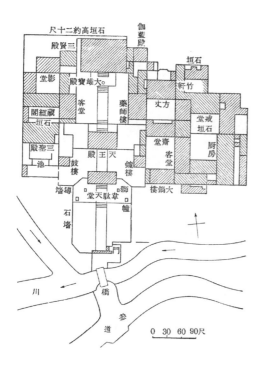

第三六六图　国清寺伽蓝配置图

年日本国僧荣西建山门两庑仍开大池"。作为一介留学修禅僧侣能在异域营造如此宏大事业，若无非凡大器不能为也。他返日后建建仁寺，成为临济宗始祖绝非偶然。

寺前有大池，大约为荣西建山门时所挖。天童寺、育王寺皆于山门前设大池。日本禅刹山门前多作池塘，恐盖模仿此类寺院。池北岸偏西有石塔，天童、育王寺池之北岸皆立五石塔，国清、上方广、善兴诸寺皆于寺之入口或立七塔，或立一塔。而日本禅刹无此风气，恐此类塔设置年代不超过宋元两代。大门极简，门阔一间。门外有八株大老杉，树径皆两三人围抱。入门前行约七八十米至天王殿。此殿过去或为荣西所建之山门，而今却变为乾隆年间重建之面阔五间、进深三间、单层单檐歇山顶建筑。四周包以砖壁，仅正面开一拱门，左右开方窗。除平面图外其古制亦不可征，唯构成内部藻井之二重虹梁与大瓶束[1]与日本"唐样"
手法相同。

天王殿内有双檐歇山顶大雄宝殿，亦为乾
隆年间重建，形制简单，用斗拱，内部屋顶无
藻井，檩椽外露，石坛上安置释迦、两罗汉
像。面阔五间，进深六间，应为宋代遗制。除
虹梁、虾虹梁[2]、大瓶束略有日本"唐样"性
质外，几不可征其属天台宗或属临济宗佛殿样
式。法堂立于大雄宝殿后面，余往观时正在修
缮。面阔五间，进深四间，前一间成外廊，亦
乾隆年间重建。法堂后有方丈，面阔四间，进
深五间，有外廊。以此重要殿宇为中心，左右
有客堂、斋堂、戒堂及其他房舍。总之万年寺
伽蓝寺域甚广，往昔规模似颇宏大，然经后世
几度兴废，近世颇不振，规模缩小，堂宇亦不
复往观，以致荣西修禅时代制度几不可见。(第
三六七、三六八、三六九图)

第三六七图　万年寺大雄宝殿

第三六八图　万年寺天王殿

十七、宋以降之诸陵

余于 1906 年游西安，调查周秦汉时代陵墓
与唐太宗、高宗、德宗陵寝。翌年再游时访河
北南口明十三陵。此次历访河南巩县北宋八陵、
浙江绍兴（南宋都城）南宋六陵、京兆房山金
诸陵、南京明太祖孝陵、沈阳清东陵与北陵及
京兆西陵清雍正、嘉庆、道光、光绪诸帝陵寝，
得以了解中国唐宋以降陵墓制度之大要。周秦
汉唐诸陵今不叙述，关于明孝陵与十三陵已有
伊东博士报告，沈阳清东陵与北陵亦早经伊东、
佐野、大熊三博士与大江学士一行调查得以介

[1]　立在虹梁上的瓶子状束柱。——译注

[2]　虹梁之一种。用于有高低差处的虾状弯曲虹梁。
　　　日本从镰仓时代开始运用。——译注

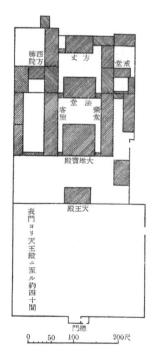

第三六九图　万年寺伽蓝配置图

绍，故今仅记述余之见闻与各代诸陵梗概。

1. 北宋八陵

北宋奠都汴京（河南开封），其陵墓悉筑于巩县西南约二十里，今称八陵。洛河以南高台处罗水东侧有宣宗安陵、太祖永昌陵、哲宗永泰陵、神宗永裕陵，西侧有真宗永定陵、英宗永厚陵、仁宗英昭陵。各陵旁又筑皇后陵。此类诸陵于宋南迁后悉遭金人挖掘破坏，然坟垅、石像生今犹幸存，可证当年制度。余此次不过调查太祖、太宗陵及其皇后陵，然此类陵寝设施最为完备，堪称宋代陵寝范本。太祖太宗两陵规模、制度相似，而石像生制作技艺以太宗陵为优，故余推崇太宗陵为宋陵代表。宋陵继承唐制而略有改变，相较唐制规模略小，然增加石兽种类，以此成为明清陵寝制度嚆矢。

太宗永熙陵坐北朝南，前面有二土堆相互隆起，自以为门。此即神门遗址。入门后前行约二百米亦有双土堆，为乳台遗址。乳台内挟道有石像生左右罗列。第三列双土堆即所谓鹊台遗址，其间相隔约四百七十尺，两侧石像生相距约一百三十尺。石像生按以下顺序排列：

一　石华表一对　八角柱形，立莲座上，上冠以宝珠形。各面浅浮雕云龙纹与宝相花纹。

二　石象一对　高七尺五寸，长十尺五寸。

三　马首石鸟一对　即马头凤身。此怪鸟与下方岩石状物一体刻出。

四　石獬一对

五　石马二对　左右各站立两马卒。

六　石虎二对　跪坐姿势。

七　石羊二对　折前脚而卧。

八　石人三对

九　文石四对

十　石狮一对

十一　武石一对

其中石马长约九尺五寸，马卒高约八尺，石虎高约六尺，文石高约十尺，其他类推。

鹊台入口西侧有一石人，系当年即有抑或从他处移来，不得而知。从鹊台前行约二百七十五尺达灵台，即陵墓基址。灵台底边约一百七十尺见方（据《宋史·礼制》，灵台为二百五十尺见方，恐非以周尺测量），呈高方台形。鹊台左右当年有神墙，围绕灵台四周，东西长约七百三十尺。东、西、北三面亦起双台，开有门，其前方各安置石狮，四隅作角台。此类台址皆成土堆，神墙则形迹全无。

总之，宋陵制度系与唐制相折中，然新增唐制所无之石翁仲、石龙、石鸟、石獬、石虎、石羊之属，墓前因石像生而热闹非凡，而技巧却远逊于唐。

永熙陵西北有陵自成一郭，盖皇后陵也，亦有神门、乳台、鹊台与神墙、角台遗址。鹊台前南起有石华表一对、石马（左右石马卒）一对、石虎二对、石羊二对、文石二对、石狮二对。神墙内有低方锥状灵台。制度与太宗陵相似，然规模小，石像生亦有所省略。

2. 南宋六陵

南宋六陵位于都城绍兴东南二十五里宝山，其中高宗永思陵、孝宗永阜陵、光宗永崇陵、宁宗永茂陵在南面，称南陵。理宗永穆陵、度宗永绍陵在北面，称北陵。南陵面向南方高耸山岭而建，北陵北面依山北向而建，何故难解。诸陵附近有皇后陵，如今茔域内皆有一簇簇繁茂老松林。宋南迁后不忘恢复故地，故历朝诸陵不具备北宋陵墓之宏大规模，不称陵而称攒宫。及至南风不振，宗社颠覆，江浙"总统"蒙古僧杨琏真伽悉数挖掘南宋诸陵，掠夺陪葬品，碎棺曝尸，最终集诸陵遗骨混杂于牛马骨骸，埋葬于杭州镇南塔下，以施咒镇压南方。当年有义士唐珏抢先一步，私募少年，于一夜间将诸陵暴露之遗骨收纳埋于他处，并将其他遗骨放回原处作为替换，是以真正遗骨有幸免于凌辱。后至明太祖建国，为前朝重修诸帝后陵，方有今日。余于诸陵墓仅见孝宗、理宗、度宗及高宗皇后四陵，其制度、规模皆相同，故仅说明其代表作孝宗陵的状况。

虽名攒宫，然余见孝宗陵为其规模之小感到惊讶。陵地仅东西约八十尺，南北约九十尺，四周绕以墙垣，南面开有门，门面阔一间，进深两间，歇山顶。其内有享殿，为小型建筑，面阔三间，进深四间。其壁镶嵌永乐、正德、天顺等年间祭祝文，可以想见明代祭祀不怠之情景。享殿后有坟，直径约十五尺，高仅八尺，圆锥状。其前方立碑，上刻"宋孝宗皇帝陵"，四周绕有墙垣，达享殿两端。茔域内古松苍翠葱郁，往往杂有老柏。南宋第一名君孝宗之陵其设施不过如此，坟墓小，且不见置放一石像生。当年即令姑且以此为陵，亦应具有皇帝陵墓之规模与排场。而国亡陵破，今仅遗留一抔黄土静卧于莽莽荒草之中，可谓悲惨之至。而茔域内一簇老松长年不入斧斤，犹存于享殿墙垣内，盖后人同情之厚所植也。

3. 金陵

金陵位于京兆府房山县云峰山下。该山为花岗石山，山峰屹立，耸入云端。山麓地域又有左右山峰环拥，面南洞开，东西有八九百米，南北有七八百米。两溪流从东西两面流来，合流于陵域南面。陵墓占地风水最为重要。金国东征西伐，卜于此地绝非偶然，历朝帝后、诸

王陵墓皆筑于此。明天启二年爱新觉罗氏崛起于金国故地东北，陷辽阳时惑于明风水之说，毁山陵，绝地脉，且设关庙于其地，施咒以镇压。及至清统一天下，修筑太祖、世宗陵，置陵墓值守。余亲往该地见陵墓规模之小，荒废之严重，往日制度之不存，不胜抚今追昔之感。遥想当年金陵背枕云峰山，前面高原处，各代陵寝星罗棋布，陵前仪饰规整必有可观之物。而如今皆系清初改建，往昔制度痕迹已不可寻。盖明末陵墓悉毁，不留一片石一抔土所致。《历代陵寝备考》[1] 所载明《储罍柴墟集》中"大房金源诸陵"诗有曰："奉先西下乱山侵，涧道回旋入墓林。翁仲半存行殿迹，莓苔尽蚀古碑阴"云云，可知当年石人石碑犹存。金尝挖掘宋诸陵，而犹有坟垄石像生。而明毁金诸陵，则如今形影全无，可谓更为惨烈。所幸清初曾有改建，故知其所在耳。（第三七〇图）

以上十四封信系 1918 年 11 月 5 日乘笠户号由新加坡向孟买进发途中于印度洋上撰写，犹漏清西陵诸陵。之后余旅行印度内地，来英国。因行色匆匆无遑续稿。清诸陵记述留待后日，中国通信以此终结。下次报告印度旅行见闻。

1919 年 9 月 1 日

英京伦敦客　关野贞

本篇曾分三次刊载于《建筑杂志》第三二辑第三八四号（1918 年 12 月）、第三三辑第三九三号（1919 年 9 月）及第三四辑第三九七号（1920 年 1 月）。

[1]　（清）朱好阳编纂。——译注

第三七〇图　金太祖及世宗陵

西 游 杂 记 下

关于印度佛教艺术

目　录

序言

一．印度佛教艺术

　　两大流派

二．犍陀罗式艺术

　　1.　建筑遗迹

　　2.　雕刻遗物

三．中部印度式艺术

　　第一期

　　　　1.　建筑遗迹

　　　　2.　雕刻遗物

　　第二期

　　　　1.　建筑遗迹

　　　　2.　雕刻遗物

　　　　3.　绘画遗物

第三期

　　1.　建筑遗迹

　　2.　雕刻遗物

　　3.　绘画遗物

四．结　　论

此文系去年 3 月 14 日在孟买日本人俱乐部为当地生活工作之有志之士所作之演讲稿。之后参观马德拉斯博物馆，[1] 调查斯里兰卡岛屿佛教遗迹，补充一些新材料，以此敷衍成文，名之西游杂信十八篇。

1919 年 4 月于"幡丸号"船舱

序 言

印度夙为亚洲古代文明中心之一。佛教于公元前 6 世纪左右诞生于恒河流域后日渐发达，最终不仅影响印度全国，还向北流播中国、朝鲜、日本，向东流播斯里兰卡、缅甸、暹罗、安南、爪哇等国。伴随佛教之发达与扩张，附属佛教之殿堂、佛像等艺术亦次第进步变化，影响波及四周佛教国家。日本文化有赖佛教之处较多，为探究其真相则必须研究将佛教引进日本之中国、朝鲜文化。而为了解中国文化则必须调查作为中国佛教文化源泉之一之印度文化。我这次旅行印度之目的虽与我研究印度之佛教、印度教、阇伊那教[2]、伊斯兰教建筑所

有样式之专业有关，但首要目的乃调查与日本文化关系最为密切之佛教艺术，以及研究其艺术样式与中国、日本样式有何关系。虽不充分，但基本上可以说达到其目的。今晚我希望将此次旅行调查之见闻与印度佛教艺术之沿革及其与中国、日本之关系作个汇报。

我于去年 2 月从东京出发，经朝鲜、中国东北到北京，之后以约八个月时间探访河北、山西、河南、山东、江苏、浙江等省遗迹，特别是调查云冈（山西）石佛寺、洛阳（河南）龙门、巩县（河南）石窟寺、太原（山西）天龙山、青州（山东）云门山、驼山、南京（江苏）栖霞山、杭州（浙江）飞来峰等石窟、石雕等，以作为比较研究印度艺术之准备。11 月中旬到达孟买，参观孟买附近之埃勒凡[3]（Elephanta，也称象岛）、卡尔利（Karli）、可内里（Kanheri）等地石窟，并开始调查阿旃陀（Ajanta）、埃洛拉（Ellora）等地石窟。之后我去加尔各答，参观陈列于该博物馆之许多佛教雕刻。继而又探访佛陀伽倻（bodhgaya，佛成道之地）、巴特那 [Patna，古代华氏城，原阿育王都城与笈多（Gupta）王朝都城]、王舍城（Rāja-grha，现译名：House of the King，也叫"阿难陀"，佛修行之地）、那烂陀（Nalanda）精舍、鹿野苑（Sarnath，佛最初说教之地）、拘尸那揭罗 [Kusi-nagara，今卡西亚（Kasia），佛涅槃之地]、舍卫城（Sravasti）与祇园精舍（Jetavanaana thapindasya rama）等佛教遗址。还经勒克瑙（Lucknow; Lakhnau）、坎普尔（kanpur）、阿格拉（Agra）、德里（Delhi）、

[1] 印度泰米尔纳德邦立综合性博物馆，印度最早建立的博物馆之一，1851 年创设。主要收藏印度南部的印度教文化和达罗毗荼文化遗物。雕刻展品最为精美，按王朝顺序展出佛教、印度教、耆那教的雕刻和雕像。——译注

[2] 阇伊那教（Jaina / Jainism），公元前 6—前 5 世纪左右，由与释迦牟尼大约相同时代的马哈比拉所创立，且是至今仍保有生命力的印度宗教。以不伤害生命不杀生为教义，实行严格的禁欲主义而闻名于世。——译注

[3] 自此开始部分地名的英语或梵语标记及简单夹注由译者所加。——译注

拉合尔 (Lahore) 至白沙瓦 [1] (Peshawar，即迦腻色迦王都城)，参观该地博物馆许多所谓犍陀罗式雕刻。拉克诺 (Lucknow) 与拉合尔博物馆也陈列大量犍陀罗式雕刻。归途顺访塔克提巴希 (Takht-i-Bahi)，探查近年来由约翰·休伯特·马歇尔 [2] 主持发掘之塔克西拉 (Taxila) 遗址，在马特拉 (Muttrah) 博物馆参观可称作马特拉式雕刻之展品，并观看桑奇 (Sanchi) 大型遗址。之后暂时返回孟买。进一步还到南印度之汗比（Hampi）探访印度教宫殿遗址，在马德拉斯 [Madras，即金奈（泰米尔语：Chennai)] 博物馆参观阿马拉瓦蒂 (Amaravati) 大塔遗址支柱浮雕，经马吉拉 (Margiela) 到斯里兰卡之科伦坡，寻访其北方阿努拉达普拉 (Anuradhapura) 古都遗址，之后往康提（Kandy）参观其北方之丹布勒 (Dambulla) 石

窟寺院与锡吉里耶 (Sigiriya) 古城后返回科伦坡，大体结束印度探访旅程。

我参观许多印度佛教遗址与遗物，但因日程原因，也有一些重要遗迹未及调查。而且因时间仓促在参观地点仅能走马观花，无法详细研究，所以今晚之介绍不免会有一些谬误与遗漏。

中国虽有珍贵遗迹、遗物，但丝毫未尽保护之力，听任自然破坏，而且放任一些人将佛像带出，或将无法带出之佛头敲下售与外国人，放大了人为破坏力，实为遗憾之至。而印度则相反，所幸英印政府近年来设立考古局，对遗迹进行调查发掘修缮，且制定保护方略，建立博物馆，陈列发掘或购入之文物。眼下佛陀伽耶、鹿野苑、卡西亚 [3]、祇园精舍、塔克西拉、塔库奇巴哈伊等遗址已结束发掘修缮，那烂陀精舍正在大规模发掘中，桑奇大型遗址即将发掘修缮完毕，埃洛拉洞窟在修缮之中，阿旃陀石窟也正在修缮。考古局长约翰·马歇尔、副局长德克特尔·斯普纳以及众多学者参与到这些遗迹之发掘调查整理工作中。仅就我观察而言，加尔各答、拉合尔、拉克诺、马德拉斯等一般博物馆内也设有各考古室，陈列遗物，佛陀伽耶、鹿野苑、塔克西拉、白沙瓦、马特拉、桑奇等考古学重镇更是设有考古博物馆或陈列馆，陈列该地出土之文物，故对遗迹调查与遗物研究非常方便。我在短时间内能充分调查较多遗迹遗物，完全出自以上原因。特别是德克特尔·斯普纳在研究方面给予我许多帮助，加尔各答、鹿野苑、马特拉、马德拉斯、科伦坡博物馆允许我拍摄陈列品，拉合尔、拉克诺、白沙瓦博物馆赐予我陈列品照片。在此深表谢意。

[1]　当时印度、巴基斯坦为一国，尚未分治，故以上所说城市包括现巴基斯坦城市。不过从此段结句看，著者也将斯里兰卡（原国名：锡兰）看作是印度领土的一部分。而斯里兰卡素未被印度占领，不知为何著者在此将当时锡兰的佛教遗迹视为印度的遗迹，或许是因为印度与斯里兰卡在佛教方面有众多联系。——译注

[2]　约翰·休伯特·马歇尔，简称约翰·马歇尔（1876—1958），考古学家。1902—1931 年任印度考古局总监，曾主持咀叉始罗等犍陀罗古城遗址和印度一些重要佛教遗迹的发掘，20世纪 20 年代负责对以前不为人所知的印度河文明的两座大城市哈拉帕（Harappā）和摩亨佐达罗（Mohenjo-daro）遗址（今巴基斯坦境内）的发掘工作。著有《摩亨佐达罗及印度河流域文明》、《咀叉始罗》（《塔克西拉》）和《犍陀罗佛教艺术》等。——译注

[3]　即"拘尸那揭罗"。——译注

一、印度佛教艺术两大流派

古代印度文化可分为发育于恒河流域与印度河流域之两大派别。佛教艺术于此两大河流域亦各有自身特色。在此姑且将甲称为中部印度佛教艺术，将乙称为犍陀罗式佛教艺术。至于南部印度与斯里兰卡佛教艺术，则不过是印度佛教艺术之末流。

为说明此两大流派之沿革与关系，须简要介绍此两大流域统治者之历史。不过，因古代印度没有正确之纪年方式，所以历史上重要事件发生于何时多数无法正确判断。首先，释迦牟尼也罢，阿育王也罢，迦腻色迦王也罢，其出生、活动年代至今尚不清楚。学者间有各种议论，大体情况虽能搞清但还无法确定。现在我要说的也仅止于说明其大致年代。

公元前326年，希腊亚历山大王侵入印度西北部旁遮普邦。在此期间，旃陀罗·笈多（Chandra gupta，也有人译作"乾陀罗古普陀"）王崛起于中部印度，建立孔雀王朝 (Maurya)（约公元前321—前184），以华氏城为中心，不断开疆拓土，至阿育王 (Ashoka，约公元前273—前232) 时，除南方一部分地区外部势力范围扩张至印度全境乃至阿富汗、伊朗地区。阿育王虔心事佛，向各地派遣传教士，有大力弘扬佛教之功。当时为纪念佛祖事迹而竖立之石柱 [1] 如今仍四处可见，成为印度艺术最古老也最优秀之标本。

取代孔雀王朝的是巽迦王朝（Sunga

[1] 即阿育王石柱 (Ashoka pillar)，是孔雀王朝时代最具代表性的建筑雕刻。阿育王为铭记征略，弘扬佛法，在印度各地敕建了三十余根纪念碑式的圆柱，这些柱子一般都高十几米。——译注

Dynasty，约公元前184—前72）和甘婆王朝（Kanva Dynasty，又译甘华王朝，约公元前72—前27）。此后甘婆王朝被之前建国于南部印度之案达罗王朝 (Andhra Dynasty) 所灭。公元二世纪初，中印度西部地区归属犍陀罗月氏国迦腻色迦王势力范围管辖之下。公元319年，旃陀罗·笈多一世（Chandra-gupta I）在华氏城宣布建立笈多王朝（Gupta），其版图几乎包括整个恒河、印度河流域，但于五世纪末叶遭嚈哒人 [Ephthalites/White Huns，也称阿卜达里（Abdali）人或杜兰尼（Durrānī）人] 侵略，一时间国土为嚈哒人所占领。笈多王朝可称印度文学艺术之黄金时代，公元四、五世纪左右达到繁盛之顶端。公元四世纪中国法显和尚来印度时恰好是笈多王朝佛教艺术如日中天之际。七世纪初戒日王 (Harsha，606—647) 势力抬头，大力开拓版图，君临北方印度，以曲女城（Kanauj）为都。当时佛教、印度教共同繁荣，但戒日王特别尊崇佛教，著名的玄奘三藏于该王治世时来印度也受到戒日王礼遇。法显归国后著《法显传》，玄奘著《大唐西域记》，因二人皆于印度文化繁盛期到达印度，故其记述成为印度古代史之金科玉律。戒日王之后印度再次分裂为许多小邦，佛教急剧衰弱。帕拉王朝（Pāla Dynasty，750—1199）治下佛教仅在印度东北地区保有一些势力，但至十二世纪末叶因伊斯兰教势力入侵，佛教终于在印度完全绝迹。此时代有学者称之为印度中世纪。

接着谈印度河流域地区历史沿革。印度北依喜马拉雅崇山峻岭，以此为天然屏障，而东西南三面则突出于大海，呈三角状，唯西北部印度河流域门户向西面洞开。因此自古以来外敌屡次从此方位攻入印度河、恒河丰饶流域，旁遮普邦则经常成为其他民族之侵略对象。

旁遮普邦在公元前五世纪左右一度被波斯

占领。亚历山大王侵入后归属奠都于华氏城之孔雀王朝旃陀罗·笈多王版图，但在阿育王薨后，亦即公元前 190 年左右被希腊殖民地大夏国（Bactria，即希腊人在中亚所建立的巴克特里亚国）吞并。公元 170 年前后大夏国欧克拉提德大帝（Eucratides）在今日之塔克西拉（Taxila）建造都城。该城作为希腊殖民地，用一个多世纪时间创造出所谓希腊印度式佛教艺术。而至公元前 85 年前后塞族（Saka）人侵略该城。公元 50 年前后大月氏 [Great yueh-chi，亦称焉耆（Arsi）] 与贵霜（Kushan）入侵并吞并旁遮普邦。公元二世纪初迦腻色迦王（公元 120-130 年前后）奠都今日之白沙瓦（Peshawar），建立起包括中亚与北方印度在内之强大帝国。该王笃信佛教，对弘扬佛法立有大功，但至三世纪中叶国势渐次衰弱。公元 430 年前后小月氏（Little yueh-chi）取而代之，公元 459 年左右，嚈哒人 (Ephthalites/White Huns) 入侵，四处烧杀，恣意破坏，可惜自希腊印度王朝至大月氏时建设于此地之灿烂有形文化于一夜间归于乌有。公元 400 年左右法显来印度时佛法犹如日中天，但公元 630 年玄奘来时佛法与其艺术已基本被扫地出门，就此消失。

如前所述，中印度艺术与犍陀罗地区艺术性质大有差异。先说犍陀罗艺术是如何发生的。公元前二世纪左右，奠都塔克西拉之希腊印度王朝开始崇敬佛教，大力建造殿堂佛塔，雕刻佛像。从事这些工作之技术人员皆为自大夏移居而来之希腊殖民者后裔。一方面他们已掌握希腊传统样式，一方面又摄取波斯样式，并融会中印度原有之细部雕刻技术，创造出一种清新而雄健之样式。此样式与当时中印度样式之野趣充溢相反，是一种极为洗练之精美形式。此样式为后来陆续入侵之塞族人与月氏人所继

承，延续至四五世纪左右，但因为嚈哒人入侵而应声出局，归于灭亡。

再看中印度式佛教艺术之变迁。中印度佛教艺术盖以华氏城为中心发展而成之印度传统艺术样式，略带有犍陀罗式佛教艺术因素。孔雀王朝领土包括现在的阿富汗，与大夏及波斯 [亚历山大大帝部将西留克斯（Seleukos）所建国家] 接壤，或多或少会接受一些希腊、波斯艺术影响，但其艺术样式之总体仍多呈现原有艺术特色。取而代之的巽迦王朝、甘婆王朝、案达罗王朝亦继承上述样式，虽略微接受犍陀罗式佛教艺术影响，但因原有艺术性质在发生作用，故无明显变化。公元二世纪初此恒河上游地区被月氏国吞并，但即便如此也没有受到更多的犍陀罗式佛教艺术影响。

四世纪初开始建国之笈多王朝，可称为印度古代文明之复兴时代，佛教艺术至五世纪达到发展的巅峰。而如此发达之艺术则不过是传统样式进一步洗练、圆熟之产物，一直延续至七世纪前叶戒日王时代。这个以华氏城为中心发展起来之样式不仅流播恒河流域，还传播到南印度与斯里兰卡。八世纪以后恒河流域一直未被一个巨大王国所统一，而是小邦林立，佛教渐次衰亡，印度教日益繁荣，佛教艺术就此一病不起，只能在东北印度之一角苟延残喘，而至十二世纪末叶则最终从印度全境绝迹。于此所谓之中世纪时代艺术乃笈多艺术样式之延续，接受印度教艺术感化渐多，且逐渐弱化为纤细卑俗之艺术。

二、犍陀罗式艺术

如前述，犍陀罗式艺术发端于公元前二世纪，但一般认为其发展巅峰是在公元前二世

后叶至公元前后，而至迦腻色迦王时已然错过黄金时代。其分布地域不太广，所谓犍陀罗艺术仅局限于今旁遮普邦。我实地调查的地区，是塔克西拉、白沙瓦、塔克提巴希。此外，沙里巴洛尔 [1]、贾玛里尕尔（Jamalgarhi）等地也很著名。另外，加尔各答、拉克诺、拉合尔、白沙瓦博物馆也陈列许多由此地发掘出的雕刻艺术品。

1. 建筑遗迹

首先要举出的是近年来约翰·休伯特·马歇尔主持发掘之塔克西拉遗迹，亦即在古代历史、考古方面有划时代意义之遗址。塔克西拉位于拉合尔与白沙瓦之间萨拉伊卡拉（Sarai-kala）车站附近，过去是希腊印度王朝都城，其城址称西尔卡普（Sirkap），位于车站东北方向，今城墙犹在。通过近年来大规模发掘，王宫及街道遗址已明确。王宫仅存建筑物石壁底部，但大体可知其平面设计。还发现据认为是觐见大厅与大王宝座之所在。街道特别有趣，进入北面大门后有贯通南北之大道，其左右有许多居民住宅，既有店铺，也有殿堂，皆露出石壁下方，或二三尺，或八九尺多。所以可以知道当时的平面设计。在印度得以见到古代住宅平面设计唯有此地一处，不知怎地让人有参观小规模庞贝遗址之感觉。从王宫和街道遗址发掘出的古代货币、金银宝石装饰品、铁器铜器陶器、雕刻品等数量庞大，今暂且陈列于陈列室。西尔卡普东北约 1.2 公里处还有一

处城墙包围的都城，即迦腻色迦王新建之都城，今称锡尔苏克（Sirsukh）。附近建筑遗迹甚多，其主要者有：

一　犍底庙（Jandial Temple）
二　库那拉 [2] 塔（Kunala Stūpa）
三　达磨拉吉卡塔（Dharmarajika Stūpa）
四　莫赫拉莫拉都塔
　　（Mohra Morâdu Stūpa）
五　尧里安塔（Jaulian Stūpa，一作"贾乌利安"，一作"焦里安"）
等。（第三七一图）

第三七一图　塔克西拉都城街道遗迹

其中犍底庙平面设计与希腊宫殿颇相似，前面并列的大石柱俨然一副希腊爱奥尼柱式 [3]

[1]　此译词来自"中国社会科学网"（http://www.cssn.cn/kgx/kgbk/201406/t20140610_1203874.shtml）。但该网站和"日本雅虎"网站皆未见有英语或梵语等标记。——译注

[2]　阿育王儿子。许多文献都记载为阿育王的继承者。传说被阿育王的王妃（一说是阿育王的宠妃提沙拉库西塔）挖去眼睛。——译注

[3]　爱奥尼柱式（Ionic Order）源于古希腊，是希腊古典建筑的三种柱式之一（另外两种是多立克柱式和科林斯柱式），发源于希腊依俄尼亚地区，广泛使用于雅典全盛时期以及之后一整个世纪，特点是比较纤细秀美，又被称为女性柱，柱身有 24 条凹槽，柱头有一对向下的涡卷装饰，柱有础盘，柱头有曲线状涡形，为其特色之一。爱奥尼柱由于其优雅高贵的气质，广泛出现在古希腊的大量建筑中，如雅典卫城的胜利女神神庙（Temple of Athena Nike）和俄瑞克忒翁神庙（Erechtheum）。——译注

第三七二图 塔塔克西拉·犍底庙

第三七三图 塔克西拉·库那拉塔

（Ionic Order）模样，亦有趣，成为当年希腊艺术如何原样传入印度之绝好证据。其余四塔上方皆被毁，但从挖掘结果看下方皆为方形坛，四面用白灰作出科林斯式（Corinthian Order）长方形断面装饰柱，柱间往往有在白灰上雕出的精美佛菩萨像。特别值得关注的是这些塔规模皆大，在其四周配置许多小塔。有许多完全挖出的遗址表明，几乎所有的小塔坛部四周都有优美雕刻。这些塔的旁边都有僧侣居住之僧房，其平面图洞若观火，即正中皆有庭院，四面绕有回廊，旁边有僧房，石筑壁面四处雕有大小佛龛，龛内安置有白灰制作之高雅佛像。其中也有保存较完好之僧房，这些僧房平面设计纯系印度样式。塔自然也属于印度传统建筑，下方筑有数层塔坛，略使用希腊式柱与装饰等

手法。（第三七二图）（第三七三图）

从萨拉伊卡拉车站向西走，在诺西埃拉车站换乘火车，往北行驶，可达塔克提巴希车站。距车站一英里处耸立一座高大险峻之岩石山体，草木皆无，但从山顶到山腰却兀自竖立着许多庙塔之残垣断壁，似在诉说往日的辉煌。从几十年前开始有学者和风雅人士到此挖掘，获得许多精美佛像，其中一部分现陈列于加尔各答、拉合尔、拉克诺、白沙瓦博物馆与伦敦大英博物馆。近年来考古局进行了发掘整理，发现塔坛之白灰雕刻实为精美。数层石造僧房地下室各房间与走廊之穹顶皆呈穹隆状，其入口上方为尖拱。犍陀罗式建筑已然使用穹隆和尖拱，颇有趣。（第三七四图）（第三七五图）（第三七六图）

印度西北边境白沙瓦即过去著名迦腻色迦王之都城布路沙 [Purusa，一作"布噜沙"，

第三七四图　塔克西拉·尧里安塔侧小塔

第三七五图　塔克西拉·莫赫拉莫拉都精舍僧房庭院

第三七六图　塔克西拉·莫赫拉莫拉都精舍僧房内发现之小塔

又作"补卢沙"。最为正确的说法似为"布路沙布逻"（Purusapura）] 城，该城博物馆现陈列许多在该城北方发现之犍陀罗石刻。其东南三英里左右有个地方叫谢吉基德里（Shah-ji-ki-Dheri），有大塔遗址。该塔为迦腻色迦王所建，《大唐西域记》称塔基五级，高一百五十尺，塔顶高四百余尺，上方有二十五级金铜相轮。今成一大土堆。近年来经考古局发掘，在土堆中发现藏有佛舍利之铜制低圆筒壶，盖上有释迦三尊雕刻，壶盖与壶身四周有铭文，并雕有迦腻色迦王像。铭文记述摩诃斯纳（Mahasena）[1] 伽蓝即迦腻色迦精舍工程监工埃吉萨拉（Agisala）供奉之事。恐为迦腻色迦王年代或与之接近之年代所作。

要而言之，当时建筑皆以石筑壁，于其上涂白灰，石筑方法奇特，他处未见，既有近乎纯希腊式之建筑方法，也有印度传统平面设计和形态，如僧房堂塔。而其细部除印度传统风格外，往往还运用希腊式、波斯式手法。塔上部分大抵毁坏，但其完整形状通过塔克西拉·莫赫拉莫拉都精舍僧房内发现之小塔和现陈列于加尔各答博物之小塔可以明了。方形或圆形坛基数级层叠，上方载有半圆形塔身，塔顶安置相轮。数级坛基四周绕有希腊式或波斯式长方形断面装饰柱，柱间有印度式裤腰状拱或三叶状拱，内部多刻有佛像及其他雕像。也有的或绕有印度式石垣，或刻以莲花，装饰希腊蛇腹形条纹和群童搬运花绳之图纹。观察

[1] 此名称与湿婆神的二儿子和战神、亦即佛教护法天尊韦陀菩萨的塞犍陀 (Skanda) 有关。据说塞犍陀曾聚集诸天军队击败恶魔塔茹阿卡，因此他的军队被称为"伟大的军队"（MAHASENA），他因是诸天军队的领袖也被称为"军主"（SENANI）。——译注

这些手法可以得知犍陀罗式建筑混杂有印度、希腊、波斯建筑样式。

2. 雕刻遗物

当时雕刻物皆出自从大夏而来希腊、波斯血统之雕刻家或接受其熏陶之雕工之手，具有雄健、华美、富丽之特征。雕刻主题以佛菩萨及与佛传记生平有关的内容为主。印度佛像雕刻始于犍陀罗之大夏雕刻家，而中印度地区此后开始模仿此类雕法。这已然成为学者间之定论。

犍陀罗式佛菩萨像及其他人物像皆体格魁梧，身材匀称，面相、四肢、躯干、筋骨皆具写实风格，多用圆刻和浮雕手法，群像人物各自拥有自身表情，而且为某一中心人物统领，决无纷繁杂乱之景象。头发多为希腊式波浪状，偶尔也有螺发，衣服反映当时风俗，或使用印度传统形式。衣纹由希腊手法蜕变而来，但与后者之写实风格相反，略带有形式主义风格，线条雄健有力，然其褶襞刻度过深，缺乏自然柔美感觉。而且与体格相适应精心安排，躯干、四肢细部透过衣纹可见。面相带有亚利安人面部特征，鼻梁高，连额，眼稍大，唇薄，嘴角紧闭，下巴稍尖向外突。往往鼻下蓄须，又多在眉间作白毫，往往在手掌与足掌内刻相轮。菩萨像有头饰、胸饰、腕轮、足轮等。尤其是祖右肩，在此处斜挂两个胸饰，最反映出犍陀罗式佛菩萨像特色。另外，佛菩萨有圆形背光，但这些背光只是平面圆板，一般无任何雕饰。偶有四周刻锯齿纹，正中刻莲花之背光。（第三七七图）（第三七八图）（第三七九图）（第三八〇图）（第三八一图）（第三八二图）（第三八三图）

犍陀罗式雕像主要胚胎于希腊雕像，此属一见自明之事，而如今纯希腊式雕像

处处为人发现。塔克西拉出土之狄俄尼

第三七七图　释迦立像　　第三七八图　释迦坐像
（加尔各答博物馆藏）　（加尔各答博物馆藏）

第三七九图　菩萨立像　　第三八〇图　菩萨坐像
（拉合尔博物馆藏）　（加尔各答博物馆藏）

第三八一图　佛像头部（白沙瓦博物馆藏）

第三八二图　释迦苦行像
（拉合尔博物馆藏）

第三八三图
塔克西拉·尧里安精舍
石膏佛像

福·札衣发现之赫拉克勒斯[3]小铜像也明显是希腊式雕像。

犍陀罗式雕像已出土数千，而难得几件有刻铭，几乎没有一件能确证其年代。最近有学者说公元前一二世纪雕刻者最接近希腊雕刻之本源，也最精美，而年代越后，及至月氏时代及其末期其雕刻手法越渐趋衰颓，其价值也随之下降。我赞成此观点。

此类犍陀罗式雕刻现大量陈列于加尔各答、拉克诺、拉合尔、白沙瓦博物馆（伦敦大英博物馆、南肯辛顿博物馆也有大量收藏）。塔克西拉陈列馆收藏最多，精品也多，既有石雕，也有石膏作品。现说明其中的代表作。第三七七图、第三七八图佛像收藏于加尔各答博物馆，一为释迦立像（行经），一为释迦坐像（说法）。第三七九图佛像收藏于拉合尔博物馆，系菩萨立像。其匀称美、体格美、面相美、衣纹美可称犍陀罗式雕像白眉。第三八〇图佛像亦收藏于加尔各答博物馆，其特色在于口髯和胸饰部分。第三八一图佛像收藏于白沙瓦博物馆，佛像头部为石膏作，明确反映其为希腊式雕像。第三八二图佛像收藏于拉合尔博物馆，系释迦苦行像，其形销骨立之状可称达至写实风格之极致。第三八三图佛像是在塔克西拉·尧里安塔旁边僧房发现之石膏雕像，属于接近该朝代末期之作品，但仍然蹈袭过去之形式，而且与初期作品比较，温柔有余而雄健风格不足。

三、中部印度式艺术

中部印度式艺术即发育于恒河流域之艺术，

索斯[1]（Dionysus）半身像和哈波奎迪斯[2]（Harpocrates）小白石像等即为绝好之例证。尤其是后者非常精美。大英博物馆馆藏、优素

[1]　狄俄尼索斯，罗马又称巴古斯，植物神及葡萄种植业和酿酒的保护神。——译注

[2]　哈波奎迪斯（Harpocrates/Hor-pa-kraat；Golden Dawn, Hoor-par-kraat）：孩提时的荷鲁斯（Horus the child），用以区别年长后的荷鲁斯。他保护上埃及的小孩子，头发旁分并吸吮手指。——译注

[3]　赫拉克勒斯，宙斯之子，此神话人物天生拥有神力却饱尝人生百苦。——译注

大体上可说是印度传统艺术，与以希腊意趣为根本之犍陀罗艺术在样式和性质上都有很大差异。从孔雀王朝至佛教衰亡，可大致划分为三个时期。第一期从阿育王朝开始，经巽迦、甘婆、案达罗王朝至公元三世纪末叶。第二期从四世纪初笈多王朝兴起，经戒日王朝至七世纪末叶。第三期从公元八世纪开始，至十二世纪末叶佛教衰亡。大体而言，第一期为发生期，第二期为高潮期，第三期为衰亡期。

第一期

1. 建筑遗迹

印度是文明古国。公元前六世纪佛教开始兴起，势力日益强大，附属佛教之建筑和雕刻等已然发展到一个相当的高度。这些遗物并非全部消亡，不知所踪。现存最古老之遗物系始于阿育王时代之遗物，这些最古老遗物就是阿育王或为纪念释迦事迹、或为铭刻教令而立之所谓阿育王石柱。这些石柱中我所见到的有：

一　加尔各答博物馆陈列之兰姆普鲁瓦（Rampurwa）出土石狮柱头和石牛柱头

二　鹿野苑（Barnath）石柱（四狮头）

三　桑奇（Sanchi）石柱（四狮头）

四　德里石柱（缺柱头）

此外，听说石柱在吠舍厘（Besarh）还有两根，在安拉阿巴德（Allahabad）有一根，在佛降生地蓝毗尼园（Rummindei）有一根，在尼格里瓦（Niglihwa）有一根，在拉乌里亚·南丹加尔夫（Lauriya-Nandangarh）有

一根，在巴基拉（Bakhira）有一根[1]，在僧伽施（Sankisa)[2]有一根。（第三八四图）（第三八五图）（第三八六图）（第三八七图）

这些石柱均由一整块灰色砂岩雕出，运用相同样式和相同手法（柱头兽形有异），表面刻有铭文。桑奇（Sanchi）石柱折断倒地，但全长仍有约四十二尺许。石柱皆底粗而逐渐向上头细，柱表面经水磨如镜，几可照脸。柱上部有柱头[3]，如伏钟状。其上方有厚顶板[4]。再往上，如兰姆普鲁瓦石柱上则雄踞一狮或一牛；鹿野苑和桑奇石柱上四狮背靠背踞立；巴基拉石柱上雕有一立象。

顶板四周或浮雕轮形和动物，或浮雕鹅鸟和忍冬图纹。这些雕刻表面和柱子一样都经过水磨。其技艺之精湛实可惊叹。不仅如此，兰姆普鲁瓦石柱狮子雕刻，其技艺已臻于出神入化之境，世界上现存所有狮子雕刻均不可与之比俦。可惜狮面今缺损，所幸鹿野苑狮子的完整头部可补此狮之缺失。鹿野苑柱头不仅保存完好，而且手法犹胜一筹。桑奇柱头形制相同，毋宁说更胜鹿野苑柱头一筹，可惜破损太多。兰姆普鲁瓦石柱牛像雕刻也极为写实，颇有趣。总之，这些雕刻属于印度最古老之艺术品，且

[1]　即阿育王石柱之一狮像石柱（Lion Capital at Bakhira），又名吠舍里石柱。不知与著者所说的吠舍里那两根石柱存在何种关系。——译注

[2]　僧伽施（Sankisa），过去也译作"曲女城"，即释迦牟尼佛自忉利天下凡处。此地名过去还被称作Sankasya，有人译作"沙宾西亚"，现统一叫做Sankisa。——译注

[3]　实为托座。——译注

[4]　多为圆形鼓状顶板。——译注

第三八四图　兰姆普鲁瓦出土
阿育王石柱石狮头

第三八五图　兰姆普鲁瓦出土
阿育王石柱石牛头

第三八六图　鹿野苑阿育王石柱四狮头

第三八七图　鹿野苑阿育王石柱刻铭

属最精美之遗物。印度从那时起到今天已过去两千一百五十年，但未出现过任何一件可与之比肩之雕刻。阿育王时代何以能创造出如此优秀之作品，想来与当年印度领地直接与大夏、波斯相接，优秀波斯、希腊艺术得以进入印度有关。柱头之钟形托座与立于波斯古都波斯波利斯（Persepolis）[1]宫殿柱头托座相似。石柱之

[1]　波斯波利斯，波斯阿黑门尼德王朝的第二个都城，位于伊朗扎格罗斯山区的一盆地中，建于大流士王（公元前522—前486年在位）时期，其遗址发现于设拉子东北52公里的塔赫特贾姆希德附近。城址东面依山，其余三面有围墙。主要遗迹有大流士王的接见厅与百柱宫等。1979年联合国教科文组织将波斯波利斯作为文化遗产，列入《世界遗产名录》。波斯波利斯又称塔赫特贾姆希德，是波斯帝国大流士一世即位以后为了纪念阿契美尼德王国历代国王而下令建造的第五座都城。希腊人称这座都城为"波斯波利斯"，意思是"波斯之都"；伊朗人则称之为"塔赫特贾姆希德"，即"贾姆希德御座"。公元前331年因亚历山大大帝入侵而遭破坏，但遗迹尚存许多。——译注

水磨法想必是继承从埃及、波斯传人之手法。顶板四周之忍冬图纹当属效法亚述（Assyria）[1] 手法。

阿育王都城在华氏城（Pātaliputra，即"华子城"。《佛国记》作"巴连弗邑"，《大唐西域记》作"波吒厘子"），即今天的帕特纳（Patna）城。《法显传》有曰："城中王宫殿。皆使鬼神作。累石起墙阙。雕文刻镂。非世所造。今故城在。"从石柱一例推断，即可想象其宫殿势必雄伟壮丽华美，后世无法企及，说是鬼神建造也不为过。近年来考古局副局长德克特尔·斯普那对该城进行发掘，在距地面以下两丈多的地方发现石柱和砖壁。石柱与所谓阿育王石柱性质、手法相同，故肯定是阿育王时代宫殿遗址。只是因为往日恒河泛滥，深埋土中，所以和塔克西拉一样，要全部挖掘非常困难。据说在该城还发现各种遗物，但我去时正赶上考古局办公室迁址，所以无法观看，为憾。

鹿野苑大殿南殿，有由一整块石头雕出的石垣。手法与石柱相同，由此推测恐为阿育王时代作品。仅水磨表面，无任何装饰。

据传阿育王时代建立八万四千座塔。说是为纪念而四处在与佛教有因缘的地方建塔，但均遭破坏，无法知道当时塔的形制。这些塔皆以砖筑造。

接下来的巽迦王朝到案达罗王朝遗物多了起来。与建筑有关的是塔、石垣、门及石窟。比较明确属于这个时代的塔有：

一　桑奇大塔（Great Stupa of Sanchi）

阿育王时代所建，但今天的塔系公元前二世纪后叶以石包裹改建而成。

二　桑奇第三塔　公元前一世纪左右所建。

三　桑奇第二塔　公元前二世纪左右所建。
这些塔的四周现在有石垣、门等。这些容后说明。在斯里兰卡故都阿努拉德普勒（Anuradhapura）还有。

四　阿巴亚奇瑞舍利塔[2]（Abayagiriya）建于公元前一世纪。

五　鲁班瓦力（Ruanweli）[3] 塔　建于公元前九十年。

等。

桑奇大塔直径一百二十英尺，高约五十四英尺，覆碗状托座，四周铺有供人参拜的稍高道路。第二、第三塔大致相同，与立于犍陀罗式方坛上的塔相比略有不同。斯里兰卡塔属于桑奇系统，规模更大，全部以砖筑就。阿巴亚奇瑞舍利塔直径三百二十三英尺，高当年约为二百七十英尺，现为二百六十英尺，是印度、斯里兰卡全境最大的塔，四周遗存的雕刻，明

[2]　通俗叫"无畏山舍利塔"。——译注

[3]　正确的标记应为鲁班瓦力塔（Ruanwelisaya Dagoba）。——译注

第三八八图　桑奇大塔

[1]　位于西亚底格里斯河中游、以阿修尔为中心的地区。公元前18世纪左右到公元前7世纪古代中东最早的世界性帝国亚述王朝在此建立。公元前612年被迦勒底人和米底人联军所灭。——译注

第三八九图　斯里兰卡阿努拉德普勒、阿巴亚奇瑞塔

第三九二图　佛陀伽倻大塔石垣

第三九○图　桑奇大塔东门及石垣部分

第三九三图　阿马拉瓦帝石垣雕刻塔图案（马德拉斯博物馆藏）

第三九一图　巴路特门（加尔各答博物馆藏）

第三九四图　巴路特石垣（加尔各答博物馆藏）

第三九五图　姆塔拉石垣及门（姆塔拉博物馆藏）

确显示其系公元前一世纪的手法。

其次，石垣和门可观者多。主要有：

一　桑奇大塔石垣与门　石垣建于公元前二
　　世纪后叶，四方向的门建于公元前一世
　　纪后叶。

二　桑奇第三塔石垣与门　石垣建于公元前
　　一世纪，门建于公元前一世纪前叶。

三　桑奇第二塔石垣　建于公元前二世纪。

四　巴路特（Bharhut）塔之石垣与门建于
　　公元前二世纪。

五　佛陀伽倻大塔石垣　建于公元前一世纪。

六　鹿野苑石垣　建于公元前一世纪。

七　阿马拉瓦帝石垣（Amarāvatī）建于公元
　　二世纪。

八　姆塔拉（Mutra）博物馆收藏石垣与门
　　建于公元二、三世纪。

（第三八八图）（第三八九图）（第三九〇图）（第三九一图）

（第三九二图）（第三九三图）（第三九四图）（第三九五图）

石垣即环绕塔四周之围墙，以石仿木，或
于间隔处立"柱"，其间横穿三根"贯木"，显
示凸镜形断面，柱上置放冠石。桑奇大塔石
垣规模宏大，但无任何装饰。其他多数石垣
"柱、贯"皆有圆形浮雕，圆圈内雕莲花、人
物等。有的刻有与佛陀传记与古代印度传说等
有关的图像。偶尔也有像姆塔拉博物馆陈列的
藏品那样，柱正面刻人物，背面刻莲花纹与塔
形。隅柱往往刻人物像、寺庙、房屋、城门等
图案。巴路特和阿马拉瓦帝冠石浮雕莲花、唐
草、宝相花、花绳等图纹。门设于塔的四方或
一方和石垣之间，现存最著名的是桑奇大塔的
四门。类似牌楼，横梁有三根，以短束柱相隔，
两根高柱支撑梁、束柱。柱梁相交直角处有
雀替及其他附属物。柱贯一整面雕满精细之
图案。第三塔门意趣几乎相同。巴路特门比
桑奇大塔更为古老，而且奇特。观察这些门
和石垣之意趣与雕刻，可知当时艺术已获得
出人意料的发展。

纵观这些门和石垣，可归结为巴路特的最
为古拙，桑奇的次之而略显精巧，阿马拉瓦帝
的技艺已臻圆熟。但相较阿育王柱技术，后者
精致完美，前者犹属古朴，未脱野趣。后者主
要来自希腊、波斯艺术之影响，前者则出自当
地工匠之手，注重印度传统，所以有以上区别。
但即便如此，前者也多少接受了希腊、波斯的
影响，如使用忍冬、花绳、念珠纹饰（Bead
ornament）等。巴路特石垣冠石上缘女墙图纹
间还交错镂刻埃及风格的莲花。不过这种外国
传入的艺术因子所占比重不大，总体精神趣味
仍属印度传统模式。

石窟也开凿于此时代，其主要石窟有：

一　洛摩斯·里希石窟 (Lomas Rishi) 石窟

第三九六图　阿旃陀石窟左半部远眺

第三九七图　阿旃陀第九窟前窗

第三九八图　阿旃陀第九窟内部

（阿育王时代开凿。公元前三世纪）

二　阿旃陀（Ajanta）石窟第九、第十窟（公元前二世纪）

三　同上石窟第八、第十一、第十二、第十三窟（公元前一二世纪）

四　同上石窟第十五窟（公元185年）

五　卡里（Karli）石窟（公元前一世纪）

六　纳西克（Nasik）石窟（公元前二世纪—公元二世纪）

七　坎赫里（Kanheri）石窟（公元189年左右）

等。

在这些石窟中我参观了阿旃陀、卡里和坎赫里石窟。此外还有一些石窟散布各地，但似乎并不那么重要。

先说阿旃陀。阿旃陀位于深山密林中，老虎时常出没。小溪弯流之左岸，岩石山体高耸。断崖中部或高或低开凿有一系列石窟，现共有二十六座。从溪流下游出口起算，分别命名为第一窟至第二十六窟。（第三九六图）（第三九七图）（第三九八图）

上游还有二三窟，现正在发掘之中。下游石窟中最早建成的是第八到第十三窟六座窟，建于公元前一二世纪。第六、第七、第十四、第十五四座窟次之，建于公元二三世纪。第十六、第十七、第十八、第十九四座窟系公元五世纪、第一至第六的六座窟和第二十至第二十六的七座窟系公元六七世纪建成。现仅说明第一期建成的石窟。其他的在第二期部分叙述。

这些石窟可分为两种。第一种是安置塔

婆的佛殿（Chaitya[1]），第二种是僧侣居住的
僧房（Vihara）。第九、第十窟属佛殿，第八、
第十一、第十二、第十三窟属僧房。其中最古
老且最重要的是第九、第十佛殿，建于公元前
二世纪。进深长度比面阔宽度大，其后端为圆
形。八角列柱将内殿和左右通道分开，一直向
后方延升。内殿后方安置塔婆，其样式简单。
入口上方开莲花拱状大窗，将光线引入内部，
穹顶呈穹隆状。内部柱壁无任何雕刻，以佛菩
萨、人物绘画作为装饰。大部分绘画画于公元
五世纪前后，其中一部分属于印度最古老的绘
画，据认为系当时创作。僧房无特别重要的遗
物，从略。

卡里石窟在孟买附近，系当时最大也最
完美之石窟宫殿。窟前有小庭院，其前有石
垣，正中设石台阶。上台阶左右有石柱，与阿
育王柱相似。右柱上有力士，左柱上狮背对背
盘踞，上方皆破损，载何物不明，恐有圆圈状
物件。窟入口有拜殿，外壁以两根八角柱支撑，
上开五窗。通往内部入口有三个，其上方开大
莲花拱窗，壁面雕刻古朴男女供奉图像。内部
如阿旃陀石窟，进深长，后端以圆形列柱分出
内殿与外殿。后殿安置塔婆，二层圆坛上有半
球状塔身，其上有球形托座（Tee），再于其上

第三九九图 卡里石窟宫殿前面

第四〇〇图 卡里石窟宫殿内部

[1] 有3个意思：一类是"支提"（Chaitya），指
不放舍利、遗骨，而放佛像、经卷等的石窟；
一类是"支提窟"（Chaitya Hall），指印度佛
殿中位于毗诃罗（僧院、精舍之意。梵语原义
指散步或场所，后来转为指佛教或耆那教僧侣
的住处）旁边专门举行宗教仪式的石窟。支提
窟多为瘦长的马蹄形，有一圈柱子；另一类是
放置"舍利塔"的石窟（Chaitya），印度共有11座，
每一座的造型都一样，正方形的塔身上方有白
色尖塔。——译注

立木制伞盖。二层坛四周刻石垣状，盖桑奇大
塔式石垣之完美标本。柱为八角形，柱础呈瓶
状，柱头盛开莲花，并在其上安放神桌，桌上
有男女人物和骑牛人物，显示出比阿旃陀石窟
宫殿在技术上更为先进。穹顶穹隆仿木构檩条，
特别有趣。恐建于公元前一世纪。

坎赫里石窟宫殿建于公元180年前后，其
样式颇类似卡里石窟，位于孟买附近萨尔塞特

第四〇一图　菩萨立像（加尔各答博物馆藏）

岛（Salsette）中央岩石山上，规模较小。内部列柱与卡里石窟意趣相同，但在雄伟这一点上劣于后者。（第三九九图）（第四〇〇图）

2. 雕刻遗物

第一期雕刻之重要部分，有前述阿育王柱头精美之狮、牛圆雕，桑奇大塔以及巴路特、阿马拉瓦帝、姆塔拉等石垣与门的人物与动物凸雕。卡里石窟壁面也有男女人物凸雕像。观看这些雕刻可以知道当时的雕刻样式。此外，其他博物馆还收藏有许多佛菩萨、龙神等圆雕，其中有的雕刻可确证其制作年份。现刊出其中重要的雕刻照片以作为代表说明其形式。

第四〇一图系在阿育王都城巴特那附近发现的菩萨立像。该像现陈列于加尔各答博物馆。从石材经过水磨这一特点来看恐系阿育王时代或接近该时代时建成。头部与双手已失，体格硕大，着衣裳，粗绳系衣于脐下，绳端下垂。又自左肩至胸口斜披长布，佩胸饰。衣纹由细

纽般线条随意反复叠加而成。从下腹垂下的粗绳间透过衣服阴部形状突鼓可见。透薄衣裳可显示身体，且手法古朴，是第一期佛像之显著特征。虽说技术上尚显稚拙，但气势雄壮，豪气逼人。此类雕刻除水磨石材的手法外，丝毫看不出希腊、波斯艺术的影响，恐为印度传统艺术品。加尔各答博物馆还有一些据认为是孔雀王朝的雕刻品（虽也有残缺），姆塔拉博物馆也有与以上佛像相似的立像。（第四〇一图）

其次，在鹿野苑地区还发现了明确纪年为迦腻色迦王时代的菩萨立像。现陈列于鹿野苑博物馆。此像附有巨大天盖。像台四周刻有铭文：迦腻色迦大王三年冬三月二十二日造。据说其供养者名与在姆塔拉地区出土雕像的供养者名相同。除此之外，其石材也是姆塔拉地区特有的赤砂岩，所以很有可能是在姆塔拉雕刻后搬运到鹿野苑地区的。此像亦躯体硕大，失右手。着裳后又着上衣，露右肩，左手叉腰，以手腕托衣襟。雕刻精巧，衣与裳皆薄，透过衣裳躯体清晰可见。腰带结在上衣下，阴部亦明显可见。衣纹甚简，仅衣领和肩膀至手腕处褶皱以细线刻出。胸、腹、股部衣裳与身体紧贴，全无褶线。面相略有破损，圆额、大眼。两足间有狮子踞坐像。要而言之，此像继承前像之形式，但在技术、工艺方面进步明显。即便如此，也丝毫未发现有任何犍陀罗艺术样式。犍陀罗艺术样式很早即发源于旁遮普邦，至迦腻色迦王时代犹余势未衰。虽说迦腻色迦王的领地包括中印度西部，但在去之不远的姆塔拉地区希腊、印度式艺术却不至大行其道，实可谓不可思议。不独如此，在姆塔拉地区发现的迦腻色迦王立像亦丝毫不带有任何犍陀罗艺术因子。此像现陈列于该地博物馆，可惜头部与两腕已失，姿势僵硬，右手按长剑头部，左手握短剑手柄，脚穿臃肿庞大皮靴等，其形态实

为怪异。根据衣裾刻铭可知系迦腻色迦王像。该像与夏基奇德里[1]大塔发现的舍利壶上迦腻色迦王像和迦腻色迦王时代铸造的银币上迦腻色迦王像均非常相似。当时刻国王肖像，恐非名师巧匠不能担任。此像丝毫未见犍陀罗艺术影响，更让人不可思议。诚然，姆塔拉时代建筑装饰（如石垣）往往运用花绳、忍冬纹和波斯式柱头等，在其雕刻上偶然可发现犍陀罗风格的胸饰和斗杀狮子的人物像等，故无法说与犍陀罗影响没有关系，但至少在前述各雕像中没有看见任何犍陀罗艺术优秀手法和精神。再谈菩萨像的天盖。此天盖很大，直径约七尺五寸左右，中央刻莲瓣，四周绕有细带，刻莲花纹和各种有羽翼怪兽。外轮稍宽，轮内刻宝瓶、法螺、忍冬、卍字、果盂、花绳、三宝、双鱼等十二宝。菩萨像本身看不见犍陀罗风格的影响，但从天盖的图纹中可以窥见犍陀罗艺术的痕迹。（第四〇二图）（第四〇三图）

第四〇四图菩萨立像亦收藏于姆塔拉博物馆，也许比第四〇二图菩萨立像的制作年代早。最近从桑奇发掘的龙神像与此像形制相同，年代相同，皆为杰作。第四〇五图菩萨坐像亦收藏于姆塔拉博物馆，据称是中印度样式最古老的释迦像。台座有刻铭。佛格尔（Vogel）[2]根据其书体鉴定其为月氏时代作品，恐为公元二三世纪所作。其面相紧张，眉长，眼稍大，鼻梁直，嘴角稍上翘，顶发卷似螺壳，容貌与犍陀罗式佛像差异颇大，且其左手支膝，

[1] 夏基奇德里寺即位于白沙瓦东南的有"雀离浮图"的迦腻色迦寺。但百度网站和日本网站均未附英语或梵语标记。——译注

[2] 原著未标明此人姓氏及生卒、经历等信息。何人不详。从名字看似乎为德国人。——译注

第四〇二图　菩萨立像（鹿野苑博物馆藏）

用力撑肘的姿态亦很特殊。仅在悬垂于肩腕和超过跌坐的两足以下的衣服处刻出褶线，与迦腻色迦大王三年刻制的立佛像相同。背光为圆形，其边框连刻半圆状，也与犍陀罗样式无关。台座刻三狮，左右刻两菩萨，上刻菩提树和两天人。印度在上古时代不作释迦像，桑奇和巴路特石垣和门的雕刻中绝对看不到佛像。不过这些雕刻内容多与佛陀传记故事有关，在佛的四周使用某种标记。比如，四大事迹中关乎诞生的仅刻摩耶夫人抓住无忧树枝；关乎苦行成道的仅刻菩提树；关乎说教的仅刻法轮图；关乎涅槃的仅刻塔形。为何在如此漫长时间内避免镂刻神体？我想或许是出自唯恐亵渎神灵的意味。而建国于塔克西拉的希腊印度王朝的工匠则无此担心，因为希腊广刻神像，所以他们也无所顾忌，雕刻出他们重新获得的信仰的对象——释迦像。此风传及姆塔拉，姆塔拉再传及摩揭陀（Magadha），故在现存的中印度样式

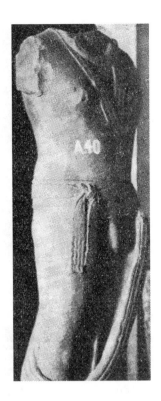

第四〇三图　迦腻色迦大王像（姆塔拉博物馆藏）　　第四〇四图　菩萨立像（姆塔拉博物馆藏）　　第四〇五图　释迦立像（姆塔拉博物馆藏）

佛像中此像等当属最古老之佛像。即令雕刻佛像的思想传承下来，但在佛像的雕刻形式和手法上也表现出不模仿他处，而显示自身固有做法之特征。（第四〇四图）（第四〇五图）

　　总之，该时代雕刻在阿育王时代因引进波斯、希腊式技术而产生惊叹一时的杰作。在犍陀罗地区希腊、印度式艺术繁花似锦，盛极一时，但这些优秀艺术对尊重当时传统的印度艺术家并未产生特别的影响，故尽管这些人从希腊、印度式艺术中获得某些启发，也略引进一些装饰方面的细部技巧，但在雕刻形制上并未得到多大影响。佛菩萨及其他人物像的体格也罢，比例也罢，衣纹也罢，颈饰胸饰等也罢，在这些方面他们都另选发展方向，以发挥与希腊、印度式艺术不同的固有特色。

第二期

　　第二期指公元四世纪初至七世纪末约四百年，含笈多王朝和戒日王朝时代印度传统文艺之复兴时期，也指其全盛期。该时期艺术相较前期简朴的艺术，无论是在形制上，还是在精神上都取得长足的发展，可谓印度艺术之黄金时代，臻于完美之境。法显来访时恰逢笈多王朝文化如日中天的时代，玄奘三藏来印时又逢戒日王的全盛时期。该时代艺术遗存于建筑方面除石窟外保存完整的遗物少，而在雕刻方面则较丰富，这从发掘出的文物可以证明。另外，绘画遗物也略有一些，可以看出当时的艺术形制。

1. 建筑遗迹

保存最完好的仅为石窟，故先说石窟。举其重要者有：

一　阿旃陀石窟　包含第十六至第十九的四座窟，第一至第六的六座窟以及第二十至第二十六的七座窟。

二　埃洛拉石窟　第一至第十二共十二座窟。

阿旃陀石窟可谓石窟中的精华。第十六至第十九的四座窟建于公元五六世纪，第一至第六的六座窟以及第二十至第二十六的七座窟建于公元七世纪。

其中第十九和第二十六的两座窟是佛殿，其平面图与前述第九、第十窟相似，但其前面的雕刻与装饰丰富美丽至极，特别是内部从柱子到小壁布满精巧之雕刻。如第二十六窟，四周壁面刻巨大涅槃像和众多佛龛。内部安置的塔的前部突雕佛像与雕饰繁美。若当时绚烂色彩原样保存至今，则不知何等富丽堂皇。总之，第二十六窟恰好建于玄奘三藏来印期间，即印度艺术达至精美华丽至极的历史时期。除此二窟外皆为僧房。代表作有第十七窟、第一窟和第二窟。前面皆有前廊，内部以列柱包围形成的客厅面积很大，其外侧是走廊。后面为内殿，安置神像。走廊三个壁面开有入口，其深处有许多小房间，即僧侣起居坐卧的场所。顶棚平，以格子藻井状线条区隔，刻人物花草图案。前廊柱子与入口及内殿入口等处多刻唐草图纹和男女人物像等。内部客厅四周柱子也雕刻人物和唐草等，悉数施以色彩，而且内部壁面还描画有关释迦传记和故事及其他内容的绘画，佛菩萨及各种人物、宫殿阁楼、草木动物等线条流畅，栩栩如生。不论是构图，还是人物姿态，抑或是各自表情皆属杰作，无与伦比。画壁画前先在壁面薄施一层白灰，之后作画，显

第四○六图　阿旃陀第十九窟前面

第四○七图　阿旃陀第十九窟内部

示出湿壁画（Fresco）[1] 技艺，可惜前些

[1] 意大利语，新鲜之意，即用于西洋壁画的一种技法。涂石灰后趁石灰未干透前，即以水彩颜料描绘。颜料染色于石灰层后干燥，故很坚固。也指以此法画成的壁画，如弗莱斯科画。——译注

第四〇八图　阿旃陀第二十六窟内部

第四〇九图　阿旃陀第二十六窟内部左侧柱及小壁

第四一〇图　阿旃陀第十七窟内部

第四一一图　阿旃陀第十七窟内殿佛像

第四一二图　阿旃陀第一窟前面

年格里菲斯[1]在摹写这些壁画时，为保存壁画特地在画上涂上胶，所以之后壁画整体发黄反光，珍贵壁画就此被糟蹋。访问此处的人不管是否风雅见此无不心痛感叹。最近考古局从意大利招聘精通此道的专家，为保存此壁画煞费苦心。前年冬至去年春，国花社[2]突发奇想，派

[1]　原文过简，何方人士不详。查找英文，其名字可有两个读音：Griffis 或 Griffith。以下几位人物大凡类此。不一一做注。——译注

[2]　杂志社名。1889 年由高桥健三、冈仓天心等人创建。出版《国花》杂志，该杂志是研究日本及东亚美术的专业月刊杂志，对日本艺术启蒙、研究两个方面都起到重要作用。——译注

第四一三图　阿旃陀第一窟内殿入口

第四一四图　埃洛拉第十窟前面　　　　　　　第四一五图　埃洛拉第十窟内部　　　　　　　第四一六图　埃洛拉第十二窟前面

遣泽村文学学士和荒井宽方等人到现场摹写此壁画。由于诸位画家精心摹写，大功告成，给日本有识之士以深刻印象。

此壁画最早于1857年由基尔少校首次摹写，摹写后展出于水晶宫，因1866年火灾大部分画作归于乌有。1872年至1885年间格里菲斯以油画形式摹写。画作展出于南肯辛顿博物馆，又因火灾散失一半画面。最近（1909—1912）赫琳加姆女士再度尝试摹写，乃水彩画。与格里菲斯摹写画作残部一道展出于南肯辛顿博物馆。我观看过，但认为二者均摹写拙劣，完全体现不出原画的旨趣，痛感最佳摹写必须出自日本画家之手。（第四〇六图）（第四〇七图）（第四〇八图）（第四〇九图）（第四一〇图）（第四一一图）（第四一二图）（第四一三图）

（追记）荒井宽方等人摹写的壁画于1923年9月1日关东大地震时烧毁于东京帝国大学文学部内。不胜痛惜。看来阿旃陀石窟壁画摹写物总是因火作祟而烧毁。

埃洛拉共有石窟三十三座，其中与佛教有关的十二座，与印度教有关的十八座，与阇伊那教有关的三座。现仅谈佛教石窟。埃洛拉位于高原尽头，断崖高耸。石窟开凿于断崖上。这些佛教石窟大抵建于公元六七世纪。第十窟是佛殿，其他为僧房。第十窟正面建筑意趣颇奇特，也颇有趣。内部十分宽敞，普通平面设计。塔前面雕刻佛像。总体说来不如阿旃陀石窟佛像。各僧房有纤巧装饰和佛像等，而最有趣的乃第十二窟。面阔一百十五英尺，进深四十三英尺，三层，手法简单，但外观宏大，第二层和第三层雕有许多佛菩萨像。（第四一四图）（第四一五图）（第四一六图）

坎赫里石窟　开凿于撒尔塞特岛（Island of Salsette）中央岩石山崖中部，高低参差不齐，共有一百零九座窟，但最重要的仅大窟殿。

此窟殿几可谓卡里窟殿之翻版，非常相似，但规模略小，建于公元六世纪左右。入口处前廊左右壁面刻有巨大精美佛像，内部列柱与卡里列柱相似，但规模不如后者雄伟。

其主要建筑遗物有：

一　桑奇佛殿与僧房

二　鹿野苑塔、佛殿与僧房

三　那烂陀精舍塔、佛殿与僧房

四　斯里兰卡阿奴拉达普拉各座伽蓝

此外，还有拘尸那揭罗伽蓝遗址、祇园精

第四一七图　桑奇佛殿

第四一八图　鹿野苑大塔

第四一九图　鹿野苑大塔细部

第四二〇图　鹿野苑遗迹

第四二一图　鹿野苑佛殿遗迹出土入口雕刻

舍伽蓝遗址、舍卫城内塔等近年来发掘出的遗物，但因为不是特别重要，故仅说明前者。

桑奇佛殿与僧房　桑奇大塔东面与南面有许多佛殿与僧房。佛殿接近于大塔东南面，规模小，但保存完好，前面拜殿有柱，柱有精美雕刻。建筑整体比例匀称，细部制作精美，恐建于公元五世纪。其西面即大塔南面有巨大殿堂遗址，现有十根左右立柱，柱头载船形肘木，有如我国的"舟肘木[1]"。此殿堂建于公元七世纪。僧房中最重要的建筑属九世纪前后重建，容后细说。（第四一七图）

鹿野苑塔、佛殿与僧房　鹿野苑系释迦成道后首次尝试说教的灵迹之一，过去有庞大的伽蓝。《大唐西域记》载："区界八分。连垣。

[1]　建筑构件之一。即仅在柱上载肘木，以支撑桁木的构件。形状如舟，故名。——译注

周堵。层轩重阁。丽穷规矩。僧徒一千五百人。"可见玄奘到达时其伽蓝香火是何等兴旺。近年来考古局发掘之，除过去就有的人塔之外还挖出许多佛殿僧房，发现数千座石佛及其他遗物。现在遗址旁建有博物馆，陈列出土文物。大塔过去即广为人知，根据最近学界的说法系公元七世纪前后建造。直径九十三英尺，高四十三英尺，石造，圆坛上又以砖高筑圆形塔身，故总高为一百四十三英尺，圆坛四周浮雕纤细的唐草纹饰和雷纹等。佛殿遗址在大塔西北面，通过近年来发掘，已露出墙壁下方，可知平面图。其四周罗列许多小塔和小佛殿。庞大的僧房群落已在伽蓝境内各处分批挖掘出土。同时还发现许多佛像、显示建筑细部的柱子、门扉两侧的竖形厚板、梁等。其中有极其精美的雕刻。这些大概皆造于公元七世纪。（第四一八图）（第四一九图）（第四二〇图）（第四二一图）

第四二二图　那烂陀精舍遗迹发掘场景

那烂陀精舍遗址　那烂陀精舍于公元五世纪前后由戒日王创建。之后历代君王不断扩建，著名学者辩师辈出，玄奘三藏来到此寺时已然是一个大型伽蓝，僧徒约一万之众。玄奘居此寺跟从戒贤学习佛法，在《大唐西域记》中详细记述了伽蓝情况。而之前堂塔遗迹微微突起，散落在耕地上。四年前考古局开始发掘，眼下每天出动四百名左右的工人。因遗迹规模巨大，按今日工程进度要全部结束发掘至少需要三十年时间。对照《大唐西域记》有关精舍、塔等记述和现场遗址，可以认为在总体上彼此相吻合。眼下正热火朝天发掘的遗址位于中央处，系一庞大土堆，即所谓一处大僧房遗址。东西约一百八十三尺，南北约一百五十三尺，正中有庭院，四周是走廊，走廊边有三十九间三层砖筑僧房，庭院有塔、坐禅室（两间）、井等。西面挖掘出一大塔，土堆高约五十余尺，塔内部又有砖筑方塔，其四周又发现许多小塔，故

第四二三图　那烂陀精舍发掘之佛塔

第四二四图　那烂陀精舍发掘之塔之塔基细部

第四二五图　斯里兰卡阿奴拉达普拉王宫附近小庙

第四二六图　斯里兰卡阿奴拉达普拉大菩提树寺石阶阶侧挡石

又在各处试掘其他遗址。尤为引人注目的是在大僧房北偏东北约八十米左右处发掘出一个方塔的塔基。此塔基一百尺左右见方，四周有短柱，刻有致密装饰，柱间石板内雕刻佛菩萨、伽陵频伽鸟、怪异的唐草及花格棂子形状，葛石刻小莲花拱形和禽鸟等。手法颇精道，恐建于公元六七世纪前后。塔基上有砖筑建筑，但如今上部已遭破坏。因为在那烂陀精舍遗址已不断发现佛像、陶器及其他工艺品，而且有朝一日发掘完毕，势必出土更为大量的当年珍贵遗物，也许这里要建一座比鹿野苑更大的博物馆。（第四二二图）（第四二三图）（第四二四图）

　　斯里兰卡阿奴拉达普拉各座伽蓝　阿奴拉达普拉系公元前六世纪前后王朝都城所在。公元前三世纪引进佛教后在此大力兴建堂塔伽蓝。公元四百年左右法显来此地时，王宫伽蓝兴建正如火如荼，最为壮观。法显记述阿巴亚奇瑞大舍利塔（Abhayagiri Dagoba，即无畏山大塔）："高四十丈。金银庄校。众宝合成。塔边复起。一僧伽蓝。名无畏山。有五千僧。起一佛殿。金银刻镂。悉以众宝。"又说："城中一屋宇严丽。巷陌平整。"之后因屡遭南印度泰米尔（Tamils）族入侵，最终于公元七百六十九年迁都波隆纳鲁瓦（Polonaruwa），阿奴拉达普拉终至废圮。近年来通过考古局的发掘，发现众多淹没于森林中的王宫伽蓝遗址。因第一次世界大战发掘一时中止，但随着将来继续调查也许会有更多更有趣的遗址重现天日。根据施于建筑物的装饰和雕刻等判断，这些王宫、嫔妃宫殿及其他离宫、堂塔伽蓝以及人工开凿的大小池塘浴场，大抵建于该时代（不过有些池塘与塔建于前一时代）。与印度建筑不同的是，这些建筑物的柱子皆由石造，深埋地下，即使建筑物倒塌石柱也不至倾倒，此为奇观。建筑侧壁以砖筑于柱间，故至今形迹犹存。而雕刻与莲花拱形饰窗等则学习印度形制。阿奴拉达普拉遗迹散布广泛，多数遗址点缀在白昼阴暗的热带森林之中，与四周明媚风光交相辉映，此情趣是印度无法相比的。旅游斯里兰卡的人士多半到康提（Kandy, 斯里兰卡王朝最后一个首都）行走，但康提值得观看的景点甚少。而阿奴拉达普拉与之相比，其景其趣不知胜过康提多少。现仅刊载大菩提树寺石阶阶侧挡石图，以供参考。（第四二五图）（第四二六图）

2. 雕刻遗物

　　该时代雕刻出自印度黄金时代，有较多遗物存世。阿旃陀、埃洛拉等石窟有众多雕刻，但大多为凸雕作品。圆雕作品多陈列在加尔各答博物馆、鹿野苑、秣菟罗（mathurā，今译名为"马图拉"）博物馆、拉合尔、拉克诺博物馆、桑奇、佛陀伽倻陈列所。该时代雕刻姿态、比例、面相、衣纹、装饰皆美，未受到其他文化因素影响，系传统艺术的自身演化结果。现在通过照片说明其主要作品。概括说明该时代的雕刻，有两个流派，其中一个发育于秣菟罗地区，姑且命名之为秣菟罗样式，其代表作多存于博物馆。另一个发育于摩揭陀地区，姑且命名之为摩揭陀样式，其代表作多存于鹿野苑博物馆。其实甲式也好，乙式也罢，其雕刻精神和性质大体相同，也没有区分流派之必要，但其衣纹甲线条流畅，华美多褶，而乙则衣薄附体，线条略去。想来是因为前期雕刻的衣服附体处省去襞线，而仅在衣襟等处刻细线条，故造成某一方该线条的日益发展，成为秣菟罗式样，而另一方该线条的渐次消失成为摩揭陀式样。

第四二七图释迦立像（加尔各答博物馆收藏）发掘于秣菟罗地区，系余所说秣菟罗样式的代表作，也是印度最为杰出的雕刻作品，大约刻于公元五世纪。其姿态端庄，比例匀称，面相严整，品位优雅。衣纹流畅华丽，沿躯体飞流直下至两腕。透过衣纹，胸部、下腹底、两腿间肉体清晰可见。腰裙系带下垂宛在眼前。其雕刻手法之周到实可谓叹为观止。又，左手握衣襟，襟下衣襞细密重叠垂下，与略加修饰的其他部位形成较鲜明的对照。唯可惜足部缺损。其圆形背光刻莲花，四周绕以忍冬、宝相花与花绳，边缘刻连弧纹。莲花、忍冬、宝相花雄伟壮丽，分布巧妙，印度此类雕刻中无出其右者。该像创作于笈多王朝文艺繁盛期，带有一种不同于犍陀罗艺术的情调，但与犍陀罗相比毫不逊色，甚或比犍陀罗艺术精神更为优

第四二七图　释迦立像（加尔各答博物馆藏）

第四二八图　释迦立像（拉克诺博物馆藏）

秀。该像衣纹手法略受犍陀罗艺术影响，但总体样式不可谓来自犍陀罗艺术的影响感化。换言之，即第一期的传统艺术通过后期印度艺术家的自觉努力，伴随其他文化潮流的发展，取得如此显著的成果。

与该像形制相同，其成果当数第二的神像在秣菟罗博物馆，但有些神像更为完整，也有几尊残缺。

第四二八图释迦立像（拉克诺博物馆收藏）台座有铭文，明确记载乃公元五百五十年所作。出土于秣菟罗地区，保存完整，连背光都完好无缺，与前像姿态和做法相同，但其性质颇雄健，并带有野趣。纪年正确弥足珍贵。与该像形制相近的释迦立像在佛陀伽倻大塔内也有发现，其衣纹线条更为简约，恐作于公元五六世纪。第四三〇图释迦立像（加尔各答博物馆收藏）出土于摩揭陀地区，大约作于公元六世纪，与前像形制相同。其面相纯粹为唐式，是唐代艺术多依赖于中部印度艺术的绝好证据。我国法隆寺梦殿观音、新药师寺香药师皆为此类艺术之末流。此秣菟罗式佛像分布颇广，桑奇伽蓝第四十五号佛殿内释迦坐像（七世纪）、拘尸那揭罗涅槃堂内涅槃大像（长二十尺左右，六世纪前后）皆为此样式。斯里兰卡阿奴拉达普拉鲁班瓦力（Ruanweli）塔旁释迦立像与丹布拉（Dambula）石窟内许多佛像、涅槃像亦接受此样式流风影响。日本嵯峨清凉寺据称为奝然大师带回的木雕释迦立像，亦与此样式有密切关系。（第四二七图）（第四二八图）

摩揭陀式佛像代表作、释迦初转法轮坐像在鹿野苑博物馆。大约刻造于公元五六世纪，最迟不下公元七世纪。其面相清癯，眼稍下瞧，透过薄衣可见躯体，几无衣纹线条，唯胸部和趺坐的两腿间散落的衣裾顶端略有襞皱，与巧妙安排许多褶线的秣菟罗式佛像手法有很大差别。台座正面中央刻法轮，左右有卧鹿，标示为鹿野苑。又刻最早五名出家的弟子和一名妇人及一个小童。佛像背面有巨大圆光，浮雕精巧宝相花纹。上端左右刻飞天。圆光下端后屏左右有怪兽形雀替，支撑上框端部，于其上刻鳄鱼头。该手法在印度雕像和阿旃陀壁画等中多有发现，唐代进入中国后被使用于龙门石窟，也用于我国橘寺[1]和灵山寺[2]的砖佛上。（第四二九图）（第四三〇图）（第四三一图）

第四三二图释迦立像（加尔各答博物馆收藏）亦发现于鹿野苑。透过薄衣清晰可见其躯体，仅在颈部四周和袖口、裾端刻衣纹。圆形背光四周刻雄健的唐草图纹。大约刻造于公元五世纪，与秣菟罗出土的佛立像及其刻造年代

[1] 橘寺，位于奈良县高市郡明日香村的天台宗寺庙，正式称呼是"上宫皇院菩提寺"。据传是606年圣德太子创建，但其实建于天智天皇（在位668—671)(626—671）年间。室町时代起开始荒废，幕末至明治初年再度兴起。

[2] 灵山寺是位于奈良市中町真言宗大本山寺院，山号"登美山"或"鼻高山"，由行基和菩提仙那创立，本尊是药师如来。据说728年（神龟五）圣武天皇的皇女（后孝谦天皇）为病所苦。某夜天皇在梦中梦见鼻高仙人出现在枕边，说登美山的药师如来如何灵验，故派遣僧人行基赴登美山祈祷，于是皇女病愈。734年（天平六年）圣武天皇命令行基建灵山寺。两年后的736年（天平八年）来日的印度僧、菩提仙那（担任东大寺大佛开眼供养的导师）因登美山的山势相似于故乡印度的灵鹫山，故命名该寺为灵山寺，圣武天皇赐予"鼻高灵山寺"匾额。——译注

第四二九图　佛陀伽倻大塔内释迦立像

第四三一图　释迦初转法轮像（鹿野苑博物馆藏）

第四三〇图　释迦立像（加尔各答博物馆藏）

第四三二图　释迦立像（加尔各答博物馆藏）

第四三三图　那烂陀精舍发掘之观音像

第四三四图　阿旃陀第二十六窟塔本尊

皆差异不大。该类佛像进入中国后演变为山东青州驼山佛龛内壁的浮雕，但躯体暴露得不那么露骨。（第四三二图）

　　第四三三图的观音立像发现于当下正在发掘的那烂陀精舍遗址，手法简单，作品优秀，至少刻造于公元五世纪。第四三四图是阿旃陀第二十六窟塔前本尊释迦倚坐像，造于公元七世纪前后。其几无衣纹，躯体暴露，清晰可见。刻法极简，但技巧颇优秀。男女龙神支撑佛像足下莲花茎的图案于中国不可见，但该姿势和后屏雀替的怪兽却进入中国和日本的雕刻中。唯一的区别是该像衣纹极简，几近于无。又，阿旃陀第十六窟中龛本尊（公元五世纪前后）和埃洛拉第十二窟第三层右壁佛龛本尊（七世纪前后）都采取这种姿势。（第四三三图）（第四三四图）（第四三五图）

第四三五图　斯里兰卡斯基里亚（狮子岩，Sigiriya）山城崖壁

第四三六图　斯里兰卡斯基里亚山城崖壁壁画

第四三七图　斯里兰卡辛达格拉壁画

拉克诺博物馆收藏的释迦坐像发现于阿拉哈巴德州（Allahabad）曼库瓦尔（Mankuwar），是摩揭陀式佛像重要雕刻，铭文明确记载作于公元四百五十年左右。可惜因故未能拍摄。

该摩揭陀式佛像分布亦广，桑奇、坎赫里、佛陀伽倻、斯里兰卡的阿奴拉达普拉等地都有。鹿野苑博物馆甚至陈列数百躯之多。

3. 绘画遗物

属于该时代的阿旃陀壁画，无论是数量还是质量都堪称印度，不，甚至是世界之奇观。第十六窟、第十七窟主壁画画于公元五世纪前后；第十窟柱子与穹顶壁画之一部分亦画于公元五世纪前后；第一窟、第二窟壁画画于公元七世纪前后。无论是构图还是手法都堪称杰作，无以伦比。这些壁画在建筑一章已作说明，此从略。

以下要举出的画例是画于斯里兰卡斯基里亚山城崖壁上的飞天供养图。我在康提就想看此壁画，曾特意驱车往返一百三十英里到达那里。该壁画位于高大悬崖中部一个像刀刳进去的地方，下方有石阶可供上去。但石阶距其上方约有三十尺处全部都是悬崖峭壁，不可攀登。不仅如此，斯里兰卡政府为保护此贵重壁画，在其画面前铺设铁丝网，即便使用望远镜也全然不可见到，不胜遗憾。所幸科伦坡博物馆有其仿制品，可以了解其大致图案。该画画于公元五世纪后半叶建筑山城时，年代大体明确（公元 479 年左右）。该仿制品系以油画形式摹写水彩原画，虽不完满，但据此可知这些天人画共有十四张，色彩为黑、红、黄、绿四种颜色。其人物姿态、躯体皆精美，特别是面部最富有表情。相较阿旃陀最优美的壁画也毫不逊色。该样式接近唐代作品，其宝冠、面相使人联想起法隆寺壁画。我看了阿旃陀和此斯基里亚壁画，得知发育于中部印度的笈多式艺术进入阿旃陀和斯里兰卡后催生了此壁画，流入中国后则成为唐代艺术大成之一大要素。

近年来在距斯里兰卡康提五英里处辛达格拉（Hindagala）发现的壁画值得关注。我不幸没能看到，但在科伦坡博物馆看到最近刚摹写的仿制品。系油画形式摹写，工夫拙劣，但可窥原作风貌。画面内容为释迦在忉利天为母说法。其衣纹描线手法与笈多式雕刻一致，与斯基里亚壁画属于同一系统，但缺乏斯基里亚壁画的流畅笔致。关于年代，考古局局长约翰·休伯特·马歇尔和巴黎大学教授福谢[1] 都认为画于公元七世纪前后。我未见实物，无法提出意见。（第四三六图）（第四三七图）

第三期

第三期指公元八世纪至十二世纪末佛教受伊斯兰教教徒打击，几于印度全境销声匿迹这一时期。第二期结束，戒日王薨后印度分为众多小邦国，印度教日益得势，佛教亦接受其巨大影响并摄取该教义，以至性质略有改变，但最终无法扭转逐渐衰亡的颓势，仅在印度东北部比哈尔（Bihar）、奥里萨（Orissa）两地苟延残喘。后虽有达马帕拉[2]（Dharmapala）出现，在比哈尔建立帕拉（Pala）王朝，自公元775年开始延续约四百年，但终于1193年为伊斯兰教教徒所灭。帕拉王朝历代皇帝都是虔诚的佛教徒，那烂陀精舍则成为众多僧侣经常群集的场所，濒临衰亡的佛教也因此得以在此长期苟延残喘。随着印度教的影响日益浓厚，佛教艺术亦与其教义一道共趋堕落。其初期艺术入唐进日本后演变为密教艺术，后期艺术则流播西藏成为藏传佛教艺术。该时代遗物集中在佛陀伽耶、鹿野苑和那烂陀，多少流传至今。

1. 建筑遗迹

属于该时代的石窟有印度教和阇伊那教的

[1] 福谢（M.Alfred Foucher，1865—1952），法国考古学家，精通东洋史、佛教史。——译注

[2] （梵语 Dharmapāla）南印度佛教僧（530—561），唯识十大论师之一，住那烂陀寺，属玄奘所传法相唯识宗的始祖，著有《成唯识论》等。

石窟，但似乎没有佛教石窟。属于佛教的建筑也不多。或许那烂陀伽蓝全部发掘完毕多少会出现一些此类建筑。唯近来已发掘结束的桑奇遗迹略有过去残败的痕迹。观察这些痕迹，可以发现当时佛教建筑与印度教和阇伊那教建筑形式几乎相同。

桑奇大塔东面有一个僧房遗址，遗址后面有一佛殿，现已崩塌。佛殿前面有坛，坛侧面作龛或以此为间隔，内刻人物像。坛后方现留存多层神殿，已毁坏。其入口门槛石与门扉两侧厚石板上刻满人物与唐草图纹，厚石板下方右侧刻亚穆纳河女神像，左侧刻恒河女神像。内部穹顶以递缩方式拼接三角形石块构成。从该佛殿雕刻形制判断恐建于公元十世纪。相比鹿野苑与那烂陀精舍的前期建筑，可知印度艺术是如何逐渐堕落于纤弱繁缛之窘境中。（第

第四三八图　桑奇伽蓝第四十五号佛殿

第四三九图　桑奇伽蓝第四十五号佛殿入口雕刻

在此桑奇伽蓝遗迹还发掘出许多属于该时代的建筑雕刻。

斯里兰卡故都波隆纳鲁瓦（Polonaruwa，公元 769 年由阿奴拉达普拉迁都至此）遗留该时代的佛寺遗址和大涅槃像等。我未能前往，故从略。

要而言之，该时代反映佛教衰颓的结果，建筑遗迹少，反倒是印度教和阇伊那教的遗物保存较多。

顺便要介绍佛陀伽倻大塔，虽说其出现的时代稍前。

佛陀伽倻大塔建造时代很早，系为纪念释迦成道而建。四周现存的石垣建于公元前一世纪。关于大塔，玄奘三藏在《大唐西域记》中记载：

> 菩提树东有精舍。高百六七十尺。下基面
> 广二十余步。垒以青砖。涂以石灰。
> 层龛皆有金像。四壁镂作奇制。或连珠形。
> 或天仙像。上置全铜阿摩落伽果。
> 亦谓宝瓶又称宝台

现存大塔系十四世纪初缅甸佛教徒重建，近世又全部涂以白灰，修缮外部，故外形颇新，但总体上应是在玄奘时既有的基础上加以修复的。玄奘所称精舍大概即指此大塔。现大塔高约一百八十尺，广约五十尺。具体做法是先建高约二十六尺的方坛，后在其上部中央建九层大塔，四隅建三层小塔，二级方坛四周刻列柱，于列柱间刻佛龛，安置石佛像。中国北京郊外的五塔寺塔也是在高方坛上建五座塔，乃模仿该佛陀伽倻大塔。该大塔细部系近世重修，但龛内与塔内佛像皆为古制。佛像中既有公元五世纪或六世纪前后的佛像，也有属于当年刻制

第四四〇图　佛陀伽倻大塔

第四四一图　佛陀伽倻大塔细部

的佛像。大塔四周的发掘工作已结束，发现众多大小塔，有的属于前代，也有的属于该时代修建。（第四四〇图）（第四四一图）

第四四二图　俱尸那揭罗出土之释迦苦行像　　第四四三图　释迦坐像（加尔各答博物馆藏）　第四四四图　那烂陀摩利支天像

第四四五图　那烂陀四臂观音像

2. 雕刻遗物

该时代佛像较多保存于鹿野苑、佛陀伽耶、那烂陀等地。相比前期佛像，该佛像手法逐渐趋于堕落，特别是受到印度教的影响，多面多肢、面目狰狞的佛像大量出现。该时代佛像缺乏个性，且带有俗气，多不足观，故余缺少兴趣，照片也未多拍。不过，该佛像与我国密教和中国西藏藏传佛教存在密切关系，若对此加以详细研究则很有趣。

第四四二图释迦苦行像是在俱尸那揭罗涅槃遗址附近出土的，大约建于公元八世纪前后。后屏莲座的手法和拥有三层突出的平面台座形制与后世的藏传佛教艺术有密切关系。第四四三图即收藏于加尔各答博物馆的释迦坐像亦造于公元八世纪前后，显示出笈多艺术已略呈衰颓征兆。后屏之塔起源于喇嘛塔。台座上刻狮与象系传统手法，但这也成为喇嘛塔台座的基础。（第四四二图）（第四四三图）

第四四四图那烂陀摩利支天像亦造于公元八世纪前后。三面（左面为猪脸）、三目、八臂，左手持弓、索、钩（一臂缺损不明），右手持剑、金刚杵、箭（一臂缺损不明），头后部背负火焰，台座刻七头之猪，与密教传入日本后出现的摩利支天像完全一致，亦有趣。特别是屈右足，左足用力蹬地的姿势在日本密教明王部像中经常可见。（第四四四图）

第四四五图是那烂陀四臂观音像，或造于公元九世纪或十世纪前后，其宝髻让人联想到日本平安朝密教佛像。其左胁侍菩萨系日本密教中的欢喜佛，来源于印度教的象头神（Ganesh）。（第四四五图）

（第一表）

亚洲各国各朝年代比较表

日本	朝鲜	中国	中印度	健陀罗	波斯	世纪	公元
						VI	500
		周			阿契美尼斯	V	400
		322	阿育王 孔雀王朝 第一期 317	孔雀王朝	亚历王入侵 塞流克斯 326 321	IV	300
		221 206 秦	184 190	241	塞流克斯	III	200
		前汉	巽迦	希腊印度王		II	100
		72 27	甘婆 80	塞族	安息	I	100
		25	案达罗 50			0	0
		后汉	迦腻色迦王	大月氏		I	100
		220 256 三国	月氏 226	小月氏		II	200
		晋 319	第二期			III	300
	三国	法显归 420	笈多 450	白匈奴 414 萨珊	IV	400
552 飞鸟		南北朝				V	500
645 宁乐	660	589 隋 618 玄奘归 647	606 戒日王	640 645	伊斯兰教	VI	600
784 平安	新罗	唐 775	第三期			VII	700
901 藤原	936	905 960 五代	帕拉	伊斯兰教		VIII	800
1185 镰仓	高丽	北宋 1093	伊斯兰教		伊斯兰教	IX	900
1333 室町	1292 朝鲜	1127 南宋 1279 元 1368 明				X–XIV	1000–1400

佛教艺术样式关系略图

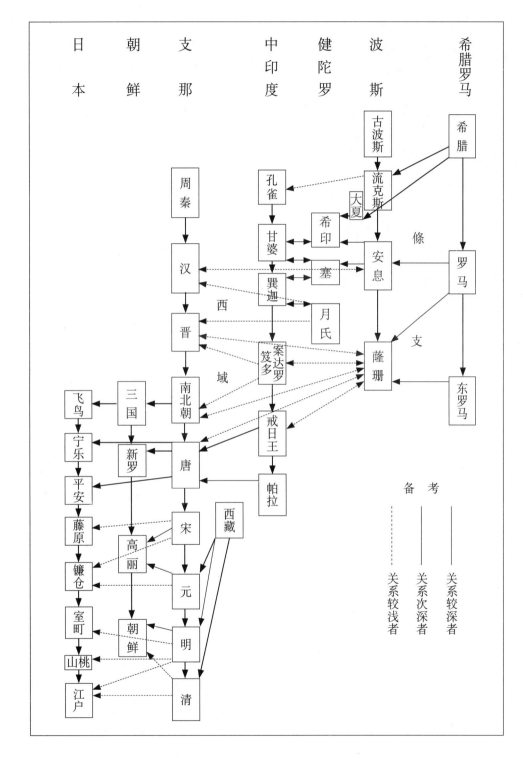

第四四六图 多罗菩萨像（加尔各答博物馆藏）

第四四六图是收藏于加尔各答博物馆的多罗菩萨[1]像，与前者时代相同，因时代变化工艺亦不断恶化。（第四四六图）

此外，该时代佛像还有许多，但不太重要，故从略。以下是该时代绘画。

3. 绘画遗物

该时代佛教绘画在印度全无遗存。不独佛教绘画，印度教和阇伊那教绘画除在埃洛拉石窟内略留有形迹外，也几乎全部消失，仅斯里兰卡故都波隆纳鲁瓦的德马拉大塔（Demala Maha Seya）壁画可视为该时代佛教绘画的代

[1] 多罗菩萨（Green Tara），为观世音菩萨的修行伴侣，梵名 Tara，全称圣救度佛母，我国古代称绿度母、多罗观音。——译注

表。我无暇前往波隆纳鲁瓦，但有幸在科伦坡博物馆看见最近刚摹写的德马拉大塔十六张壁画。因系油画形式摹写无法充分反映出原作的特征。其大体属于前期佛教绘画形式，但佛像的形态和衣纹画法有了变化，与缅甸和暹罗的佛像接近。承博物馆馆长的好意我拍摄了摹写佛像，但因光线不足终归失败，现无法展示照片。

总之，该时代绘画仅在斯里兰卡残留若干，在印度全部消失，也未出现后期那种从波斯引进的伊斯兰教绘画。

四、结论

如上述，印度佛教艺术可分为犍陀罗（印度河流域）式和中印度（恒河流域）式两大系统。为使人们对此两大系统起源、相互关系及其与周边各国的关系一目了然，我姑且制作了亚洲各国各朝年代比较表和佛教艺术样式关系略图。该年代比较表尚须进一步研究，样式关系略图也属未定稿，希望假以时日继续研究，使之臻于完善。我未充分研究缅甸、暹罗、安南、爪哇等各国佛教艺术，故此二表中省略了这些国家。若对照此二表，可以知道印度以及周边各国文化的相互影响及其样式关系。

如第二表所示，犍陀罗艺术是希腊·印度王朝在引进中印度传统样式的同时，从波斯、大夏引进古波斯、希腊样式，并将二者融为一体创造出的一大新颖优秀样式。塞朝与月氏王朝继承希腊·印度王朝做法，且或多或少受到同时代中印度和安息艺术的影响。安息文化有赖于罗马文化影响之处不少，故罗马文化影响多少也会波及犍陀罗地区。不过，犍陀罗艺术样式之主体部分在希腊。印度王朝已然成

型，尔后又按其自身规律不断发展，所以，安息、罗马文化的影响不至太大。五世纪中叶因嚈哒人入侵，犍陀罗艺术随之扫地出门，归于湮灭。

其次，中印度艺术与当时古代文化共同发展，很早就达到相当高的发展水平。其遗物最早始于阿育王时代。阿育王时代大力引进希腊、波斯文化，艺术获得极度发展之事，通过保留至今的所谓阿育王石柱亦可得到证明。巽加王朝、甘婆王朝、案达罗王朝都在自身传统样式基础上，或多或少摄取了犍陀罗式艺术细节，发扬光大了传统特色。中印度西部地区短时间曾并入月氏国迦腻色迦王版图。在此期间有人大量建造堂塔伽蓝，雕刻佛像，但犍陀罗艺术之思想精髓最终未能进入中印度艺术。换言之，即与犍陀罗艺术相对峙，始终保持着自身传统特色。

继起的笈多艺术与萨珊朝艺术多少相互发生影响，但主体仍是伴随当时文化高度发展而出现的自发且固有的传统艺术。毕竟笈多艺术是一种被传统样式新勃发的文化精神所洗练、纯化而大成的艺术产物。印度艺术也始于此笈多艺术才开始永放光芒，并将其影响流播中国和日本。

印度佛教在戒日王之后衰弱不振，后因有帕拉王朝的保护，在比哈尔、孟加拉（Bengal）地区竟然可以长时间旗帜不倒，但也接受了印度教的莫大熏陶，艺术逐渐颓废。公元十二世纪末因受伊斯兰教的打击终至全军覆没，至此佛教在印度全境几乎绝迹，至今仅在克什米尔（Kashmir）、尼泊尔等北部山地和斯里兰卡苟延残喘。

下面叙述印度佛教艺术与中国、日本佛教艺术的关系。

中国在周秦时期文化已然异常发达，其艺术成就亦颇为壮观，当时的铜器、玉器也反映

了这一点。特别是汉代遗物更为发达，数量也较多。此时因与西域各国交流多少会受到月氏、安息、罗马的影响，但终究影响不大，汉民族文化主要遵循自身传统路径发展。而至三国、两晋时代，通过于阗、龟兹等西域地区中国一定受到不少由犍陀罗、迦湿弥罗[1]地区传来的佛教艺术影响。而至东晋末期公元四世纪前后，中印度兴起的所谓笈多文化对中国也会略有影响。总之三国、两晋时期艺术属于中国传统自身发展的结果，但犍陀罗艺术随着佛教传播也给中国艺术以相当大的影响。然而不幸的是中国当年佛教艺术遗物全然归于湮灭，几乎未能流传今日，故犍陀罗艺术给予中国传统艺术影响的比重、性质等如今全然不可了解。五世纪初法显在笈多文化如日中天时旅行印度，带回经像，中印度文化为中国国民所憧憬仰望，虽说程度有限，但也会给当时的中国艺术带来影响。不过，中国与中印度地区土地远隔，当时交通极为不便，也不好说其影响会很大。

至南北朝时代，佛教日益兴盛，佛教遗物也流传颇丰，可以确证其样式、性质与印度的关系。其中最早、最大的遗迹是山西省大同云冈石窟。石窟开凿于砂岩断崖上，其大者有二十余座，小者数百，难以计数。悉为北魏时代作品，唯有一座据认为是隋代作品。最早开凿于公元460年前后即高宗文成皇帝时期，"今日中国遗留的佛教艺术中未发现比之更早者"。这些石窟内部皆刻有大小佛像和佛

[1] 迦湿弥罗（梵文 Kaśmira），又作羯湿弭罗国、迦叶弥罗国、个失蜜国。位于西北印度犍陀罗地方的东北、喜马拉雅山山麓的古国。约为现在的喀什米尔地区。我国汉朝时称为罽宾，在魏晋南北朝时代称为迦湿弥罗，到隋唐时代改称为迦毕试。——译注

塔，石壁、穹顶描刻有最雄伟富丽的装饰、雕刻。其最大的石窟东西宽度约七十余尺，南北约六十尺，内部刻高五十五尺左右的大佛像。总体规模之宏大，装饰之华丽为印度阿旃陀石窟等所不及。此外在河南省洛阳龙门还有北魏、东魏、北齐、隋代的重要石窟。稍小的石窟在河南省巩县石窟寺、山西省太原县天龙山、山东省青州云门山、驼山等也能发现。另外，南京栖霞山有南朝南齐与梁代石窟。通过这些石窟内外所刻佛像及其他装饰可知当时佛教艺术样式。除此之外，当时石造、铜造大小佛像和碑刻佛像等也遗存较多。又，该时代建筑遗物不少，砖筑、石筑佛塔略有遗存。可以发现当时木构建筑真正的形式是经朝鲜传至日本的奈良法隆寺的堂塔伽蓝。

以下说明南北朝时代艺术是如何产生，其与印度艺术又有何种关系。从云冈石窟内外雕刻可以发现其所谓北魏式艺术由以下四部分组成，即两晋时代传统的继承、当年艺术发展的突变、西域文化的熏陶和印度笈多样式的影响。两晋时代佛教艺术因无遗存，故无法正确判断其性质，但对照汉代以后出现的艺术遗物（汉画像石、石碑、铜器、陶器等）和云冈、龙门雕刻，可以发现原汉民族传统艺术通过佛教多少摄取了一些犍陀罗文化因子，并得到相应的发展。而该犍陀罗文化很快被中国化，至北魏时代要寻其形迹已颇为困难。过去学者中有许多人说北魏艺术受到犍陀罗文化极大影响。英国、德国学者中有人说犍陀罗艺术是中国、日本佛教艺术之母（如文森特·史密斯·亚瑟[1]、

阿尔伯特·格伦威德尔[2]等人），可以说这已然成为学界的定论，但我不能赞成。其实迄今发现的北魏艺术遗物最早年代是公元五世纪中叶，也是中印度笈多艺术的黄金年代，但在犍陀罗地区，佛教渐趋衰亡，因嚈哒人入侵，其艺术也与佛教一样遭到根本性的破坏。既如是，则犍陀罗艺术就无法直接影响当时的北魏。至于说是否间接给予影响，我的回答是此前两晋时代所接受的影响至北魏时已然中国化，成为性质颇为相异的艺术。比较北魏艺术和犍陀罗艺术，可以发现情调完全不同，要找出相似点非常困难。不用说无法否定间接影响，但过去学者可能过分强调了那种影响。（第四四七图）（第四四八图）比较第四四七图的云冈北魏石窟壁雕两种拱形和第三七四图的塔克西拉·尧里安塔侧出土小塔或第四四八图白沙瓦博物馆收藏的犍陀罗式雕刻的拱形，其间差异一目了然。

北魏艺术中也并非完全不能找到犍陀罗艺术形迹。例如，北魏喜好使用莲花拱和裙腰拱。虽说其手法与犍陀罗手法差异颇大，但应该是从犍陀罗艺术采用的莲花拱和裙腰拱蜕变而来的。

但这也仅能说是他山石与攻己玉的关系，而绝不是模仿。另外，悬花状装饰也似乎是从犍陀罗艺术的悬花演变而来。不过犍陀罗艺术悬花是植物性质，而北魏是珠玉璎珞。莲花的

[1]　文森特·史密斯·亚瑟（Smith，Vincent Arthur，1848—1920），英国的印度学者，印度史专家，著有《印度古代史》[The Early History of India (1904)] 等。——译注

[2]　阿尔伯特·格伦威德尔（Albert Grünwedel，1856—1935），德国的人类学家，专攻西藏学、印度美术史，对佛教艺术造诣颇深，作为中亚探险家也颇负盛名。1902—1907年到中国新疆吐鲁番、库车等地进行挖掘考察，收集许多古文书、壁画、民俗资料等，发表《中国、土耳其斯坦地区古代佛教寺院》[Altbuddhistische Kultstätten in Chinesische-Turkestan, (1912)]、《古库车》（Alt Kutscha）等详细的调查报告。

第四四七图　中国云冈北魏石窟壁雕

第四四八图　犍陀罗雕刻（白沙瓦博物馆藏）

各种雕刻图纹也是从犍陀罗艺术引进的，但手法差异颇大。此外，观察云冈石窟某窟的爱奥尼式柱头，但无法认为它来自犍陀罗艺术。实际上在塔克西拉出土过纯粹的爱奥尼式柱头，但这种柱头在犍陀罗地区几乎未有发现。在犍陀罗使用最广的是科林斯式柱头，因此，不从犍陀罗引进这种普遍可见的柱头，而大力引进几乎可说是异类的爱奥尼式柱头，可以说是无法想象。然而要说这种柱头从何而来，按如今

的研究水平，尚难以遽断。又如北魏最喜好使用的忍冬图案，应该是从波斯或犍陀罗引进并加以中国化的。

再如北魏所建的多层塔，不论砖塔木塔，都是由两晋时代传入的犍陀罗塔演变后加入中国特有的样式而形成的。如第三七四图和第三七六图在数层塔基上高高安置馒头形塔身的犍陀罗塔，传入中国后则成为砖构多层塔，又根据结构的需要在其各层加上塔檐后，则成为

木构多层塔。而且这类塔已完全中国化，看不到任何犍陀罗艺术的痕迹。中部印度也有多层塔。通过发掘，现已明了那烂陀精舍和舍卫城遗址也有规模宏大高耸之佛塔。这些塔传入尼泊尔后变为特殊的木构层塔，但可以认为犍陀罗塔比中部印度佛塔更早在两晋时代已传入中国，并给中国塔带来很大启发。

关于佛菩萨像，从犍陀罗传入的大凡属于佛像头部形状、螺发、缩发、姿势以及衣纹等部类。不过这些部类，多起源于中部印度。如前述，佛像雕刻似乎始于犍陀罗地区，故之后其形式一方面影响了中印度，一方面也影响了中国。佛传记故事雕刻也是如此。

然而，比较犍陀罗雕刻和北魏雕刻，可以发现相似部分仅大体在外形上，再详细观察，又可发现其性质差异巨大。二者技术关系极为疏远。面相如此，比例如此，衣纹手法如此，菩萨宝冠、璎珞、佩剑装饰亦如此。莲座如此，天盖仍如此。最为区别显著的是背光。

背光在犍陀罗雕刻中仅是个圆盘，几无任何装饰，而北魏雕刻则多为宝珠型(也有圆形)，内部浮雕莲花、唐草、天人等，又在外缘雕刻最为雄伟壮丽的火焰形状。菩萨的衣着方式不同，飞天的天衣长空漫舞也为犍陀罗所未见。特别是四天王、仁王形象，纯粹为中国所特有(但足下小鬼形状起源于中印度)。

要而言之，早在两晋时代中国传统雕刻艺术即很发达，而伴随佛教的兴盛，在北魏时代雕刻更为进步，给此前时代予以影响的犍陀罗雕刻艺术在这一时代已中国化，仅留下些微的痕迹。

在此需注意的是笈多艺术在北魏时代的引进。现无暇详述，但若仔细研究，可以发现存在两种样式，一种是传统核心样式，一种是传统与外来文化混杂、性质略异的其他样式。前者是两晋时代传承的中国化传统样式，后者是接受遥远的中印度笈多艺术的样式。这种笈多样式的影响在北魏之初尚显微弱，至隋稍强，而入唐后则风靡一时。

如前述，笈多文化全盛期是在公元五世纪前后，恰好与北魏同期。法显在晋代末期曾目睹该文化的昌盛，并携带经像归国。故此笈多艺术伴随佛教西渐，也或通过西域或海路斯里兰卡(狮子国)传入北魏。尽管数量不多，但无置疑余地。北魏样式中出现的笈多艺术影响，首先可举出的是北魏开凿云冈石窟的动机。或许它直接得到西凉敦煌石窟的启发，或是间接得知远在印度有石窟的结果。印度很早就在阿旃陀、纳西克(Nasik)、卡里等地开凿石窟。北魏都城大同附近云冈一地有砂岩崖壁，适于开凿石窟。北魏要模仿印度开凿石窟，选择场所时此地当为首选之地。仅就在崖壁上开凿石窟而言中印相似，然而石窟宫殿形式则完全中国化，不过有些细部往往由笈多样式演化而来。

亦即，云冈石佛寺境内石窟中外殿进入内殿的入口门楣肩部有突出部分，如我们在阿旃陀第十七窟所见，系由印度传统手法演变而来。另外，为支撑穹顶石刻梁柱，雕刻人物作为梁柱间的雀替，也属于相同演变做法。但在当时这类建筑细部手法从遥远的印度影响中国毕竟是一件困难之事，故不能指望有更多发现。笈多艺术影响中最需注意的乃佛菩萨形象。当年北魏从中部印度引进佛教，还引进不少石像、铜像、画像等。受其影响显著者首先可举出佛像面相。细长眼、紧闭嘴角、双颐、有颈圈肉襞线条等是中部印度佛像的特点，但也偶尔出现在北魏佛像中。至隋代其影响日益明显。其次是透过薄衣显现躯体的雕刻方法。比较第四二七图的五世纪笈多式释迦立像和云冈北魏佛像中的某像，一见即知二者的姿势、躯体和

第四四九图　中国云冈北魏石窟立佛像

第四五〇图　中国云冈北魏石窟入口拱内壁天部像

衣纹的刻法很相似。其背光刻莲花、周围刻唐草图纹与北魏常见的刻法也很相似。仅在没有北魏式宝珠形火焰这一点上有所差异。此外，二者菩萨宝冠上也有相似之处。北魏四天王足下刻鬼形也来自中部印度。该鬼形雕刻在中部印度佛像中多见，可视为该形象之嚆矢，而在犍陀罗佛像中却未能发现。另外，云冈石佛寺佛籁洞入口拱形内侧有湿婆、毗湿奴图象。该图象不外乎也引自中部印度。虽说北魏至隋代已略有笈多艺术之影响，但因交通不便，互相远隔，其影响应不至很大，中国传统形式应该占据主要地位。（第四四九图）（第四五〇图）

继起的王朝是唐朝，其可说是中国文化的黄金时代，国力之强远远超过汉朝。其领土与波斯相接，西藏则为附庸，故与印度和波斯的交通转为便利，玄奘三藏和义净三藏等往返印度—中国已容易许多。作为笈多文化继承者的戒日王朝文化与佛教一道大举进入中国，拥有高度文明的萨珊朝末期艺术也略微被移植至中国。唐代佛教艺术接受笈多艺术的影响主要表现在佛像的样式上。通过第四二七至第四三二图可以知道，笈多式佛像与唐代佛像在面相、姿态、衣纹等方面是何等相似。阿旃陀壁画和斯基里亚壁画中的佛菩萨像等，也与唐代壁画佛像有密切关系。特别是作为笈多式佛像特色之一、带有兽形雀替的后屏（参照第四三一图）则在唐代雕刻中经常可见（法隆寺壁画和橘寺、冈寺、灵山寺等砖佛上也有发现）。

北魏艺术与唐代艺术的性质有很大差异，但若详细研究则可发现唐代艺术与北魏艺术决不属于不同系统。可以说唐代艺术一方面是国力发展和交通便利，如通过西域，或通过西藏，或通过海路斯里兰卡引进中部印度文化的结果，一方面则是直接摄取萨珊工艺，将自北魏、隋代传承下来的样式进一步洗练陶冶，并与当时时代精神浑然融合，创造出新的光怪陆离的艺术产物，可与印度笈多朝自然产生的艺术相媲美，但规模比之更为宏大，气象也更为雄伟壮丽。

佛教在印度自八世纪后急遽衰弱，仅在帕

拉王朝的保护下于比哈尔、孟加拉地区苟延残喘，并因受到印度教的极大影响，其艺术性质也次第发生变化。该艺术在八九世纪前后进入唐代中国后转为密教艺术，出现了天部、明王部及其他众多佛像，也开始使用金刚杵、铃等各种法器。又于十一二世纪前后进入西藏，形成藏传佛教艺术。十三世纪又被元代中国接受，给中国艺术带来巨大变化。这些关系通过第二表可知。清代藏传佛教自西藏传入，故该时期艺术肯定间接地与中部印度艺术有关。实际上，中部印度佛教艺术的主流自北魏始至唐代流入中国，也波及日本，其末流则不断浑浊，从西藏流入中国，形成藏传佛教。藏传佛教佛的姿态、面相、台座、背光以及塔的形式等有酷似帕拉王朝末期佛像之处乃势所必然。

下面叙述日本和中国、印度的关系。日本自飞鸟时代首次引进的佛教艺术是通过朝鲜（新罗、高丽、百济三国鼎立时代）引进的北魏式（南北朝式）佛教艺术，所以与犍陀罗艺术没有太深的关系（当然也不能说没有间接而疏远的关系）。宁乐时期的佛教艺术主要与集大成于唐代的佛教艺术有关，而且是直接输入，该艺术也有更大的发展。平安时期的密教艺术属于中部印度中世纪艺术，通过中国波及日本的结果。日本飞鸟时期艺术样式以北魏传统样式为主，佛像中已可窥见笈多艺术形迹。宁乐时期艺术有赖于唐代艺术和笈多艺术之处甚多。法隆寺壁画与斯基里亚、阿旃陀壁画也并非没有多少关系。平安朝密教佛像中有不少与中部印度帕拉王朝样式佛像相似。第四四四图的摩利支天像和第四四六图的欢喜佛像等即其中数例。弘法大师带回日本的宝塔和多宝塔样式也来自中部印度塔。

以上大体就印度佛教艺术的变迁以及与中国、日本的关系进行说明。实际上我的调查有

所遗漏，也无暇充分读取之前有关印度艺术的出版物，而且在当地调查时得到的关照不够，所以无法参考更多学者的观点。以上仅是我这次调查得到的部分知识和研究成果，若能成为参考则不胜荣幸。期待他日能进一步研究，补缺补漏，使之成为比今天完善的研究成果。

本篇如之前作者所说，系作者将1919年3月14日在孟买日本人俱乐部演讲时的演讲稿于赴欧途中的"因幡丸号"船舱内修改后，刊载于《建筑杂志》第三四辑第四〇〇号（1920年4月）之相同文章。之后又进行部分修改，转载于阿尔斯出版社出版的《美术讲座》中。该书卷头有以下说明："该稿于1919年3月在孟买日本人俱乐部演讲后于赴欧途中在'因幡丸'号船舱内加以修改，发表于《建筑杂志》第四〇〇号。之后阿尔斯出版社来信联系，希望转载于《美术讲座》中。该稿系匆忙完成，不尽如人意之处甚多，因此希望能得空进一步研究，详加论述。然而眼下终日忙碌，无暇进一步研究，故不得已仅略加修改以敷需用。内容多有疏漏与杜撰，敬请读者见谅。"

因此，这里发表的文章以《美术讲座》的版本为基础，其中被删除的部分由《建筑杂志》补出，并加以「　」以示区别。以上供参考。

附　录

中国内地旅行谈

我就是关野，谢谢刚才的介绍。我5月13日从东京出发，在中国旅行两个多月最近才回来，所以材料尚未充分整理，研究也很不够，下面不惮烦杂，以杂谈方式谈谈这次旅行的所见所闻。

我最近在研究中国帝王陵墓，即各代的皇帝陵墓。去年以南京为中心，调查了南朝梁代陵墓、明太祖陵、五代吴越王陵等。今年计划研究中国北方主要是河北、河南地区陵墓。河南以洛阳为中心，有后汉时代和北魏的陵墓。河北地区有明清陵墓。我为调查这些陵墓而去，但很遗憾，河南地区土匪多，很危险，公使馆为此特地郑重照会郑州领事馆，但领事馆报告说还是不去为宜。另外，中国国民政府也以土匪多、危险为由不给我护照。所以只能遗憾地中止去河南的计划。作为交换，我决定去山西省。因为山西有北魏的坟墓，我过去一直想调查那里的陵寝，所以才变更为那里。我先到北京，在完成调查陵墓计划之外还参观了故宫博物院和国立北京大学陈列室等处的文物。之后先去东陵，再去明十三陵，也去了西陵，最后去山西调查。

明清时代陵墓的整体情况是：明太祖建都南京，故太祖陵在南京。但永乐皇帝时迁都北京，所以永乐皇帝陵墓建在北京以北的昌平县。之后的皇帝以永乐帝陵为中心，逐渐将自己的陵墓建在其附近，总共有十三座陵墓，故俗称十三陵。之后的清朝陵墓分为四处。清朝崛起于中国东北，进入北京前将陵墓都建在中国东北。兴京[1]有清初四代帝王陵寝，称肇祖之陵。继而沈阳有太祖、太宗陵。从沈阳的方位来说太祖陵称"东陵"，太宗陵称"北陵"。之后顺治皇帝时迁都北京。因此顺治皇帝死后陵墓就

建在北京以东偏东北方向约二百七十里处一个叫作马兰峪的地方。过去属遵化县管辖，而今归兴隆县。该处大致在北京东面，故一般称"东陵"。顺治皇帝后是康熙皇帝，其陵墓也在东陵。之后的雍正皇帝不知出于什么理由将自己的寿陵改建在北京以南约二百四十里处的易县。与东陵相对，此称"西陵"。雍正皇帝后的乾隆皇帝在东陵建陵，并决定此后在东陵和西陵交替建陵。以日本为例，就好比德川家族历代宗庙分置于"芝"与"上野"两地。之后嘉庆皇帝建陵于西陵。再以后道光皇帝以不希望离开父亲为由又建陵于西陵。同样，咸丰和同治皇帝两代建陵于东陵。接班的光绪皇帝再次建陵于西陵。如此往复，清朝历代陵墓在顺治皇帝之后，分别修筑于东西两陵。

我这次调查了明十三陵和东西两陵，对全部陵寝进行实际测量，拍摄照片。共用120mm×165mm的胶片八十打，80mm×60mm和40~50mm×60mm的五十打。

这次我在北京有幸留宿于东方文化事业部事务所，得到在那工作的濑川、桥川、衫村等先生的帮助，得以拜读那里的图书、参考资料等。另外，北京还有个团体叫"中国营造学社"。那里的朱启钤、阚铎以及其他先生也给我许多有益的帮助。再有建筑家荒木清三现在也在北京从事建筑实际工作，在工作之余还和我同行，参与研究。陵墓的全部实测工作则拜托同去的竹岛工学学士和荒木先生进行，而照片主要由我拍摄。因为分工，所以能在很短的时间内获得相当大的成绩。此外，我们还事先告诉警察局这次的调查目的，生怕在东西陵、十三陵会出现一些差错。于是警察局派了警察。东西陵最近都设立了"陵寝保管委员会"，该委员会总是派人与警察一道到场监督。当我们刚开始拍摄照片进行实测时他们的目光怪异，但

[1]　即原赫图阿拉——译注

经过一段时间，他们认为我们不是在做什么坏事，不过也似乎一直不明白我们因何目的而为之，心想大概是日本要建陵墓而来此地参观考察的，故我们未受到任何阻碍，得以心平气和地进行调查。从这点来说我们非常幸运。自我感觉是，我们不管到哪里都给那里的人们留下好印象。

下面就所调查的陵墓做些说明。因为牵涉到专业问题不容易明白，天又这么热，反倒会给大家带来困惑，所以仅介绍大致情况。

按时代顺序先介绍明十三陵。（第三七一、三七二、三七三图）

如前述，明代最初的皇帝太祖的孝陵在南京。第二代皇帝成祖永乐皇帝的陵墓在昌平区天寿山麓，称长陵，陵前神道有石牌坊、石桥、石兽、石翁仲等。其制度与南京明太祖陵相同，但规模更宏大，从神道第一门的大石牌坊到长陵前门约有 7.3 公里。其间或有门楼，或建有碑亭，或排列石人石兽，或有精美的大石桥，据此可知其规模是何等之大。太祖孝陵神道长度约为 4 公里，与此相比规模很小。永乐皇帝的长陵神道入口有面阔五间的大石牌坊，汉白玉建造，以众多雕刻作为装饰。其次有大红门，现在该顶盖已坏，开有三处通道，如隧道状。过此门是大碑亭，内有建筑，建筑前有大石碑，其四隅立有华表，高约四十余尺，汉白玉造。华表四周雕龙，顶上有石兽。过华表，又有一对石望柱，其四周雕浮云。柱前有石人石兽队列。石兽有六种，为狮、獬豸、骆驼、象、麒麟、马，或立或卧，交互放置。特别是石象如普通象大小。过石兽队列是石翁仲队列，有武臣两对、文臣两对、勋臣两对。石兽、石翁仲共十八对三十六躯，夹神道而立，实为壮观。石翁仲、石兽队列结束，有精美的汉白玉造大门，称龙凤门。过龙凤门向前始达

第三七一图　明成祖长陵大牌坊

第三七二图　明成祖长陵石兽、石翁仲象

第三七三图　明成祖长陵棱恩殿

长陵前门。前门铺葺黄色琉璃瓦，开三个入口。红墙由左右延伸东西，环绕茔域四周。入此门又有门叫"棱恩门"，该门站立于高大石塔基上，四周绕有汉白玉栏杆。前后方皆设三处石台阶。正中台阶铺有精美斜石，雕刻龙凤，称"龙凤石"。过棱恩门始达长陵正殿棱恩殿。棱恩殿前有非常广阔的庭院，过去左右有配殿，但今天已消失。殿中安置成祖神位。棱恩殿规模实为宏大，面阔二百十九尺一寸，进深九十六尺三寸一分，面阔比奈良大佛殿宽得多。大佛殿

面阔仅一百八十余尺，但进深为一百七十尺，所以就总体而言，大佛殿要大。稜恩殿与日本的东本愿寺祖师堂大小相仿。内部柱子均非常粗大，皆由一整根楠木加工而成。内外皆施以华丽色彩作为装饰。但不管是稜恩门也好，稜恩殿也罢，近来皆因缺乏修缮，房檐崩塌，椽条暴露，形如肋骨，四处漏雨，但结构实为坚固，梁柱皆使用大型木料，故即便漏雨短期也无倒塌之虞。屋顶全以黄色琉璃瓦铺葺。不独该建筑，陵内建筑全部铺葺黄色琉璃瓦。稜恩殿位于三层高大塔基上，其塔基皆以汉白玉筑就，且绕有精美栏杆。正面有三处石台阶，正中铺龙凤石，栏杆柱子上部雕刻凤凰和龙，外观壮丽。

稜恩殿背后有三阙红门，过红门后有二柱门。即立两根大理石柱，上部刻石兽，柱间设门。其后有汉白玉造石台，称"五供台"。石台雕刻细密，上有香炉，左右放置烛台、花瓶，亦皆汉白玉造。五供台背后一座多层明楼耸立于高台之上。高台下有通道，犹如隧道，可通往上部。明楼中立有大碑，碑题"大明成祖文皇帝之陵"。坟墓为一巨大土馒头，四周绕有城壁状宝城。坟上今有许多桧树和檞树，繁茂蓊郁。综合上述，即永乐皇帝陵墓比太祖陵墓规模大，其神道长度达7.3公里，神道左右并列许多石翁仲和石兽。陵寝正殿稜恩殿系巨大建筑，堪比奈良的大佛殿和京都的东本愿寺祖师堂。其他设施皆精美，所用石材皆汉白玉，但此石材并不产于北京附近，大抵采自距北京西南二百多里的西山。从如此遥远的地方运来大量巨大石料，建造规模如此宏大的陵墓，更在其石料上施以华美雕刻作为装饰，可证中国陵墓自唐代起逐渐完备。宋陵位于河南省巩县，神道也有石翁仲、石兽，但规模不如长陵那般宏大。大体上说长陵堪比唐太宗陵、高宗陵等，

但长陵规模更为宏大，可以说是中国自古以来规模、设施最大的陵寝。其后的十二位帝陵均以此长陵为中心，建造于其左右，但没有石像生。从结果上说，永乐皇帝的长陵石翁仲和石兽成为其他全部陵寝仿效的相同设施。其他十二陵也全部做过调查，其制度与长陵几乎相同，不同的只是规模小，装饰略简单。但嘉靖皇帝的永陵仅次于永乐皇帝的陵寝，也非常壮丽，洪熙皇帝的献陵和宣德皇帝的景陵等则较简朴。(第三七四图)

其次要介绍这些陵墓的保存状况。明亡时因李自成而十三陵全部受到侵扰，树木被砍伐，建筑内部设备等悉数遭掠夺，其中三座陵寝付诸一炬，故可以想象清朝初年其荒废程度。而至乾隆皇帝时则对这些陵墓一一加以修缮。但很可能修缮时未按原样，因为全部陵寝中有过半的陵寝，其大殿和正门等与塔基相比明显过小。想来或许是当时颇荒废，按原样修缮很困难，所以就用旧材料缩小尺寸后凑合使用。岂料后来又放置不管，如今荒废程度更甚。如长

第三七四图　明成祖长陵明楼及五供台

陵，大门、大殿、屋顶、屋檐等零落崩塌、椽条暴露、漏雨不断。其他陵寝窘状更甚。十三陵靠近北京，中国人固不必说，外国人也经常踏访，就好像日本的日光庙。长陵规模最大，保存最完整，所以许多人总是单看长陵，几乎无人光顾其他陵寝。因而诸陵益加荒废，无一建筑不漏雨。几乎所有的建筑或屋檐崩落，或屋顶见天，严重者屋顶全无，柱梁倾倒。小型建筑等木构部分不知所踪，仅残留砖壁，自然破坏的痕迹应有尽有。而无论前清，还是民国，均无力修缮保护这些建筑。现在虽说将建筑物全部造册编纂，按古迹保护，但徒具虚名，仅起到不砍树、不继续倾圮的作用，根本未考虑制订计划，积极修缮。

再次介绍清东陵。东陵位于北京东面约二百七十里处，北邻万里长城。因位处偏僻荒凉之地，所以到此参观的人较少，外国人包括日本人几乎未曾到访。刚开始我们觉得去东陵很困难，但不料居然能通汽车，所以早晨我们离开北京，下午四点左右就到东陵。东陵与北面不远的昌端山相对峙，东西南三面被群山环抱，当中是宽阔的大平原，唯东南方向留有一处小豁口。相传顺治皇帝狩猎至此，看见此地胜景连声叫好，即将自己陵寝定于此处。顺治皇帝陵寝称孝陵，建于昌端山南麓，陵前有悠长神道，南端有小丘，叫"元宝山"。经此过大牌楼、大红门，再向前有大碑亭，其中立大石碑，上题"大清孝陵神功圣德碑"。此亭四隅立汉白玉华表，高约三十三四尺，施以雕饰。亭北面有小丘，称"影壁山"，成为陵前的影屏。绕过影屏，和明代永乐皇帝长陵一样，先有一对石柱，其后是十八对三十六躯石翁仲、石兽夹神道站立。走完神道，穿过精美的大理石龙凤门，途中经过三座石桥。好容易攀过一丘阜，始达孝陵正面。正面先有碑亭，接着有

精美大理石桥，过桥后始达陵寝前门。过前门后是大殿、明楼等，其制度与永乐皇帝长陵略相似。唯与长陵相比规模较小。长陵神道长度为7.3公里，而此陵为5公里多一点儿，稍短，而且总体规模要小，但形制基本一致。（第三七五、三七六、三七七、三七八图）

继顺治皇帝孝陵建成之后，康熙皇帝也将自己的景陵建在孝陵的东南面。其神道位于孝陵神道中途向东的分叉线上，一直向北。与孝陵一样，先有碑亭，然后有桥，有牌楼，有小碑亭，其间有石像生队列，但数量较少。其门、

第三七五图　清世祖孝陵大牌楼

第三七六图　清世祖孝陵石像生

第三七七图　清世祖孝陵隆恩殿

第三七八图　清世祖孝陵二柱门、五供台及明楼

大殿、明楼等建筑因建于清代繁盛期，故总体说来其规模不逊于长陵，且装饰华美。乾隆皇帝的裕陵建在长陵的西南方向，其规模、形制与景陵不相上下。顺治、康熙、乾隆三代帝王的陵寝是东陵中制度最为完备最为壮观的陵墓。再继续建造的是咸丰皇帝的定陵，位于裕陵的西面，即东陵的最西端。其制度与前三陵相同，但规模较小，装饰也略简单。同治皇帝的惠陵建在康熙皇帝的景陵东南面，除了没有石像生，与咸丰皇帝的定陵完全相同。

除上述五陵外，东陵中还有顺治皇帝皇后陵，位于孝陵的东面，称"孝东陵"。康熙皇帝的妃子陵在景陵的东面，称"景妃陵"。乾隆皇帝的妃子陵在裕陵的西面，称"裕妃陵"。咸丰皇帝的妃子陵在定陵的东面，称"定妃陵"。其东面又有东太后、西太后陵墓，东西相对，合称"定东陵"。其中，西面是东太后陵，东面是西太后陵。大小一致，制度相同，但装饰方法相差极大。可以说西太后陵门装饰是明清两代所有陵寝中最豪华的。其中最有特色的是其大殿隆恩殿和其前方左右的东配殿和西配殿的装饰。其大殿坐落于汉白玉塔基上，绕有汉白玉栏杆等，与其他陵寝没有不同，但其栏杆施以精美雕刻，为过去所未见。其他陵寝大殿内外皆以彩色装饰，而西太后陵大殿与东配殿、西配殿柱子则皆使用柚木，四周绕以金色铜龙作为装饰。所有斗拱、横梁、贯木、藻井等表面悉数涂漆，再以金色描绘龙形及其他图案。而且四壁皆以黄金浮雕纹饰，可谓金碧辉煌。内部陈设等也极尽奢华。（第三七九图）

众所周知，拥有如此众多豪华壮观陵墓的

第三七九图　清西太后陵隆恩殿内部

东陵，近年来也因被破坏或挖掘而荒废异常。《东陵劫》这本小册子详细记载了东陵被挖掘一事。《闻国周报》《东陵案》等也有记载。小林胖生也就东陵挖掘问题撰写过报告等。阅读这些记载和报告，大体可以了解相关情况。但我还想就实地调查时所见所闻说几句话。

中国自古以来历代都有盗挖陵墓的习惯，周汉时代起即盗墓频繁。如秦始皇陵被项羽所挖，汉代陵墓于汉亡后几乎无一幸免。魏文帝曾下薄葬诏，其中说过："天下无不亡国之国，无不被挖之墓。"可以推见周汉时代陵墓的惨状。毕竟是因为墓中放入珍贵宝物而被盗，所以之后屡屡有薄葬诏发布。唐太宗为防备自己陵寝被盗，将其陵寝建于长安以北约八十里、高五千尺左右的九嵕山顶。该山顶北面坡度稍缓，而南面则是数十丈的悬崖峭壁。于是修栈道，在峭壁上挖墓道，达七十五尺深处才建玄宫，安置棺木。太宗驾崩棺木放入玄室后，即将外部的栈道拆除。用心如此，但它仍不免在唐末被黄巢军队盗挖。据说唐太宗生前非常珍视并在死后带入墓中的王羲之《兰亭序》帖也被盗走。

唐陵大抵被盗挖，唯独唐高宗的乾陵幸免于难。据说是因为盗贼企图挖掘时雷雨交加，害怕出事而放弃。

北宋陵墓位于河南省巩县，共有八座陵寝，故称"八陵"。与唐陵相同，有石像生装饰神道两侧。北宋在国都汴京（今开封）被金人攻陷后迁都临安（今杭州），转称南宋。金人将北宋八陵全部挖掘，拽棺于外，破坏后盗去贵重殉葬物品。南宋陵墓建于南方绍兴，共六座陵墓。元灭南宋后江南"总统"蒙古僧人杨琏真伽挖掘所有陵寝，盗走其中殉葬品，而且还计划把皇帝的骨殖与牛马的尸骨葬于一处，在上面建镇南塔。据说当时有一位农村知识分子

叫唐珏的非常气愤，夜间召集当地青年，将皇帝的骨殖收集后转移他处，并将其他骨骸播撒在原地。因此南宋皇帝的骨殖幸免于难。明代时据说又为南宋皇帝新建陵墓，收纳骨殖。金朝历代建陵于北京南面房山县紫金山麓，明万历年间全部被毁，不知所踪。清朝时因金、清同为女真族，故新筑金陵，但旧陵踪影全无。代代如此，循环往复，每有革命，前代陵寝即被毁，内部殉葬品即被盗。明陵因李自成之乱也被盗挖，但幸好清代时顺治皇帝以及康熙、乾隆皇帝各自都对明陵加以修缮保护，之后不再被盗挖。可见中国陵墓在改朝换代后必被破坏已成惯例。清灭后自然也很快被盗挖。

东陵四周区域广阔，林木禁伐，两三百年的大树繁茂蓊郁。而自清亡后民国四年时，还有八旗军为守护陵寝驻扎在此。清亡后因未拨军饷，八旗军生活开始困难，故向清室提出申请，希望钱款不济时能开垦此处无用之地，以供生活之用（此处土地当时仍归清室所有）。因要求合理，故清室允纳所请。于是八旗军开始放火烧林，整田耕种。毋庸置疑，当时此地非常偏僻，纵有许多木材也无法出售，故只能付诸一炬。天丰益商号木材商见此珍贵木材被付诸一炬，甚觉可惜，便与清室商量，希望将山林的采伐权转让于己。最终则提出要与清室一道经营山林。是以清室同意将山林的采伐权全部交于天丰益商号。天丰益商号运营成功，修通漂亮的道路，运出大量的木材，获利甚丰。民国十年直隶省省长曹锐（曹锟之弟）以天丰益商号任意采伐国家珍贵山林出售不成体统为由，派兵没收全部木材，并设置"东荒垦殖局"，改山林采伐为官营事业。起初天丰益商号是以间伐山林，伐后新种树木为条件与清室签订合同的，但合同徒具形式，伐后并未种植任何树木。官营后滥采滥伐现象日益严重。特别是民

国十四年冯玉祥军队进京后，为充军费肆意砍伐山林。至民国十七年的四年间不独后山森林，就连陵园周围的森林也全部被砍，一根不剩。就这样，过去繁茂葱郁森林掩映的陵园现在则无一株小树。过去马兰峪是一处极其荒凉冷清之地，因大肆采伐山林，许多工人蜂拥而入，无数商人如蝇逐臭，一时间热闹非凡。当地人和外乡来的流浪汉等白天也进入山林伐木，夜间则出没于陵园，采伐陵寝树木，甚至还糟蹋建筑物。现在所有精美建筑只剩下柱子和屋顶，窗子、门扉、栏杆悉数被拆去，藻井也被取走，内部陈设、宝物统统被盗。更过分的是不独门扉、藻井，甚至连大梁、贯木、横梁等也被锯掉。小型建筑则是连柱锯去，拖走木材。有许多建筑空有四壁砖墙，而无柱梁，情状凄惨。

民国十七年原张作霖部下、后投靠国民革命军的某师长驻扎在此，听说西太后陵有非常多的宝藏，故试图挖掘（小林胖生的报告有所记载，请参阅），于是叫人找来熟知二十年前西太后下葬情况的有关工匠询问详情。回答是内部情况非常复杂，石门有四重，除了通过爆破别无他法。情况如此，且兹事体大，故他无法自己一人盗掘。于是与幕僚商议，没想到竟然一致赞成，因此盗墓一事就定了下来，并约定：若大家一起进入，则势必因抢夺而争吵，有伤体统，所以要先决定进入顺序；其次要严禁带入布袋或包袱布，只能空手进入，能拿多少就拿多少；再次，只能进入一次，若二度进入格杀无论。接着是爆破内部。据说进入玄室之前花了三天时间。墓中有两室，前室台上安置册宝。据说除册宝外还有各种宝物。玄室内安放棺木。毁棺后其中宝物被取出，室内的其他殉葬品也悉数被盗走。接着是试图挖掘顺治皇帝陵寝，但一干人物听说顺治帝曾入五

台山为僧，其中的棺木是空棺，故而放弃，转挖康熙帝陵。但挖后陵中出水无法挖掘，故又中止。不过乾隆帝陵最终还是被掘开。内部有三室，非常豪华，全部以汉白玉筑造。入口大门和室内墙壁浮雕与喇嘛教有关的四天王和菩萨像，壁面雕满藏文写就的经文。最里面一室正中有乾隆皇帝棺木，左右有两皇后棺木并列，前面东侧有妃子棺木一个，西侧有妃子棺木两个，皆安放于石座上。这些棺木全部遭到破坏，贵重遗物悉数被盗走。遗物不如西太后陵多，但其惨状远在西太后陵之上。

有关此事世间议论纷纷，清室也向国民政府提出严正抗议，故政府不能弃置不管。后来人也抓了，审判委员也任命了，但据说国民政府中有实力的人物与此事有瓜葛，所以事件不了了之，盗走的遗物也仅返还了一部分，大部分遗物不知所踪。有评论说许多到了国外。

之后陵寝的保护成为非常棘手的问题。最终政府决定将东陵作为古迹加以保护，并建立陵寝保护委员会。虽说可采伐的林木早已绝迹，但政府还是决定严禁伐木和破坏陵寝的行为。可是听说就在我去东陵前二十天左右，太宗皇后（康熙帝之母）下葬的昭西陵又被盗掘，其中遗物全被盗走。总之管理也罢，取缔也好，总不见成效。其他陵寝似乎也陆续被盗挖。

下面说西陵。

西陵位于北平西南约二百四十里处。此处最初建有雍正皇帝的泰陵，接着是嘉庆皇帝的昌陵、道光皇帝的慕陵，最后是光绪皇帝的崇陵。过去从北平到此比较便利。从平汉线即北平到汉口的铁路中途有一条支线，沿此支线向西走可达梁各庄。梁各庄距西陵不远，所以铁路局每年均举办活动：开出特别列车，使人无须换车即达梁各庄，夜间可留宿于车内，参观两日后返回北平。因此外国人包括日本人经常

到西陵参观。我在1918年去时就是早晨从北平出发，下午两点左右到达梁各庄，所以调查时再去非常方便。此支线平日乘客和货物都少，无利可图，所以最近停开列车。因此要去西陵变得非常不方便，乘火车途中需卜车，再换乘马车等需要两天时间。而听说乘汽车去则只需一天。因为去东陵二百七十里地一天可到，所以去西陵二百四十里地无论如何一天也可到达。有此想法故我租了一辆汽车，但不料路况和车况都很差，一天内竟然爆胎、故障二十次。我是早晨六点半离开北平，但到夜里十二点左右才到达涿州的，也就是说十七个小时只跑了一百二十里路。第二天我辞掉汽车乘坐人力车前往，但路况仍然很坏，只走了一百里路，好容易于第二天到达西陵。

西陵与东陵相反，并不荒凉，各陵四周生长的树木以松树为主，但依然显得森林繁茂，气象非凡。我在1918年到访时虽然树木已渐稀少，但环抱的松林依旧郁郁葱葱，而且各陵寝建筑物几乎未遭到破坏。因为东陵全部遭到破坏，人们无从知晓过去各种陈设究竟为何等情况，而到西陵后总算是完全明白了。即便如此西陵的部分建筑仍有屋顶损坏、屋檐坠落的现象，也有完全崩塌、不知所踪的建筑。另外内部陈设的宝物等皆不翼而飞。西陵最早建成的雍正皇帝泰陵的前方有漫长神道，但与东陵的顺治皇帝孝陵的神道相比却短了很多，仅有1.7公里左右。但是大门、大殿等形制与孝陵略同，且保存完好。（第三八〇、三八一图）

西陵中与过去制度稍有不同的是道光皇帝的慕陵。其他陵寝皆与明陵相同，明楼后建土馒头状坟墓，而慕陵明楼被省去，其坟墓呈筒状，规模很小。其他陵寝大殿是重檐歇山顶，而慕陵是单檐歇山顶，其形制恰如日本佛寺。其他陵寝以彩色装饰内外，而慕陵则不涂油彩，

以雕刻代替色彩，使人感觉是在观看日本江户时代的佛寺。

结束明清时代的陵墓调查，我去山西省大同调查北魏陵墓。

北魏最初建都大同，孝文帝时迁都洛阳，故孝文帝前的陵墓皆在大同。《水经注》记载，孝文帝母亲、文明太皇太后的陵寝在方山上，高祖的陵寝在其附近，有施以非常精美雕饰的石筑建筑等。我于1918年去大同时曾想去观看，询问知县及其他人但均不知方山的所在。这次到北平历史博物馆，偶然发现北魏方山陵实测图的蓝图挂在墙上，系英国人调查后所画。我当时认为去大同就立刻会知道，但到大同后问了县衙门仍不知所在。问警察局也说不知道。去师范学校、图书馆、林务署打听也都说不清楚。结果是向各方打听均不得而知。

第三八〇图　清世宗雍正帝泰陵前面

第三八一图　清宣宗慕陵隆恩殿

唯该县"地理公安局"编有本县地理书籍，我发现上面写着"方山在寺儿山以南"字样。于是就查寺儿山的方位，得知在大同以北约四十里的地方。但特地去了一看却发现并没有什么陵寝，白跑了一趟，所以又派遣人去查寺儿山南面是否有方山，山上是否有墓。据报告说寺儿山附近山上确实有一巨大坟墓，但是否北魏陵墓不明。于是就到寺儿山麓看了一下，果然见到山上有一个大土馒头。问山麓的人家但他们总回答说不清楚，只说山顶上有坟墓处就是寺儿山。请村里的人带路上山一看，山顶广阔平坦，中央有一大坟丘。我在坟丘附近捡到许多北魏瓦的残片。因有莲花图纹，所以一见即可判断是北魏瓦。又发现有的瓦有"万岁贵富"文字铭。此为汉瓦遗制，故该瓦显然仍为北魏瓦。因为捡到北魏瓦，所以该大坟为北魏墓无疑，就是《水经注》中所说的文明太皇太后陵墓。最终明白方山这个山名在《大同府志》和《山西通志》中都出现过，只不过是古名今忘，寺儿山就是方山。该县地理书籍"方山在寺儿山以南"的记载显然也是错的。该坟墓直径约有二百五十尺，高约九十尺，其大无比，墓后面还有一座稍小的坟丘。当我想也调查小坟丘时大雨急降，继而转为狂风暴雨。带路的人催促说：快下山！下这种雨，山下的河流将立刻暴涨而无法回家。不得已只好下山，因无法充分展开调查而遗憾万分。补充说明，从山麓平地算起方山有一千五百尺左右的高度。（第三八二图）

接着我调查了北魏时代都城遗址。大同东面流淌着河流叫"御河"。隔河残留一些过去的土筑城墙。我在城墙附近捡到许多北魏瓦和陶器残片。从瓦和陶器形制可以判断此处就是北魏城址。从此城址北望可以看到正前方的方山，甚至山顶的坟墓都清晰可见，因此可以判

第三八二图　北魏文明太皇太后陵

断方山上筑陵与城池多少有些关系。

通过这次调查我又进一步发现了辽代的木构建筑。从北平去东陵途中有个城市叫蓟州，乘车经过时看见路旁有门，观察后发现该门具有非常古老的样式。下车再看不仅是门，而且大殿也是辽代建筑。大殿为双层大型建筑，内部安放五十二尺高的立观音塑像。此立像显然与建筑物同时代建造，其左右还有一丈高左右的胁侍立像，与塑像时代相同，为难得的杰作。约建造于九百年前左右，与日本凤凰堂[1]年代大体相似。另外大门和内部安放的仁王塑造像年代也相仿。

大同有上华严寺和下华严寺。过去叫华严寺，是一个寺院，其大殿均为辽代建筑。特别是下华严寺大殿藻井梁上有辽重熙七年的铭记，距今约有九百多年，是中国现存最古老的木构建筑之一。

大同另有一寺叫南寺，其大雄宝殿和鼓楼也是辽代建筑。天王门和三圣殿是金代建筑，距今约有七百多年。七百年乃至九百年前的建筑在中国非常罕见，上述建筑是中国遗存的最古老木构建筑。

另一个有趣的建筑是北平近郊万寿山附近

[1]　京都府宇治市平等院中阿弥陀堂的别称。因形状像凤凰展翅，故得名。日本国宝。——译注

圆明园离宫遗址。离宫建于康熙、雍正、乾隆年间，其中有无数的亭台楼阁，最有趣的乃是乾隆皇帝时所建的西洋建筑。乾隆执政时有许多外国传教士到中国，其中有一位意大利画家朱塞佩·伽斯底里奥内 (Giuseppe Gastiglione)，中文名叫郎世宁。前些天中日两国合办的明清画展就有郎世宁的画作。他的写生画融合中国画和西洋画，本人被乾隆皇帝重用。此人为乾隆皇帝造了几座西洋建筑，建造得华美，极具意大利巴洛克建筑风格。另外，法国传教士佩尔·布诺阿[1]仿照凡尔赛宫在圆明园造喷泉，该喷泉极其精美壮观，还造了欧式迷宫花园。

此离宫于咸丰十年被英法联军烧毁，理由是中国人杀了外国人。当时英国萨·赫普·格兰德将军提议，为将来不再发生类似野蛮行径，必须采取断然措施，以示惩戒。而烧毁中国人最为珍视的圆明园，其方法最为有效。尽管法国蒙特邦将军反对，但英法联军还是全部烧毁圆明园，将园中的宝物掠夺一空。中国人至今仍对此愤恨不已。

园中建筑皆木构，故全部烧毁，空留形迹。而西洋建筑则为石筑，故其柱、壁、雕刻细部等仍半毁半存。总之圆明园建筑是东亚首次建成的西洋精美建筑的珍贵标本，遭到全面破坏，实为遗憾。圆明园建成于乾隆十二年左右。乾隆五十年前后奉乾隆皇帝之命，郎世宁弟子通过传自郎世宁的铜版画画了圆明园的建筑图。该铜版画也保存于沈阳和热河离宫。相较铜版画建筑图和遭到破坏的宫殿细部，发现二者完全相同，故而可以知道该铜版画建筑图真实而正确地反映了原建筑风貌。我们作为建筑家确实感到兴味盎然。

此外还有许多可陈述之处，但因时间关系就此打住。暑天在此絮絮叨叨，想来给大家平添了许多困惑。

---

[1] 何人不详。查当时法籍传教士参与圆明园西洋式喷泉建设的有蒋友仁（R.Michael Benoist）、王致诚（Jean Denis Attiret）等，似未见佩尔·布诺阿名。——译注

本篇系 1931 年 7 月 27 日在日本外务省文化事业部的演讲笔记。当时曾复印并散发给听众。因舛误较多，无法传递真实信息，故本编辑部在略做修订并删除了部分内容后收录于此书。